U0166947

国家出版基金项目
NATIONAL PUBLICATION FOUNDATION

聚集诱导发光丛书

唐本忠 总主编

聚集诱导发光实验操作技术

赵 征等 著

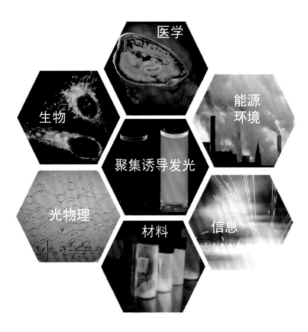

科学出版社

北 京

内 容 简 介

本书为"聚集诱导发光丛书"之一。本书是专门讲解聚集诱导发光实验操作技术的专著。全书共分 7 章。第 1 章介绍典型聚集诱导发光化合物的合成；第 2 章重点介绍聚集诱导发光现象的判定及表征；第 3 章重点介绍聚集诱导发光现象所涉及的光物理、光化学过程判定及光谱表征；第 4 章介绍聚集诱导发光分子动力学行为的表征手段，重点介绍相关数据的分析方法；第 5 章介绍基于聚集诱导发光分子的薄膜材料的制备方法、相关的表征手段及应用；第 6 章介绍聚集诱导发光材料在生物成像领域的相关操作及表征；第 7 章介绍聚集诱导发光材料在生物及化学传感领域的相关操作及表征。附录介绍一些聚集诱导发光相关的综合实验设计。

本书可作为从事聚集诱导发光领域研究人员的专业工具书，也可作为本科生实验教学的参考工具书，对于有兴趣从事聚集诱导发光相关研究的科研和技术人员而言更是一本入门级的极具参考价值的工具书。

图书在版编目（CIP）数据

聚集诱导发光实验操作技术 / 赵征等著. —北京：科学出版社，2023.8
（聚集诱导发光丛书 / 唐本忠总主编）
国家出版基金项目
ISBN 978-7-03-075941-2

Ⅰ. ①聚⋯　Ⅱ. ①赵⋯　Ⅲ. ①光学－实验　②光化学－实验
Ⅳ. ①O43-33　②O644.1-33

中国国家版本馆 CIP 数据核字（2023）第 119040 号

丛书策划：翁靖一
责任编辑：翁靖一　高　微 / 责任校对：杜子昂
责任印制：师艳茹 / 封面设计：东方人华

科 学 出 版 社 出版
北京东黄城根北街 16 号
邮政编码：100717
http://www.sciencep.com
河北鑫玉鸿程印刷有限公司印刷
科学出版社发行　各地新华书店经销
*
2023 年 8 月第 一 版　开本：B5（720×1000）
2023 年 8 月第一次印刷　印张：19 1/2
字数：393 000
定价：198.00 元

聚集诱导发光丛书

编 委 会

总　序

　　光是万物之源，对光的利用促进了人类社会文明的进步，对光的系统科学研究"点亮"了高度发达的现代科技。而对发光材料的研究更是现代科技的一块基石，它不仅带来了绚丽多彩的夜色，更为科技发展开辟了新的方向。

　　对发光现象的科学研究有将近两百年的历史，在这一过程中建立了诸多基于分子的光物理理论，同时也开发了一系列高效的发光材料，并将其应用于实际生活当中。最常见的应用有：光电子器件的显示材料，如手机、电脑和电视等显示设备，极大地改变了人们的生活方式；同时发光材料在检测方面也有重要的应用，如基于荧光信号的新型冠状病毒的检测试剂盒、爆炸物的检测、大气中污染物的检测和水体中重金属离子的检测等；在生物医用方向，发光材料也发挥着重要的作用，如细胞和组织的成像，生理过程的荧光示踪等。习近平总书记在 2020 年科学家座谈会上提出"四个面向"要求，而高性能发光材料的研究在我国面向世界科技前沿和面向人民生命健康方面具有重大的意义，为我国"十四五"规划和2035 年远景目标的实现提供源源不断的科技创新源动力。

　　聚集诱导发光是由我国科学家提出的原创基础科学概念，它不仅解决了发光材料领域存在近一百年的聚集导致荧光猝灭的科学难题，同时也由此建立了一个崭新的科学研究领域——聚集体科学。经过二十年的发展，聚集诱导发光从一个基本的科学概念成为了一个重要的学科分支。从基础理论到材料体系再到功能化应用，形成了一个完整的发光材料研究平台。在基础研究方面，聚集诱导发光荣获 2017 年度国家自然科学奖一等奖，成为中国基础研究原创成果的一张名片，并在世界舞台上大放异彩。目前，全世界有八十多个国家的两千多个团队在从事聚集诱导发光方向的研究，聚集诱导发光也在 2013 年和 2015 年被评为化学和材料科学领域的研究前沿。在应用领域，聚集诱导发光材料在指纹显影、细胞成像和病毒检测等方向已实现产业化。在此背景下，撰写一套聚集诱导发光研究方向的丛书，不仅可以对其发展进行一次系统地梳理和总结，促使形成一门更加完善的学科，推动聚集诱导发光的进一步发展，同时可以保持我国在这一领域的国际领先优势，为此，我受科学出版社的邀请，组织了活跃在聚集诱导发光研究一线的十几位优秀科研工作者主持撰写了这套"聚集诱导发光丛书"。丛书内容包括：聚集诱导发光物语、聚集诱导发光机理、聚集诱导发光实验操作技术、力刺激响应聚集诱导发光材料、有机室温磷光材料、聚集诱导发光聚合物、聚集诱导发光之簇发光、手性聚集诱导发光材料、聚集诱导发光之生物学应用、聚集诱导发光之光电器件、聚集诱导荧光分子的自组装、聚集诱导发光之可视化应用、聚集诱导发光之分析化学和聚集诱导发光之环境科学。从机理到体系再到应用，对聚集诱导发光研究进行了全方位的总结和展望。

历经近三年的时间，这套"聚集诱导发光丛书"即将问世。在此我衷心感谢丛书副总主编彭孝军院士、田禾院士、于吉红院士、秦安军教授、王东教授、张浩可研究员和各位丛书编委的积极参与，丛书的顺利出版离不开大家共同的努力和付出。尤其要感谢科学出版社的各级领导和编辑，特别是翁靖一编辑，在丛书策划、备稿和出版阶段给予极大的帮助，积极协调各项事宜，保证了丛书的顺利出版。

材料是当今科技发展和进步的源动力，聚集诱导发光材料作为我国原创性的研究成果，势必为我国科技的发展提供强有力的动力和保障。最后，期待更多有志青年在本丛书的影响下，加入聚集诱导发光研究的队伍当中，推动我国材料科学的进步和发展，实现科技自立自强。

唐本忠

中国科学院院士

发展中国家科学院院士

亚太材料科学院院士

国家自然科学奖一等奖获得者

香港中文大学（深圳）理工学院院长

Aggregate 主编

前 言

聚集诱导发光（aggregation-induced emission，AIE）是一类在溶液状态下发光较弱或者不发光的分子，在聚集态发光显著增强的现象。AIE 的概念由香港科技大学的唐本忠院士课题组于 2001 年首次提出，其机制为：在溶液状态下，激发态活跃的分子运动增加了分子的非辐射跃迁的渠道，使激发态能量主要通过非辐射跃迁的形式耗散；而在聚集之后，激发态的分子运动受到了抑制，从而使激发态能量主要以辐射跃迁的形式耗散。自 2001 年唐本忠院士课题组提出 AIE 的概念之后，经过 20 多年的发展，AIE 逐渐成长为有机发光材料领域一个新兴的热点研究方向。与传统的平面型发光材料相比，AIE 材料克服了传统发光材料在聚集态下荧光减弱甚至猝灭的缺点，因而在一些前沿技术领域，如柔性显示、化学传感及医学诊断等关系人类健康和生产生活的领域具有重要的应用。作为一个由中国科学家开创和引导的新领域，AIE 吸引了来自全球科学家的研究兴趣。目前，全球有 80 余个国家和地区的研究单位的科学家对 AIE 研究领域进行关注和跟进，每年发表的论文数和引用数都呈指数增长。在中国科学院文献情报中心和汤森路透联合发布的《2015 年研究前沿》中，AIE 成像材料的研究入选化学与材料学研究热点的第二位。2020 年，AIE 技术被国际纯粹与应用化学联合会（IUPAC）评为化学领域的十大新兴技术。基于 AIE 相关研究成果的原创性和重要性，2017 年度国家自然科学奖一等奖授予了唐本忠院士及其领导的 AIE 研究团队。

AIE 研究领域的飞速发展，一方面得益于 AIE 材料简单的合成、深入浅出的机理描述、优异的发光性能；另一方面得益于其在能源、环境、医学和工程等领域广阔的应用前景。目前，AIE 研究领域呈现出百花齐放的状态，分子体系已覆盖了从小分子到聚合物体系、从有机体系到无机体系；应用领域包括显示、传感、检测、成像及治疗等；研究范围涉及化学、材料科学、生命科学及工程科学等交叉领域；研究思路涵盖新材料的开发、新机理的探索及新应用的拓展。随着 AIE 研究的不断深入及其在国际上影响力的逐步提高，越来越多从事发光材料研究的科学家开始从事 AIE 的相关研究，并基于自身研究体系取得了创新性的研究成果。

此外，与 AIE 相关的知识和实验设计也开始频繁地出现在一些省份的高考试题以及国内外部分大学的基础实验课程中。AIE 研究已经成为一个由中国科学家引领，世界范围内众多科学家跟进的研究领域。

目前从事 AIE 研究的人员包括来自化学、物理、材料、医学及工程科学等各个领域，然而，这些专家学者当中有一些可能并没有化学和光物理领域的专业背景，在从事 AIE 与其自身研究方向的交叉领域研究时会遇到一些材料合成、表征，以及光物理现象判定和解析方面的问题。而对于刚刚从事 AIE 研究的青年学者及研究生而言，其对 AIE 的熟悉也需要一个过程，而海量的文献以及一些实验细节描述的缺乏也会增加他们学习的难度。此外，随着越来越多不同领域的研究者参与 AIE 研究，一些新的研究手段被引入 AIE 研究中，给 AIE 的研究带来极大的方便；如果快速掌握这些新的实验手段并能够将其用于实验数据的解析将会极大地加速研究的进展。因此，撰写一部统一、规范、涵盖 AIE 详细基本操作及主要实验手段的工具书势在必行。在科学出版社和唐本忠院士的大力支持下，我们邀请了国内从事 AIE 研究的多位青年才俊，共同撰写了这本聚集诱导发光领域的工具书——《聚集诱导发光实验操作技术》。

本书的主要阅读对象为从事有机或无机发光材料、荧光探针、生物医学成像等与发光材料相关的广大科研工作者、教师、研究生及高年级本科生。希望读者通过对本书的阅读和学习，能够快速掌握 AIE 相关的理论知识及实验操作技术，尤其是能够准确地使用这些知识和操作技术去判断和表征新的 AIE 体系。本书的内容涵盖了 AIE 研究可能会涉及的大部分实验操作，包括化合物的合成、AIE 现象的判定及表征、AIE 研究常用的手段和方法以及 AIE 材料的一些应用相关的实验操作等。

本书的完成离不开国内从事 AIE 研究领域的多位科研工作者辛勤的付出。第 1 章主要介绍典型 AIE 化合物的合成，由深圳大学的熊玉老师完成；第 2 章重点介绍 AIE 现象的判定及相关实验表征手段，由郑州大学的李恺教授和臧双全教授执笔；第 3 章关于 AIE 现象所涉及的光物理、光化学过程的判定及相关实验操作，由香港科技大学的涂于洁博士完成；第 4 章由江苏大学的杜莉莉教授，以及南开大学的孙平川教授和王粉粉博士共同完成，分别介绍时间分辨光谱和固体核磁共振等实验手段在研究 AIE 材料激发态动力学中的应用；第 5 章介绍了 AIE 薄膜材料的应用、制备方法及相关的表征手段，由香港中文大学（深圳）的丘子杰教授完成；第 6 章关于 AIE 材料在生物成像领域的相关实验操作及表征，由四川轻化工大学的周亚宾教授与澳大利亚弗林德斯大学的唐友宏教授共同完成；第 7 章关于 AIE 材料在生物及化学传感领域的相关操作及表征，由南京大学的陈韵聪教授完成。除了正文的 7 章内容之外，本书附录中还由郑州大学李恺教授和臧双全教授介绍了一些高校已开设的 AIE 综合实验设计，旨在帮助初学者能够完整地体验 AIE 的实验过程，更好地开展 AIE 相关的研究工作。

本书的完成特别感谢深圳市分子聚集体功能材料重点实验室（ZDSYS20211021111400001）的支持。

限于作者的学术背景和研究风格，本书疏漏之处在所难免，欢迎读者交流指正，我们会在认真听取读者反馈的基础上不断修订与完善。

赵　征

2023 年 3 月

◈◈ 目　　录 ◈◈

典型聚集诱导发光化合物的合成

1.1 概述

　　唐本忠教授课题组在2001年偶然发现化合物1-甲基-1, 2, 3, 4, 5-五苯基噻咯在稀溶液中不发光，在聚集态或固态下的发光却明显增强。他们借此机遇，首次提出聚集诱导发光（AIE）的概念，并展开深入研究[1]。历经 20 多年的发展，唐本忠教授课题组在 AIE 现象的发光机理、AIE 分子的设计理论、AIE 材料的应用范畴及技术应用方面进行了深入系统的研究并取得了丰硕的研究成果，尤其是 AIE 先进功能材料被广泛地应用于光电器件、生物探针、诊疗一体化、化学传感和智能材料等领域[2-6]。唐本忠教授团队开创了一个全新的研究方向，并且引领了整个研究领域的跨学科、多交叉和全方位的发展。AIE 现象的本质主要归因于聚集态下分子内运动受限（restriction of intramolecular motion，RIM）：分子运动受到限制后，降低了激发态分子的能量损耗，从而促进激发态分子以辐射跃迁的形式，即发光的形式释放能量[7-9]。分子内运动受限的形式主要有两种：分子内旋转受限（restriction of intramolecular rotation，RIR）和分子内振动受限（restriction of intramolecular vibration，RIV）。RIM 发光机理的提出，给新型 AIE 分子和先进功能材料的开发提供了重要的指导意义。目前已经报道了数以百计的 AIE 分子，在本书中无法对每个 AIE 分子的合成方法进行详细介绍。鉴于绝大部分 AIE 分子都是通过 AIE 基元构建的，本章将着重介绍三种典型的 AIE 基元及其常用中间体的合成方法，希望可以给相关的科研工作者，尤其是给不具备有机合成背景的学生、教师和其他科研工作者提供参考。目前最常用的 AIE 基元主要包括四苯乙烯、噻咯和四苯基吡嗪骨架。本章的主要内容将围绕这三种典型 AIE 基元及其常用中间体的合成方法、反应机理和实验操作的详细介绍来展开。

1.2 四苯乙烯及其衍生物的合成

四苯乙烯（tetraphenyl ethene，TPE）分子的构象类似于一个螺旋桨（图 1-1），其中的四个苯环作为转子可围绕双键发生自由旋转运动。2007 年，唐本忠教授课题组首次报道了三个具有 AIE 效应的 TPE 衍生物，并且可以实现对牛血清白蛋白的定性和定量检测[10]。此后十几年的研究成果表明 TPE 骨架凭借其独特的螺旋桨结构、简易的合成方法、易调节的分子结构和高效的固态发光成为 AIE 研究领域最为重要的 AIE 基元。TPE 及其常用衍生物的合成方法主要有三种：麦克默里（McMurry）偶联反应、铃木（Suzuki）偶联反应和加成-消除反应。下面将分别对这三种合成方法的反应条件、反应机理和实验操作进行详细介绍。

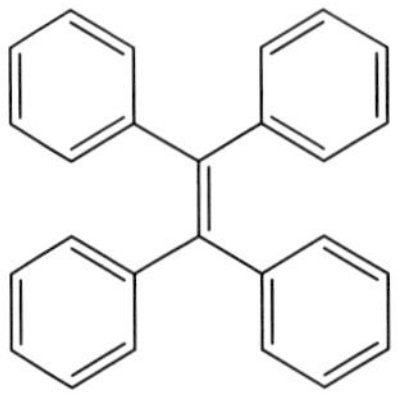

TPE

图 1-1 四苯乙烯分子的化学结构式

如图 1-2 所示，McMurry 偶联反应是一个两分子酮或醛在钛的氯化物和还原剂的作用下发生脱氧偶联生成烯烃的有机人名反应，此反应名称取自发现者之一 John E. McMurry[11]。该反应的反应机理涉及两步关键反应：首先，钛的氯化物（如四氯化钛）经还原剂（锌粉、镁粉、硒粉等）还原生成低价钛，低价钛和羰基之

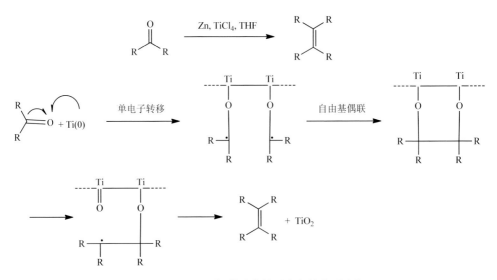

图 1-2 McMurry 偶联反应的反应条件和反应机理

THF：四氢呋喃

间发生单电子转移过程，诱导两分子羰基发生偶联生成 1, 2-二醇与钛的络合物；然后，1, 2-二醇与钛的络合物在高温下发生脱氧反应生成终产物烯烃和二氧化钛。根据上述反应机理不难发现，McMurry 偶联反应主要适用于制备对称烯烃。在理论上，非对称烯烃也可通过发生交叉 McMurry 偶联反应来制备，但是要求其中一种羰基化合物必须过量，尽量降低副反应的反应速率。McMurry 偶联反应具有反应条件温和、反应效率高及反应原料廉价易得等优点。大部分 TPE 衍生物主要是通过二苯甲酮及其衍生物发生对称或交叉 McMurry 偶联反应来制备的。如果以二苯甲酮及其衍生物作为反应原料，通常采用四氯化钛作为低价钛的来源，锌粉作为还原剂，无水四氢呋喃作为溶剂。交叉 McMurry 偶联反应可选择性加入吡啶，在某些情况下有助于提高反应效率[12]。下面以 TPE 分子的合成为例，对 McMurry 偶联反应的具体实验操作过程进行详细说明。

通过 McMurry 偶联反应合成 TPE 分子的反应条件如图 1-3 所示，以廉价的市售原料二苯甲酮作为反应原料，四氯化钛作为低价钛的来源，锌粉作为还原剂，无水四氢呋喃作为溶剂。具体的实验操作步骤如下[13]：在氮气气氛下，向反应瓶中加入锌粉（7.2 g，110.77 mmol）和无水四氢呋喃（80 mL），并置于冰水浴中搅拌反应 10 min。向上述反应液中缓慢滴加四氯化钛（6 mL，54.50 mmol），撤掉冰水浴，加热回流搅拌反应 2 h。向上述反应液中缓慢滴加二苯甲酮（5.0 g，27.47 mmol）的四氢呋喃溶液（20 mL），继续回流搅拌反应过夜。待反应结束后，向反应瓶中加入稀盐酸溶液猝灭反应，采用乙酸乙酯萃取，有机相用去离子水洗涤，用无水硫酸钠干燥，过滤，减压浓缩。所得粗产物用乙醇洗涤，过滤得到白色晶状固体（产率为 80%）。

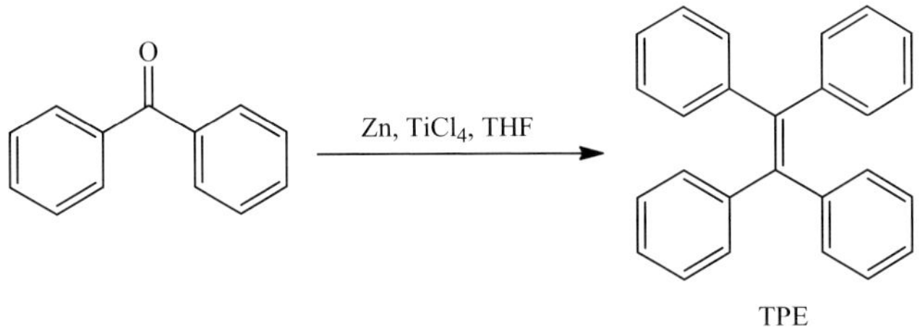

图 1-3　McMurry 偶联反应合成 TPE 分子

McMurry 偶联反应常用的后处理方法有三种：①加入 10%的碳酸钾溶液猝灭反应[14]；②加入稀盐酸溶液猝灭反应[13]；③加入 5%的氯化铵溶液猝灭反应[15]。加入碳酸钾溶液猝灭反应时，会有沉淀析出，需先过滤，然后再进行萃取。对于含有对碱敏感的官能团的反应底物，可以选择加入稀盐酸或氯化铵溶液猝灭反应；

反之，对于含有对酸敏感的官能团的反应底物，可以选择加入碳酸钾或氯化铵溶液猝灭反应。但是，如果反应底物中含有对酸或碱都敏感的官能团，可选择加入氯化铵溶液猝灭反应。

Suzuki 偶联反应是指以零价钯配合物作为催化剂，碱金属盐作为碱，芳（烯）基硼试剂与芳（烯）基卤化物之间发生的交叉偶联反应。该反应是一个经典的有机人名反应，名称取自发现者 Akira Suzuki 教授[16]。如图 1-4 所示，Suzuki 偶联反应的反应机理主要涉及两步关键反应：首先，零价钯与芳（烯）基卤化物 R—X 发生氧化加成反应生成中间体 **1**，中间体 **1** 与碱金属盐 NaOR″发生配体交换生成亲电性的中间体 **2**，中间体 **2** 与芳（烯）基硼试剂发生配体交换反应生成中间体 **3**，中间体 **3** 发生还原消除反应生成偶联产物 R—R′，同时再生零价钯，完成催化循环。根据上述反应机理不难发现，Suzuki 偶联反应常用于合成多烯烃、苯乙烯和联苯衍生物。Suzuki 偶联反应的优势主要包括：对反应底物中各种官能团（醛基、羧基、酯基、氰基、硝基、甲氧基等）的兼容性很好；硼试剂易于合成、稳定性好；反应具有区域和立体专一性。下面以 TPE 分子的合成为例，对 Suzuki 偶联反应的具体实验操作过程进行详细说明。

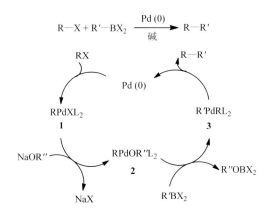

图 1-4 Suzuki 偶联反应的反应条件及反应机理

通过 Suzuki 偶联反应合成 TPE 分子的反应条件如图 1-5 所示，以市售的原料 1-溴三苯乙烯和苯硼酸作为反应原料，氢氧化钾作为碱，乙酸钯作为零价钯来源，三苯基膦（PPh₃）作为配体，体积比为 1∶1 的甲醇/四氢呋喃混合溶剂作为反应溶剂。具体的实验操作步骤如下[17]：在氮气气氛下，向反应瓶中依次加入 1-溴三苯乙烯（335.2 mg，1.0 mmol）、苯硼酸（146.3 mg，1.2 mmol）、乙酸钯[0.5 mol%（摩尔分数，余同），0.005 mmol]、三苯基膦（1 mol%，0.01 mmol）、氢氧化钾（110.2 mg，2.0 mmol）和甲醇/四氢呋喃混合溶剂（5 mL），在室温下搅拌反应过夜。

待反应结束后，向反应瓶中加入适量乙醚稀释反应液，然后加入 1 mol/L 氢氧化钠溶液进行萃取，有机相用饱和食盐水洗涤，用无水硫酸镁干燥，过滤，减压浓缩。所得粗产物采用硅胶柱层析法（洗脱剂：石油醚）进行分离纯化（产率为 88%）。

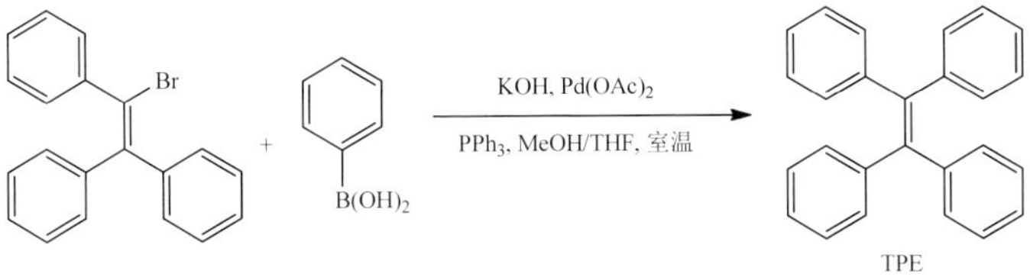

图 1-5　通过 Suzuki 偶联反应合成 TPE 分子

　　采用上述方法合成 TPE 骨架的优点是反应底物来源于市售的原料，并且可以通过在反应底物苯硼酸中引入各种官能团（醛基、硝基、氰基、羧基等）来制备单取代 TPE 衍生物。这些含有活性官能团的单取代 TPE 衍生物是构建新型 AIE 分子和先进功能材料常用的反应中间体。但是，该方法的局限性在于起始原料 1-溴三苯乙烯的价格比较高，并且不适用于获取多取代 TPE 衍生物。如果想通过 Suzuki 偶联反应制备多取代 TPE 衍生物，可以采用下面这种改进的合成路线[18]。

　　如图 1-6 所示，反应原料二苯甲酮、三苯基膦和四溴化碳三者之间发生 Corey-Fuchs 反应可生成 1, 1′-二溴-2, 2′-二苯乙烯。该烯基溴化物含有两个活性溴原子，因此可以和两倍当量的苯硼酸发生 Suzuki 偶联反应生成 TPE 分子。该方法的优点在于通过在反应底物苯硼酸中引入各种官能团（醛基、硝基、氰基、羧基等），可以很方便地合成双取代 TPE 衍生物，并且通过控制反应底物的投料比，可以选择性地合成含相同或不同取代基的双取代 TPE 衍生物。此外，进一步在反应底物二苯甲酮中引入取代基，还可以制备含相同或不同取代基的多取代 TPE 衍生物。该方法的缺点在于反应原料四溴化碳的毒性比较大，受高热会分解产生有毒的溴化物，并且不能和强氧化剂、强碱接触，因此在实验操作过程中需要格外谨慎，并做好防护措施。

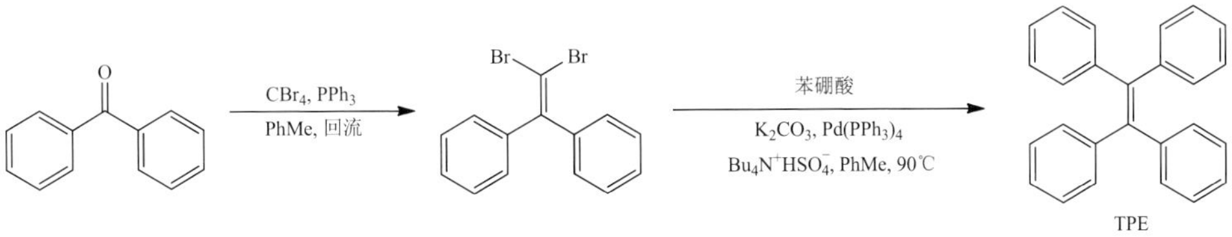

图 1-6　通过 Suzuki 偶联反应合成 TPE 分子（改进的合成路线）

Pd(PPh$_3$)$_4$：四（三苯基膦）钯；Bu$_4$N$^+$HSO$_4^-$：四丁基硫酸氢铵

　　加成-消除反应是指加成和消除两步反应依次发生在同一个反应过程中的有机化学反应。加成反应是指两个或多个分子相互作用生成一个加成产物的有机反应，通常发生在含有不饱和键（双键、三键）的底物中。该反应的表现形式是不饱和键打开后在键两端的原子各连接上一个新的基团。最常见的加成反应包括烯烃的亲电加成反应和羰基的亲核加成反应。消除反应是指一种有机分子和其他物质相互作用后，失去部分原子或官能基（称为离去基）的有机反应。该反应的表现形式是在反应底物中引入不饱和键（双键、三键），将其转变为不饱和有机化合物。在此以 TPE 分子的合成为例对加成-消除反应的反应机理进行说明。如图 1-7 所示，二苯甲烷和二苯甲酮之间发生加成-消除反应即可生成 TPE 分子。加成-消除反应的反应机理涉及两步关键反应：首先，二苯甲烷和正丁基锂（n-BuLi）反应生成二苯甲基锂试剂，该活性锂试剂是很强的亲核试剂，可以进攻二苯甲酮的羰基发生亲核加成反应生成锂盐中间体 **1**，中间体 **1** 在酸性条件下转变成中间体 **2**，中间体 **2** 中的羟基在酸性条件下发生质子化转变成中间体 **3**，中间体 **3** 脱掉一分子水生成碳正离子中间体 **4**，中间体 **4** 的 β-氢发生消除反应即可生成终产物 TPE。

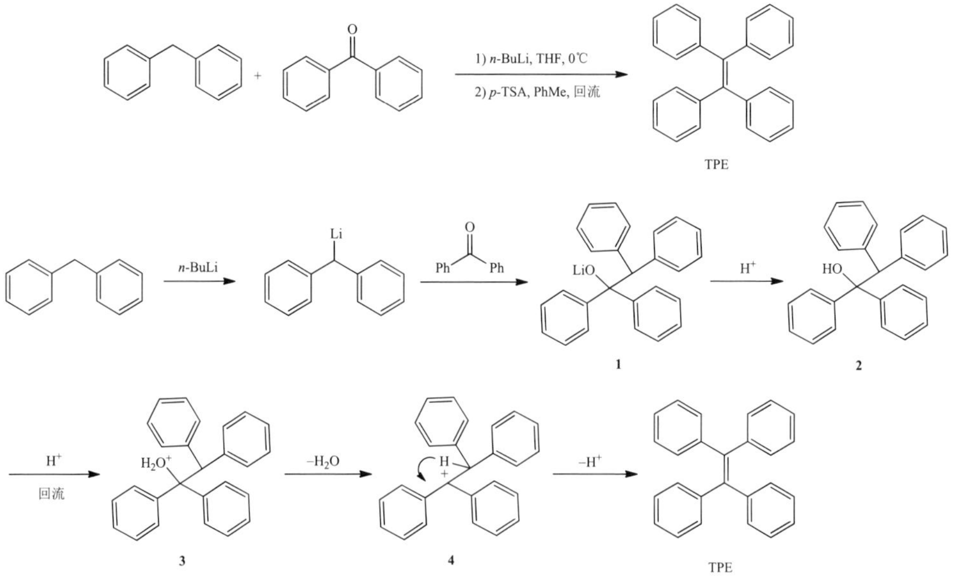

图 1-7　加成-消除反应的反应条件和反应机理

p-TSA：对甲基苯磺酸

　　通过加成-消除反应合成 TPE 分子的具体实验操作步骤如下[19]：在氮气气氛下，向反应瓶中依次加入二苯甲烷（2.0 g，12.0 mmol）和无水四氢呋喃（20 mL），置于冰水浴中搅拌。向上述反应液中逐滴滴加正丁基锂溶液（2.5 mol/L，4 mL，10.0 mmol），滴加完毕后继续在冰水浴下搅拌反应 30 min。向上述反应液中加入二苯甲酮（1.6 g，9.0 mmol），恢复室温搅拌反应 6 h。加入氯化铵溶液猝灭反应，用二氯甲烷进行萃取，有机相用饱和食盐水洗涤，用无水硫酸镁干燥，过滤，减压浓缩。将所得粗产物溶于甲苯（80 mL）中，加入催化量的对甲苯磺酸（342.4 mg，1.8 mmol），加热回流搅拌反应 4 h。待反应液冷却至室温，加入 10%碳酸氢钠溶液猝灭反应，有机相用无水硫酸镁干燥，过滤，减压浓缩。将所得粗产物在二氯甲烷和甲醇的混合溶剂中进行重结晶即可得到白色晶体（产率为 84%）。

　　加成-消除反应的优点主要在于反应产率比较高、反应原料廉价易得，并且特别适用于制备单取代及不对称取代 TPE 衍生物。该反应的缺点在于需要用到易燃、易爆的正丁基锂试剂和具有腐蚀性、刺激性的有机强酸，因此在实验操作过程中需要格外谨慎，并做好防护措施。此外，该反应对官能团的兼容性较差，不适用于含有醛基、卤素或羧基等官能团的反应底物。

　　McMurry 偶联反应、Suzuki 偶联反应和加成-消除反应是制备 TPE 分子及其衍生物最常用的三种合成方法。除此之外，文献中还报道了两种比较实用的三组分串联反应。方法一是以二芳基乙炔、芳基碘化物和芳基溴化镁格氏试剂作为反应原料，镍化物作为催化剂。方法二是以二芳基乙炔、芳基碘化物和芳基硼试剂作为反应原料，零价钯配合物作为催化剂。如图 1-8 所示，以二苯乙炔、碘苯、苯基溴化镁格氏试剂（或苯硼酸）作为反应原料发生三组分串联反应得到的终产物为 TPE 分子。在此以 TPE 分子的合成为范例，分别对这两种三组分串联反应的反应历程进行详细的说明和比较。方法一的反应历程如下：首先，苯基溴化镁格氏试剂和二苯乙炔中的三键发生镁碳键插入反应生成三苯乙烯溴化镁格氏试剂，然后在镍催化下，该格氏试剂和碘苯发生 Kumada 交叉偶联反应则生成 TPE 分子。方法二的反应历程如下：首先，零价钯和碘苯发生氧化加成反应生成苯基碘化钯中间体，该中间体和二苯乙炔中的三键发生钯碳键插入反应生成三苯乙烯碘化钯中间体，该中间体中的碘离子和苯硼酸中的苯基发生配体交换反应，然后紧接着发生还原消除反应生成偶联产物，同时再生零价钯，完成催化循环。这两种三组分串联反应都可以通过"一锅煮"的方式进行，反应操作简单、高效，并且反应具有区域和立体专一性。通过在反应底物中引入不同的取代基或官能团可以制备单取代、多取代及不对称取代的 TPE 衍生物。方法一采用的镍催化剂的价格比钯催化剂更便宜，而方法二对反应底物中官能团的兼容性更好，并且芳基硼试剂无论从商业来源还是从自制角度来讲都更具有优势。下面以 TPE 分子的合成为例对具体的实验操作步骤进行详细说明。

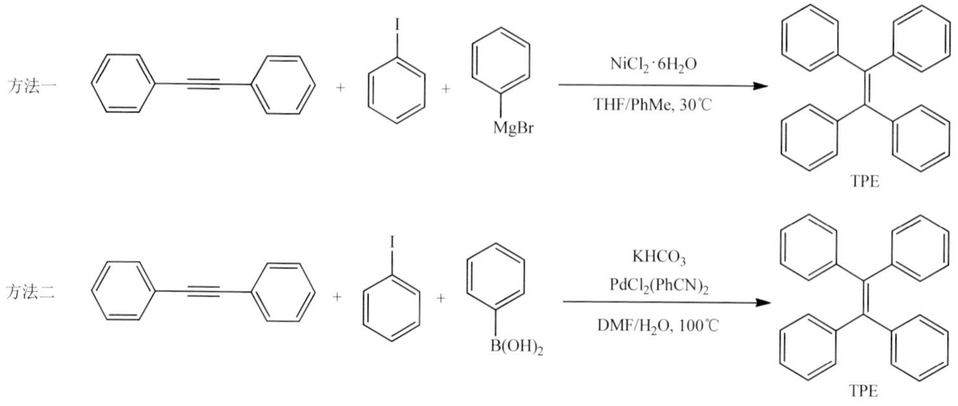

图 1-8　三组分串联反应合成 TPE 分子

PdCl$_2$(PhCN)$_2$：二（氰基苯）二氯化钯；DMF：N, N-二甲基甲酰胺

　　方法一的实验操作步骤[20]：在氮气气氛下，向反应瓶中依次加入二苯乙炔（89.1 g，0.5 mmol），碘苯（122.4 mg，0.6 mmol），催化剂六水合二氯化镍（1 mol%，0.005 mmol）和甲苯（2 mL），然后逐滴滴加苯基溴化镁格氏试剂（1.0 mol/L，0.6 mL）。滴加完毕后，将反应液加热至 30℃搅拌反应 2 h。待反应结束后，向反应液中加入去离子水猝灭反应，过滤，萃取，有机相用饱和食盐水洗涤，用无水硫酸镁干燥，过滤，减压浓缩。所得粗产物采用硅胶柱层析法（洗脱剂：正己烷）进行分离纯化（产率为 77%）。

　　方法二的实验操作步骤[21]：在氮气气氛下，向反应瓶中依次加入二苯乙炔（44.6 g，0.25 mmol），碘苯（102.0 mg，0.5 mmol），苯硼酸（91.4 mg，0.75 mmol），碳酸氢钾（75.1 mg，0.75 mmol），催化剂二（氰基苯）二氯化钯（1 mol%，0.0025 mmol）和混合溶剂 DMF/H$_2$O［4∶1（体积比），10 mL］，加热至 100℃搅拌反应 3～24 h。待反应液冷却至室温，加入饱和食盐水猝灭反应，用乙醚萃取 3 次，有机相用饱和食盐水洗涤，用无水硫酸镁干燥，过滤，减压浓缩。所得粗产物采用硅胶柱层析法（洗脱剂：正己烷）进行分离纯化（产率为 92%）。

　　以上介绍了五种合成 TPE 分子的方法，通过对反应底物的结构进行修饰，可以很方便地合成各种单取代、多取代及不对称取代 TPE 衍生物。McMurry 偶联反应特别适用于制备对称性双取代或四取代 TPE 衍生物，如图 1-9 所示。当以 4-溴二苯甲酮或 4,4′-二溴二苯甲酮作为反应原料时，通过 McMurry 偶联反应可分别获得 TPE 衍生物 TPE-2Br 和 TPE-4Br。化合物 TPE-2Br 和 TPE-4Br 是两种常用的中间体，在过渡金属催化下，可以和各种有机金属试剂（有机锡、有机锌、格氏试剂）、有机硼试剂、炔烃和烯烃等发生交叉偶联反应生成新型的 AIE 分子和先进功能材料。

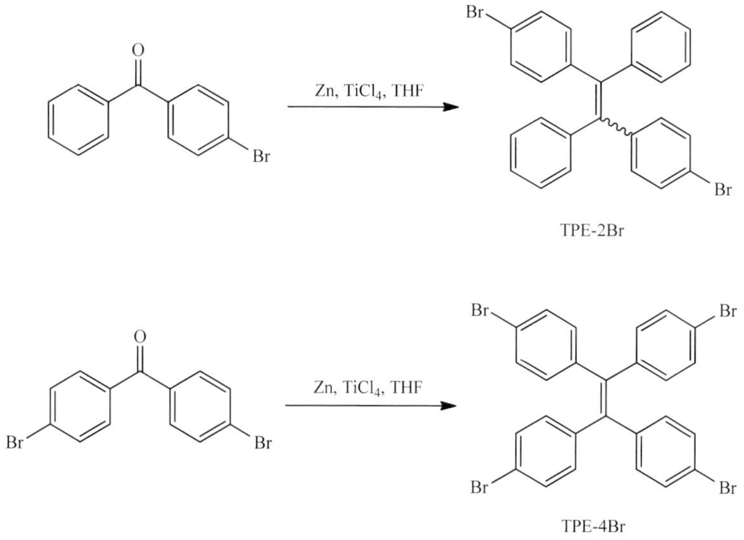

图 1-9　利用 McMurry 偶联反应制备双溴代和四溴代 TPE 衍生物

　　除了常用的双溴代和四溴代 TPE 衍生物之外，单溴代 TPE 衍生物也是一种非常重要的中间体。单溴代 TPE 衍生物是一种非对称烯烃，在理论上非对称烯烃也可以采用 McMurry 偶联反应来制备，但是副产物比较多，分离纯化过程比较困难，反应产率也会降低。虽然通过控制投料比（提高其中一种羰基化合物的反应当量）可以在一定程度上降低副反应的速率，但是如果产物和副产物之间的极性相差比较小，后续的分离纯化过程会很麻烦，甚至可能无法获得纯净的产物。因此，单溴代 TPE 衍生物或其他单取代 TPE 衍生物通常采用加成-消除反应来制备。如图 1-10 所示，4-溴二苯甲酮和二苯甲烷之间发生加成-消除反应即可制备化合物 TPE-Br。与化合物 TPE-2Br 和 TPE-4Br 类似，在过渡金属催化下，化合物 TPE-Br 也可以和各种有机金属试剂（有机锡、有机锌、格氏试剂）、有机硼试剂、炔烃和烯烃等发生交叉偶联反应生成新型的 AIE 分子和先进功能材料。

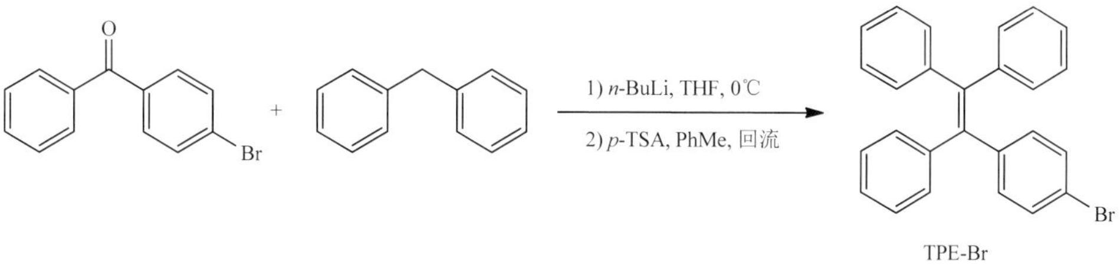

图 1-10　利用加成-消除反应制备单溴代 TPE 衍生物

　　溴代 TPE 衍生物还可以进一步衍生生成含有其他官能团的 TPE 衍生物。例如，利用经典的有机反应可以将溴原子置换成醛基、羧基、叠氮基、硼酸基或硼酸酯基和炔基等活性官能团。含有这些活性官能团的 TPE 衍生物是开发新型 AIE 分子和功能材料不可或缺的中间体（图 1-11）。

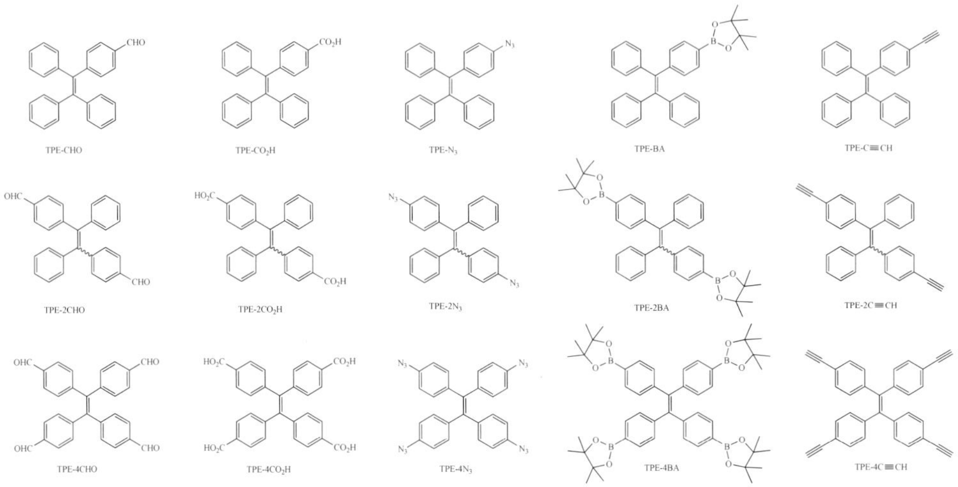

图 1-11　含活性官能团的 TPE 衍生物

　　以上含活性官能团的 TPE 衍生物均可以由溴代 TPE 中间体来制备。在此仅介绍含双官能团的 TPE 衍生物的合成方法。如图 1-12 所示，以化合物 TPE-2Br 作为反应原料，在正丁基锂作用下生成具有强亲核性的有机双锂试剂，该活性中间体可以和亲电试剂（N-甲酰基哌啶、二氧化碳、对甲苯磺酰叠氮、硼酸酯）发生反应分别生成含甲酰基、羧基、叠氮基、硼酸基或硼酸酯基衍生物，此外，TPE-2Br 还可与炔基原料发生偶联生成含炔基的 TPE 衍生物。下面对图 1-12 中列出的反应进行详细的实验操作步骤说明。

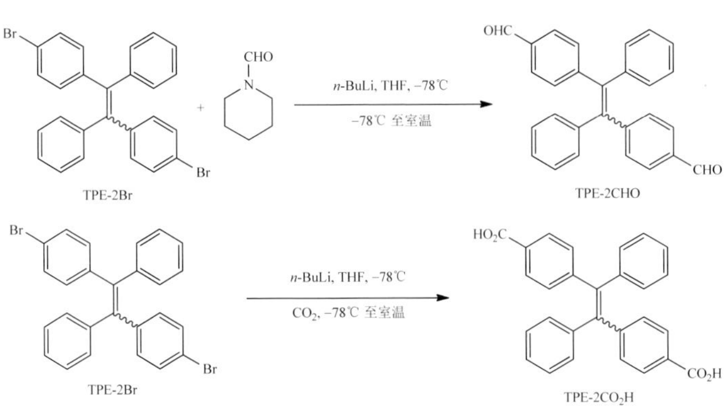

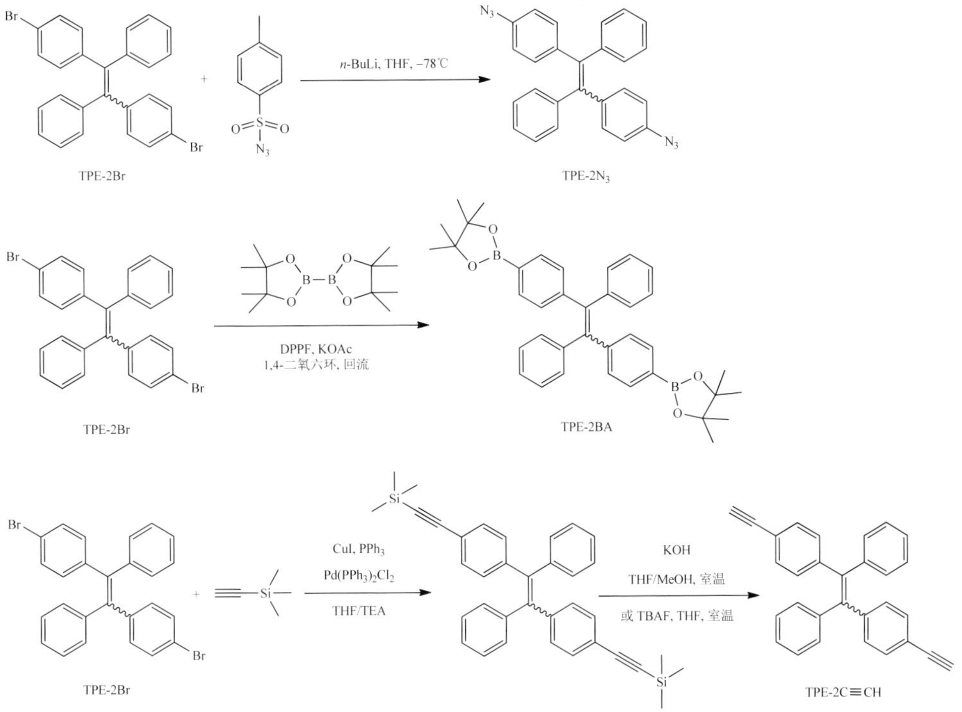

图 1-12　由化合物 TPE-2Br 制备含不同官能团的双取代 TPE 衍生物的合成路线

DPPF：1, 1′-二(二苯基膦)二茂铁；Pd(PPh₃)₂Cl₂：二(三苯基膦)二氯化钯；TEA：三乙胺；TBAF：四丁基氟化铵

化合物 **TPE-2CHO** 的合成步骤[22-25]：在氮气气氛下，向反应瓶中加入反应原料 TPE-2Br（2.0 g，4.1 mmol）和无水四氢呋喃（50 mL），置于-78℃下搅拌。向上述反应液中逐滴滴加正丁基锂试剂（1.6 mol/L，6.4 mL，10.2 mmol），滴加完毕后继续搅拌反应 2 h，然后向反应液中分批加入 N-甲酰基哌啶（1.4 g，12.4 mmol），自然恢复室温搅拌反应过夜。待反应结束后，向反应瓶中加入饱和氯化铵溶液猝灭反应，用乙酸乙酯萃取，有机相用无水硫酸钠干燥，过滤，减压浓缩。所得粗产物采用硅胶柱层析法[洗脱剂：石油醚/乙酸乙酯（4:1）]进行分离纯化（产率为66%）。

化合物 **TPE-2CO₂H** 的合成步骤[23]：有机双锂试剂的制备方法同上。在-78℃下，向有机双锂试剂溶液中分批加入干冰或用双头针连接一个装有干冰的反应瓶，向反应液中通入二氧化碳气体，自然恢复室温搅拌反应过夜。待反应结束后，减压除去四氢呋喃溶剂，加入氢氧化钾溶液，用乙醚萃取，水相用 3 mol/L 盐酸溶液进行酸化处理，用乙酸乙酯萃取，有机相用无水硫酸钠干燥，过滤，减压浓缩即可得到终产物（产率为36%）。

化合物 TPE-2N$_3$ 的合成步骤[24]：有机双锂试剂的制备方法同上。在−78℃下，向有机双锂试剂溶液中逐滴滴加对甲苯磺酰叠氮的四氢呋喃溶液，继续搅拌反应 1 h，自然恢复室温搅拌反应过夜。向反应瓶中加入饱和氯化铵溶液猝灭反应，减压除去四氢呋喃溶剂。用二氯甲烷萃取，有机相分别用去离子水和饱和食盐水洗涤，用无水硫酸钠干燥，过滤，减压浓缩。所得粗产物采用硅胶柱层析法（洗脱剂：石油醚）进行分离纯化（产率为 71%）。

化合物 TPE-2BA 的合成步骤[25]：在氮气气氛下，向反应瓶中加入反应原料 TPE-2Br（1.0 g，2.0 mmol），双联频哪醇硼酸酯（1.1 g，4.25 mmol），乙酸钾（1.3 g，12.99 mmol），催化剂 Pd(dppf)Cl$_2$（DPPF，92.4 mg，0.167 mmol）和无水 1,4-二氧六环（40 mL），加热回流搅拌反应过夜。待反应液冷却至室温，减压除去 1,4-二氧六环溶剂，然后加入二氯甲烷溶解并稀释浓缩液，用去离子水洗涤，有机相用无水硫酸镁干燥，过滤，减压浓缩。所得粗产物采用硅胶柱层析法[洗脱剂：石油醚/二氯甲烷（3∶1）]进行分离纯化（产率为 70%）。

化合物 TPE-2C≡CH 的合成步骤[26,27]：在氮气气氛下，向反应瓶中依次加入反应原料 TPE-2Br(8.2 g, 16.7 mmol)，催化剂二（三苯基膦）二氯化钯（234.5 mg，0.33 mmol），碘化亚铜（127.2 mg，0.7 mmol），三苯基膦（262.3 mg，1.0 mmol），无水四氢呋喃（100 mL）和三乙胺（80 mL），置于−78℃下冷却 5 min。对反应瓶进行 3 次抽真空充氮气操作。将反应瓶转移至室温环境，待反应液解冻后重复以上冷却过程，抽真空充氮气操作 2 次。向反应液中加入三甲基硅乙炔，加热至 50℃搅拌反应三天。待反应液冷却至室温，减压除去有机溶剂，然后加入二氯甲烷溶解并稀释浓缩液，用饱和氯化铵溶液洗涤，用无水硫酸镁干燥，过滤，减压浓缩。所得粗产物采用硅胶柱层析法[洗脱剂：石油醚/乙酸乙酯（200∶1）]进行分离纯化。

脱三甲基硅基的方法一[26]：向反应瓶中加入上述固体产物（5.25 g，10.0 mmol）和四氢呋喃（100 mL），搅拌使固体完全溶解，然后加入 0.1 mol/L 氢氧化钾的甲醇溶液（100 mL），室温搅拌反应 12 h，减压除去有机溶剂。向浓缩液中加入 1 mol/L 盐酸溶液（80 mL），用二氯甲烷萃取，有机相用去离子水洗涤，用无水硫酸镁干燥，过滤，减压浓缩。所得粗产物采用硅胶柱层析法[洗脱剂：石油醚/二氯甲烷（10∶1）]进行分离纯化。

脱三甲基硅基的方法二[27]：向反应瓶中加入上述固体产物（5.25 g，10.0 mmol）和四氢呋喃（120 mL），搅拌使固体完全溶解，然后加入 1 mol/L 四丁基氟化铵的四氢呋喃溶液（12 mL），室温搅拌反应 45 min。待反应结束后，向反应液中加入去离子水猝灭反应，用二氯甲烷萃取，有机相用饱和食盐水洗涤，用无水硫酸镁干燥，过滤，减压浓缩。所得粗产物采用硅胶柱层析法[洗脱剂：石油醚/二氯甲烷（10∶1）]进行分离纯化。

McMurry 偶联反应没有立体选择性，当以 4-溴二苯甲酮作为反应原料时，生成的产物是顺式和反式异构体的混合物。如图 1-13 所示，顺式异构体 *cis*-TPE-2Br 和反式异构体 *trans*-TPE-2Br 的核磁共振氢谱是有区别的，顺式异构体的化学位移整体向低场移动[28]。如果想要选择性制备顺式异构体 *cis*-TPE-2Br 和反式异构体 *trans*-TPE-2Br，可以采用下面这种具有立体选择性的合成方法来实现。

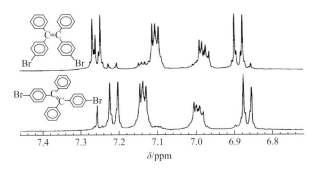

图 1-13　化合物 TPE-2Br 的顺/反异构体的核磁共振氢谱

如图 1-14 所示，以二苯乙炔和双联频哪醇硼酸酯作为反应原料，在不同反应条件下，可以立体选择性生成顺式 1,2-二苯乙烯-1,2-二频哪醇硼酸酯和反式 1,2-二苯乙烯-1,2-二频哪醇硼酸酯[29-31]。顺式或反式 1,2-二苯乙烯-1,2-二频哪醇硼酸酯进一步和卤代苯（对溴碘苯）发生 Suzuki 偶联反应则可以分别生成化合物 *cis*-TPE-2Br 和 *trans*-TPE-2Br。通过在卤代苯中引入不同的取代基或者将卤代苯换成其他卤代芳烃，则可以选择性制备各种顺式和反式取代的 TPE 衍生物。

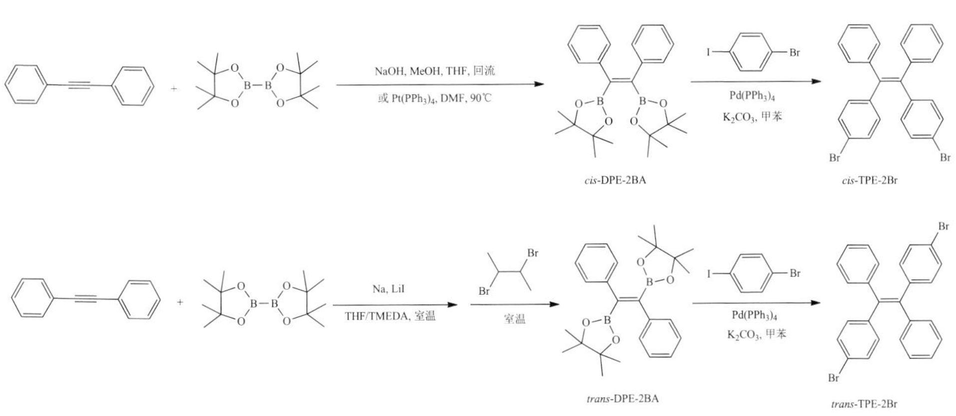

图 1-14　利用 Suzuki 偶联反应分别合成化合物 *cis*-TPE-2Br 和 *trans*-TPE-2Br

溴代 TPE 衍生物是最常用的合成中间体，并且由溴代 TPE 衍生物可以进一步制备含醛基、羧基、叠氮基、硼酸基或硼酸酯基及炔基官能团的 TPE 衍生物。除此之外，氨基或羟基取代的 TPE 衍生物也是很重要的合成中间体，但是它们无需或无法通过溴代 TPE 衍生物来制备。图 1-15 中列出了氨基取代 TPE 衍生物的合成方法。单氨基取代 TPE 衍生物 TPE-NH₂ 的合成方法有两种[图 1-15（a）]：方法一采用的是交叉 McMurry 偶联反应，反应原料分别是市售的二苯甲酮和 4-氨基二苯甲酮；方法二采用的是 Suzuki 偶联反应，反应原料分别是市售的 1-溴三苯乙烯和对氨基苯硼酸盐酸。这两种合成方法各有优缺点：方法一的缺点在于副反应比较多，反应产率较低，并且反应原料 4-氨基二苯甲酮和产物极性相差不大，导致分离纯化过程比较困难，但是反应原料的价格很低。相比之下，方法二的副反应更少，反应产率更高，并且分离纯化过程更简单，但是反应原料的价格比较高。双氨基和四氨基取代 TPE 衍生物 TPE-2NH₂ 和 TPE-4NH₂ 属于对称烯烃，可以通过 McMurry 偶联反应来制备，反应原料分别是 4-氨基二苯甲酮[图 1-15（b）]和 4,4′-二氨基二苯甲酮[图 1-15（c）]。值得注意的是，反应底物中含有多个氨基时会降低反应活性，需要将锌粉/四氯化钛体系变换为活性更高的锡粉/盐酸体系。化合物 TPE-4NH₂ 还有另外一种合成方法[图 1-15（c）]：以 TPE 作为起始原料，通过硝化反应得到四硝基取代 TPE 衍生物 TPE-4NO₂，然后将硝基还原成氨基即可获得终产物 TPE-4NH₂。这种合成方法的优点在于硝化反应和硝基的胺化还原反应是简单、成熟、高效的有机反应，并且分离纯化过程比较简单。下面对四氨基取代 TPE 衍生物 TPE-4NH₂ 的两种合成方法的实验操作步骤进行详细说明。

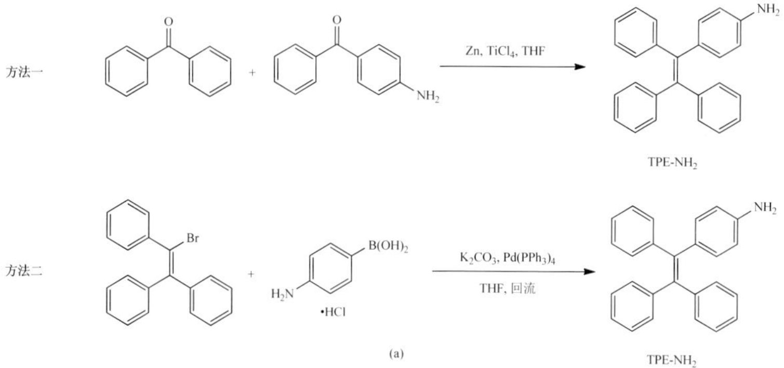

(a)

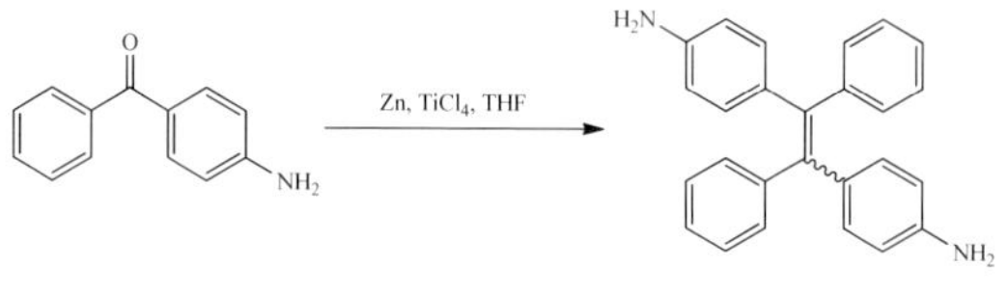

(b)

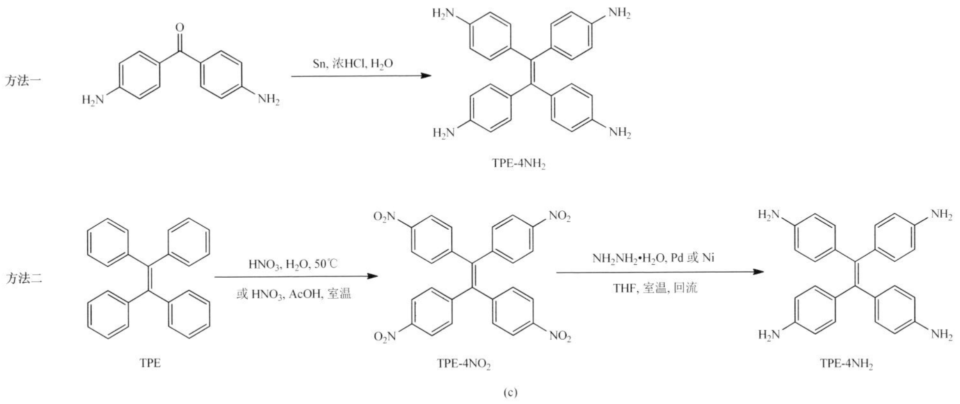

图 1-15　氨基取代 TPE 衍生物的合成路线

图 1-15（c）中，方法一的具体实验操作步骤[32]：在氮气气氛下，向反应瓶中加入反应原料 4,4′-二氨基二苯甲酮（0.2 g，1.0 mmol）、若干锡粉和浓盐酸（7 mL），加热回流搅拌反应过夜。待反应液冷却至室温，向反应液中缓慢加入饱和碳酸氢钠溶液直至反应液的 pH = 7。用二氯甲烷萃取，用无水硫酸钠干燥，过滤，减压浓缩。所得粗产物采用硅胶柱层析法[洗脱剂：二氯甲烷/甲醇（100∶1）]进行分离纯化（产率为 63%）。

方法二的具体实验操作步骤[14, 33]：①硝化反应：在冰水浴下，向反应瓶中加入乙酸（40 mL）和发烟硝酸（40 mL），然后向上述反应液中分批加入反应原料 TPE（5.0 g，15.0 mmol），大约 30 min 加完，将反应液恢复到室温搅拌反应 3 h。待反应结束后，将反应液倒入冰水（300 mL）中，有大量黄色沉淀析出，过滤，水洗，将所得固体产物进行烘干（产率为 85%）。②硝基的还原胺化反应：在氮气气氛下，向反应瓶中加入上述所得固体产物（2.5 g，4.3 mmol）和无水四氢呋喃（25 mL），搅拌使固体完全溶解，然后向反应液中依次缓慢加入 Pd/C[10 wt%（质量分数，后同），500 mg]和水合肼（25 mL），加热回流搅拌反应 48 h。待反应液冷却至室温，过滤，减压除去有机溶剂，所得棕色固体用少量四氢呋喃洗涤即可获得终产物（产率为 95%）。

如图 1-16 所示，与单氨基取代 TPE 衍生物的合成方法类似，单羟基取代 TPE 衍生物 TPE-OH 也可以通过二苯甲酮和 4-羟基二苯甲酮之间发生交叉 McMurry 偶联反应或 1-溴三苯乙烯和对羟基苯硼酸之间发生 Suzuki 偶联反应来制备。双羟基或四羟基取代 TPE 衍生物 TPE-2OH 和 TPE-4OH 属于对称烯烃，可以通过 McMurry 偶联反应来制备，反应原料分别为 4-羟基二苯甲酮和 4,4′-二羟基二苯甲酮。此外，还有另外一种合成方法：通过四甲氧基取代 TPE 衍生物 TPE-4OMe 在三溴化硼作用下发生脱甲基化反应来获得，而化合物 TPE-4OMe 则可以采用 McMurry 偶联反

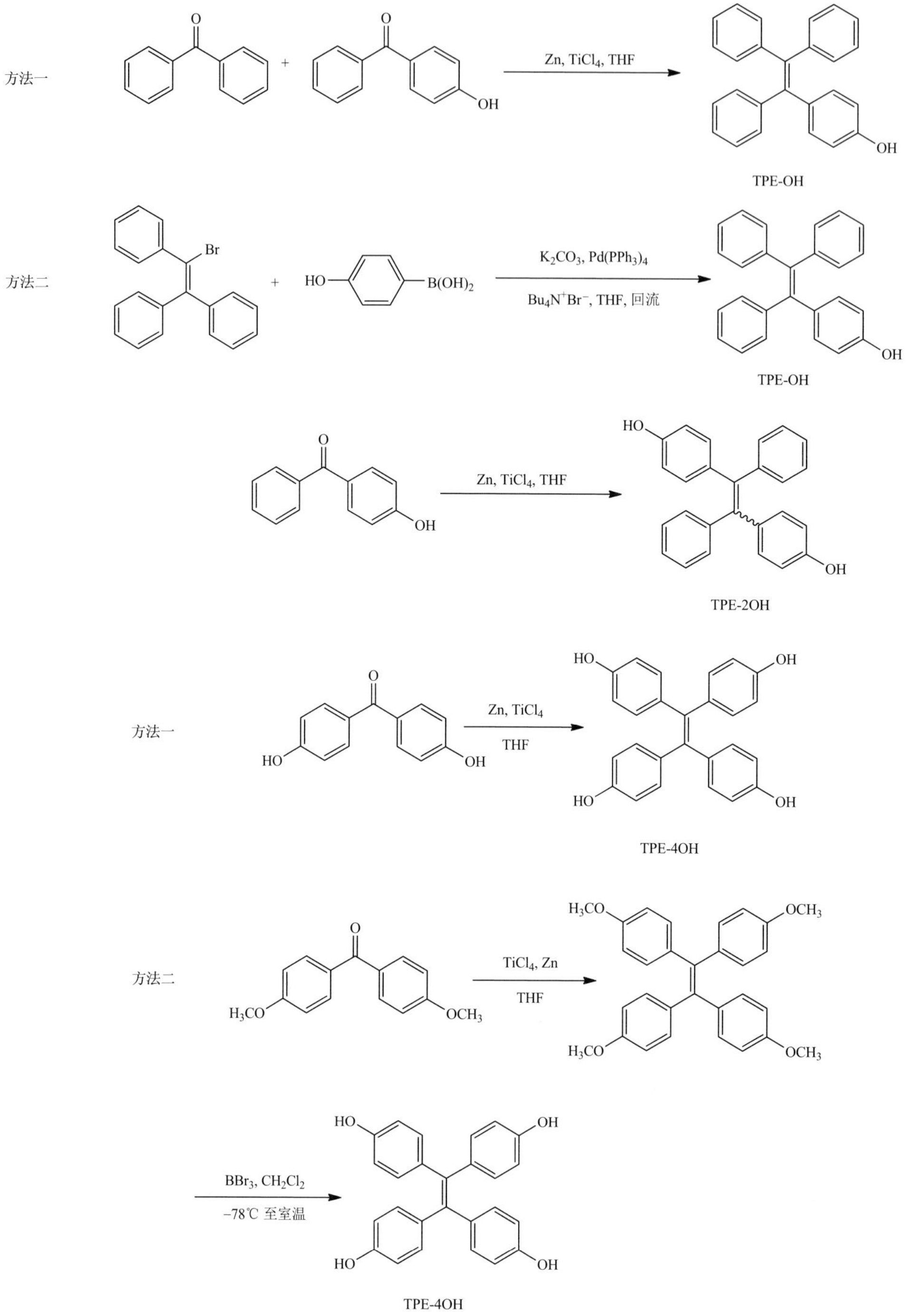
方法一
OH
Zn, TiCl4, THF
TPE-OH
方法二
Br
HO
B(OH)2
K2CO3, Pd(PPh3)4
Bu4N+Br−, THF, 回流
TPE-OH
Zn, TiCl4, THF
TPE-2OH
方法一
Zn, TiCl4
THF
TPE-4OH
方法二
TiCl4, Zn
THF
H3CO
OCH3
BBr3, CH2Cl2
−78℃ 至室温
TPE-4OH

图 1-16　羟基取代 TPE 衍生物的合成路线

应来制备。这种合成方法的优点在于反应产率比较高，并且脱甲基化反应的实验操作和分离纯化过程比较简单。脱甲基化反应的实验操作步骤如下[34]：在氮气气氛下，向反应瓶中加入化合物 TPE-4OMe（6.0 g, 13.3 mmol）和二氯甲烷（100 mL），然后将反应瓶置于冰盐浴下，通过恒压滴液漏斗缓慢滴加三溴化硼的二氯甲烷溶液（2 mol/L, 37.2 mL, 74.4 mmol）。滴加完毕后撤掉冰盐浴，恢复至室温搅拌反应 12 h。待反应结束后，向反应液中缓慢加入去离子水猝灭反应，有大量沉淀物析出，过滤，水洗，将所得粗产物在丙酮/水（1∶1）的混合溶剂中进行重结晶（产率为 92%）。

　　作为最经典的 AIE 基元，含有活性官能团的 TPE 衍生物是构建新型 AIE 分子和先进功能材料不可或缺的合成中间体。因此，想进入 AIE 研究领域或该领域的科研工作者需要重点了解和掌握 TPE 分子骨架的合成方法。本章主要介绍三种构建 TPE 分子骨架的合成方法：McMurry 偶联反应、Suzuki 偶联反应和加成-消除反应。McMurry 偶联反应是一种非常经典的制备对称烯烃的方法。相比于其他两种方法，该方法的优势主要体现在：反应原料、反应试剂的价格很低；对反应底物中官能团的兼容性较好；制备对称烯烃时反应效率很高。但是，该反应不适合用来制备非对称烯烃（产率低、分离纯化困难）；没有立体专一性，不适用于制备顺、反异构体。Suzuki 偶联反应是一个制备多烯烃、苯乙烯和联苯衍生物的经典偶联反应。相比于其他两种方法，该方法的优势主要体现在：对反应底物中官能团（醛基、羰基、酯基、氰基、硝基、甲氧基等）的兼容性很好；硼试剂易于合成，稳定性好；反应具有区域和立体专一性，适用于制备顺、反异构体和不对称烯烃。但是，该反应用的零价钯催化剂的价格比较高。加成-消除反应的主要优点在于反应效率高，并且可以合成单取代或多取代及不对称取代的 TPE 衍生物。该反应的缺点在于需要用到易燃易爆的正丁基锂试剂及具有腐蚀性和刺激性的有机强酸，在实验操作过程中要格外小心谨慎。总体而言，TPE 分子骨架的构建方法是成熟、简单且高效的。

　　最后，对溴代 TPE 衍生物的合成方法进行归纳总结，因为溴代 TPE 衍生物是构建新型 AIE 分子和先进功能材料最常用的中间体。如图 1-17 所示，化合物 TPE-Br 的合成方法采用的是加成-消除反应，反应原料分别是廉价的 4-溴二苯甲酮和二苯甲烷；化合物 TPE-2Br 和 TPE-4Br 是对称烯烃，可以采用 McMurry 偶联反应来制备，反应原料分别是廉价的 4-溴二苯甲酮和 4,4′-二溴二苯甲酮；当采用 McMurry 偶联反应来制备化合物 TPE-2Br 时，得到产物是顺式和反式异构体的混合物。如果想要分别得到纯的顺式和反式异构体，需要通过 Suzuki 偶联反应来实现，反应底物分别是(顺)-二苯乙烯二频哪醇硼酸酯和(反)-二苯乙烯二频哪醇硼酸酯。此外，以 4,4′-二溴二苯甲酮和二苯甲烷作为反应物，通过加成-消除反应还可以制备另外一种不存在顺/反应异构体的二溴代 TPE 衍生物 TPE-2Br。此外，对本章节中介绍的其他含活性官能团的 TPE 衍生物的合成方法也分别进行了归纳总结（图 1-18~图 1-24）。

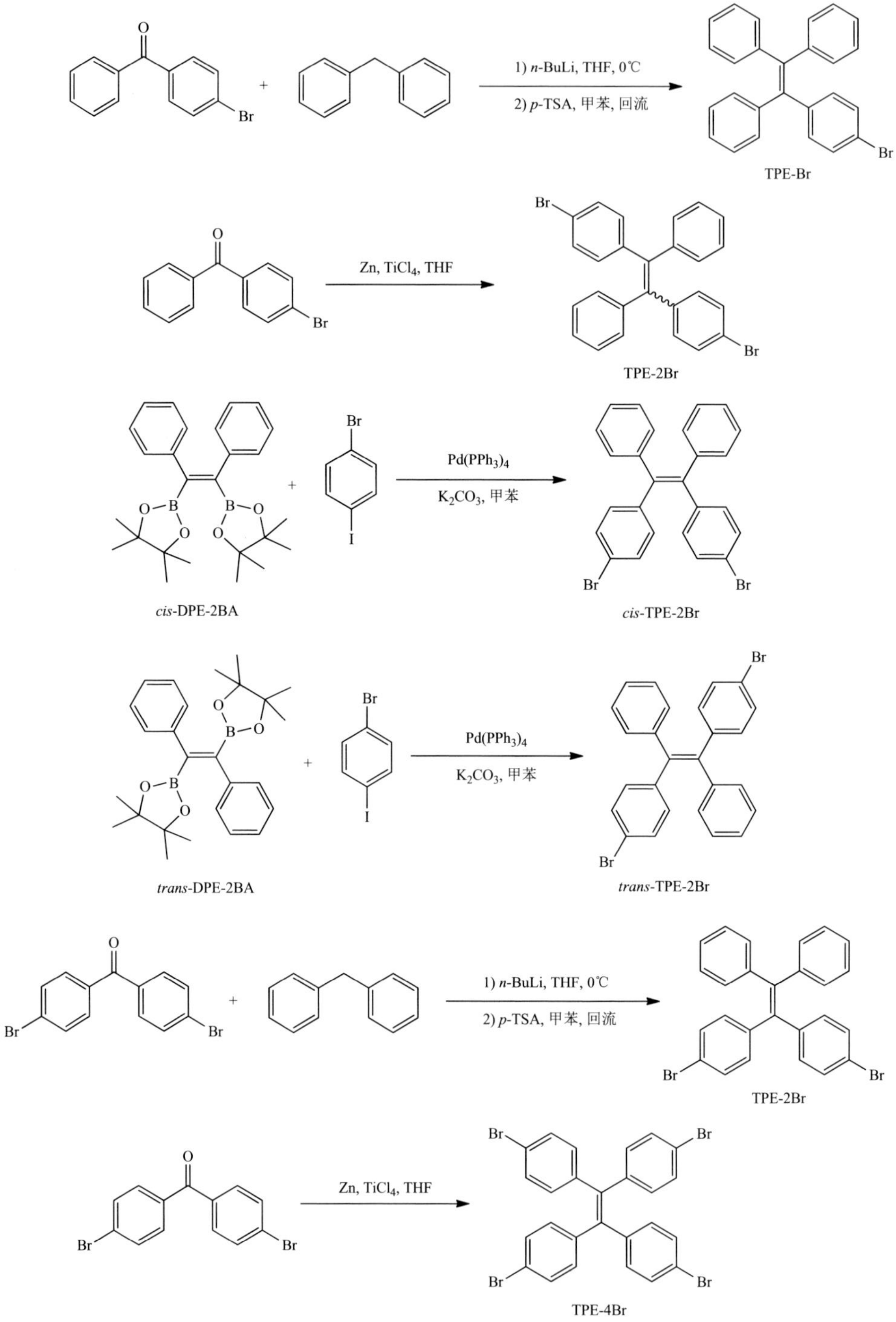

图 1-17 溴代 TPE 衍生物的合成路线

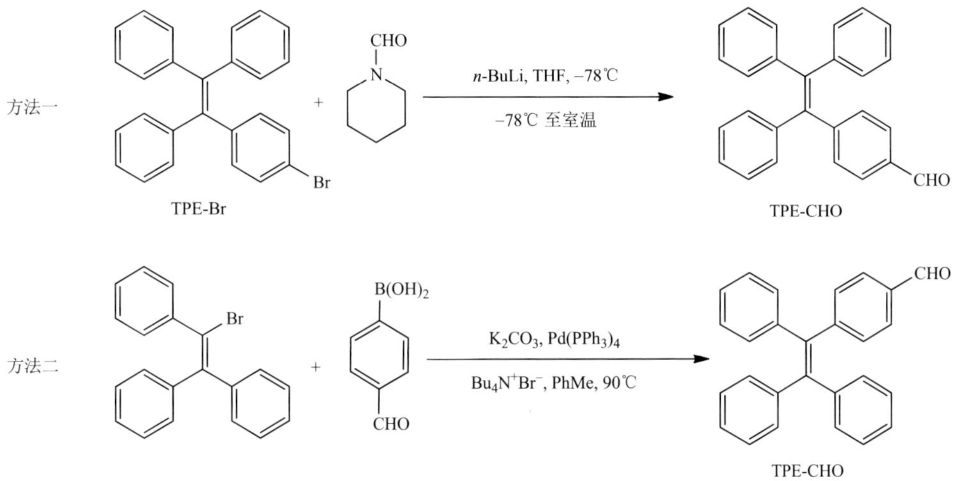

图 1-18　醛基取代 TPE 衍生物的合成路线

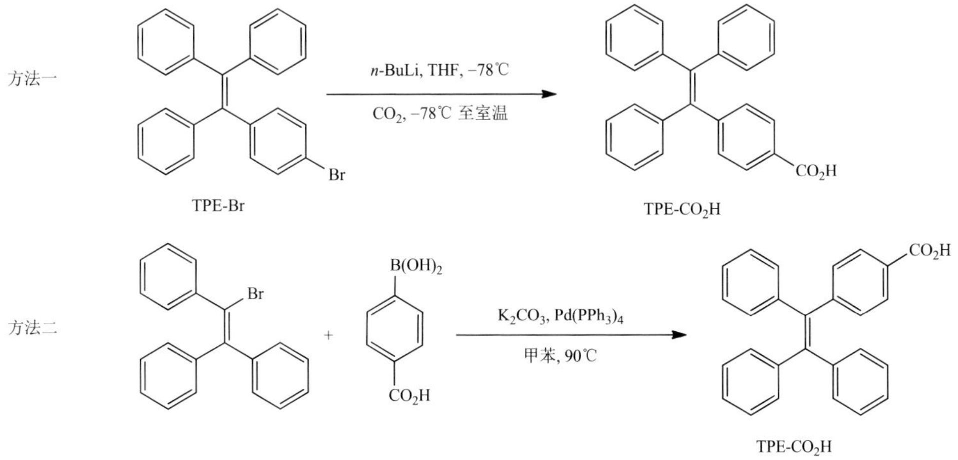

图 1-19　羧基取代 TPE 衍生物的合成路线

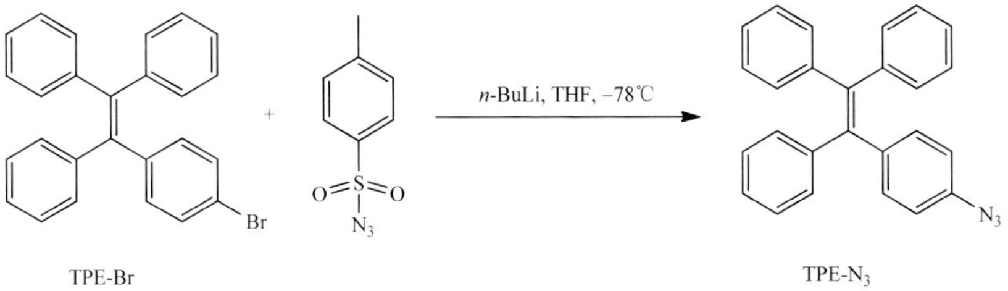

图 1-20　叠氮基取代 TPE 衍生物的合成路线

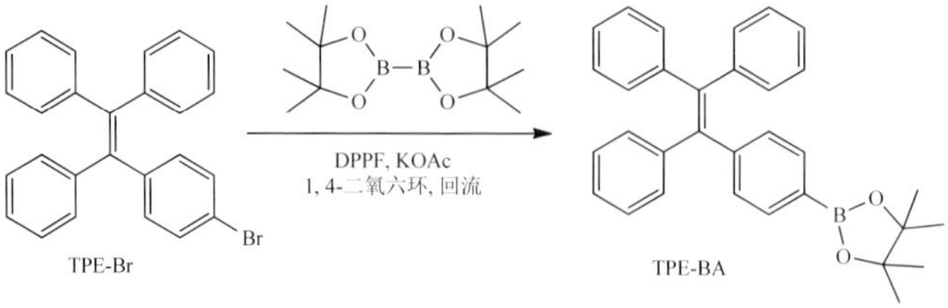

图 1-21 双联频哪醇硼酸酯取代 TPE 衍生物的合成路线

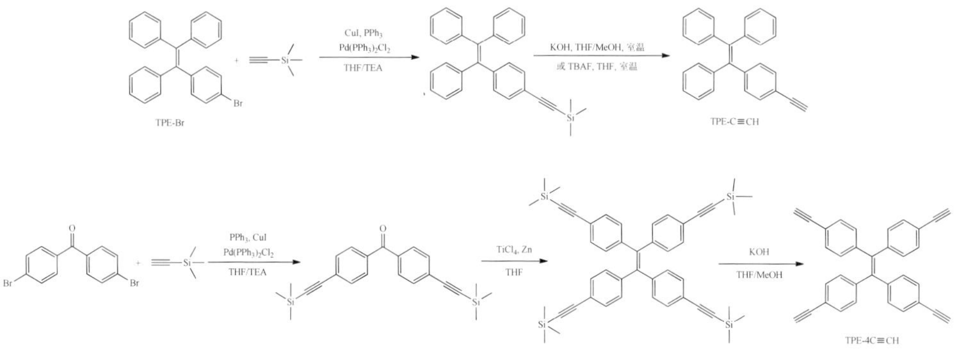

图 1-22 炔基取代 TPE 衍生物的合成路线

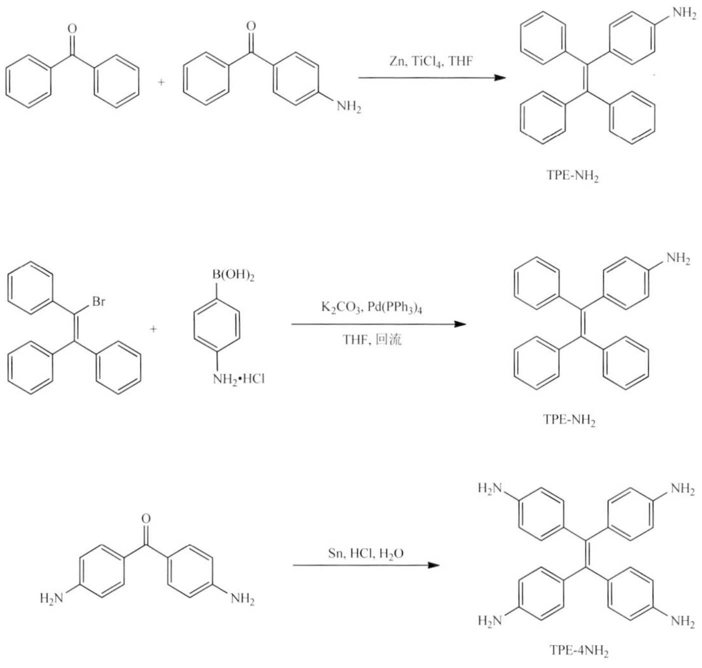

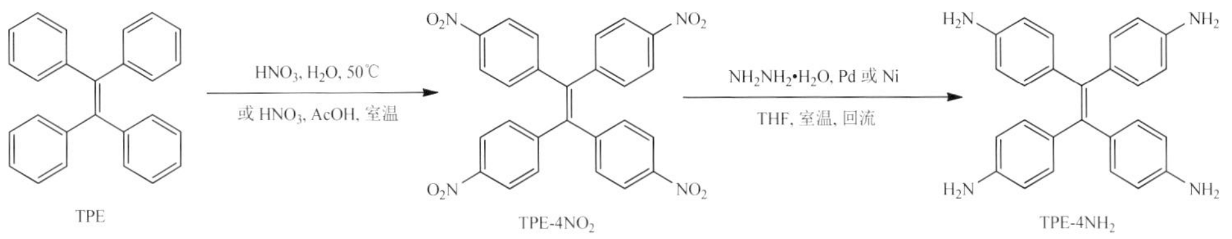

图 1-23　氨基取代 TPE 衍生物的合成路线

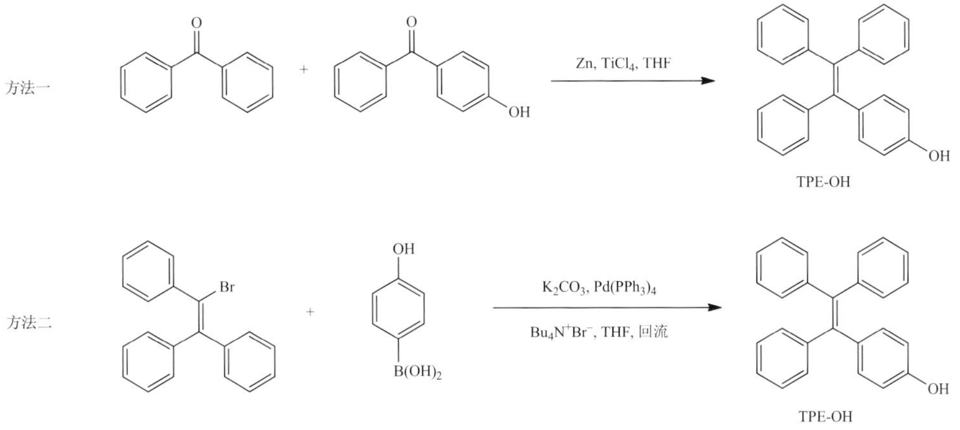

图 1-24　羟基取代 TPE 衍生物的合成路线

1.3 　噻咯及其衍生物的合成

一直以来，由于硅原子的半金属特性，硅杂环戊二烯（也称噻咯）成为其中最受关注的一类金属杂茂化合物，其结构如图 1-25 所示。硅是自然界中性质最接近碳元素的元素，具有许多与碳元素相似的性质。例如，在绝大多数含硅化合物中，硅原子的轨道杂化形式主要为 sp^3 杂化，其轨道的几何构型为四面体。但是，硅原子与碳原子又有一些不同之处。例如，硅原子除了 s 和 p 轨道外，还有 5 个可成键的空 d 轨道，从而呈现出半金属性（金属性介于非金属碳和金属锗之间），并且相比于碳原子具有更好的电子亲和力。另外，由于硅原子中心的两个外环反键轨道 σ^* 与环戊二烯的反键轨道 π^* 存在 σ^*-π^* 共轭，导致噻咯化合物的最低未占分子轨道（LUMO）比吡咯、呋喃、噻吩等五元杂环化合物低很多，有望作为有机电致发光器件中的电子传输层。1961 年，Braye 等首次报道了化合物六苯基噻咯（1, 1, 2, 3, 4, 5-hexaphenyl-1H-silole，HPS）的合成方法[35]。

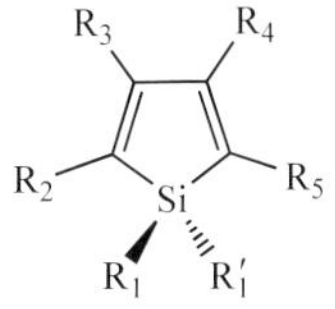

图 1-25　噻咯化合物的一般结构通式

但是，直到 1996 年，Tamao 等首次尝试合成了一系列噻咯衍生物，并将其作为有机电致发光器件中的电子传输层[36]。研究结果表明噻咯类化合物是一类比较高效的电子传输材料，与经典的电子传输材料三（8-羟基喹啉）铝相比也毫不逊色。自此以后，重点围绕着新型噻咯化合物的设计合成及其在有机电致发光器件中的应用研究展开。

图 1-26　化合物 MPPS 的结构式

2001 年，唐本忠等在实验过程中发现化合物 1-甲基-1, 2, 3, 4, 5-五苯基噻咯（MPPS，图 1-26）在溶液中几乎不发光，但是在聚集状态或固体薄膜状态下发光显著增强的现象[1]。由于发光增强现象是聚集导致的，因此他们将该现象命名为"聚集诱导发光"。为了证明噻咯家族普遍具有 AIE 特性，唐本忠等随后制备了一系列噻咯衍生物，并且对其在溶液态和聚集状态或固体薄膜状态下的发光性质进行了详细研究，实验结果表明噻咯衍生物均表现出与化合物 MPPS 相似的发光行为[37]。因此，尽管人们早在 1996 年就发现噻咯化合物是一种高效的电子传输材料，但是直到 2001 年唐本忠等发现了噻咯化合物的 AIE 现象，噻咯家族的发光性质及其相关应用研究才又重新吸引了研究者的研究兴趣。此外，AIE 现象的发现也表明噻咯家族作为一类特殊的化合物，在聚集态或固态下具有高效发光的特性，从而极大地推动了噻咯化合物在光电器件、传感、生物成像和智能材料等多个领域的应用研究。

众所周知，先进功能材料的开发离不开合成方法的发展，尤其是噻咯化合物的合成方法相对比较少，并且反应条件比较苛刻。因此，合成方法的改进和开发是发展新型功能噻咯化合物的关键。目前，噻咯化合物的合成方法主要有以下几种：二芳基乙炔的还原二聚法、二乙炔基硅烷的分子内还原法、二炔基硅烷的有机硼化反应及涉及过渡金属参与的噻咯合成法等[38]。由于二芳基乙炔的还原二聚法和二乙炔基硅烷的分子内还原法具有更好的普适性和可控性，是当前噻咯化合物的主流合成方法，因此在本书中将对这两种合成方法的反应原理和实验操作细节进行详细介绍。

1）二芳基乙炔的还原二聚法

历史上第一个噻咯化合物 HPS 的合成采用的就是二苯乙炔的还原二聚法[35]。如图 1-27 所示，该方法的具体反应过程如下：二苯乙炔和金属锂片发生反应生成高活性的 1, 2, 3, 4-四苯基丁二烯-1, 4-二锂试剂，然后再将二苯二氯硅烷加入活性二锂试剂中，两者之间发生亲核取代反应，可以大约 50%的产率生成化合物 HPS。反应原料二苯乙炔和二苯二氯硅烷的投料比是 2∶1，而锂薄片过量即可。二芳基乙炔的还原二聚法的关键步骤在于 1, 2, 3, 4-四芳基丁二烯-1, 4-二锂试剂的制备。下面以二苯乙炔为例，对 1, 2, 3, 4-四芳基丁二烯-1, 4-二锂试剂的制备过程进行详细说明：将二苯乙炔溶于适量乙醚溶液中，向其中加入锂薄片，置于室温下搅拌反应。在搅拌过程中，溶液会快速变成深红色，但是随着二苯乙炔浓度的降低，溶液变成深红色需要的反应时间会变长。当二苯乙炔的浓度为 2～3 mol/L 时，大约需要 10 min。随着反应时间的延长，1, 2, 3, 4-四苯基丁二烯-1, 4-二锂会以橘黄色沉淀物从溶液中析出。反应进行大约 2 h 后，可以以 70%～85%的收率得到 1, 2, 3, 4-四苯基丁二烯-1, 4-二锂试剂。当反应投料的量很大时，需要采取制冷措施，因为反应过程会放出大量热量，导致反应体系温度升高，从而会引发副反应的发生。此外，1, 2, 3, 4-四苯基丁二烯-1, 4-二锂试剂在使用之前通常需要先加入大量四氢呋喃溶剂将其稀释，这样有助于提高反应产率。

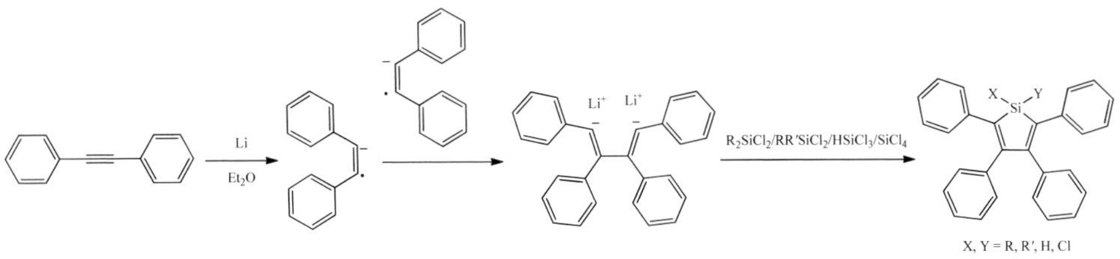

图 1-27　二芳基乙炔的还原二聚法的反应机理

Et₂O：乙醚

　　下面以二苯乙炔为例对二芳基乙炔的还原二聚法的反应机理进行说明。如图 1-27 所示，二苯乙炔和金属锂之间发生单电子转移生成二苯乙炔的自由基阴离子，该自由基阴离子发生二聚形成高活性的 1, 2, 3, 4-四苯基丁二烯-1, 4-二锂试剂，然后和相应的硅烷试剂发生亲核取代反应即可生成噻咯化合物。当加入的金属锂过量时，有时可能会发现反应溶液变成棕色并伴随着棕色沉淀物析出，这是因为发生了其他副反应。通过将反应溶液进行水解可以检测到副产物 1, 2, 3-三苯基萘，该副产物是通过 1, 2, 3, 4-四苯基丁二烯双阴离子发生重排反应生成的。Braye 等在合成化合物 HPS 的实验过程中发现除了缩短反应时间，扩大反应规模（二苯乙炔的投料大于 5 g）也可以抑制该重排反应。此外，通过控制二芳基乙炔和金属锂的投料比（二芳基乙炔过量）也可以降低副反应的发生概率[39]。Braye等无法解释重排反应发生的具体原因，但是他们推测重排反应发生可能与溶剂中存在微量过氧化物和金属锂中含有微量金属盐有关[35]。

　　1969 年，Curtis 在制备卤素取代噻咯化合物时发现，按照上述的实验操作方法无法获得产物。但是如果改变加料的方式，将 1, 2, 3, 4-四芳基丁二烯-1, 4-二锂试剂分批加入卤素取代的硅烷试剂中，才可以获得卤素取代的噻咯化合物[40]。因此，人们后来将二芳基乙炔的还原二聚法称为 Curtis 法。高活性的 1, 2, 3, 4-四芳基丁二烯-1, 4-二锂试剂可以和 R_2SiCl_2、$RR'SiCl_2$、$HSiCl_3$ 和 $SiCl_4$ 分别发生反应生成相应的噻咯化合物。值得一提的是，和 $HSiCl_3$ 发生反应生成的噻咯化合物含有 Si—H 和 Si—Cl 两种不同的化学键，它们可以通过发生不同类型的有机反应引入不同的官能团或取代基。Si—H 键可以和不饱和键发生硅氢加成反应，而 Si—Cl 键可以和有机金属试剂（有机锂、格氏试剂）发生复分解反应。1, 2, 3, 4-四芳基丁二烯-1, 4-二锂试剂和 $SiCl_4$ 发生反应生成的噻咯化合物含有两个 Si—Cl 键，也可以和有机金属试剂（有机锂、格氏试剂）发生复分解反应生成相应的噻咯衍生物。Curtis 法中最常用的炔烃为对称性的二芳基乙炔，非对称性的乙炔也是可用的。在理论上，非对称性的乙炔会生成如图 1-28 所示的三种异构体。唐本忠教授课题组经过不懈的努力，对这三种异构体进行 20 次色谱分离后，成功分离到了三种异构体[41]。根据立体位阻的大小，三种异构体的生成比例（$Silole_{2,4}$：$Silole_{2,5}$：$Silole_{3,4}$）为 40：2.3：1。因此，以非对称性的乙炔作为起始原料时，主要产物是大位阻芳基位于 2, 4-位的噻咯化合物。

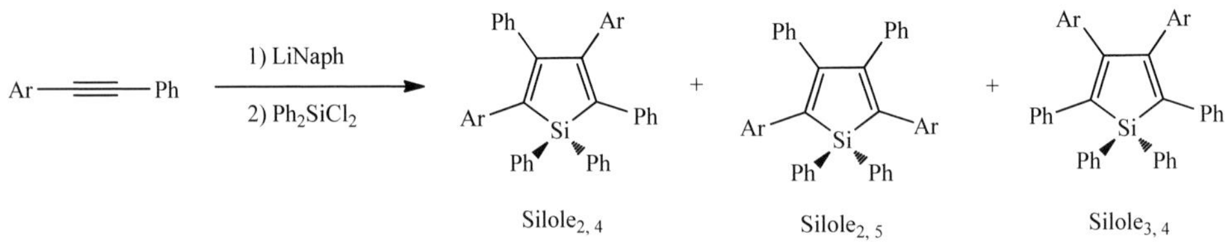

图 1-28　非对称性的乙炔用作原料生成的三种异构体

LiNaph：锂萘；Ph_2SiCl_2：二苯二氯硅烷

　　Curtis 法的优点主要有两个：一是起始原料二芳基乙炔可以从市场上买到，并且价格比较便宜；二是可以在硅原子中心生成 Si—Cl 和 Si—H 键，然后与有机金属试剂和不饱和键分别发生复分解反应和硅氢加成反应生成官能化或功能化的噻咯化合物。但是，该方法也存在着局限性：一是在反应过程中可能会生成副产物 1, 2, 3-三苯基萘，并且形成这种副产物的起始点难以预测，只能通过反应溶液的颜色变成棕色来进行判断；二是该方法不能实际应用于非对称性取代的二芳基乙炔或 $ArC\equiv CR$（Ar 为芳基，R 为烷基）类型的乙炔底物，因为会生成三种异构体，导致分离提纯过程极为困难。下面以化合物 HPS 的合成为例（图 1-29），对 Curtis 法的具体实验操作步骤进行详细说明。

　　采用 Curtis 法合成化合物 HPS 的具体实验操作步骤[42]：在氮气保护下，向反应瓶中加入二苯乙炔（10 g，56.1 mmol）和无水四氢呋喃（100 mL），然后在搅拌下向反应液中加入锂薄片（350 mg，50 mmol）并继续在室温下搅拌反应 5 h。向上述反应液中加入二苯二氯硅烷（7.6 g，30 mmol），加热回流搅拌反应 4 h。待反应液冷却至室温，减压浓缩，然后用二氯甲烷进行萃取，用无水硫酸镁干燥，过滤，减压浓缩，所得粗产物用正己烷/乙醇（体积比为 2∶1）混合溶剂进行重结晶可得到黄绿色晶体（产率为 80%）。

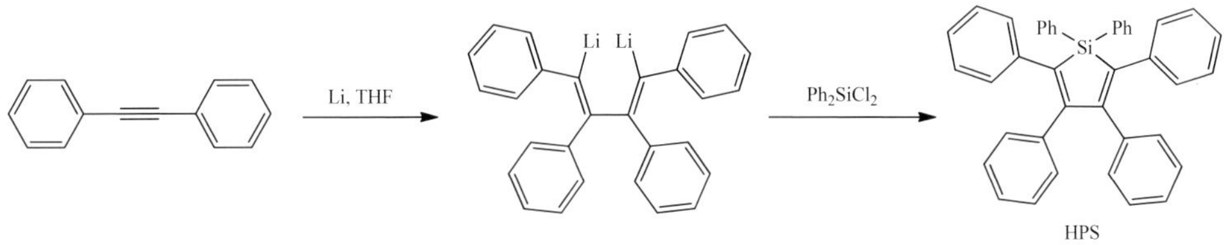

图 1-29　采用 Curtis 法合成化合物 HPS

2）二乙炔基硅烷的分子内还原法

1996 年，Tamao 等发展了一种新的合成方法，可以选择性地在噻咯的 3, 4-位引入一组相同的取代基，在 2, 5-位引入另一组相同或不同的取代基。这种新的合成方法称为二乙炔基硅烷的分子内还原法，也称为 Tamao 法[36]。Tamao 法比 Curtis 法具有更好的灵活性和普适性。如图 1-30 所示，二乙炔基硅烷与锂萘（LiNaph）试剂发生反应形成双自由基活性中间体，该中间体发生自由基偶联形成噻咯环，同时噻咯环的 2, 5-位形成双阴离子中心，并与锂离子形成离子键，生成 2, 5-二锂噻咯活性中间体。该活性中间体和氯化锌·甲基乙二胺（ZnCl$_2$·TMEDA）试剂发生转金属化反应生成 2, 5-氯化锌噻咯活性中间体。该金属锌试剂与卤代烃在镍或钯的配合物催化下可以发生交叉偶联反应，从而可以在噻咯的 2, 5-位引入其他取代基或官能团。卤代烃可以是卤代烯烃、卤代芳烃、卤代炔烃。将 2, 5-二锂噻咯转换成 2, 5-氯化锌噻咯的目的在于，锌试剂参与的交叉偶联反应（Negishi 反应）对官能团的兼容性更好，并且反应条件温和，反应选择性和产率都比较高，唯一的不足在于锌试剂对水很敏感。此外，2, 5-二锂噻咯中间体也可以和液溴、N-溴代琥珀酰亚胺（NBS）发生反应生成 2, 5-二溴噻咯，然后进一步和有机金属试剂（格氏试剂、锌试剂、锡试剂）、炔烃、芳基硼酸或硼酸酯发生交叉偶联反应，可用于制备结构新型的噻咯衍生物。

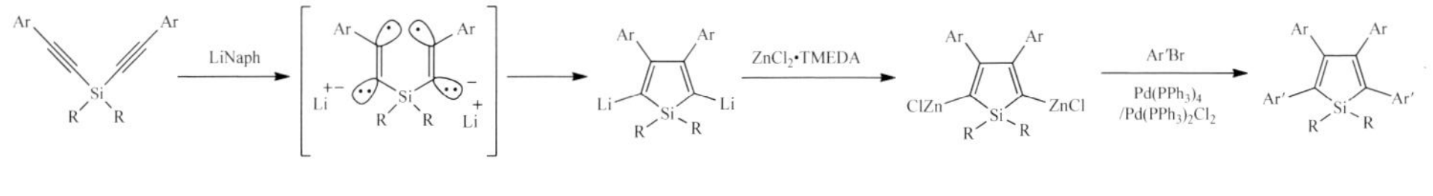

图 1-30　二乙炔基硅烷的分子内还原反应

Pd(PPh$_3$)$_2$Cl$_2$：二（三苯基膦）二氯化钯

　　Tamao 法包含三步反应，但是可通过"一锅法"进行。值得一提的是，在反应过程通常需要加入过量的 LiNaph 试剂来制备活性 2, 5-二锂噻咯中间体，而反应体系中多余的 LiNaph 试剂会影响后续的反应过程。因此，在加入 ZnCl$_2$·TMEDA 试剂进行转金属化之前，需要加入含大位阻取代基的氯硅烷（Ph$_3$SiCl 或 t-BuPh$_2$SiCl）以除去多余的 LiNaph 试剂。如果不想通过这种外加其他试剂的方法来除去多余的 LiNaph 试剂，也可以通过加入过量的 ZnCl$_2$·TMEDA 来除去。Tamao 法的优点主要体现在可以很方便地在噻咯环的 2, 5-位上引入官能团或进行功能化，而相关研究结果表明噻咯环上 2, 5-位取代基对噻咯化合物的发光和电学性能影响最为显著，因此 Tamao 法是制备新型功能化噻咯化合物的主流方法。但是，该方法也存在着局限性：一是反应原料二乙炔基硅烷无法从市场上买到，需要先将芳基乙炔转化为活性炔基锂试剂，然后和二氯硅烷发生反应；二是无法在硅原子中心上引入 Si—H 和 Si—Cl 功能键，因此不适用于制备依赖于硅原子进行官能化或功能化的化合物。下面分别以化合物 2, 5-二(间氟苯)-1, 1-二甲基-3, 4-二苯基噻咯和 2, 5-二(对硝基苯)-1, 1-二甲基-3, 4-二苯基噻咯的合成为例，对 Tamao 法的反应过程中是否加入含大位阻取代基的氯硅烷的具体实验操作步骤进行详细说明[43]。

　　采用 Tamao 法合成化合物 2, 5-二(间氟苯)-1, 1-二甲基-3, 4-二苯基噻咯（图 1-31）的具体实验操作步骤：在氮气保护下，向反应瓶中加入萘（1.6 g，12.1 mmol）和无水四氢呋喃溶剂（12 mL），在搅拌下加入金属锂颗粒（83.3 mg，12.0 mmol），在室温下搅拌反应 5 h 即可现场制备锂萘试剂（反应变为深绿色）。然后，向上述反应液中缓慢滴加二苯乙炔基硅烷（781.2 mg，3.0 mmol，溶于 5 mL 无水四氢呋喃），在室温下搅拌反应 10 min。将反应瓶置于–78℃下，向反应液中缓慢滴加 Ph$_3$SiCl（1.77 g，6.0 mmol，溶于 10 mL 无水四氢呋喃）并继续搅拌反应 10 min，然后将反应瓶置于 0℃下搅拌反应 20 min。在此温度下，先向反应液中加入 ZnCl$_2$·TMEDA 固体（1.67 g，6.6 mmol），然后加入 20 mL 无水四氢呋喃将反应液进行稀释，得到浅绿色悬浮液，并在室温下搅拌反应 1 h。向此反应液中分别加入间溴氟苯（0.74 g，6.6 mmol）和催化剂 Pd(PPh$_3$)$_2$Cl$_2$（105.0 mg，0.15 mmol），加热回流搅拌反应过夜。待反应冷却至室温，过滤除

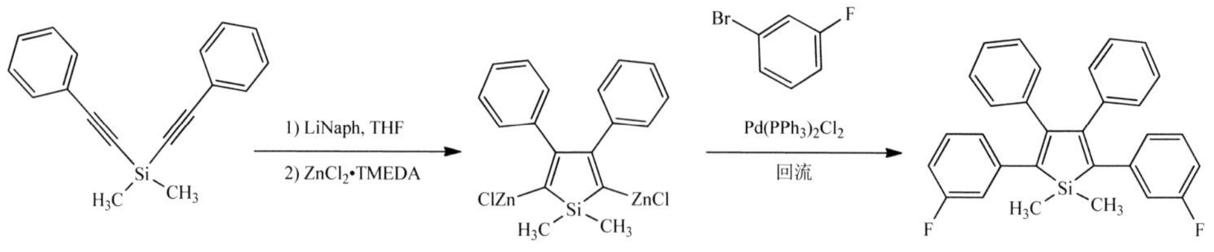

图 1-31　采用 Tamao 法合成化合物 2, 5-二（间氟苯）-1, 1-二甲基-3, 4-二苯基噻咯（外加 Ph$_3$SiCl）

去不溶物（包含六苯基乙硅烷）。向滤液中加入 0.5 mol/L 稀盐酸，用乙醚萃取
3 次，合并有机相，用饱和食盐水洗涤，用无水硫酸镁干燥，过滤，减压浓缩，
所得粗产物在正己烷中重结晶，然后将剩下的母液减压浓缩，采用柱层析法进行
分离和纯化（总产率为 81%）。

　　采用 Tamao 法合成化合物 2, 5-二(对硝基苯)-1, 1-二甲基-3, 4-二苯基噻咯
（图 1-32）的具体实验操作步骤：在氮气保护下，向反应瓶中加入萘（1.0 g，
7.8 mmol）和无水四氢呋喃溶剂（8 mL），在搅拌下加入金属锂颗粒（55.3 mg，
8.0 mmol），在室温下搅拌反应 5 h 即可现场制备锂萘试剂（反应变为深绿色）。然
后，向上述反应液中缓慢滴加二苯乙炔基硅烷（520.8 mg，2.0 mmol，溶于 4 mL
无水四氢呋喃），在室温下搅拌反应 10 min。然后将反应瓶置于 0℃下，先向反应
液中加入 ZnCl₂·TMEDA 固体（2.0 g，8.0 mmol），然后加入 10 mL 无水四氢呋喃
将反应液进行稀释，得到黑色悬浮液，并在室温下搅拌反应 1 h。向此反应液中分别
加入对碘硝基苯（1.04 g，4.2 mmol）和催化剂 Pd(PPh₃)₂Cl₂（70.0 mg，0.1 mmol），
加热回流搅拌反应过夜。待反应结束后，向反应液中加入 1 mol/L 稀盐酸，用乙
醚萃取 3 次，合并有机相，用饱和食盐水洗涤，用无水硫酸镁干燥，过滤，减压
浓缩，采用柱层析法进行分离和纯化（产率为 87%）。

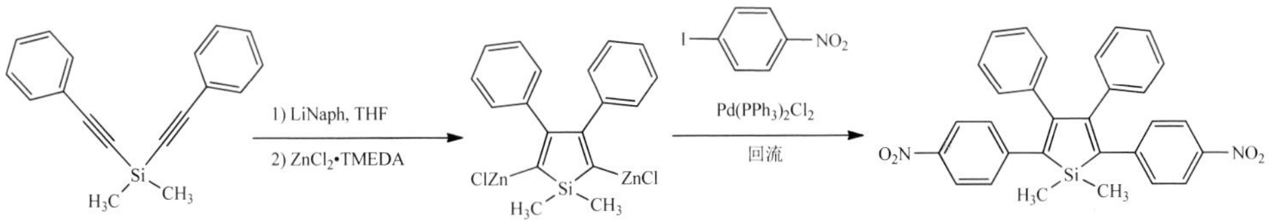

图 1-32　采用 Tamao 法合成化合物 2, 5-二(对硝基苯)-1, 1-二甲基-3, 4-二苯基噻咯(不加 Ph₃SiCl)

　　以上内容主要介绍了噻咯化合物的两种合成方法的反应机理、具体反应过程
和需要注意的实验操作细节。Curtis 法与 Tamao 法最大的差异在于噻咯环的成环
方式不同，前者是先通过两分子乙炔和金属锂反应生成 1, 4-二锂丁二烯中间体，
然后和活性硅烷反应形成噻咯环；后者是通过事先制备好的二炔基硅烷和锂萘试
剂反应直接形成 2, 5-位锂化的噻咯环。成环方式的差异导致噻咯环形成后在环上
的不同位置引入活性位点，如图 1-33 所示，Curtis 法是以在硅原子中心上生成的
Si—Cl 键或 Si—H 键作为反应活性位点，而 Tamao 法是以在噻咯环的 2, 5-位生成
的 C—ZnCl 键作为反应活性位点。Si—Cl 键可以与活性有机金属试剂发生复分
解反应，而 Si—H 键可以与不饱和键发生硅氢加成反应。值得一提的是，Si—Cl
键可以在碱性条件下发生水解反应生成 Si—OH 键，然后进一步和硅烷试剂反应
生成环状噻咯化合物（图 1-34）。噻咯环上 2, 5-位处 C—ZnCl 键可以与不同的卤
代烃发生 Negishi 交叉偶联反应（包括卤代芳烃、卤代烯烃、卤代炔烃）。此外，

2, 5-位处 C—ZnCl 键也可以和液溴或 NBS 发生反应生成 2, 5-二溴噻咯衍生物（图 1-35），然后进一步和活性有机金属试剂、炔烃、烯烃、芳基硼酸酯发生偶联反应。通过对比这两种合成方法的反应机理和反应过程，不难发现它们在某种程度上是互补的，Curtis 法适用于合成硅原子中心含有官能团和功能基的噻咯化合物，而 Tamao 法适用于合成噻咯环的 2, 5-位含有官能团的噻咯化合物。由于在噻咯环的 2, 5-位进行结构修饰对化合物的光电性能影响最大，而通过 Tamao 法可以在噻咯环的 2, 5-位引入种类丰富的取代基，因此 Tamao 法是当前最为流行和受欢迎的一种合成噻咯化合物的方法。

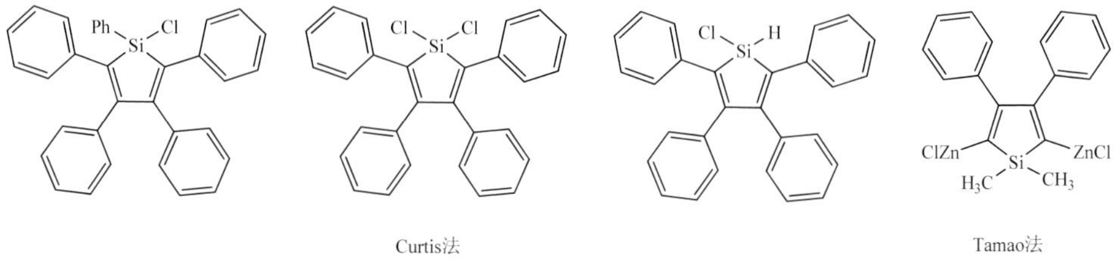

Curtis法   Tamao法

图 1-33   Curtis 法与 Tamao 法形成噻咯环后在不同位置引入活性位点

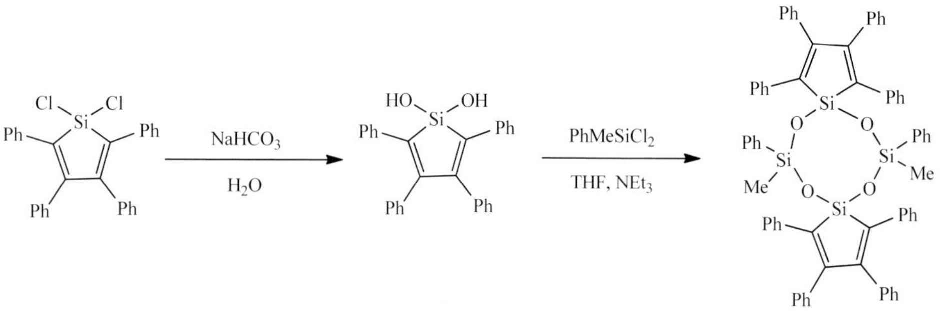

图 1-34   环状噻咯化合物的合成方法

PhMeSiCl₂：二苯二氯硅烷；NEt₃：三乙胺

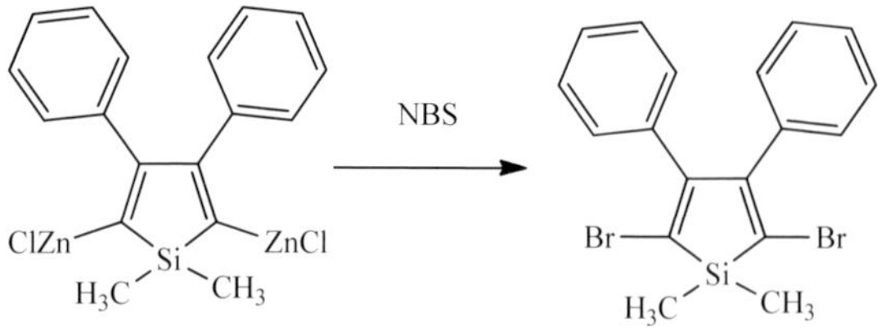

图 1-35   2, 5-二溴噻咯衍生物

1.4 　四苯基吡嗪及其衍生物的合成

唐本忠教授课题组在 2015 年开发了一个新型的
AIE 基元，即四苯基吡嗪（tetraphenylpyrazine，TPP），
结构式如图 1-36 所示[44, 45]。从化学结构式来看，TPP
分子相当于将 TPE 分子中的双键换成含有两个氮杂原
子的吡嗪环，扩展了分子的共轭结构。此外，与 TPE
骨架相比，TPP 骨架由于其全芳香环结构增强了对光、

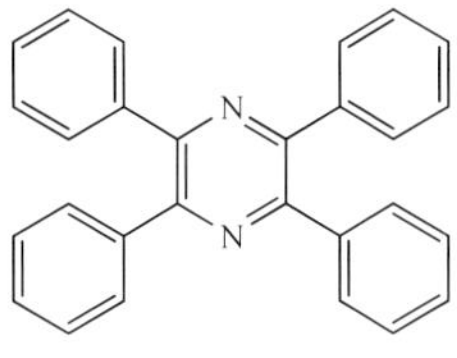

图 1-36　TPP 的分子结构式

氧以及酸、碱的稳定性。TPP 骨架中的吡嗪环是一个缺电子的芳香杂环，通过引
入给电子取代基，可以调控分子内的给-受体相互作用，从而对发射波长进行有效
调节。因此，TPP 作为一种新型的 AIE 基元，可用于构建新型的 AIE 分子和功能
材料。

TPP 分子有两种合成方法，具体合成路线如图 1-37 所示。方法一：将廉价的
市售原料 2-羟基-2-苯基苯乙酮（俗称安息香）、乙酸铵、乙酸酐和冰醋酸混合，
加热回流搅拌反应 3～4 h 即可。该反应的反应机理是：乙酸铵在加热条件下释放
出氨气，氨气和羰基发生缩合反应生成中间体 **1**，中间体 **1** 在酸性条件下异构化
成中间体 **2**，两分子中间体 **2** 发生氨基和羰基缩合成环反应生成中间体 **3**，中间体
3 脱去两分子水生成中间体 **4**，中间体 **4** 发生脱氢芳构化反应生成终产物 TPP。方
法二：将市售原料苯偶酰和 1, 2-二苯基乙二胺和冰醋酸混合，加热回流搅拌反应
4 h 即可。方法二的反应机理与方法一类似。从总体上来讲，这两种合成方法是比
较相似的，并且起始原料都可商业购买，反应条件简单，实验操作方便。但是，
这两种合成方法有各自的局限性：方法一的反应产率比较低，反应没有区域选择
性，合成双取代 TPP 衍生物时存在两种异构体；方法二的起始原料 1, 2-二苯基乙
二胺的价格昂贵。方法一适用于合成对称取代 TPP 衍生物，方法二则适用于合成
单取代和多取代 TPP 衍生物。下面以 TPP 分子的合成为例，对以上两种合成方法
的实验操作步骤进行详细说明。

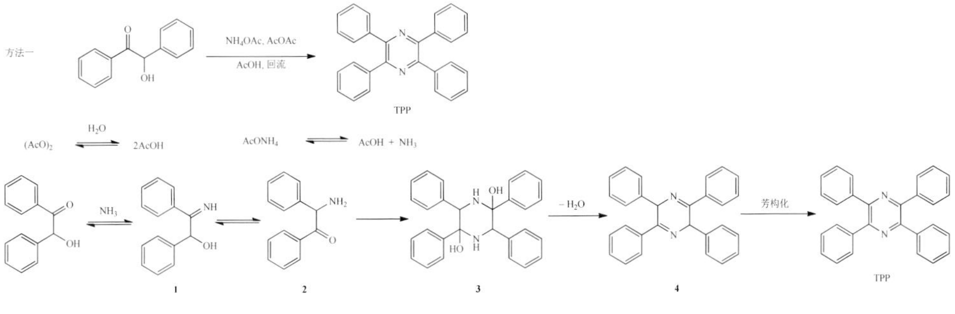

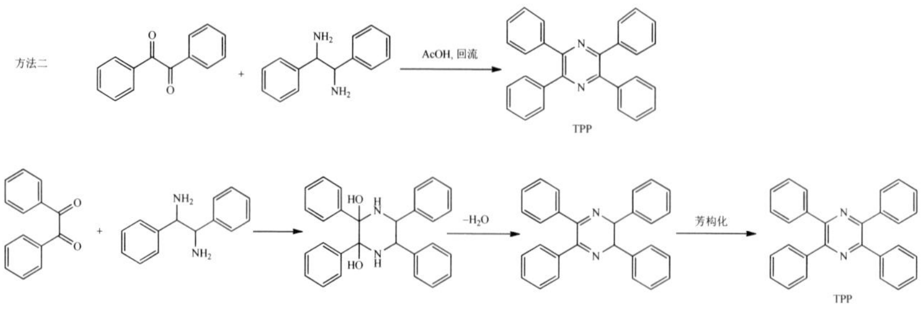

图 1-37 化合物 TPP 的两种合成路线

方法一的具体实验操作步骤：向反应瓶中依次加入安息香（2.1g，10.0 mmol）、乙酸铵（2.3 g，30.0 mmol）、乙酸酐（1.4 mL，15.0 mmol）和冰醋酸（50 mL），加热回流搅拌反应 4 h。待反应液冷却至室温，过滤，收集粗产物。所得粗产物在冰醋酸中重结晶三次得到的终产物为白色晶体（产率为 33.9%）。

方法二的具体实验操作步骤：向反应瓶中依次加入苯偶酰（210.0 mg，1.0 mmol）、1, 2-二苯基乙二胺（212.0 mg，1.0 mmol）和冰醋酸（2 mL），加热回流搅拌反应 4 h。待反应液冷却至室温，过滤，收集粗产物。所得粗产物在冰醋酸中重结晶三次得到的终产物为白色晶体（产率为 46.9%）。

与 TPE 和噻咯骨架的合成途径比较，合成 TPP 骨架的反应条件更为简单（无需氮气保护，在空气中回流即可）。此外，反应的后处理只需要进行简单的过滤和重结晶操作。

TPP 作为一种新型的 AIE 基元，在构建新型 AIE 分子和功能材料以及探索新的应用价值和发光机制方面具有重要的研究意义。与 TPE 骨架类似，AIE 型 TPP 衍生物的合成主要是通过溴代 TPP 中间体来实现的（图 1-38）。溴代 TPP 中间体可以通过与不同的有机金属试剂、炔烃、烯烃和芳基硼酸酯发生偶联反应来开发新型的 AIE 分子和功能材料。唐本忠教授课题组早期在制备溴代 TPP 中间体时参考的是 TPP 分子的合成方法，具体合成路线如图 1-39 所示。合成化合物 TPP-Br 和 TPP-2Br 采用的是方法二，其中反应原料 4-溴苯偶酰无法商业购买，需要通过起始原料苯乙酰氯经两步反应制备，而反应原料 4, 4'-二溴苯偶酰和 1, 2-二苯基乙二胺都是可商业购买的。合成化合物 TPP-2Br 和 TPP-4Br 采用的是方法一，其中反应原料 4-溴安息香和 4, 4'-二溴安息香都无法商业购买，需要分别通过起始原料 4-溴苯苯乙酮和对溴苯甲醛经一步反应制备。值得一提的是，在采用方法二合成化合物 TPP-Br 和 TPP-2Br 时，通过提高 1, 2-二苯基乙二胺的反应当量，并且适当延长反应时间，可以显著提高反应产率，而采用方法一合成化合物 TPP-2Br 和 TPP-4Br 时，用七水合三氯化铈替代乙酸酐，也可以提高反应产率。

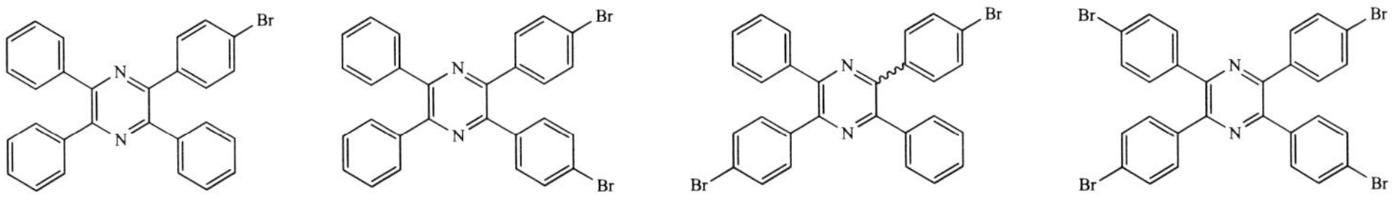

图 1-38　溴代 TPP 衍生物的化学结构式

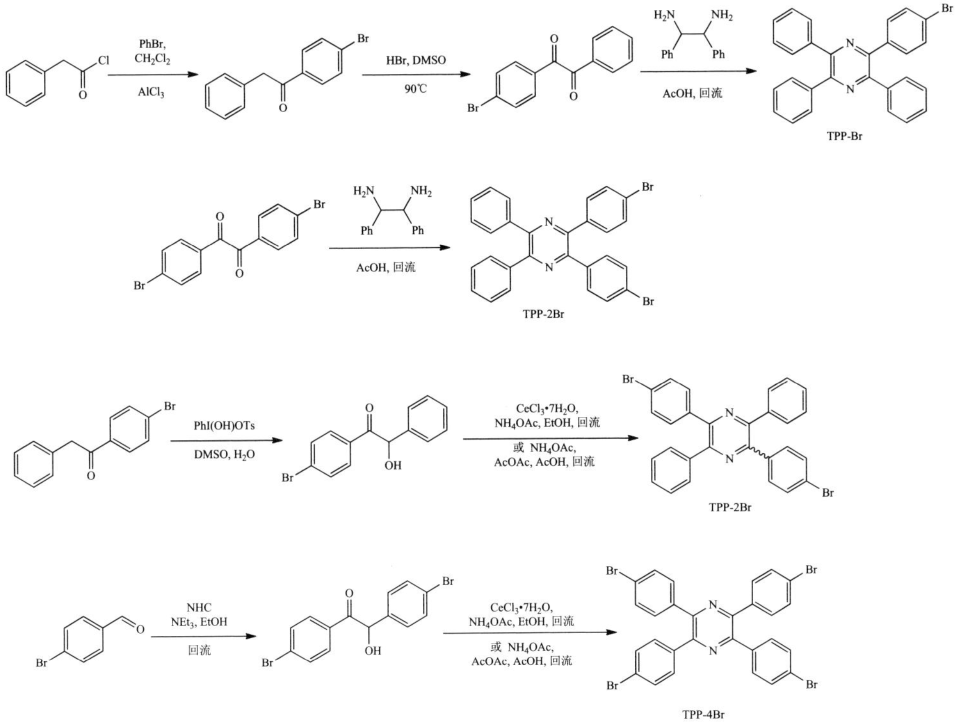

图 1-39　溴代 TPP 中间体的合成路线

DMSO：二甲基亚砜；PhI(OH)OTs：羟基（对甲苯磺酰氧基）碘苯；NHC：N-杂环卡宾；NEt₃：三乙胺

与溴代 TPE 衍生物类似，溴代 TPP 衍生物中的溴原子也可以进一步转化为醛基、羧基、叠氮基、硼酸基或硼酸酯基和炔基等活性官能团。此外，TPP 硼酸酯也是一类很重要的反应中间体，可以通过和卤代芳烃发生 Suzuki 交叉偶联反应来制备新型的 AIE 分子和功能材料。TPP 硼酸酯的化学结构式如图 1-40 所示，它的合成是通过相应的溴代 TPP 中间体和双联频哪醇硼酸酯发生偶联反应来实现的。在本节中仅以化合物 TPP-4BA 为例，对 TPP 硼酸酯的合成方法进行介绍（图 1-41）。化合物 TPP-4BA 的具体实验操作步骤如下[46]：在氮气保护下，向反应管中依次加入化合物 TPP-4Br（200.0 mg，0.28 mmol）、双联频哪醇硼酸酯（297.0 mg，1.17 mmol）、乙酸钾（229.0 mg，2.34 mmol）、催化剂 Pd(dppf)Cl$_2$·CH$_2$Cl$_2$（23.0 mg，0.028 mmol）和 1,4-二氧六环（5 mL）溶剂，加热至 85℃搅拌反应 48 h。待反应体系冷却至室温，减压浓缩，用二氯甲烷萃取，用饱和食盐水洗涤，用无水硫酸钠干燥，过滤，减压浓缩，采用硅胶柱层析法进行分离纯化（洗脱剂：二氯甲烷/乙酸乙酯，5：1 体积比），建议装一根短的硅胶柱，因为产物的极性很大，比反应原料及其他杂质的极性大很多，不容易产生交叉，并且可以减少产物吸附在硅胶柱上的损失（产率为 59%）。

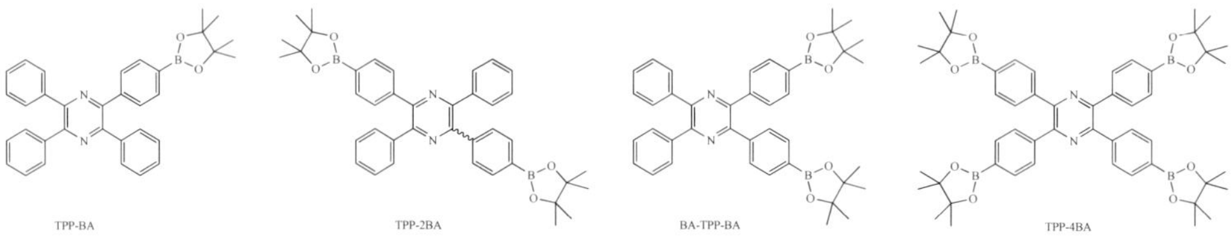

图 1-40　TPP 硼酸酯的化学结构式

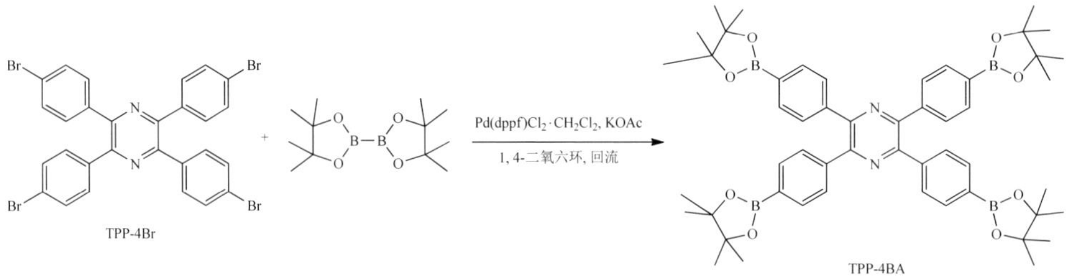

图 1-41　化合物 TPP-4BA 的合成路线

Pd(dppf)Cl$_2$：二氯[1,1′-二(二苯基膦)二茂铁]钯

羟基取代 TPP 衍生物也是一类重要的中间体，可以通过甲氧基取代 TPP 前体发生脱甲基化反应来制备。下面以四羟基取代 TPP 衍生物 TPP-4OH 的合成为例进行说明。如图 1-42 所示，廉价的起始原料 4,4′-二甲氧基安息香和乙酸铵反应生成四甲氧基取代 TPP 衍生物 TPP-4OMe，然后化合物 TPP-4OMe 在三溴化硼作用下发生脱甲基化反应即可获得终产物 TPP-4OH[47]。

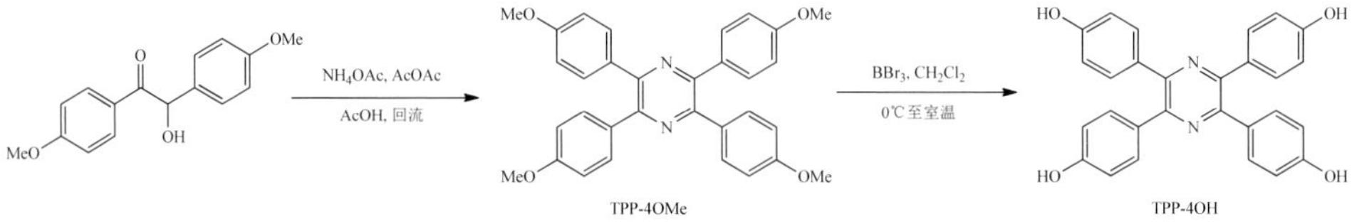

图 1-42　TPP 衍生物 TPP-4OH 的合成路线

1.5 总结

本章主要介绍了四苯乙烯、噻咯和四苯基吡嗪三种典型 AIE 基元及其衍生物的合成方法。TPE 骨架的构建方法主要有三种：McMurry 偶联反应、Suzuki 偶联反应和加成-消除反应。McMurry 偶联反应主要适用于制备对称烯烃。在理论上，非对称烯烃也可通过发生交叉 McMurry 偶联反应来制备，但是要求其中一种羰基化合物必须过量，尽量降低副反应的反应速率。大部分 TPE 衍生物主要是通过二苯甲酮及其衍生物发生对称或交叉 McMurry 偶联反应来制备。Suzuki 偶联反应对反应底物中各种官能团（醛基、羰基、酯基、氰基、硝基、甲氧基等）的兼容性很好，并且硼试剂易于合成，稳定性好；通过调控反应条件，可以实现区域和立体专一性，特别适用于合成顺式或反式异构体。加成-消除反应主要适用于制备单取代及不对称取代 TPE 衍生物，并且反应产率比较高，反应原料廉价易得。但是，该反应需要用到易燃易爆的正丁基锂试剂和具有腐蚀性、刺激性的有机强酸，因此在实验操作过程中需要格外谨慎，并做好防护措施。噻咯化合物的主流合成方法主要有两种：二芳基乙炔的还原二聚法（也称 Curtis 法）、二乙炔基硅烷的分子内还原法（也称 Tamao 法）。Curtis 法与 Tamao 法最大的差异在于噻咯环的成环方式不同，从而导致前者是在硅原子中心上生成 Si—Cl 或 Si—H 键作为反应活性位点，而后者是在噻咯环的 2,5-位生成碳-锌键作为反应活性位点。Curtis 法适用于合成硅原子中心含有官能团和功能基的噻咯化合物，而 Tamao 法适用于合成在噻咯环的 2,5-位含有官能团和功能基的噻咯化合物。由于噻咯环上 2,5-位取代基对发光和电学性能的影响最为显著，因此，Tamao 法是制备新型有机光电功能材料采用的主流合成方法。TPP 骨架的构建方法有两种：方法一适用于合成对称取代 TPP 衍生物，方法二则适用于合成单取代和多取代 TPP 衍生物。从总体上来讲，这两种合成方法是比较相似的，并且起始原料都可商业购买，反应条件简单，实验操作方便。基于本章中介绍的三种典型的 AIE 基元，可以构建各种新型的 AIE 分子和先进功能材料。

（熊　玉）

参 考 文 献

[1] Luo J，Xie Z，Lam J W Y，et al. Aggregation-induced emission of 1-methyl-1, 2, 3, 4, 5-pentaphenylsilole. Chemical Communications，2001，18：1740-1741.

[2] Hu R，Leung N L C，Tang B Z. AIE macromolecules：syntheses，structures，and functionalities. Chemical Society Reviews，2014，43（13）：4494-4562.

[3]   Liang J，Tang B Z，Liu B. Specific light-up bioprobes based on AIEgen conjugates. Chemical Society Reviews，2015，44（10）：2798-2811.

[4]   Mei J，Leung N L C，Kwok R T，et al. Aggregation-induced emission：together we shine，united we soar！Chemical Review，2015，115（21）：11718-11940.

[5]   Wang D，Tang B Z. Aggregation-induced emission luminogens for activity-based sensing. Accounts of Chemical Research，2019，52（9）：2559-2570.

[6]   Zhao Z，Zhang H，Lam J W Y，et al. Aggregation-induced emission：new vistas at the aggregate level. Angewandte Chemie International Edition，2020，59（25）：9888-9907.

[7]   Chen J W，Charles C C L，Lam J W Y，et al. Synthesis，light emission，nanoaggregation，and restricted intramolecular rotation of 1,1-substituted 2,3,4,5-tetraphenylsiloles. Chemistry of Materials，2003，15：1535-1546.

[8]   Leung N L C，Xie N，Yuan W，et al. Restriction of intramolecular motions：the general mechanism behind aggregation-induced emission. Chemistry：A European Journal，2014，20：15349-15353.

[9]   Zhang H，Liu J，Du L，et al. Drawing a clear mechanistic picture for the aggregation-induced emission process. Materials Chemistry Frontiers，2019，3（6）：1143-1150.

[10] Hui T，Hong Y N，Dong Y Q，et al. Protein detection and quantitation by tetraphenylethene-based fluorescent probes with aggregation-induced emission characteristics. Journal of Physical Chemistry B，2007，111（40）：11817.

[11] McMurry J E. Carbonyl-coupling reactions using low-valent titanium. Chemical Review，1989，89：1513-1524.

[12] Duan X F，Zeng J，Lu J W，et al. Insights into the general and efficient cross McMurry reactions between ketones. Journal of Organic Chemistry，2006，71：9873-9876.

[13] Xie S，Wong A Y H，Kwok R T K，et al. Fluorogenic Ag^+-tetrazolate aggregation enables efficient fluorescent biological silver staining. Angewandte Chemie International Edition，2018，57（20）：5750-5753.

[14] Lin Y，Jiang X，Kim S T，et al. An elastic hydrogen-bonded cross-linked organic framework for effective iodine capture in water. Journal of the American Chemical Society，2017，139（21）：7172-7175.

[15] Aldred M P，Li C，Zhu M Q. Optical properties and photo-oxidation of tetraphenylethene-based fluorophores. Chemisty：A European Journal，2012，18（50）：16037-16045.

[16] 麻生明. 金属参与的现代有机合成反应. 广州：广东科技出版社，2001.

[17] Nunes C M，Steffens D，Monteiro A L，et al. Synthesis of tri- and tetrasubstituted olefins by palladium cross-coupling reaction. ChemInform，2007，38（18）：103-106.

[18] Zhang G F，Chen Z Q，Aldred M P，et al. Direct validation of the restriction of intramolecular rotation hypothesis via the synthesis of novel ortho-methyl substituted tetraphenylethenes and their application in cell imaging. Chemical Communications，2014，50（81）：12058-12060.

[19] Wang W Z，Lin T T，Wang M，et al. Aggregation emission properties of oligomers based on tetraphenylethylene. Journal of Physical Chemistry B，2010，114：5983-5988.

[20] Xue F，Zhao J，Hor T S，et al. Nickel-catalyzed three-component domino reactions of aryl Grignard reagents，alkynes，and aryl halides producing tetrasubstituted alkenes. Journal of the American Chemical Society，2015，137（9）：3189-3192.

[21] Zhou C X，Emrich D E，Larock R C. An efficient，regio- and stereoselective palladium-catalyzed route to tetrasubstituted olefins. Organic Letters，2003，5：1579-1582.

[22] Hu R，Maldonado J L，Rodriguez M，et al. Luminogenic materials constructed from tetraphenylethene building

blocks: synthesis, aggregation-induced emission, two-photon absorption, light refraction, and explosive detection. Journal of Materials Chemistry, 2012, 22 (1): 232-240.

[23] Tang B Z, Lam W Y, Liu J Z, et al. Silica nanoparticles with aggregation induced emission characteristics as fluorescent bioprobe for intracellular imaging and protein carrier: US20130210047. 2013-08-15.

[24] Zhao E, Li H, Ling J, et al. Structure-dependent emission of polytriazoles. Polymer Chemistry, 2014, 5 (7): 2301-2308.

[25] Bai W, Wang Z, Tong J, et al. A self-assembly induced emission system constructed by the host-guest interaction of AIE-active building blocks. Chemical Communications, 2015, 51 (6): 1089-1091.

[26] Wang X, Wang W, Wang Y, et al. Poly(phenylene-ethynylene-alt-tetraphenylethene) copolymers: aggregation enhanced emission, induced circular dichroism, tunable surface wettability and sensitive explosive detection. Polymer Chemistry, 2017, 8 (15): 2353-2362.

[27] Yuan W Z, Yu Z Q, Tang Y, et al. High solid-state efficiency fluorescent main chain liquid crystalline polytriazoles with aggregation-induced emission characteristics. Macromolecules, 2011, 44 (24): 9618-9628.

[28] Daik R, Feast W J, Andrei S, et al. Howard, stereochemical outcome of McMurry coupling. New Journal of Chemistry, 1998, 22: 1047-1049.

[29] Yang J, Chen M, Ma J, et al. Boronate ester post-functionalization of PPEs: versatile building blocks for poly (2, 2′-(1-(4-(1, 2-di(thiophen-2-yl)vinyl)phenyl)-2-(2, 5-dioctylphenyl)ethene-1, 2-diyl)dithiophene) and application in field effect transistors. Journal of Materials Chemistry C, 2015, 3 (39): 10074-10078.

[30] Peng S, Liu G, Huang Z. Mixed diboration of alkynes catalyzed by LiOH: regio- and stereoselective synthesis of cis-1, 2-diborylalkenes. Organic Letters, 2018, 20 (23): 7363-7366.

[31] Takahashi F, Nogi K, Sasamori T, et al. Diborative reduction of alkynes to 1, 2-diboryl-1, 2-dimetalloalkanes: its application for the synthesis of diverse 1, 2-bis(boronate)s. Organic Letters, 2019, 21 (12): 4739-4744.

[32] Xu S Q, Zhang X, Nie C B, et al. The construction of a two-dimensional supramolecular organic framework with parallelogram pores and stepwise fluorescence enhancement. Chemical Communications, 2015, 51 (91): 16417-16420.

[33] Lu J, Zhang J. Facile synthesis of azo-linked porous organic frameworks via reductive homocoupling for selective CO_2 capture. Journal of Materials Chemistry A, 2014, 2 (34): 13831-13834.

[34] Jing H, Lu L, Feng Y K, et al. Aggregation-induced emission, and liquid crystalline structure of tetraphenylethylene-surfactant complex via ionic self-assembly. Journal of Physical Chemistry C, 2016, 120 (48): 27577-27586.

[35] Braye E H, Hubel W, Caplief I. New unsaturated eterocyclic systems. I . Journal of the American Chemical Society, 1961, 83: 4406-4413.

[36] Tamao K, Uchida M, Izumizawa T, et al. Silole derivatives as efficient electron transporting materials. Journal of the American Chemical Society, 1996, 118: 11974-11975.

[37] Tang B Z, Zhan X, Yu G, et al. Efficient blue emission from siloles. Journal of Materials Chemistry, 2001, 11 (12): 2974-2978.

[38] 梅菊. 新型功能化噻咯的合成、性能及应用研究. 杭州: 浙江大学, 2013.

[39] Chen J W, Charles C C L, Lam J W Y, et al. Synthesis, light emission, nanoaggregation, and restricted intramolecular rotation of 1, 1-substituted 2, 3, 4, 5-tetraphenylsiloles. Chemistry of Materials, 2003, 15: 1535-1546.

[40] Curtis M D. Synthesis and reactions of some functionally substituted sila- and germacyclopentadienes. Journal of the American Chemical Society，1969，91：6011-6018.

[41] Li Z，Dong Y Q，Mi B X，et al. Structural control of the photoluminescence of silole regioisomers and their utility as sensitive regiodiscriminating chemosensors and efficient electroluminescent materials. Journal of Physical Chemistry B，2005，109：10061-10066.

[42] Han Z，Yang Z，Sun H，et al. Electrochemiluminescence platforms based on small water-insoluble organic molecules for ultrasensitive aqueous-phase detection. Angewandte Chemie International Edition，2019，58（18）：5915-5919.

[43] Yamaguchi S，Endo T，Uchida M，et al. Toward new materials for organic electroluminescent devices：synthesis，structures，and properties of a series of 2, 5-diaryl-3, 4-diphenylsiloles. Chemistry：A European Journal，2000，6：1683-1692.

[44] Chen M，Li L，Nie H，et al. Tetraphenylpyrazine-based AIEgens：facile preparation and tunable light emission. Chemical Science，2015，6（3）：1932-1937.

[45] 陈明. 吡嗪类聚集诱导发光分子的制备及其性能研究. 广州：华南理工大学，2015.

[46] Lin H，Chen S，Hu H，et al. Reduced intramolecular twisting improves the performance of 3D molecular acceptors in non-fullerene organic solar cells. Advanced Materials，2016，28（38）：8546-8551.

[47] Feng H T，Zheng X，Gu X，et al. White-light emission of a binary light-harvesting platform based on an amphiphilic organic cage. Chemistry of Materials，2018，30（4）：1285-1290.

聚集诱导发光现象的判定及表征

AIE 现象的主要特点是分子在分散状态下的荧光弱于聚集状态下的荧光。因此，可以通过测试 AIE 分子在良溶剂中完全溶解（分散状态）和不良溶剂中发生聚集（聚集状态）的荧光光谱，对比荧光强度，对 AIE 现象进行判定和表征。有时，也可通过对比 AIE 分子在良溶剂中和固体状态（粉末、晶体、薄膜、聚集体等）下的荧光强度，判定其 AIE 现象。通过测定 AIE 分子在不同比例良溶剂中和不良溶剂中的荧光光谱，绘制的荧光强度随体系中不良溶剂比例变化的曲线称为聚集诱导发光曲线（AIE 曲线）。为了更清晰地表达 AIE 分子在不同环境中的荧光增强情况，也可采用荧光量子产率或 α_{AIE} 值（$\alpha_{AIE} = I/I_0$，I 为 AIE 分子在不同聚集态的荧光强度，I_0 为 AIE 分子在 100%良溶剂中的荧光强度）等随体系中不良溶剂比例的变化来构筑 AIE 曲线。本章将具体介绍该曲线的绘制方法和注意事项。

对于 AIE 现象的产生，目前提出了几种不同的机理，包括分子内运动受限（RIM）、振动耦合受限（restriction of vibronic coupling）、暗态通道受限（restriction of access to dark state）、抑制光化学反应（suppression of photochemical reaction）等。其中，RIM 机理是目前最为广泛接受，可以涵盖绝大部分 AIE 现象的普适性机理，指的是由于分子聚集限制了分子内的运动[包括分子内旋转受限（RIR）和分子内振动受限（RIV）等]，抑制了激发态分子的非辐射跃迁途径，使得分子以辐射跃迁的形式从激发态回到基态并发射荧光的机理。除了分子聚集之外，提高溶剂黏度，降低体系温度，通过主客体相互作用、静电相互作用、亲疏水相互作用等方式限制 AIE 分子的运动，也可使其产生荧光增强。在本章中，将着重探讨由 RIM 机理所产生的 AIE 现象的判定及表征方法。

2.1 聚集诱导发光曲线的绘制和照片拍摄

图 2-1 是唐本忠教授课题组报道的第一例 AIE 分子的 AIE 曲线[1]。为了正确绘制 AIE 曲线，需要在溶剂选择、溶剂取用、配制方法、光谱测试等方面有所注意。

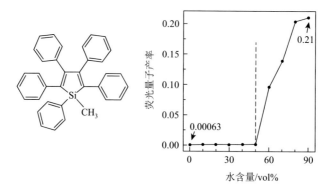

图 2-1　第一例 AIE 分子五苯基甲基噻咯的结构及其 AIE 曲线[1]

2.1.1　溶剂的选择

为了绘制 AIE 曲线，首先需要选用合适的良溶剂与不良溶剂。AIE 分子在良溶剂中完全溶解，处于分散状态；在不良溶剂中，AIE 分子析出，形成聚集体。选用的良溶剂和不良溶剂首先需要能完全互溶。由于多数的 AIE 分子为不带电荷的有机物，其在水中的溶解度较低，所以最常采用的不良溶剂为水。相应地，与水配合使用的良溶剂包括四氢呋喃、乙醇、甲醇、丙酮、乙腈、二甲基亚砜、N,N-二甲基甲酰胺等。对于一些结构特殊或带有电荷的 AIE 分子，其在水中易溶解，在有机溶剂中溶解度较低，良溶剂和不良溶剂的选择与常见 AIE 分子相反。在一些特殊情况下，也可选用正己烷、环己烷等低极性溶剂作为不良溶剂，与其他有机溶剂相配合进行 AIE 曲线的测定。

在选择溶剂时，需要考虑溶剂对待测 AIE 分子发光性能的影响。尤其是对于具有扭曲分子内电荷转移（twisted intramolecular charge transfer，TICT）特性的 AIE 分子和激发态分子内质子转移（excited-state intramolecular proton transfer，ESIPT）类 AIE 分子，其发光性能受到溶剂环境的显著影响。对于 TICT 类 AIE 分子而言，其发光性能与溶剂极性密切相关，通常在低极性溶剂中表现出远强于高极性溶剂中的发光性能（具体机理详见 3.2 节）；而对于 ESIPT 类 AIE 分子来说，由于和溶剂分子的相互作用，其在质子化溶剂和非质子化溶剂中表现出的荧光大不相同（具体机理详见 3.3 节）。因此，选用不同的溶剂会得到差异显著的 AIE 曲线。

特别需要注意的是：对于绘制 AIE 曲线常用的四氢呋喃溶剂，在使用之前需经过重蒸处理。否则，在四氢呋喃/水混合溶液中四氢呋喃体积分数达到约 70% 时，溶液会变浑浊，这主要是由于四氢呋喃中少量氧化物所导致的。

需要指出的是，同一个 AIE 分子在不同溶剂中的溶解性差异会导致其荧光突跃的区间有所不同，所以在描述 AIE 分子的荧光增强区间时，应指出所采用的溶剂体系。

2.1.2　溶剂的取用

在绘制 AIE 曲线时，需要测试不同比例良溶剂和不良溶剂混合溶液中 AIE 分子聚集体的荧光光谱。需要指出的是，由于 AIE 分子不能直接溶解于不良溶剂中，通常无法得到 AIE 分子在 100 vol%不良溶剂中的溶液，因此通常配制的混合溶液中不良溶剂的含量为 0 vol%～99 vol%。一般情况下，需要先将 AIE 分子在良溶剂中配成储备液，然后再稀释于不良溶剂中。需要注意的是，为了防止有些溶解度较低的 AIE 分子的储备液出现不完全溶解的现象，一般配制的储备液的浓度控制在极稀的浓度，为 10^{-6}～10^{-5} mol/L。例如，将 AIE 分子在良溶剂中配制成 10^{-5} mol/L 的储备液，然后取 1 体积储备液置于 99 体积不良溶剂中稀释，可得到不良溶液含量为 99 vol%的 AIE 分子溶液。

用移液枪移取大体积低沸点有机溶剂时需要注意，由于低沸点有机溶剂（如甲醇、乙醇、四氢呋喃等）的饱和蒸气压相对较大，很容易在吸取的过程中扩散至移液枪内。因此，当第一次取完溶剂后，应及时将枪体内的溶剂蒸气排出再进行下一次样品移取，否则会导致严重的体积偏差（图 2-2），也会对移液枪造成一定的损坏。为了使取样更加准确，建议取用大体积低沸点有机溶剂时，采用玻璃移液管进行操作。

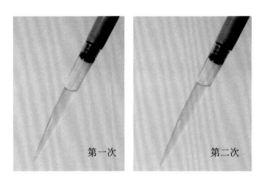

第一次　　　　　第二次

图 2-2　用移液枪短时间连续两次移取 0.8 mL 四氢呋喃时体积的差别

2.1.3　样品池的准备

对于常规样品，通常采用 1 cm×1 cm 的石英比色皿，对于微量样品，可采用不同规格的微量比色皿。测试之前应将样品池完全洗净干燥，在紫外灯下观察不到荧光残留方可使用。一般可采用有机物的良溶剂如四氢呋喃、丙酮等冲洗三次，再用压缩空气或者吹风机吹干。对于盛装过甘油溶剂的比色皿，须先用水洗再用有机溶剂洗涤。由于许多有机染料具有极强的染色性，容易附着在比色皿上，因此在测试完成后应尽快将比色皿清洗干净。

2.1.4　混合溶剂的配制方法

测量 AIE 曲线所用的混合溶剂的配制方法有三种：第一种是分别配制法；第二种是等浓度混合法；第三种是等浓度加量法。下面将分别对这几种方法进行详细介绍。在实际测试中，应根据待测样品本身的性质选择一种或多种方法进行测量。

1. 分别配制法

分别配制法指的是先分别配制不同比例的混合溶剂，然后在混合溶剂中加入 AIE 分子的储备液得到所需的测试样品。AIE 分子的储备液指的是配制好未经稀释的母液。在具体操作时，又可分为两种不同的操作方法，分别是先配制混合溶剂后加样品和良溶剂溶解样品再稀释（图 2-3）。

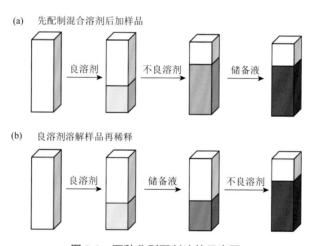

图 2-3　两种分别配制法的示意图

先配制混合溶剂后加样品的方法指的是在配制混合溶液时，先使两种溶剂充分混合，得到一系列良溶剂含量从 0 vol%到 100 vol%的混合溶剂体系，然后再分别加入 AIE 分子的储备液，再次混合均匀，得到一系列浓度相同、良溶剂含量不同的样品溶液[图 2-3（a）]。以在四氢呋喃和水体系中绘制 10 μmol/L 的四苯乙烯（TPE）分子的 AIE 曲线为例：

（1）取 11 支样品管或者 11 个比色皿，分别加入 0 μL、300 μL、600 μL、

900 μL、1200 μL、1500 μL、1800 μL、2100 μL、2400 μL、2700 μL 和 2970 μL 的水。

（2）在上述样品管或比色皿中，分别加入 2970 μL、2670 μL、2370 μL、2070 μL、1770 μL、1470 μL、1170 μL、870 μL、570 μL、270 μL 和 0 μL 的四氢呋喃。

（3）将每个样品管或者比色皿中的两种溶剂都充分混合均匀后，分别加入 30 μL 1 mmol/L 的 TPE 储备液。每加入一个，及时混合均匀，放置 1 min 后测试荧光光谱。

采用此方法时需将良溶剂和不良溶剂充分混合，以避免局部浓度不均而导致的实验偏差。由于 AIE 分子在不良溶剂中的聚集程度和状态会受到时间的影响，为了保证实验的准确性，测试样品从配制完成到进行测试所放置的时间应尽量相同。因此，不建议将所有样品全部配好后再进行测试。对每一个浓度的样品，应在配制完成后放置相同的时间进行测量，以提高数据的可重复性。在有条件的情况下，可以采用带有搅拌功能的荧光光谱仪附件，在搅拌的条件下进行测试，以避免大颗粒聚集体或沉淀的生成。测试荧光光谱时，对于一般样品来说，同一样品应至少连续重复测量三次，至前后两次测量的荧光光谱没有变化为止。如果是容易发生光漂白或对激发光敏感的样品，则应在保证仪器灵敏度足够的前提下，尽量将荧光光谱仪激发光狭缝调小，避免激发光对样品的改变。对于此类样品，同一样品不宜连续重复测量，为了获得较准确的数据，应平行配制多组样品进行实验。以上这些要求在采用其他方法绘制 AIE 曲线时同样适用，后面将不再赘述。

另外一种方法是采用良溶剂溶解样品再稀释法来配制溶液，再进行 AIE 曲线测量。该方法是先在样品池中加入所需量的良溶剂，然后加入高浓度的储备液，混匀后（相当于对储备液进行了初步稀释）再加入所需量的不良溶剂，再次混匀得到所需浓度的待测溶液[图 2-3（b）]。该方法尤其适用于某些溶解性较差或者在不良溶剂中极易沉淀的样品。同样以在四氢呋喃和水体系中绘制 10 μmol/L TPE 分子的 AIE 曲线为例：

（1）取 11 支样品管或者 11 个比色皿，分别加入 0 μL、270 μL、570 μL、870 μL、1170 μL、1470 μL、1770 μL、2070 μL、2370 μL、2670 μL 和 2970 μL 的四氢呋喃。

（2）在上述样品管或比色皿中，分别加入 30 μL 约 5 mmol/L TPE 储备液，混合均匀。

（3）在上述样品管或比色皿中，分别加入 2970 μL、2670 μL、2370 μL、2070 μL、1770 μL、1470 μL、1170 μL、870 μL、570 μL、270 μL 和 0 μL 水。每加入一个，及时混合均匀，放置 1 min 后测试荧光光谱。

此方法由于对 AIE 样品进行了初步稀释（99 vol%不良溶剂体系那一组除外），因而可以避免发生样品由于局部浓度过大而快速沉淀的情况。

以上两种方法在操作过程中，需要多次平行加入高浓度储备液且要多次移取不同体积的良溶剂和不良溶剂，对实验操作的要求较高。实际操作时应当格外小心，多次重复，避免带来操作误差。

2. 等浓度混合法

由于分别配制法需要多次取用准确体积的 AIE 分子储备液，其可能带来操作上的误差。为了改善这一问题，可采用等浓度混合法进行 AIE 曲线的绘制。

等浓度混合法指的是首先在良溶剂和不良溶剂（实际配制时，用高浓度储备液稀释得到，是 99 vol%不良溶剂，引起的误差可以忽略不计）中分别配制待测浓度的 AIE 分子溶液，然后将这两种溶液以不同比例进行混合（此时 AIE 分子的浓度不会发生变化），从而得到 AIE 分子在不同比例溶剂中的样品（图 2-4）。这种方法相对于分别配制法来说，只需要准确移取两次 AIE 分子储备液，其浓度准确性相对较高，操作较简单。但是需要注意的是，该方法更适用于溶解性较好且在不良溶剂中也能均匀分散的 AIE 分子，对于一些在不良溶剂中溶解性特别差或者极易析出的 AIE 样品，其在不良溶剂中的分散性会变差且长时间放置也可能会导致不良溶剂中样品聚集状态的改变或浓度的降低。因此，该方法不适用于溶解性差的 AIE 分子。

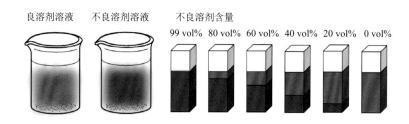

图 2-4　等浓度混合法示意图

3. 等浓度加量法

等浓度加量法是等浓度混合法的改进方法，其操作更为容易，得到的 AIE 曲线的规律性更好。与等浓度混合法类似，等浓度加量法也需要首先在良溶剂和不良溶剂中分别配制待测浓度的 AIE 分子溶液。其具体原理如图 2-5 所示。首先，将良溶剂配成的溶液移取准确体积至比色皿中，测量荧光。随后，在此溶液中逐步加入不良溶剂配成的溶液，提高不良溶剂的比例并测量荧光，从而得到良溶剂含量为 99 vol%～50 vol%的不同溶液的荧光光谱。利用同样的方法，将不良溶剂配成的溶液移取准确体积至比色皿中，测量荧光。随后，在此溶液中逐步加入良溶剂配成的溶液，提高良溶剂的比例并测量荧光，从而得到不良溶剂含量为 99 vol%～50 vol%的不同溶液的荧光光谱。

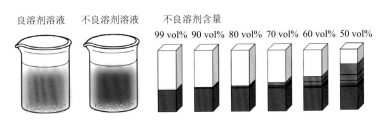

良溶剂溶液　　不良溶剂溶液　　不良溶剂含量

99 vol%　90 vol%　80 vol%　70 vol%　60 vol%　50 vol%

图 2-5　等浓度加量法示意图

以绘制 10 μmol/L TPE 分子的聚集诱导发光曲线为例，在四氢呋喃和水中分别配制 10 μmol/L TPE 分子的溶液（表 2-1）：

（1）取 1 mL 的 10 μmol/L TPE 水溶液放入比色皿，进行测试，得到 99 vol%水中的荧光光谱。

（2）向比色皿中继续加入 111 μL 的 10 μmol/L TPE 四氢呋喃溶液，混合均匀，进行测试，得到 90 vol%水中的荧光光谱。

（3）向比色皿中继续加入 139 μL 的 10 μmol/L TPE 四氢呋喃溶液，混合均匀，进行测试，得到 80 vol%水中的荧光光谱。

（4）向比色皿中继续加入 179 μL 的 10 μmol/L TPE 四氢呋喃溶液，混合均匀，进行测试，得到 70 vol%水中的荧光光谱。

（5）向比色皿中继续加入 238 μL 的 10 μmol/L TPE 四氢呋喃溶液，混合均匀，进行测试，得到 60 vol%水中的荧光光谱。

（6）向比色皿中继续加入 333 μL 的 10 μmol/L TPE 四氢呋喃溶液，混合均匀，进行测试，得到 50 vol%水中的荧光光谱。

（7）将比色皿中的样品弃去，洗净。取 1 mL 的 10 μmol/L TPE 四氢呋喃溶液放入比色皿，进行测试，得到 0 vol%水中的荧光光谱。

（8）向比色皿中继续加入 111 μL 的 10 μmol/L TPE 水溶液，混合均匀，进行测试，得到 10 vol%水中的荧光光谱。

（9）向比色皿中继续加入 139 μL 的 10 μmol/L TPE 水溶液，混合均匀，进行测试，得到 20 vol%水中的荧光光谱。

（10）向比色皿中继续加入 179 μL 的 10 μmol/L TPE 水溶液，混合均匀，进行测试，得到 30 vol%水中的荧光光谱。

（11）向比色皿中继续加入 238 μL 的 10 μmol/L TPE 水溶液，混合均匀，进行测试，得到 40 vol%水中的荧光光谱。

（12）向比色皿中继续加入 333 μL 的 10 μmol/L TPE 水溶液，混合均匀，进行测试，再次得到 50 vol%水中的荧光光谱。该步骤的测量结果可用来检验实验是否存在操作失误，如果不存在操作失误，此荧光光谱应与步骤（6）中所得的荧光光谱一致，反之，则可能在操作过程中出现了失误，应重新测量。

表 2-1　等浓度加量法每次加入水量与体系含水量间的对应关系表

加入水量/μL	0	111	139	179	238	333
含水量/vol%	0	10	20	30	40	50

注：假设初始四氢呋喃体积为 1 mL。

图 2-6　等浓度加量法建议使用的比色皿

使用此方法时，同一比色皿中的样品反复多次操作，应注意防止有机溶剂的挥发。因此，建议采用带有塞子可以密封的比色皿（图 2-6）。

注意，不管用以上哪种方法，实验都需至少重复 3～5 次，以避免操作失误等带来的偶然误差。

4. 不同配制方法结果对比

采用上面所列的四种方法，经过 5 次重复实验，分别绘制 TPE 的 AIE 曲线，结果如图 2-7 所示。可以看出，对于一般的 AIE 分子来说，无论采用哪种方法，得到的测试结果几乎差别不大，且每一种方法测量多次的重复性都很好。实际测试过程中要根据 AIE 分子的浓度、荧光强度、溶解度等条件，选择合适测试方法。具体选择哪种方法应当予以注明，以便其他研究者可以重复出相应的实验结果。

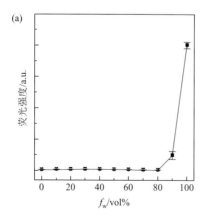

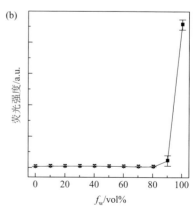

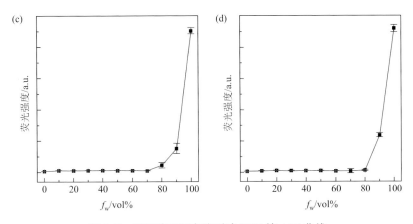

图 2-7　用四种不同方法测试 TPE 的 AIE 曲线

（a）分别配制法——先配制混合溶剂后加样品；（b）分别配制法——良溶剂溶解样品再稀释；
（c）等浓度混合法；（d）等浓度加量法

2.1.5　荧光光谱的测定

同一个化合物的紫外吸收光谱和荧光光谱通常具有镜面对称的关系，其原因如下[2]。荧光发射通常是由处在第一电子单重激发态最低振动能级的激发态分子的辐射跃迁所产生的。因此，发射光谱的形状与基态中振动能级间的能量间隔密切相关。对于吸收光谱来说，吸收光谱中的第一吸收带是由激发到第一电子单重激发态的各个不同振动能级而引起的。由于基态分子通常是处于最低振动能级的，因而第一吸收带的形状与第一电子单重激发态中振动能级的分布有关。通常情况下，基态和第一电子单重激发态中振动能级间的能量间隔情况彼此相似。此外，弗兰克-康登原理（Frank-Condon principle）指出，在分子电子跃迁过程中，当两个振动能级（分别属于不同的电子能级）的波函数有效重叠程度最大时，这两个振动能级之间的跃迁发生的概率最大。也就是说，如果吸收光谱中某一振动带的跃迁概率大，则在发射光谱中该振动带的跃迁概率也大。需要指出的是，在一些情况下，这种镜面对称关系会被打破，如当分子的激发态构型与基态不同时、激发态发生质子转移时或在激发态形成激基缔合物时等。

基于荧光光谱的这些特性，为了获得更强的荧光信号和更高的信噪比，通常选择化合物的最大紫外吸收波长作为激发波长测定荧光光谱。光谱测定的范围通常为 $\lambda_{激发}$ + 15 nm 至 $2\lambda_{激发}$ -15 nm。这是为了避免光源和光源倍频峰进入检测器，从而影响测量结果。对于一些对激发光敏感的分子来说，也可以根据实际情况，选用非最大吸收波长对其进行激发。

对于测量狭缝，需要根据不同荧光仪的特性进行选择，狭缝越大获得的激发光越强，荧光信号也就越强，通常信噪比越高。然而，狭缝也不宜过大，一方面不应使信号强度超出荧光仪检测器的检测范围，对检测器造成损伤；另一方面，过强的入射光也会对样品造成光漂白等不利影响。

2.1.6　照片的拍摄

AIE 分子在紫外灯的激发下会表现出绚丽多彩的颜色，为了更加真实客观地记录这些颜色和实验现象，需要良好的拍摄条件。基本条件包括：单反相机、三脚架、手提式紫外灯、无荧光玻璃样品瓶或比色皿、无荧光的实验台和背板等（图 2-8）。

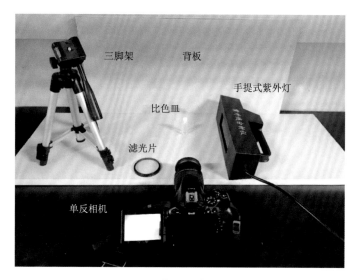

图 2-8　荧光照片的拍摄

荧光照片的拍摄通常都需要在紫外灯照射下进行，常用的手提式紫外灯波长为 365 nm，因此，在拍摄的时候有时会有紫色的反光进入镜头（尤其是采用圆形小瓶进行拍摄时），影响拍照的效果。为此，通常要将样品尽量远离背板，避免背板的反光。同时，可在相机镜头上安装紫外光截止滤光片，滤掉紫色反光。

在拍照时，应保持环境完全黑暗，并将相机固定在桌面或者三脚架上。通常，应将相机调整为手动模式，根据样品的荧光强度，选择合适的曝光时间。在准备样品时，应采用滴管移取样品，尽量不要在瓶壁上或者比色皿壁上留下液滴，也不要在样品中引入气泡。这些细节都会影响照片拍摄的效果。

对于在溶液或聚集态下光照能发生光反应的分子，则需特别注意。例如，对于能发生光环化的分子，随着紫外灯的照射，溶液会越来越亮；对于一些容易发生光漂白的样品，随着光照时间的延长，样品荧光强度会迅速下降。此时就要求做好拍摄前的准备工作，从而尽量减少拍摄时紫外灯长期照射所引起的体系的荧光变化。

对于固体样品尤其是晶态样品来说，除了可以采用照相机进行拍摄外，还可以利用荧光显微镜对其进行拍照或摄像，以获取更多的形貌细节[图 2-9（a）][3]。不建议采用激光共聚焦显微镜拍摄固体样品照片，主要原因是对于较厚的样品来说，其信号会发生失真。如图 2-9（b）所示，同一个固体样品，不同焦平面下表现出完全不同的信号。

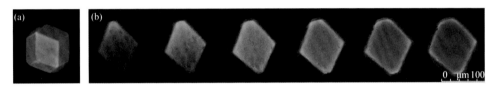

图 2-9　同一晶体样品在荧光显微镜（a）和激光共聚焦显微镜（不同焦平面）（b）下拍出的荧光照片[3]

2.1.7　AIE 曲线的绘制

对于测量得到的荧光光谱，通过 Origin 软件进行绘图，横坐标为波长，纵坐标为荧光强度。由于荧光强度为一相对值，不同仪器测出的数值大小不一样，因此通常以 au 或 a.u.为单位，代表任意单位。在纵坐标信息不重要或者不需比较的情况下，有时数值也可忽略不显示。AIE 曲线的绘制大致也分两种情况，对于一些有多个发射峰且发射波长不随不良溶剂含量变化的情况，如一些 ESIPT 的体系和一些比例型的体系，通常以某一固定波长的荧光发射峰峰值强度变化为纵坐标，体系中不良溶剂含量为横坐标绘制 AIE 曲线。而对于那些只有一个发射峰且发射峰波长随不良溶剂含量移动的体系，则以最大荧光发射峰的峰值强度变化为纵坐标，体系中不良溶剂含量为横坐标绘制 AIE 曲线。根据不同场合，纵坐标也可用 α_{AIE} 值或荧光量子产率代替。图 2-10 展示了 AIE 分子 5-氯水杨醛对二甲氨基苯胺席夫碱在不同水/乙醇溶剂体系中的荧光照片、荧光光谱和 AIE 曲线[4]。

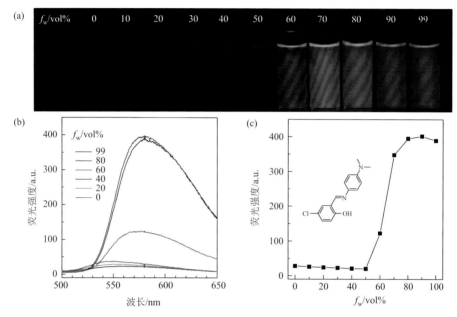

图 2-10　AIE 分子 5-氯水杨醛对二甲氨基苯胺席夫碱的荧光照片（a）、荧光光谱（b）和
AIE 曲线（c）[4]

2.2　黏度效应

对于通过 RIM 机理发光的 AIE 分子来说，溶剂环境的黏度可以有效影响分子内的自由旋转或振动。在高黏度的溶剂中，这类 AIE 分子的荧光会显著增强。因此，通过提高溶剂黏度观测 AIE 分子的荧光变化，可以判定其 AIE 性能。常用的高黏度溶剂为甘油，一方面是由于其较高的黏度系数，另一方面也是由于甘油既可以与醇类有机溶剂无限互溶，又可以与水无限互溶。这样的特性使其广泛应用于各类通过 RIM 机理发光的分子的 AIE 性能判定。

通过绘制荧光强度随体系中甘油含量变化的曲线，可以定量观察黏度对 AIE 分子荧光的影响。图 2-11 为经典 AIE 分子六苯基噻咯的甘油含量-荧光强度曲线[5]。该曲线的绘制方法与 AIE 曲线的绘制方法类似，只需将相应的不良溶剂换成甘油即可。在实际操作中，由于甘油的黏度高，取用时往往十分困难，不宜采用等浓度加量法，可以采用分别配制法和等浓度混合法进行样品的配制。由于甘油的流动性相对较差，样品应充分混匀后再进行测量。

需要指出的是，利用甘油的高黏度判定 AIE 性能必须排除分子在甘油中发生聚集的可能性。需要通过动态光散射或紫外吸收光谱等手段，验证溶液中没有聚集体生成（详见 2.3 节）。

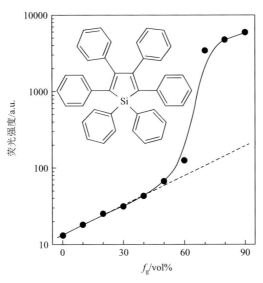

图 2-11　六苯基噻咯的甘油含量-荧光强度曲线[5]

溶剂体系为甘油-甲醇

2.3　对分子聚集的判断方法

为了判断分子的 AIE 性能，就必须确认体系的荧光增强来自分子的聚集。因此，需要通过有效的方法来确定分子发生了聚集。常用的方法包括动态光散射和紫外吸收光谱等。有些情况下，也可通过对比分子在固态下的荧光光谱和不良溶剂中的荧光光谱证明其发生了聚集。

2.3.1　通过动态光散射技术判断聚集体的生成

动态光散射（dynamic light scattering，DLS）也称光子相关光谱法（photon correlation spetroscopy，PCS）。该技术可以测量样品散射光强度的变化，从而得出样品颗粒大小的相关信息。其原理是散射质点的布朗运动而引起的多普勒效应导致了散射光以入射光波长为中心展开的现象，也称准弹性散射，散射光强度与粒子的大小相关。需要注意的是，动态光散射的结果会受到样品浓度的影响。样品浓度过低则散射光强度太弱不足以进行测试；如果样品浓度过高，则实验结果会与浓度产生一定的依赖关系。因此，若想通过动态光散射技术得到正确的尺寸信息，往往需要在不同浓度下测量样品的尺寸。在测试时需要特别注意防止灰尘对实验结果的干扰，因此，在配制样品前，最好将欲采用的溶剂先通过滤膜进行过滤再使用，以保证实验结果的准确性。

2.3.2 通过紫外吸收光谱"拖尾现象"判断聚集体的生成

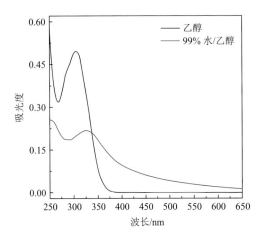

图 2-12 10 μmol/L TPE 在良溶剂（乙醇）和不良溶剂（99% 水/乙醇）中的紫外吸收光谱对比

通过紫外吸收光谱中的"拖尾现象"也可以判断聚集体的生成。"拖尾现象"指的是由于聚集体的形成，聚集体颗粒对入射光的散射导致在化合物本身没有紫外吸收的波长范围内观察到紫外吸收增强的现象。如图 2-12 所示，以 TPE 为例，在良溶剂乙醇中，TPE 分子完全溶解，在 305 nm 附近表现出强烈的紫外吸收，而在 385 nm 以上无紫外吸收；在 99% 水/乙醇溶液中，由于聚集体的生成，溶液中溶解的 TPE 分子浓度降低，导致在 305 nm 附近的紫外吸收强度明显降低，而在 385 nm 以上出现了明显的"拖尾现象"。

2.3.3 通过扫描电子显微镜辅助证明聚集体颗粒的形成

对于 AIE 分子聚集体颗粒，其尺度范围通常在数百纳米到数微米之间（颗粒更大将会导致沉淀）。对于这样尺度的微粒，可以利用扫描电子显微镜（SEM）进行观测，从而辅助证明聚集体颗粒的形成。

以水杨醛缩肼系列 AIE 分子为例，图 2-13 展示了童爱军教授课题组报道的三种水杨醛缩肼 AIE 分子（化合物 1~3）的 SEM 照片[6]。从图中可以看出，即使是结构相似的 AIE 分子，在同样条件下形成的聚集体，其 SEM 图样也大不相同，这与分子本身的结构特点有着密切的关系。

即使是同一个 AIE 分子，在不同溶剂环境中形成的聚集体也可以是不同的，通过 SEM 可以直观地观察这些聚集体的形貌，帮助研究者理解聚集状态和分子荧光的关系。例如，图 2-14 展示了唐本忠教授团队报道的 AIE 分子 4 在不同水/THF 下形成的聚集体的形貌[7]。从图中可以看出，当含水量为 50 vol% 时，AIE 分子 4 形成了直径 300 nm 左右的颗粒均匀的小球状聚集体；当含水量升至 60 vol%~70 vol% 时，碗状的微球聚集体逐渐形成；当含水量升至 90 vol% 时，聚集体形成了表面有孔的微球结构，其尺寸也增加至数毫米。

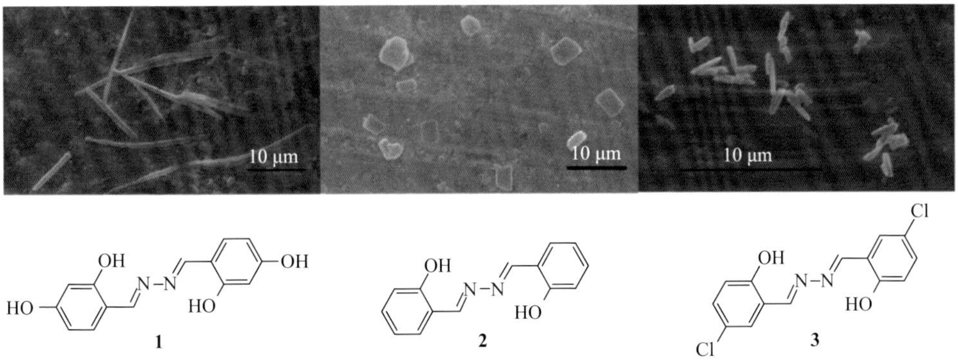

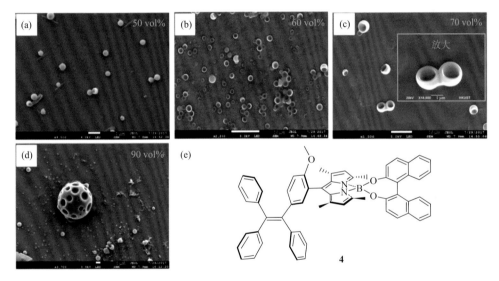

图 2-13　三种结构相似的水杨醛缩肼 AIE 分子（化合物 1～3）的 SEM 照片[6]

样品均分离自 100 mmol/L 乙醇/水溶液，含有 10 mmol/L 的 pH = 7 的 HEPES 缓冲液

图 2-14　（a～d）100 μmol/L 化合物 4 在不同水/THF 中聚集形成的聚集体的 SEM 照片：
形成聚集体的体系中含水量分别为（a）50 vol%、（b）60 vol%、（c）70 vol%、
（d）90 vol%；（e）化合物 4 的结构[7]

　　应当注意的是，对于 AIE 分子聚集体的观测，SEM 并不是一种原位分析手段，需要适当的预处理过程。由于预处理过程会影响观测的结果，SEM 只能作为一种辅助手段，判断 AIE 分子在溶液中的存在状态，通常还需要配合 DLS 和其他光谱数据等进行综合分析。以图 2-15 为例，对于 AIE 分子 5，在 90 vol% 含水量的水/THF 溶液中制样，可通过 SEM 观测到直径为 50～300 nm 的微球；在纯的 THF 中制样，通过 SEM 观测到的则为无定形结构的聚集体[8]。

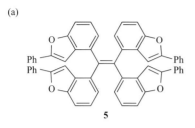

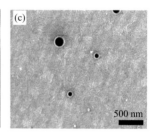

图 2-15　（a）化合物 5 的结构；（b，c）化合物 5 分别在 THF（b）和水/THF 溶液（c）中
得到的聚集体的 SEM 照片[8]

2.4　通过其他手段判断聚集诱导发光现象

除了以上通用手段外，对于一些具有特殊结构性质的 AIE 分子，还可以通过主客体相互作用、配位作用、静电相互作用、亲疏水相互作用、温度效应、浓度效应等手段对其 AIE 现象进行判断。然而，由于这些相互作用的多样性和复杂性，需要综合采用多种手段对这些分子的 AIE 现象做出判断。

2.4.1　通过主客体相互作用判断聚集诱导发光现象

对于一些大环类化合物、框架材料，强烈的主客体相互作用使得分子间距离缩短，主体分子或客体分子的分子内自由运动被有效抑制，从而产生显著的荧光性能变化。例如，臧双全教授课题组报道了一种基于四苯乙烯四吡啶（TPPE）配体构筑的大孔金属有机框架材料 **6**（图 2-16）[9]。在该材料中，四苯乙烯结构虽然被限制在框架结构中，然而较大的孔洞使其仍然具有一定的旋转灵活性，在不吸附客体分子时，该材料表现出绿色的荧光。当把该材料浸泡在溶剂中时，溶剂分子通过主客体相互作用进入孔洞内部。溶剂分子的存在有效限制了框架材料 TPPE 配体结构中苯环的自由旋转，从而导致材料荧光的显著增强和蓝移。不同的客体溶剂分子导致相似的荧光光谱变化，说明主客体分子之间没有电荷转移或能量转移，材料的荧光变化完全来自客体分子对框架结构的旋转限制。

主客体相互作用还被用来设计自组装体系，用以表征 AIE 分子的 RIM 机理。例如，孙景志教授课题组报道了两种含有 TPE 结构的 AIE 分子 **7** 和 **8**，分别含有冠醚和苄氨基结构（图 2-17）[10]。在四氢呋喃中加入强酸，苄氨基和冠醚发生主客体相互作用，两种 AIE 分子发生自组装形成聚集体，荧光显著增强；继续加入过量强碱，聚集体被破坏，两种 AIE 分子回到分散状态，荧光猝灭。这说明主客体相互作用也可导致具有特殊结构的 AIE 分子发生聚集，导致荧光的变化。

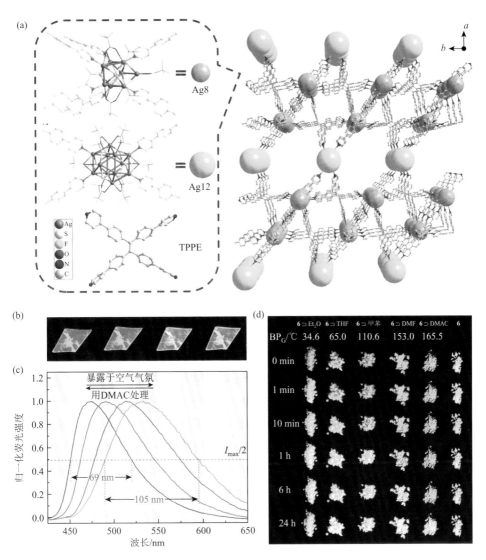

图 2-16　（a）金属有机框架材料 **6** 的结构；（b，c）在空气中放置后，客体溶剂分子逐渐离去，
6 的荧光变化照片（b）和相应荧光光谱（c）；（d）**6** 中吸附不同溶剂后放置不同时间的
荧光照片（BP_G 值表示客体分子的沸点）[9]

必须注意的是，主客体相互作用不仅会导致 AIE 分子的荧光变化，也会改变聚集导致猝灭（ACQ）分子的荧光。例如，唐本忠院士课题组设计了一种含有经

典 AIE 分子四苯基吡嗪（TPP）结构的笼状 AIE 分子 **9**（图 2-18）。由于 TPP 的四个苯环被锁定，限制了其分子内运动，该分子在水溶液中表现出强烈的蓝色荧光[11]。该分子笼具有较大的孔腔，可以通过主客体作用封装 ACQ 分子吡咯并吡咯二酮（diketopyrrolopyrrole，DPP）。由于 ACQ 效应，DPP 在水溶液中无荧光，然而，通过主客体相互作用被封装进分子笼后，其黄色荧光不会因为聚集而猝灭，整个含有 DPP 的分子笼表现出白色的荧光（蓝色荧光和黄色荧光的混合色）。该结果表明，主客体相互作用对于分子荧光的影响效果是不同的，因此，利用主客体作用判断 AIE 现象还必须同时辅以其他手段综合判断。

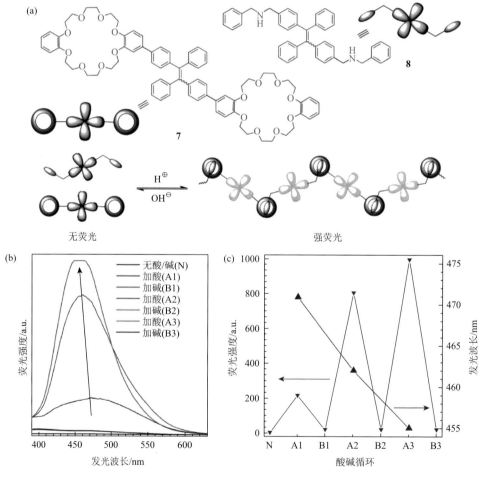

图 2-17　（a）化合物 7 和 8 的结构以及主客体相互作用导致荧光变化的机理；（b）化合物 7 和 8 溶解于 THF 中，交替加入酸碱后的荧光光谱；（c）图（b）中荧光光谱对应的荧光强度和波长[10]

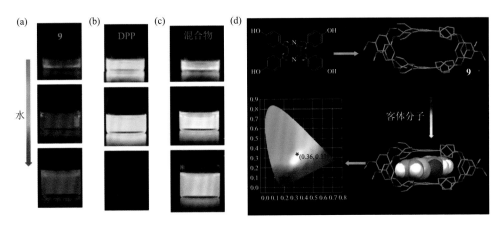

图 2-18　（a～c）化合物 9（a）、DPP（b）和化合物 9 与 DPP 的混合物（质量比 1 : 1）
（c）在 THF（上图）、75% 的 THF/水混合体系（中图）、95% 的 THF/水混合体系（下图）
中的荧光照片；（d）化合物 9 的结构及其与 DPP 发生主客体相互作用的示意图[11]

2.4.2　通过配位作用判断聚集诱导发光现象

对于本身含有多个配位基团的 AIE 分子，可以通过加入金属离子形成配位聚
合物产生荧光增强。例如，对于 TPE 衍生物 10，由于带有两个羧基，其在水溶液
中具有极好的溶解性，不发生聚集，无荧光[12]。随着铝离子的加入，化合物 10
和铝离子以 1 : 1 结合，逐渐形成配位聚合物，产生明亮的蓝色荧光［图 2-19（a）］。
又如化合物 11，其上同样含有可以用于与金属离子配位的两个羧基，当镉离子加
入体系后，配位聚合物形成，溶液表现出强烈的蓝色荧光［图 2-19（b）］[13]。有
趣的是，这些荧光增强响应通常具有一定的选择性，这主要是由不同金属离子本
身性质、所带电荷及其电子结构不同所导致的。不同的配位基团倾向于结合不同
的金属离子，会带来一定的选择性差异；高电荷数的金属离子通常更易形成配位
聚合物；对于含有单电子的金属离子，在形成配位聚合物后常常会猝灭 AIE 分子
的荧光，从而使整个体系无荧光。这种由配位作用而导致的 AIE 分子荧光增强的
现象常常被用来设计金属离子荧光探针。

必须强调的是，随着配位作用的发生，AIE 分子和金属离子之间会产生电荷
转移等作用，改变 AIE 分子本身的发光行为，不仅会得到荧光增强效果，也可能
会发生荧光波长的改变。例如，2011 年，唐本忠教授课题组报道了一种含有六个
吡啶基团的 TPE 衍生物 12，在不同金属离子的存在下，由于形成配位聚合物
12-Zn，会发生不同的荧光响应，如图 2-20 所示[14]。其中，当锌离子存在时，化
合物 12 的荧光从青色变为黄色，实现了对锌离子的选择性识别。

(a)

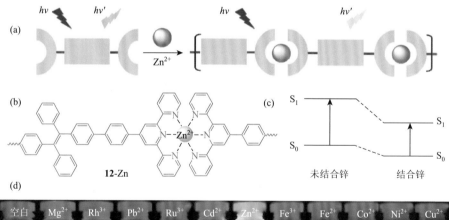

10

(b)

11

图 2-19 通过形成配位聚合物实现 AIE 分子荧光增强[12, 13]

(a)

$h\nu$ $h\nu'$ $h\nu$ $h\nu'$

Zn²⁺

(b) **12-Zn**

(c) S₁ S₀ 未结合锌 结合锌 S₁ S₀

(d) 空白 Mg²⁺ Rh³⁺ Pb²⁺ Ru³⁺ Cd²⁺ Zn²⁺ Fe³⁺ Fe²⁺ Co²⁺ Ni²⁺ Cu²⁺

图 2-20 与金属离子形成配位聚合物后发生荧光波长改变的 AIE 体系[14]

2.4.3 通过静电相互作用判断聚集诱导发光现象

对于一些带有电荷的 AIE 分子，相反电荷离子与其发生静电相互作用时，也会引起这些 AIE 分子的聚集，产生荧光增强现象。因此，对于这些带电荷的 AIE 分子，也可通过静电相互作用判断其 AIE 现象。例如，2008 年，张德清教授课题组报道了一种带有正电荷的四苯基噻咯衍生物 **13**[15]。分子本身的正电荷使得其在水溶液中具有良好的溶解性，整个分子无荧光。当溶液中加入 DNA 后，由于 DNA 链带有负电荷，**13** 通过静电相互作用被吸附在 DNA 链上，发生聚集。**13** 的分子内运动受到限制，产生显著的荧光增强现象。当 DNA 链被核酸酶切断后，分子聚集被打破，荧光发生猝灭（图 2-21）。类似地，**13** 还可以与带负电的肝素（一种带有大量负电荷的黏多糖）发生静电相互作用，产生荧光增强现象[16]。当溶液中继续加入鱼精蛋白（一种含有大量负正电荷的蛋白质）后，鱼精蛋白与肝素发生静电相互作用，**13** 再次被释放至溶液中，荧光发生猝灭。依靠这些方法，可以证明静电相互作用是导致 **13** 产生 AIE 现象的主要原因。因此，对于一些具有潜在 AIE 性能的带有电荷的分子，可以通过加入含有相反电荷的大分子诱导其发生聚集，通过测量荧光变化判断其 AIE 现象。

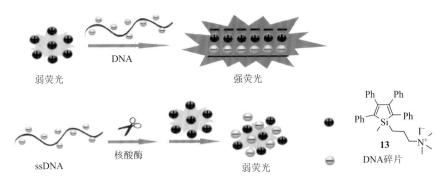

弱荧光   DNA   强荧光

ssDNA   核酸酶   弱荧光   **13**   DNA碎片

图 2-21 化合物 13 与 DNA 发生静电相互作用的示意图[15]

2017 年，唐本忠教授课题组报道了一种全新的 AIE 体系——具有阴离子- π^+ 相互作用的 AIE 体系。如图 2-22 所示，四苯基噁唑鎓（TPO）是一种含有正电荷的螺旋桨状分子，在六氟磷酸根阴离子存在时，TPO 和六氟磷酸根之间在聚集态下存在的阴离子-π^+相互作用，使得相邻 TPO 分子间的π-π堆积被打破，分子表现出强烈的发光[17]。通过改变不同阴离子的种类，TPO-阴离子晶体的发光性能可以得到有效调节（化合物 **14～18**），表现出荧光和磷光发射[18]。这种阴离子-π^+相互作用本质上也是一种静电相互作用导致的 AIE 现象。

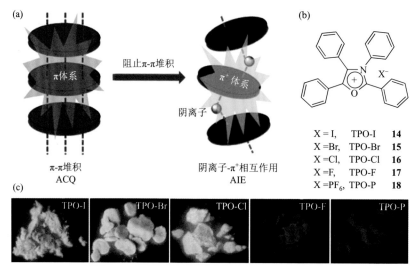

图 2-22 （a）阴离子-π⁺相互作用产生 AIE 现象的机制；（b，c）TPO-阴离子的结构（b）和荧光照片（c）[17, 18]

2.4.4 通过亲疏水相互作用判断聚集诱导发光现象

亲疏水相互作用也是一类广泛存在于自然界中的弱相互作用。对于大多数有机 AIE 分子，其在水溶液中的聚集本质上就是由疏水相互作用导致的。此外，利用含有疏水空腔的蛋白质分子与 AIE 分子相互作用，也可发生荧光增强的现象。例如，唐本忠教授课题组在 2007 年报道了一种四苯基噻咯衍生物 **19**，该化合物在强酸性条件下发生质子化，溶解于水溶液中，无荧光[19]。当加入牛血清白蛋白（bovine serum albumin，BSA）后，**19** 进入 BSA 的疏水空腔中，发射强烈的 AIE 荧光（图 2-23）。类似的现象在许多 AIE 分子中都可以被观察到[20-23]。

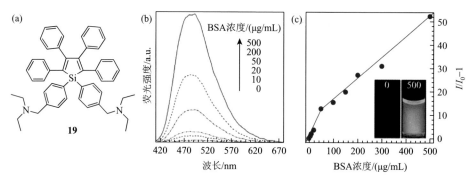

图 2-23 （a）化合物 **19** 的结构；（b，c）10 μmol/L 化合物 **19** 在含有不同浓度 BSA 的 pH = 2 的缓冲溶液中的荧光光谱（b）和滴定曲线（c）[19]

2.4.5　温度效应

分子内运动受到温度的显著影响，温度越高，运动越剧烈，激发态分子通过非辐射跃迁形式释放的能量就越多。因此，对于 AIE 分子，温度越高，荧光越弱；反之，温度越低，荧光越强。以 TPE 为例，图 2-24 展示了其在 10～80℃ 时荧光强度随温度的变化。需要指出的是，对于绝大多数荧光分子来说，温度升高会增加分子的热运动，为非辐射跃迁提供通道，荧光强度降低，而对于一些具有热活化延迟发光等特殊发光机理的分子体系，在一定温度范围内可能会出现温度升高荧光增强的现象。因此，当利用温度效应来判定分子的 AIE 性质时，通常需要和其他验证手段一同使用。

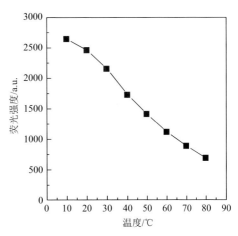

图 2-24　10 μmol/L TPE 在水溶液中不同温度下的荧光强度变化

2.4.6　浓度效应

对于传统荧光分子，随着溶液中分子浓度的逐渐增大，荧光逐渐增强。在浓度较低时，荧光强度与分子浓度成正比。然而，当浓度较高时，分子聚集体逐渐形成，荧光强度与分子浓度之间的线性关系将会发生偏移（图 2-25），产生浓度猝灭效应，也称聚集导致猝灭（aggregation-caused quenching，ACQ）。对于 AIE 分子，由于不受浓度猝灭效应的影响，其荧光强度与浓度在较宽的浓度范围内都可保持良好的线性，这也是聚集诱导发光现象的重要特征之一。

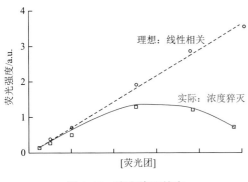

图 2-25　浓度猝灭效应

利用浓度对荧光强度作图，可以辅助我们对聚集诱导发光现象的判断。例如，水杨醛席夫碱 AIE 分子 **20**、**21**、**22** 和水杨醛腙 ACQ 分子 **23**、**24**、**25** 溶液荧光强度随浓度的变化曲线如图 2-26 所示[24]。从图中可以看出，三种 AIE 分子在浓度从 10^{-6} mol/L 至 10^{-2} mol/L 的范围内，其荧光强度与浓度之间都保持着较好的线性关系；对于三种 ACQ 分子而言，当浓度小于 10^{-4} mol/L 时，其荧光强度与浓度之间有较好的线性关系，而当浓度大于 10^{-4} mol/L，荧光强度迅速降低，当浓度为 10^{-2} mol/L 时几乎没有荧光。

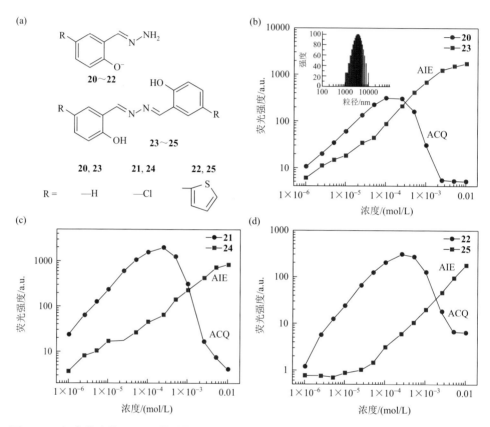

图 2-26 （a）化合物 **20～25** 的结构；（b～d）不同浓度水溶液中化合物 **20～25** 的荧光强度，测试条件：化合物 **20～22** 水溶液 pH = 12，化合物 **23～25** 水溶液 pH = 2[22]

需要指出的是，由于不同 AIE 分子在溶剂体系中的溶解度不同，部分 AIE 分子在浓度较低时并不能有效形成聚集体，因此其荧光强度和浓度之间的线性关系会存在一定的偏移；当浓度过高时，由于生成沉淀，溶液中分子的有效浓度降低，也会使 AIE 分子荧光强度和浓度之间的线性关系发生偏移。因此，利用浓度效应只能是判断分子 AIE 特性的一种辅助手段，若想更准确地判断，还必须综合采用以上提及的其他各种手段。

（李　恺　臧双全）

参 考 文 献

[1]　Luo J，Xie Z，Lam J W Y，et al. Aggregation-induced emission of 1-methyl-1, 2, 3, 4, 5-pentaphenylsilole. Chemical Communications，2001，（18）：1740-1741.

[2]　许金钧，王尊本. 荧光分析法. 3 版. 北京：科学出版社，2006.

[3]　Wu X，Wei Z，Yan B，et al. Mesoporous crystalline silver chalcogenolate cluster assembled-material with ttailored photo-luminescence properties. CCS Chemistry，2019，1：553-560.

[4]　Feng Q，Li Y，Wang L，et al. Multiple-color aggregation-induced emission（AIE）molecules as chemodosimeters for pH sensing. Chemical Communications，2016，52：3123-3126.

[5]　Chen J，Law C C W，Lam J W Y，et al. Synthesis, light emission, nanoaggregation, and restricted intramolecular rotation of 1, 1-substituted 2, 3, 4, 5-tetraphenylsiloles. Chemistry of Materials，2003，15：1535-1546.

[6]　Tang W，Xiang Y，Tong A. Salicylaldehyde azines as fluorophores of aggregation-induced emission enhancement characteristics. Journal of Organic Chemistry，2009，74：2163-2166.

[7]　Feng H，Gu X，Lam J W Y，et al. Design of multi-functional AIEgens: tunable emission，circularly polarized luminescence and self-assembly by dark through-bond energy transfer. Journal of Materials Chemistry C，2018，6：8934-8940.

[8]　Hiroyoshi H，Hayato T，Eiichi N. Aggregation-responsive ON-OFF-ON fluorescence-switching behavior of twisted tetrakis（benzo[b]furyl）ethene made by hafnium-mediated McMurry coupling. Materials Chemistry Frontiers，2018，2：296-299.

[9]　Wu X，Luo P，Wei Z，et al. Guest-triggered aggregation-induced emission in silver chalcogenolate cluster metal-organic frameworks. Advanced Science，2018，6：1801304.

[10]　Bai W，Wang Z，Tong J，et al. A self-assembly induced emission system constructed by the host-guest interaction of AIE-active building blocks. Chemical Communications，2015，51：1089-1091.

[11]　Feng H，Zheng X，Gu X，et al. White-light emission of a binary light-harvesting platform based on an amphiphilic organic cage. Chemistry of Materials，2018，30：1285-1290.

[12]　Li Y，Xu K，Si Y，et al. An aggregation-induced emission（AIE）fluorescent chemosensor for the detection of Al(Ⅲ) in aqueous solution. Dyes and Pigments，2019，171：107682.

[13]　Li K，Liu Y，Li Y，et al. 2, 5-Bis(4-alkoxycarbonylphenyl)-1, 4-diaryl-1, 4-dihydropyrrolo[3, 2-b]pyrrole（AAPP）AIEgens: tunable RIR and TICT characteristics and their multifunctional applications. Chemical Science，2017，8：7258-7267.

[14]　Hong Y，Chen S，Leung C W T，et al. Fluorogenic Zn(Ⅱ) and chromogenic Fe(Ⅱ) sensors based on terpyridine-substituted tetraphenylethenes with aggregation-induced emission characteristics. ACS Applied Materials & Interfaces，2011，3：3411-3418.

[15]　Wang M，Zhang D，Zhang G，et al. Fluorescence turn-on detection of DNA and label-free fluorescence nuclease assay based on the aggregation-induced emission of silole. Analytical Chemistry，2008，80：6443-6448.

[16]　Wang M，Zhang D，Zhang G，et al. The convenient fluorescence turn-on detection of heparin with a silole derivative featuring an ammonium group. Chemical Communications，2008，37：4469-4471.

[17]　Wang J，Gu X，Zhang P，et al. Ionization and anion-π^{+} interaction: a new strategy for structural design of aggregation-induced emission luminogens. Journal of the American Chemical Society，2017，139：16974-16979.

[18] Wang J, Gu X, Ma H, et al. A facile strategy for realizing room temperature phosphorescence and single molecule white light emission. Nature Communications, 2018, 9: 2963.

[19] Dong Y, Lam J W Y, Qin A, et al. Endowing hexaphenylsilole with chemical sensory and biological probing properties by attaching amino pendants to the silolyl core. Chemical Physics Letters, 2007, 446: 124-127.

[20] Tong H, Hong Y, Dong Y, et al. Fluorescent "light-up" bioprobes based on tetraphenylethylene derivatives with aggregation-induced emission characteristics. Chemical Communications, 2006, 35: 3705-3707.

[21] Li Z, Dong Y, Lam J W Y, et al. Functionalized siloles: versatile synthesis, aggregation-induced emission, and sensory and device applications. Advanced Functional Materials, 2009, 19: 905-917.

[22] Tong H, Hong Y, Dong Y, et al. Protein detection and quantitation by tetraphenylethene-based fluorescent probes with aggregation-induced emission characteristics. Journal of Physical Chemistry B, 2007, 111: 11817-11823.

[23] Li Y, Li K, He J A. "Turn-on" fluorescent chemosensor for quantification of serum albumin in aqueous solution at neutral pH. Luminescence, 2016, 31: 905-910.

[24] Li K, Wang J, Li Y, et al. Combining two different strategies to overcome the aggregation caused quenching effect in the design of ratiometric fluorescence chemodosimeters for pH sensing. Sensors and Actuators B: Chemical, 2018, 274: 654-661.

聚集诱导发光现象所涉及的光物理、
光化学过程判定及光谱表征

3.1 概述

　　荧光分子有着独特的能级排布和光物理、光化学过程，因此具有专属的吸收光谱、荧光光谱、荧光量子产率和荧光寿命等。这些参数是发光材料的"指纹"。除了荧光发射、内转换、系间窜越等基础的光物理过程外，荧光分子在激发态还可能经历其他光物理过程，包括分子内电荷转移、质子转移、电子转移、能量转移、形成激基缔合物/激态络合物等，以及各种光化学反应（图3-1）[1]。这些纷繁复杂的过程可能会由于分子周围环境的改变而被促进或阻断，从而使各种发光参数发生变化，因此荧光材料得以成为优秀的探针或传感器，用于检测包括环境极性、黏度、温度、pH，以及离子、气体、生物标志物等在内的各种目标对象[2]。

　　AIE材料是荧光材料的重要分支，对其研究时自然会涉及众多的光物理、光化学过程。AIE现象表现为在溶液中发光弱而在聚集体或固体中发光显著增强。AIE分子在溶液中发光弱的主要原因是激发态的分子内运动导致快速非辐射跃迁。因此，AIE材料大多有着灵活的分子结构，包含一些可以扭曲振动的基元，例如，明星分子——四苯乙烯（TPE）就具有激发态可转动的双键和苯环结构[3]。AIE分子在激发态活动非常复杂，常常包含上述的光物理、光化学过程，其中典型的有扭曲分子内电荷转移（TICT）、激发态分子内质子转移（ESIPT）、光化学反应等[4]。这些过程同样与分子内运动相关，甚至很多AIE分子在溶液中发光弱的原因正是这些激发态过程的存在。因此，理解及判定这些过程，对于AIE分子的设计、实验数据的分析及应用探索都具有重要的意义。本章从TICT、ESIPT和光化学反应三个方面做深入介绍。

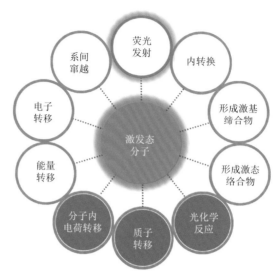

图 3-1 激发态分子可能经历的光物理、光化学过程

3.2 扭曲分子内电荷转移

为了获得 AIE 材料的结构和功能的多样性,不同的官能团被引入 AIE 体系中,其中有的是给电子基团,如甲氧基、*N*, *N*-二甲氨基等;有的是吸电子基团,如氰基、硝基、羰基等。当分子中同时具有电子给体(electron donor,D)和电子受体(electron acceptor,A)时,这样具有 D-A 结构的分子具有明显的电子推拉效果,且具有较大的偶极矩。荧光分子的偶极矩在被激发后会发生变化,而周围的溶剂分子会重新排布使得自己的偶极矩和荧光分子的偶极矩保持方向一致,这样的过程称为溶剂弛豫(solvent relaxation)。增大溶剂的极性或增大荧光分子的极性都会增强溶剂对荧光分子的稳定作用,从而导致荧光发射光谱的红移(图 3-2)[5]。

激发态发生的 TICT 过程便是一种极大增强分子极性的过程。分子的电子给体和电子受体之间发生扭曲和电子转移,产生一个高极性的、结构扭曲的、电荷分离的 TICT 态(图 3-3)。TICT 过程与其周围所处的微环境密切相关,极性环境可以稳定 TICT 态从而促进 TICT 过程的发生;相反,非极性环境则会抑制 TICT 过程的发生。因此,TICT 分子有着非常明显的极性效应(polarity effect),其荧光发射会随着溶剂极性增加而发生明显的红移。另外,TICT 态的跃迁分子轨道在空间上不重叠,最高占据分子轨道(HOMO)集中在电子给体上,最低未占分子轨道(LUMO)集中在电子受体上,这样的跃迁是一种禁阻的非辐射跃迁,所以 TICT 态是一种不利于发光的暗态(dark state),有着猝灭荧光的作用。总的来说,TICT 过程会导致荧光分子的发射光谱红移和荧光减弱[6, 7]。这样一种在发光亮度和色彩上有着明显变化的效应被广泛用于设计各种荧光探针来检测微环境极性、酸碱度，以及生物和化学标志物等[8]。

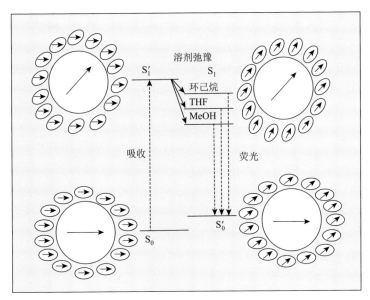

图 3-2 溶剂弛豫过程的机理图示[5]

TICT 与 AIE 有着怎样的关系呢？表面上看，TICT 描述的是光物理过程，AIE 描述的是发光现象。发生 TICT 过程的分子未必都是 AIE 分子，同样 AIE 分子也未必会发生 TICT 的过程。二者之间既不充分也不必要。然而，上面提到，溶液中的 AIE 分子在激发态发生的分子内运动会促进非辐射跃迁从而导致荧光猝灭。而 TICT 分子在高极性溶剂中会发生分子扭曲和电荷转移从而导致荧光猝灭。二者在溶液中的荧光猝灭都与激发态分子运动有关。当激发态的分子运动在聚集体中被限制时，非辐射跃迁被抑制，从而使得荧光发射增强。因此，TICT 分子和 AIE 分子有内在的相似性，按照 TICT 的设计思路合成的具有 D-A 结构的分子中，有很大一部分既

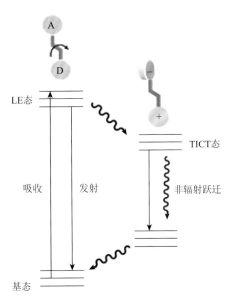

图 3-3 TICT 过程的机理图示

LE 态：定域激发态

会发生 TICT 过程又具有 AIE 现象。因此,设计 TICT 分子成为获得 AIE 分子的重要思路,引入 D-A 结构成为 AIE 材料设计开发中的常见手段。

要如何判断 AIE 分子是否具有 TICT 特点呢?首先可以从分子结构上进行判断,如果 AIE 分子具有 D-A 结构,那么它有一定概率也具有 TICT 特征。如图 3-4 中的分子 **1~9**。其中常见的分子给体包括 N, N-二甲基胺、N, N-二乙基胺、三苯胺、四苯乙烯等,分子受体包括 BODIPY 基团、含氮含羰基杂环、硝基、氰基、醛基、羧基等。但这一点也并非绝对,一方面,有些具有 D-A 结构的分子并不会发生 TICT 过程,或者由于缺乏可扭曲的基团从而只发生分子内电荷转移(ICT);另一方面,一些 D-A 结构看似并不明显的分子,其实分子内不同基团之间可能存在电子推拉效应。D 和 A 并非绝对而是相对而言的。

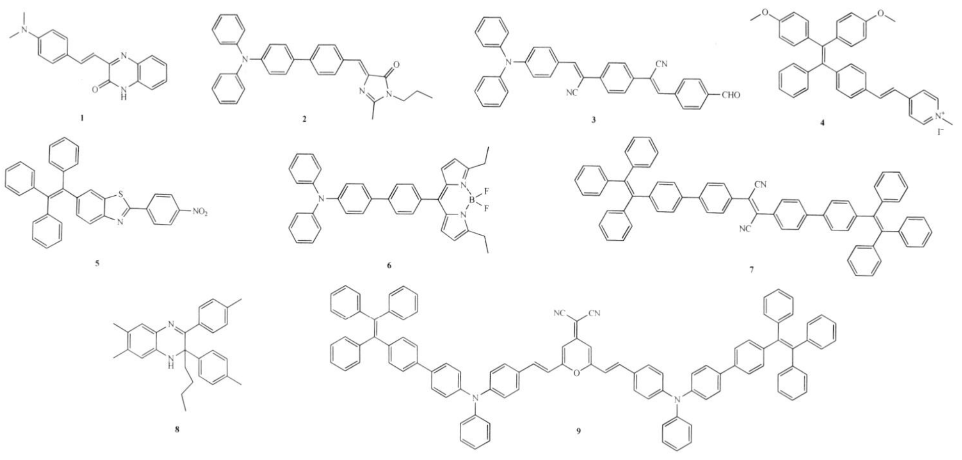

图 3-4　文献报道中有代表性的具有 TICT 过程的 AIE 分子

除了经验性的判断之外,理论计算是强有力判断 AIE 分子是否有 TICT 过程的证明之一。以 AIE 分子 **1** 为例,当其从基态最低点的结构处垂直激发后,会弛豫到一个定域激发态(LE 态)极小值,LE 态的 HOMO 和 LUMO 都集中在整个分子上,然后随着 N, N-二甲氨基扭转 90° 后,激发态的分子会到达 S_1 的另一个极小值,即 TICT 态,TICT 态的 HOMO 集中在 N, N-二甲氨基上,而 LUMO 集中在除去 N, N-二甲氨基剩下的分子片段上。LE 态和 TICT 态均具有优化所得的能量极小值,但 TICT 态与基态的能差相比于 LE 态大大缩小,因此 TICT 态的荧光发射会有明显的红移,另外,LE 态有着较大的振子强度(oscillator strength,f),表示此跃迁是允许的,而 TICT 态有着极小的振子强度,表示此跃迁是禁阻的[7]。总的来说,理论计算的结果极好地体现了激发态的 TICT 过程和 TICT 导致的发光红移减弱现象(图 3-5)。

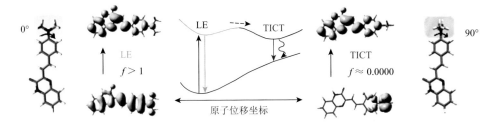

图 3-5　1 的势能面图示及其 LE 态和 TICT 态的前线分子轨道图示[7]

　　然而，对于一些结构复杂且原子数量多的分子，对 LE 和 TICT 极小点的优化常常较为复杂。在目前的文献资料中，人们一般用基态处的前线分子轨道的部分电荷分离来体现这些分子强烈的推拉电子效果。通常 HOMO 轨道主要集中在分子内富电子的片段，而 LUMO 轨道主要分布在分子内缺电子的片段。以 AIE 分子 2、3、4、5 为例，它们的 HOMO 都集中在三苯胺或 TPE 片段，而 LUMO 则集中在含羰基杂环、氰基、硝基等片段上（图 3-6）[9-12]。

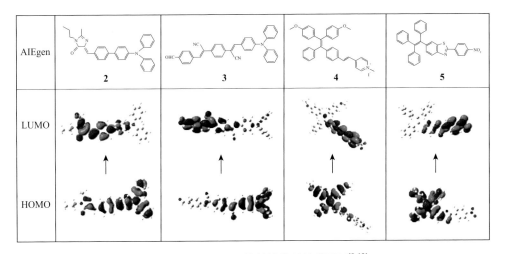

图 3-6　2、3、4、5 的前线分子轨道图示[9-12]

AIEgen：聚集诱导发光发色团

　　计算方法虽然能从理论上证明一些分子是否可能发生 TICT 过程，然而并不是十分简单直观。由于 TICT 会导致分子发光随溶液极性增加而红移减弱直至猝灭，在实际研究中，人们常常做溶剂化效应的实验来直观地验证分子是否具有TICT 效应。

　　溶剂极性的判定有很多的标准，其中 $E_T(30)$ 极性参数（Reichardt's parameter）

是常用的一种经验性参数。$E_T(30)$是通过测试一种对溶剂极性非常敏感的两性离子甜菜碱分子在不同溶剂中的吸收光谱并通过计算转化得到的。归一化的 $E_T(30)$ 为 E_T^N（normalized Reichardt's parameter），其中四甲基硅烷（TMS）的 E_T^N 为 0，水的 E_T^N 为 1，其余常见溶剂的 E_T^N 在 0 到 1 之间（图 3-7）[13]。

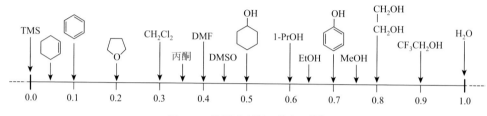

图 3-7　常见溶剂的 E_T^N 参数[14]

在进行溶剂化效应实验时，需要保证实验溶剂的纯度，采用分析纯而非试剂纯的溶剂，如必要可以进行蒸馏和除水等处理。操作步骤可参考图 3-8：

（1）首先将称量好的试剂溶于低沸点的良溶剂中，配成高浓度的母液；将定体积的微量母液转移至另一容器中。

（2）随后将母液的溶剂吹干或者烘干，如果残留母液溶剂可能影响光谱测定，如必要可以将残留母液溶剂和母液溶剂完全挥发的样品的光谱进行对比。

（3）然后加入定体积的测试溶剂，需要注意的是，AIE 分子必须能够溶解于选择的溶剂中，否则将形成聚集体从而改变发光特征。

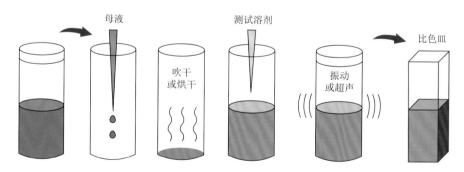

图 3-8　溶剂化效应实验的操作步骤

（4）为了保证充分溶解，可以采用振动或超声等方式。石英皿容易在超声中碎裂，因此不可以直接在比色皿中溶解样品，应该在其他容器中充分溶解后将溶液转移至比色皿中进行光谱测试。每次测试前，需要保证比色皿中没有残留溶剂，以免对测试结果造成影响。

以分子 **6**、**2**、**7** 为例，从不同溶剂中的荧光照片和荧光光谱中可以明显地看到，它们的荧光随着溶剂极性增强而红移减弱，一般在正己烷和甲苯等低极性溶剂中发较强的短波长光，而在乙腈和甲醇等高极性溶剂中发极其微弱的长波长光（图 3-9）[10, 15, 16]。值得注意的是，TICT 分子在一些溶剂中可能出现双峰。由于 LE 态和 TICT 态是激发态的两个极小点，当 LE 态和 TICT 态的能量相当时，LE 态的短波长发射和 TICT 态的长波长发射可能同时出现。这一点在 TICT 现象被提出之初广泛研究的典型 TICT 分子 4-（N, N-二甲氨基）苯腈上有所体现[6, 7]。在 AIE 分子 **6** 的光谱中可看到其在氯仿中出现了双峰[图 3-9（b）]。在此值得提出的是，虽然在不少文献中采用了二氯甲烷（DCM）和氯仿这样的含卤溶剂，但由于它们在光照下有生成自由基并影响溶质发光的可能性，因此在溶剂化效应的实验中应谨慎使用含卤溶剂。

除了 TICT 过程，荧光分子还可能经历其他的光物理过程，这些过程也会对发光造成影响，因此，溶剂化效应未必完全如图 3-9 所示。例如分子 **1**，它在低极性溶剂中由于（n, π^*）激发态的猝灭作用发光并不强，随着极性增强，（n, π^*）

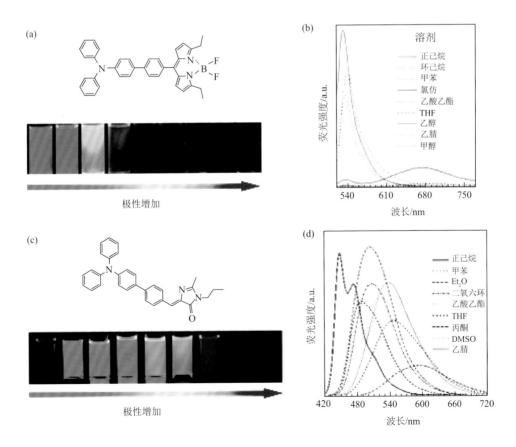

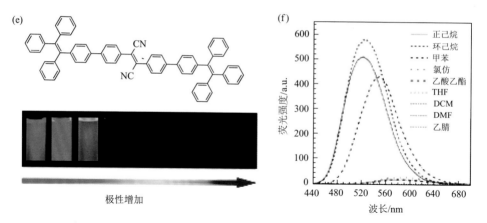

图3-9　6（a, b）、2（c, d）和7（e, f）在不同溶剂中在紫外灯下的荧光照片和荧光光谱[10, 15, 16]

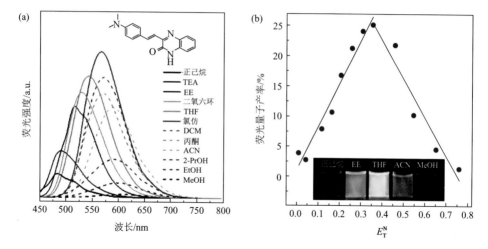

图3-10　1在不同极性溶剂中的荧光光谱（a）及荧光量子产率和荧光照片（b）[7]

TEA：三乙胺；EE：乙醚；ACN：乙腈；2-PrOH：异丙醇

猝灭作用减弱，发光逐渐增强，而当极性进一步增强时，由于 TICT 过程的猝灭作用发光又会减弱，因此其在低极性和高极性溶剂中发光都很弱，而在中等极性的溶剂中发光很强，随着极性增强，荧光强度出现先增强后减弱的非单调变化（图 3-10）[7]。

与这种荧光强度随溶剂极性先升后降的 Λ 型溶剂化效应相反，TICT 分子的 AIE 曲线常常是一个先降后升的 U 型曲线[15, 17]。对于大多数非离子型的 TICT 分子，测定 AIE 曲线需要向其良溶剂溶液中加入水这个不良溶剂。由于水的极性很高，而 TICT 分子对环境极性非常敏感，因此水的加入一方面促进聚集体形成，另一方面又使得环境极性变大。在含水量较低时，聚集体尚未形成，但 TICT 分子周围分散了高极性的水分子，因此出现了红移减弱甚至淬灭的效果。随着含水量增加，聚集体逐渐形成，一方面，聚集体中分子排布得比分散态紧密得多，TICT 分子从被水分子包围变成被较低极性的"自己"包围，分子的环境极性大大减弱，使得 TICT 态能量变高而更难到达，从而增强发光；另一方面，聚集会使得分子内运动受限，因此 TICT 过程所要经历的分子扭曲也同样受到限制，从而增强发光（图 3-11）。

无论是聚集导致的分子微环境极性减小，还是聚集导致的分子内运动受限，都限制了激发态的 TICT 过程，因此随着聚集体的出现，分子的发光出现和 TICT 的红移减弱现象相反的蓝移增强现象（图 3-11）[4, 15]。

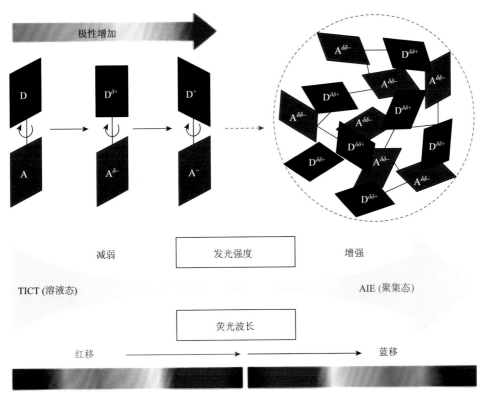

图 3-11　TICT 分子的 AIE 机理图示[15]

下面列举了几个典型的 TICT + AIE 分子的 AIE 曲线供读者参考（图 3-12～图 3-17）。

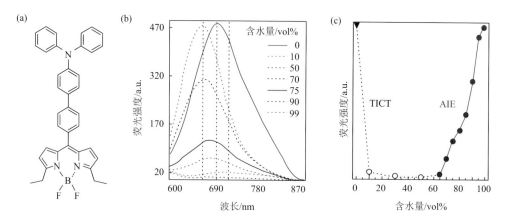

图 3-12　6（a）及其在不同 THF/水混合物中不同含水量（0 vol%～99 vol%）下的荧光光谱（b）和荧光强度的变化趋势（c）[15]

[6] = 10 μmol/L，λ_{ex} = 513 nm

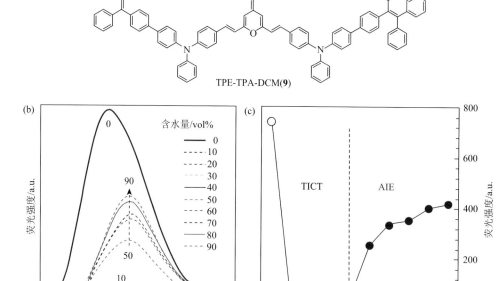

图 3-13　9（a）及其在不同 THF/水混合物中不同含水量（0 vol%～90 vol%）下的荧光光谱（b）和荧光强度的变化趋势（c）[17]

[9] = 10 μmol/L，λ_{ex} = 480 nm

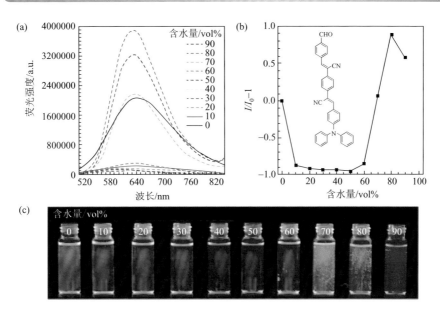

图 3-14　3 在不同 THF/水混合物中不同含水量（0 vol%～90 vol%）下的荧光光谱（a）、I/I_0-1 的变化趋势（b）及在紫外灯下的荧光照片（c）[12]

[3] = 10 μmol/L，λ_{ex} = 434 nm，I 为在不同含水量下的荧光强度，I_0 为在 THF 溶液中的荧光强度

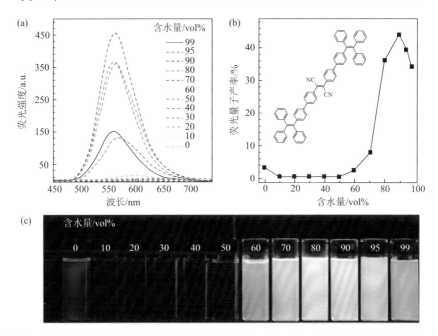

图 3-15　7 在不同 THF/水混合物中不同含水量（0 vol%～99 vol%）下的荧光光谱（a）、荧光量子产率的变化趋势（b）及在紫外灯下的荧光照片（c）[16]

[7] = 10 μmol/L，λ_{ex} = 399 nm

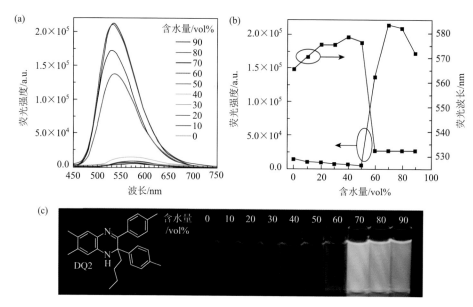

图 3-16　**8** 在不同甲醇/水混合物中不同含水量（0 vol%～90 vol%）下的荧光光谱（a）、荧光强度和波长的变化趋势（b）及在 365 nm 紫外灯下的荧光照片（c）[18]

$[8]$ = 10 mmol/L，λ_{ex} = 400 nm

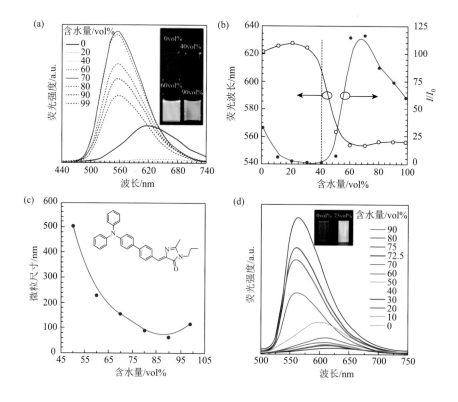

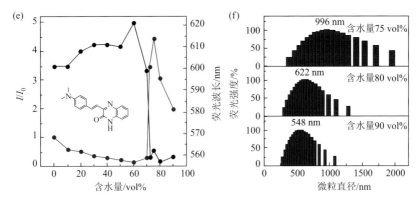

图 3-17　（a～c）2 在不同 DMSO/水混合物中不同含水量下的荧光光谱（a）、I/I_0 和荧光波长的变化趋势（b）及聚集体微粒尺寸的变化趋势（c），[2] = 10 μmol/L，λ_{ex} = 380 nm，I 为在不同含水量下的荧光强度，I_0 为在含水量为 40% 时的荧光强度；（d～f）1 在乙醇/水混合物中不同含水量下的荧光光谱（d）、I/I_0 和荧光波长的变化趋势（e）及聚集体微粒尺寸的变化趋势（f），[1] = 100 μmol/L，λ_{ex} = 380 nm，I 为在不同含水量下的荧光强度，I_0 为在乙醇中的荧光强度[7, 10]

值得注意的是，很多时候 AIE 曲线不一定会随着含水量上升而一直上升，例如，分子 **1** 和 **2** 在很高的含水量时发光强度出现了明显的回落（图 3-17）。在 AIE 曲线中，这种回落有多种可能的解释，例如：①在荧光强度最高点（如 f_w = 75 vol%）时的聚集体为晶态，而在含水量最高（如 f_w = 90 vol%）时聚集体为无定形态，荧光强度的回落源于晶态和无定形态之间的荧光差异；②在含水量最高时可能出现聚集体的沉淀使得溶液中的悬浮聚集体总量减少，从而降低荧光强度；③随着含水量增加（如从 75 vol% 增加至 90 vol%），聚集体的微粒尺寸可能变小，比表面积增大，微粒表面与水环境接触的 AIE 分子比例变大，总体上看，发光的分子总量变小，因此荧光回落。对于不同的 AIE 体系，荧光回落的原因可以通过实验验证来具体分析，也可以用理论计算进行模拟。以分子 **1** 和 **2** 为例，随着含水量升高，微粒尺寸明显变小，因此第三种解释可能性较高。

读者阅读至此可能会发现，人们对一些现象的解释并不十分确定也不唯一。聚集体是个复杂的结构，尤其是通过加入不良溶剂制备的悬浮聚集体，其聚集的大小和松紧程度、聚集体中的溶剂多少等都是不确定因素。可见，在微观的（microscopic）分子结构和宏观的（macroscopic）物体之间，还有着广泛的介观（mesoscopic）空间值得科学家们深入研究，正是因为如此，以 AIE 为代表的聚集体科学（aggregate science）开辟了新的研究前沿。笔者所述只是 AIE 研究中的极小一部分，期盼有兴趣的读者走进聚集体科学的大门自由探索。

3.3　激发态分子内质子转移

　　常常和 TICT 一同被提及的 ESIPT 是 AIE 领域的另一常见的激发态过程。一些分子具有分子内氢键，氢键给体有羟基、氨基等，氢键受体有带有孤对电子的含氮含氧基团等，如果氢键给体和受体非常邻近，如恰好能构成一个六元环结构，这样的分子在被激发后非常有可能发生 ESIPT 过程（图 3-18）[2, 19]。以图 3-18 中两种典型的 ESIPT 分子为例，当分子被激发后，由于分子内电子分布发生变化，氢键给体的酸性增强而氢键受体的碱性增强，使得质子趋向于从酚羟基转移至邻近的氮杂环的氮原子上，从而发生光互变异构化（photo-tautomerization）由醇式（enol）结构转变为酮式（keto）结构或两性离子式结构（方便表达统称酮式结构）。酮式激发态分子跃迁回基态后会发生反向的质子转移（reverse proton transfer，RPT），从而回到最初的基态醇式结构，因此 ESIPT 过程包含断键成键的激发态化学反应，但并不产生基态的新产物（图 3-19）。

　　激发态分子存在的醇式和酮式两种形式，对应着两种不同的发光，酮式的发光较醇式有明显红移。醇式被激发后，发生 ESIPT 过程，再由酮式发光会导致较大的斯托克斯位移（Stokes shift），因此 ESIPT 和 TICT 一样是一种获得长波长发光的手段之一。不仅如此，很多 ESIPT 分子和 TICT 分子类似常常表现出 AIE 现象和溶剂化效应，因此同样被广泛地用于设计荧光探针等。接下来一一说明。

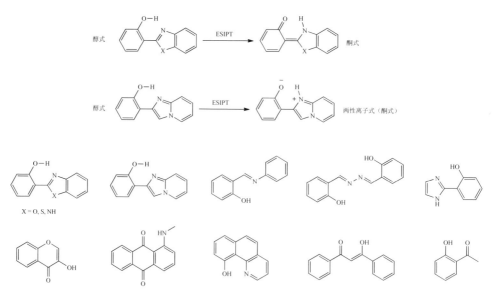

图 3-18　两种类型的 ESIPT 分子的互变异构化过程以及典型的 ESIPT 分子基元

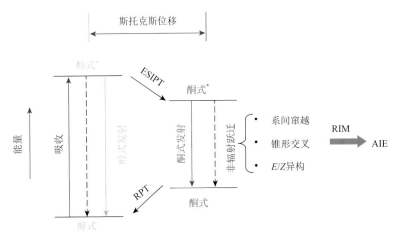

图 3-19　ESIPT 的机理图示

首先，很多 ESIPT 分子在自由分散的溶液状态下发光非常弱，其激发态分子常常具有多种非辐射跃迁途径，例如，其可能发生系间窜越跃迁到对荧光发射不利的三线态，还可能弛豫达到 S_1 和 S_0 之间的锥形交叉，或发生 *E/Z* 异构等[20]。而在聚集体状态，由于分子内运动受限，这些不同的非辐射跃迁途径可以被有效阻断，从而聚集体可发出很亮的荧光（图 3-19）。图 3-20 可见一些典型的具有 AIE 性质的 ESIPT 分子在溶液态和聚集态中明显的发光变化[21-24]。

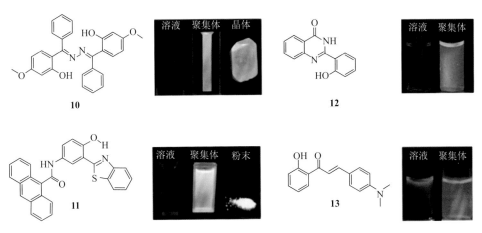

图 3-20　具有 ESIPT 过程的 AIE 分子及其在溶液、聚集体或固体中的荧光照片[21-24]

这些分子可以用于设计荧光探针，常见的设计思路是在氢键给体基团如酚羟基上接上某一种基团，使探针不发生 ESIPT 过程，而这种基团可以在特定的目标检测物存在时被切断，从而使探针恢复 ESIPT 过程。例如，**12**-探针可以在胺类气体的存在下被切断酯基变成 **12**，又由于 **12** 的 AIE 性质，其在固态试纸上的荧光被点亮，因此 **12**-探针可作为检测胺类气体的点亮型探针[图 3-21（a）][24]。类似地，发绿光的 **13**-探针可以在碱性磷酸酶（ALP）的存在下被切掉磷酸基团从而变成具有 ESIPT 过程发红光的 **13**，因此 **13**-探针可作为检测 ALP 的比例型探针[图 3-21（b）][25]。

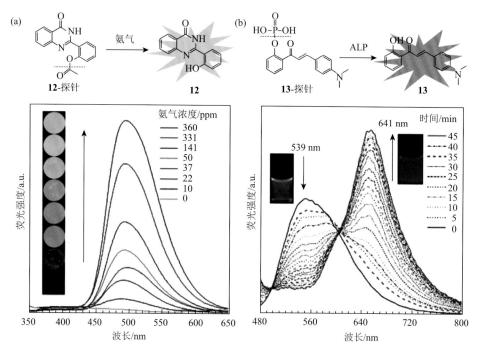

图 3-21　（a）**12**-探针检测氨气的化学反应，以及其在滤纸上在不同氨气浓度条件下暴露 5 min 后的荧光光谱及照片，λ_{ex} = 333 nm；（b）**13**-探针用于检测碱性磷酸酶的化学反应，以及 **13** 的 **Tris-HCl** 缓冲溶液中加入碱性磷酸酶后随时间变化的荧光光谱及 0 min 和 45 min 时的荧光照片，**[13] = 40 μmol/L，[ALP] = 100 mU/mL，λ_{ex} = 430 nm，1 ppm = 10^{-6}**[24, 25]

　　ESIPT 分子在不同的溶剂中通常会有荧光波长和亮度的改变，主要原因是溶剂分子会对 ESIPT 过程造成不同的影响。以 **14** 为例，其在低极性的甲基环己烷（MCH）中被激发后能发生 ESIPT 过程，所以荧光为长波长酮式发射；高极性质子性的溶剂如甲醇（MeOH）也可以提供和接受分子间氢键，因此可以阻断 ESIPT 过程，其荧光为短波长醇式发射；而在中等极性的甲基四氢呋喃（MTHF）中，醇式和酮式同时存在，因此同时发射短波长光和长波长光[图 3-22（a）和（b）][26]。这样的双发射使得 ESIPT 分子具有发射单分子白光的潜力，例如，**15** 在高极性质子性溶剂甲醇中发蓝光，在低极性溶剂环己烷中发红光，在适当极性的溶剂二氯甲烷中可以同时发射短波长光和长波长光，两种发光调和在一起成为白光 [图 3-22（c）][27]。再如，**16** 分子在氯仿溶剂中或固体薄膜上可以发射单分子白光 [图 3-22（d）][28]。更多的 ESIPT 分子的溶剂化效应的例子可见图 3-23 的分子 **17**、**18**、**19**、**20**[29, 30]。

　　总的来说，ESIPT 分子的发光随着溶剂极性的增强而蓝移，这一点与发光随溶剂极性增强而显著红移的 TICT 分子相反。类似地，ESIPT 分子的 AIE 曲线也和 TICT 分子有较大不同。除去从分子态不发光到聚集态发光显著增强的典型 AIE 曲线外（图 3-24）[31]，ESIPT 分子的 AIE 曲线极有可能出现分子态发短波长光而聚集态发长波长光的红移现象（图 3-25）[32, 33]，这与 TICT 分子的聚集体蓝移现象相反。在含水量较低时，聚集体尚未形成，而水作为高极性质子性溶剂使 ESIPT 分子产生醇式短波发射，而在含水量较高时，由于聚集体的形成，ESIPT 分子被自己所包围，外围水分子减少，极性减弱，因此产生酮式长波发射。还有更为复杂的情况，例如，分子 **24**、**25** 由于酚羟基的电离而出现了阴离子结构的发光，其 AIE 曲线中出现了三种发射峰（图 3-26）[34, 35]。因此，ESIPT 分子涉及的发光过程并不简单，读者可从包括但不限于结构判断、理论计算、溶剂化效应、AIE 曲线等各个方面对具有 ESIPT 过程的分子发光进行判定和理解。

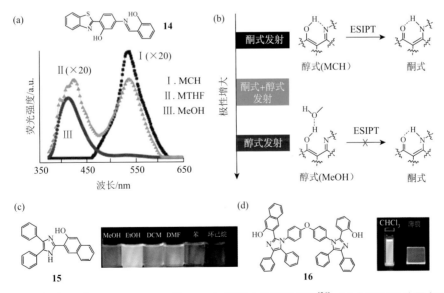

图 3-22　（a）**14** 在 **MCH**、**MTHF** 和 **MeOH** 溶剂中的荧光光谱[26]；（b）**ESIPT** 分子在不同极性溶剂中发光变化的机理图示；（c）**15** 在不同溶剂中的荧光照片[27]；（d）**16** 在氯仿和薄膜中的白光发射[28]

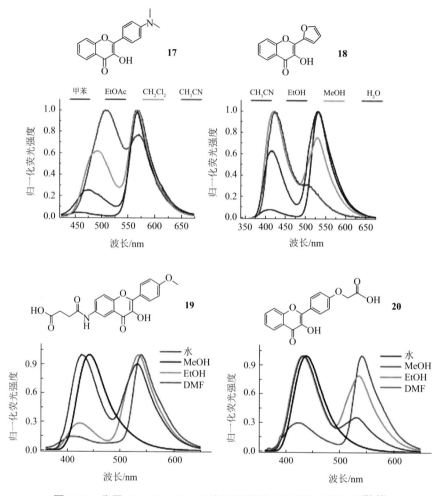

图 3-23 分子 17、18、19、20 在不同溶剂中的荧光光谱变化[29, 30]

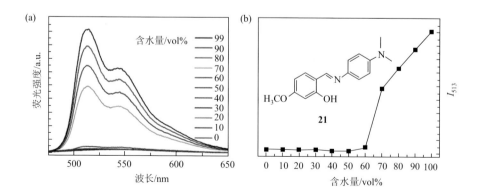

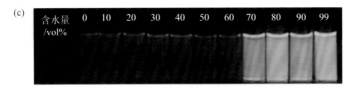

图 3-24　21 在不同乙醇/水混合物中不同含水量（0 vol%～99 vol%）下的荧光光谱（a）、荧光在 513 nm 处的强度变化趋势（b）和荧光照片（c）[31]

[21] = 50 μmol/L，λ_{ex} = 338 nm

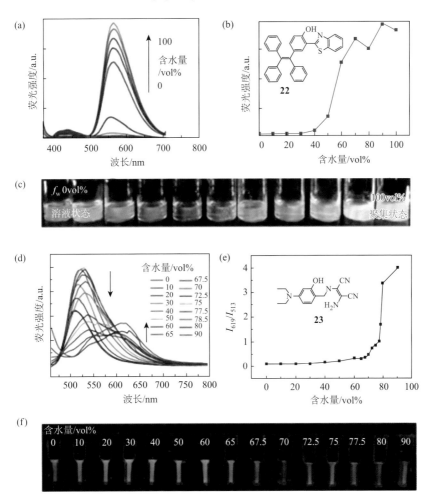

图 3-25　22 在不同 DMF/水混合物中不同含水量（0 vol%～100 vol%）下的荧光光谱（a）、荧光在 450 nm 处的强度变化趋势（b）和荧光照片（c），[22] = 5 μmol/L，λ_{ex} = 365 nm；23 在不同 DMSO/水混合物中不同含水量（0 vol%～90 vol%）下的荧光光谱（d）、荧光在 619 nm 和 513 nm 处的强度比的变化趋势（e）和荧光照片（f），[23] = 100 μmol/L，λ_{ex} = 437 nm[32, 33]

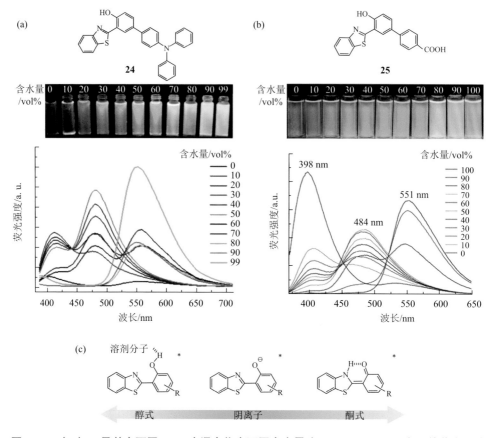

图 3-26 （a）24 及其在不同 THF/水混合物中不同含水量（0 vol%～99 vol%）下的荧光照片和光谱，[24] = 50 μmol/L，λ_{ex} = 355 nm；（b）25 及其在不同乙醇/水混合物中不同含水量（0 vol%～100 vol%）下的荧光照片和光谱，[25] = 50 μmol/L，水为 pH = 6 的 PBS 缓冲溶液；（c）苯并噻唑衍生物的三种发光体形式[34, 35]

3.4 光化学反应

前面提到的 TICT 和 ESIPT 两个激发态过程是影响分子发光的重要因素，同时也为 AIE 材料的开发和应用提供了重要的设计思路，这二者并不涉及产生新产物的化学反应。事实上，较多 AIE 体系通常有着双键和苯环一类的转子，在激发态的分子转动容易导致光异构和光环化等光化学反应。以最简单的 TPE 分子衍生物为例[图 3-27（a）]，一方面，其双键可在激发后打开并扭转发生 E/Z 异构；另一方面，TPE 分子中的苯环十分靠近，在两个苯环基团扭曲至合适的构型时可能发生环化反应，并脱氢氧化生成光环化产物[36]。27、28 也是类似的可发生光异构和光环化反应的例子[图 3-27（b）和（c）][37, 38]。对于很多 AIE 体系而言，光化学反应的发生是其在溶液中发光比在固体中弱的重要原因，光化学反应过程中激发态分子会运动到达反应物和生成物的"分水岭"结构，在这种结构下激发态分子会以非辐射跃迁回到基态并振动弛豫恢复反应物的结构或变成产物的结构［图 3-27（d）］。而在聚集体中，光化学反应过程所需要进行的分子运动受到限制，导致非辐射跃迁的光化学反应被抑制，因此荧光显著增强［图 3-27（e）］[36]。

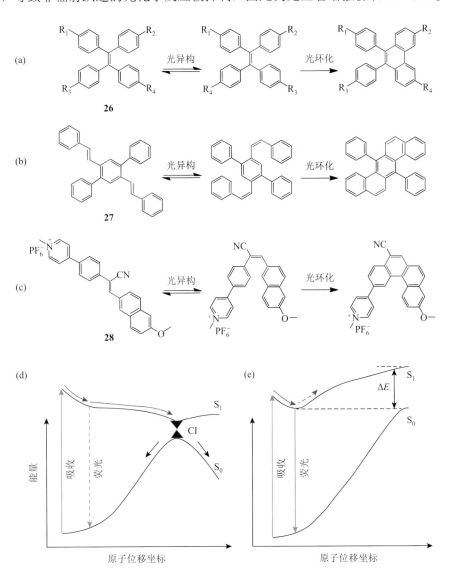

图 3-27　（a~c）发生光异构和光环化反应的典型分子；（d，e）AIE 分子在溶液中发生光化学反应（d）和在聚集体中光化学反应被抑制（e）的势能面图示[36-38]

CI：锥形交叉区域；S_1：第一单重激发态；S_0：基态

为了检测光化学反应是否发生，核磁共振氢谱（^{1}H NMR）是常见且简单有效的实验手段，从其氢谱峰的分布变化可判断光异构和光环化产物是否生成[图 3-28（a）和（b）]。当然，由于产物通常有着不同的光物理性质，其吸收光谱和荧光光谱也会有相应的改变。以 **28** 分子为例，在紫外（UV）光照下，其溶液在 380 nm 左右的吸收峰逐渐减弱，而在 280 nm 左右的吸收峰逐渐增强，在 580 nm 左右的荧光峰也显著增强[图 3-28（c）和（d）][38]。同样地，光化学反应会对分子的 AIE 性质产生影响。例如，**29** 分子的 *E* 异构体具有明显的 AIE 性质，而 *Z* 异构体在溶液和聚集体中都不发光不具备 AIE 性质。不发光的 *Z* 异构体的固体可以在光照下逐渐生成 *E* 异构体而点亮荧光[图 3-29（a）和（b）][39]。有些分子在光化学反应前后都具有 AIE 性质。例如，**30** 分子和其光环化的产物虽然发光完全不同，但都具有 AIE 性质[图 3-29（c）和（d）][40]。可见，光化学反应前后的 AIE 性质并不绝对，应根据具体的分子体系进行表征和判定。

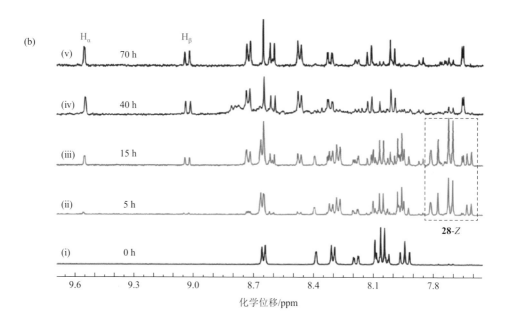

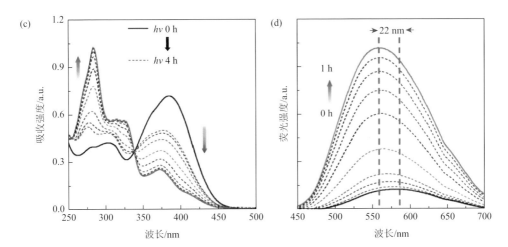

图 3-28　（a）28 在紫外光照射下发生光异构和光环化的化学反应过程；（b）28-*E* 在氘代乙腈溶液（[28-*E*] = 0.5 mmol/L）中用 365 nm 紫外灯照射 0 h、5 h、15 h、40 h、70 h 的质子核磁共振谱图；（c，d）28-*E* 的乙腈溶液在 365 nm 紫外灯照射不同时间的吸收光谱（[28-*E*] = 20 μmol/L）和荧光光谱（[28-*E*] = 10 μmol/L），λ_{ex} = 385 nm[38]

　　另外，参考上述分子光化学反应前后的吸收光谱的变化可见，光化学反应过程常常伴随着光致变色现象，例如，分子 **30** 发生光环化会导致溶液颜色从无色变成红色[图 3-29（d）]。分子 **31** 是可以发生 ESIPT 过程的 AIE 分子，其固体在紫外激发下可发生光异构反应，导致吸收和荧光发射改变从而出现光致变色现象（图 3-30）[41]。分子 **32** 在溶液状态下荧光较弱，其在紫外激发下可发生光环化反应使溶液变成粉红色，而在聚集体中，光环化的过程受到抑制，光致变色现象消失，同时荧光显著增强（图 3-31）[42]。可见，光致变色现象是判定 AIE 分子是否发生光化学反应过程的常见标志。

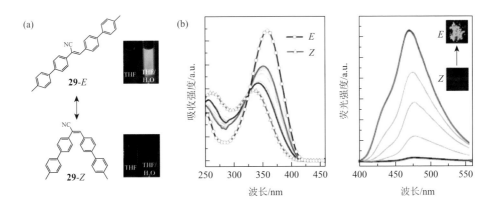

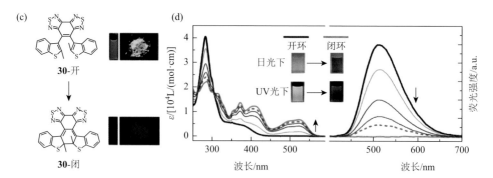

图 3-29 （a）29-*E* 和 29-*Z* 之间的光异构反应及两种异构体在溶液和聚集体中的荧光照片；
（b）29-*Z* 转化成 29-*E* 的吸收光谱变化（THF 溶液中，[29] = 20 μmol/L）和荧光光谱变化（固体中）；（c）30-开和 30-闭之间的光环化反应及开环闭环分子在溶液和固体中的荧光照片；
（d）30-开转化成 30-闭的吸收光谱和荧光光谱变化，以及在日光和 UV 光下的照片，
[30] = 20 μmol/L，λ_{ex} = 313 nm[39, 40]

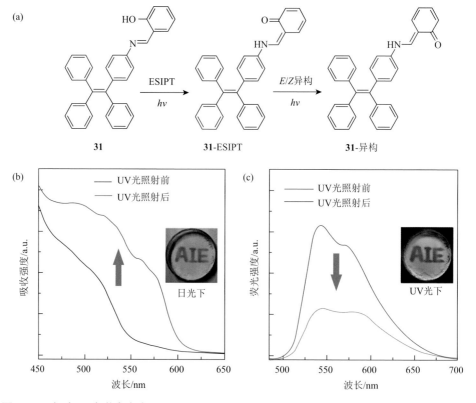

图 3-30 （a）31 在激发态发生 ESIPT 及光异构的化学反应过程；（b，c）31 固体在 UV 光照射前和照射后的紫外反射光谱及其在日光下的颜色变化（b）及荧光光谱和荧光变化（c）[41]

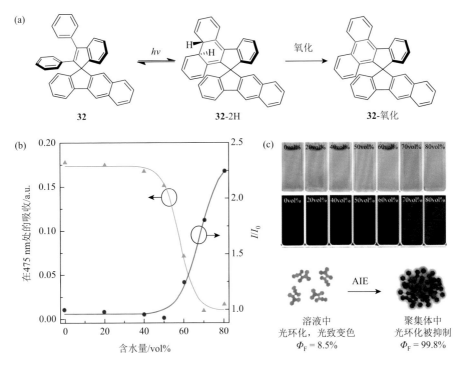

图 3-31　（a）32 的光环化反应过程；（b）32 在 THF/水混合物中不同含水量（0 vol%～80 vol%）下的相对荧光强度 I/I_0 的变化和在 475 nm 处的吸收强度变化，[32] = 200 μmol/L，λ_{ex} = 316 nm，I_0 为 THF 中的荧光强度；（c）32 在 THF/水混合物中不同含水量（0 vol%～80 vol%）下，在日光下的颜色变化、在 UV 光下的荧光变化及机理图示，Φ_F 为荧光量子产率[42]

　　综上，介绍了 TICT、ESIPT、光化学反应这三种常见的 AIE 现象中涉及的过程，并用一些典型的例子阐述了对这些过程进行表征和判定的基本方法。在实际探索中，涉及的过程并不限于这三类，可用到的手段也不限于上面提到的方法，本章节旨在为读者提供基本思路，盼望读者在研究中根据具体的分子体系灵活地采用理论和实验的各类手段，尽可能地透过现象看清本质。

（涂于洁）

参考文献

[1]　Valeur B，Berberan-Santos M N. Molecular Fluorescence：Principles and Applications. 2nd ed. Weinheim：Wiley-VCH Verlag GmbH & Co. KGaA，2013.

[2]　Mei J，Leung N L C，Kwok R T K，et al. Aggregation-induced emission：together we shine，united we soar！Chemical Reviews，2015，115：11718-11940.

[3] Gao Y, Chang X, Liu X, et al. Excited-state decay paths in tetraphenylethene derivatives. Journal of Physical Chemistry A, 2017, 121: 2572-2579.

[4] Mei J, Hong Y, Lam J W Y, et al. Aggregation-induced emission: the whole is more brilliant than the parts. Advanced Materials, 2014, 26: 5429-5479.

[5] Nigam S, Rutan S. Principles and applications of solvatochromism. Applied Spectroscopy, 2001, 55: 362a-370a.

[6] Grabowski Z R, Rotkiewicz K, Rettig W. Structural changes accompanying intramolecular electron transfer: focus on twisted intramolecular charge-transfer states and structures. Chemical Reviews, 2003, 103: 3899-4031.

[7] Tu Y, Yu Y, Xiao D, et al. An intelligent AIEgen with nonmonotonic multiresponses to multistimuli. Advanced Science, 2020, 7: 2001845.

[8] Klymchenko A S. Solvatochromic and fluorogenic dyes as environment-sensitive probes: design and biological applications. Accounts of Chemical Research, 2017, 50: 366-375.

[9] Cheng Y, Wang J, Qiu Z, et al. Multiscale humidity visualization by environmentally sensitive fluorescent molecular rotors. Advanced Materials, 2017, 29: 1703900.

[10] Jiang M, Gu X, Lam J W Y, et al. Two-photon AIE bio-probe with large Stokes shift for specific imaging of lipid droplets. Chemical Science, 2017, 8: 5440-5446.

[11] Sun H, Tang X X, Miao B X, et al. A new AIE and TICT-active tetraphenylethene-based thiazole compound: synthesis, structure, photophysical properties and application for water detection in organic solvents. Sensors and Actuators B: Chemical, 2018, 267: 448-456.

[12] Huang Y H, Mei J, Ma X. A novel simple red emitter characterized with AIE plus intramolecular charge transfer effects and its application for thiol-containing amino acids detection. Dyes and Pigments, 2019, 165: 499-507.

[13] Reichardt C, Welton T. Solvents and Solvent Effects in Organic Chemistry. 4th ed. Weinheim: Wiley-VCH Verlag GmbH & Co. KGaA, 2011.

[14] Bogdanov M G, Svinyarov I, Kunkel H, et al. Empirical polarity parameters for hexaalkylguanidinium-based room-temperature ionic liquids. Zeitschrift für Naturforschung B, 2010, 65: 791-797.

[15] Hu R, Lager E, Aguilar-Aguilar A, et al. Twisted intramolecular charge transfer and aggregation-induced emission of bodipy derivatives. Journal of Physical Chemistry C, 2009, 113: 15845-15853.

[16] Shen X, Wang Y, Zhao E, et al. Effects of substitution with donor-acceptor groups on the properties of tetraphenylethene trimer: aggregation-induced emission, solvatochromism, and mechanochromism. Journal of Physical Chemistry C, 2013, 117: 7334-7347.

[17] Qin W, Ding D, Liu J Z, et al. Biocompatible nanoparticles with aggregation-induced emission characteristics as far-red/near-infrared fluorescent bioprobes for *in vitro* and *in vivo* imaging applications. Advanced Functional Materials, 2012, 22: 771-779.

[18] Alam P, Leung N L C, Su H, et al. A highly sensitive bimodal detection of amine vapours based on aggregation induced emission of 1, 2-dihydroquinoxaline derivatives. Chemistry: A European Journal, 2017, 23: 14911-14917.

[19] Sedgwick A C, Wu L, Han H, et al. Excited-state intramolecular proton-transfer (ESIPT) based fluorescence sensors and imaging agents. Chemical Society Reviews, 2018, 47: 8842-8880.

[20] Zhao J, Ji S M, Chen Y H, et al. Excited state intramolecular proton transfer (ESIPT): from principal photophysics to the development of new chromophores and applications in fluorescent molecular probes and luminescent materials. Physical Chemistry Chemical Physics, 2012, 14: 8803-8817.

[21] Cai M, Gao Z, Zhou X, et al. A small change in molecular structure, a big difference in the AIEE mechanism.

Physical Chemistry Chemical Physics，2012，14：5289-5296.

[22] Wei R，Song P，Tong A. Reversible thermochromism of aggregation-induced emission-active benzophenone azine based on polymorph-dependent excited-state intramolecular proton transfer fluorescence. Journal of Physical Chemistry C，2013，117：3467-3474.

[23] Jin X，Dong L，Di X，et al. NIR luminescence for the detection of latent fingerprints based on ESIPT and AIE processes. RSC Advances，2015，5：87306-87310.

[24] Gao M，Li S，Lin Y，et al. Fluorescent light-up detection of amine vapors based on aggregation-induced emission. ACS Sensors，2016，1：179-184.

[25] Song Z，Kwok R T K，Zhao E G，et al. A ratiometric fluorescent probe based on ESIPT and AIE processes for alkaline phosphatase activity assay and visualization in living cells. ACS Applied Materials & Interfaces，2014，6：17245-17254.

[26] Yang G，Li S，Wang S，et al. Emissive properties and aggregation-induced emission enhancement of excited-state intramolecular proton-transfer compounds. Comptes Rendus Chimie，2011，14：789-798.

[27] Zhang Y，Wang J，Zheng W，et al. An ESIPT fluorescent dye based on HBI with high quantum yield and large Stokes shift for selective detection of Cys. Journal of Materials Chemistry B，2014，2：4159-4166.

[28] Park S，Kwon J E，Kim S H，et al. A white-light-emitting molecule：frustrated energy transfer between constituent emitting centers. Journal of the American Chemical Society，2009，131：14043-14049.

[29] Zamotaiev O M，Postupalenko V Y，Shvadchak V V，et al. Improved hydration-sensitive dual-fluorescence labels for monitoring peptide-nucleic acid interactions. Bioconjugate Chemistry，2011，22：101-107.

[30] Klymchenko A S，Mely Y. Fluorescent environment-sensitive dyes as reporters of biomolecular interactions. Progress in Molecular Biology and Translational Science，2013，113：35-58.

[31] Feng Q，Li Y，Wang L，et al. Multiple-color aggregation-induced emission（AIE）molecules as chemodosimeters for pH sensing. Chemical Communications，2016，52：3123-3126.

[32] Peng L，Xu S，Zheng X，et al. Rational design of a red-emissive fluorophore with AIE and ESIPT characteristics and its application in light-up sensing of esterase. Analytical Chemistry，2017，89：3162-3168.

[33] Liu Y，Nie J，Niu J，et al. An AIE plus ESIPT ratiometric fluorescent probe for monitoring sulfur dioxide with distinct ratiometric fluorescence signals in mammalian cells，mouse embryonic fibroblast and zebrafish. Journal of Materials Chemistry B，2018，6：1973-1983.

[34] Li K，Feng Q，Niu G，et al. Benzothiazole-based AIEgen with tunable excited-state intramolecular proton transfer and restricted intramolecular rotation processes for highly sensitive physiological pH sensing. ACS Sensors，2018，3：920-928.

[35] Li B，Zhang D，Li Y，et al. A reversible vapor-responsive fluorochromic molecular platform based on coupled AIE-ESIPT mechanisms and its applications in anti-counterfeiting measures. Dyes and Pigments，2020，181：108535.

[36] Chen Y，Lam J W Y，Kwok R T K，et al. Aggregation-induced emission：fundamental understanding and future developments. Materials Horizons，2019，6：428-433.

[37] Xie Z，Yang B，Cheng G，et al. Supramolecular interactions induced fluorescence in crystal：anomalous emission of 2, 5-diphenyl-1, 4-distyrylbenzene with all cis double bonds. Chemistry of Materials，2005，17：1287-1289.

[38] Wei P，Zhang J，Zhao Z，et al. Multiple yet controllable photoswitching in a single AIEgen system. Journal of the American Chemical Society，2018，140：1966-1975.

[39] Chung J W，Yoon S J，An B K，et al. High-contrast on/off fluorescence switching via reversible *E-Z* isomerization of diphenylstilbene containing the α-cyanostilbenic moiety. Journal of Physical Chemistry C，2013，117：11285-11291.

[40] Yang H，Li M，Li C，et al. Unraveling dual aggregation-induced emission behavior in steric-hindrance photochromic system for super resolution imaging. Angewandte Chemie International Edition，2020，59：8560-8570.

[41] Wang L，Li Y，You X，et al. An erasable photo-patterning material based on a specially designed 4-(1, 2, 2-triphenylvinyl) aniline salicylaldehyde hydrazone aggregation-induced emission（AIE）molecule. Journal of Materials Chemistry C，2017，5：65-72.

[42] Zhou Z，Xie S，Chen X，et al. Spiro-functionalized diphenylethenes：suppression of a reversible photocyclization contributes to the aggregation-induced emission effect. Journal of the American Chemical Society，2019，141：9803-9807.

聚集诱导发光分子动力学行为的表征手段

4.1 时间分辨光谱技术

时间分辨光谱技术（time-resolved spectroscopy）是指在样品被激发后，其光谱在某一时间范围和频域内随着时间变化而变化的技术[1]。对于光物理和光化学过程中产生的瞬态物质，如单重激发态、三重激发态、自由基、两性离子和氮宾离子等的捕捉和动力学过程检测，一般需要通过时间分辨光谱来实现。时间分辨光谱技术不仅广泛应用于光化学反应过程的探索[2-4]，而且也被应用于新型材料的光电转化机理，特别是光生载流子的动力学行为研究[5-8]，光催化的动力学过程探讨[9-13]，基于光动力学治疗的新药研究等领域。因此，时间分辨光谱技术的重要性不言而喻，同时对 AIE 中激发态分子的动力学过程研究具有指导意义。

4.1.1 时间分辨光谱技术的分类与原理

时间分辨光谱根据探测光的来源可以分为时间分辨吸收光谱技术和时间分辨发射光谱。时间分辨吸收光谱探测的范围主要有可见吸收区（330～750 nm）、近红外区（800～1400 nm）。时间分辨吸收光谱的探测时间可以从飞秒到毫秒，通常习惯性地将时间分辨率能够达到几百皮秒，甚至几十皮秒的时间分辨光谱称为超快时间分辨吸收光谱。那么超快时间分辨吸收光谱仪的基本原理是什么呢？图 4-1 给出了超快时间分辨吸收光谱仪的示意图：它主要由两部分组成，分别是探测光脉冲（probe pulse）和泵浦光脉冲（pump pulse）。顾名思义，探测光脉冲用来探测信号，泵浦光脉冲用来激发待测样品。如图 4-1 所示，单一波长的探测光脉冲（一般为 800 nm）首先会打到蓝宝石晶体或 CaF_2 晶体上，得到持续时间和单一波长短脉冲相近、波长范围在 330～780 nm 的宽带连续谱脉冲，称为"白光"脉冲，该"白光"脉冲就是实现时间分辨吸收的探测光。当泵浦光脉冲通过样品后，通常部分样品会被激发到其电子激发态，然后相对强度较弱的（避免多光子或多发过程）时间间隔为 t 的"白光"脉冲会经过样品捕捉电子激发态的光谱信息，随着时间间隔 t 的变化，光谱信息也随着变化。在样品激发前后经过的"白光"脉冲分别可表示为 I_{100} 和 I_T，那么通过单位光密度的样品透射率变化而计算得到的吸收的改变值可表示为 ΔOD：

$$\Delta OD(t, \lambda) = \lg[I_{100}/I_T(t, \lambda)] \tag{4-1}$$

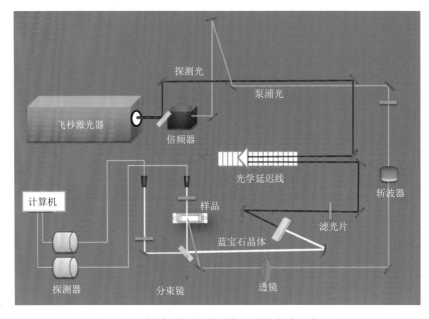

图 4-1　超快时间分辨吸收光谱的光路示意图

ΔOD 的实际意义为有泵浦光激发时，用探测光照射样品所得到的探测光吸收 $OD(\lambda)$ 减去没有泵浦光激发，用探测光激发样品所得到的探测光吸收 $OD_0(\lambda)$ 的差值。在一般的光物理过程中，ΔOD 包含的动力学过程有系间窜越（inter-system crossing，ISC）、单重激发态的非辐射跃迁、单重激发态的辐射跃迁、能量转移和光激子跃迁等。相对于时间分辨发射光谱，时间分辨吸收光谱有其显著的优势：后者可以直接观察到非辐射跃迁过程及暗态的动力学过程。这对于研究聚集诱导发光激发态分子的动力学过程有十分重要的意义。图 4-2 详细给出了时间分辨吸收光谱的成分信息[14]。

（1）第一部分的贡献首先来自基态漂白（ground state bleaching）。当部分样品被泵浦光激发到激发态之后，留在基态的样品数量将会减少。所以，此时被泵浦光激发过的样品的基态吸收值要小于泵浦光激发的样品的吸收值。因此，相对于 ΔOD，会得到与基态吸收谱图一样的"负"信号，如图 4-2 中蓝色短虚线部分所示。

（2）第二部分的贡献通常来自受激发射（stimulated emission）。对于二能级体系，从基态到激发态（A_{12}）吸收的 Einstein 系数和从激发态到基态的受激发射（A_{21}）的 Einstein 系数是一致的。因此，根据激发态的布居数，当探测光经过样品时，从激发态跃迁到基态的受激发射就会发生。受激发射只能在跃迁允许的条件下进行，而且广义上讲光谱轮廓与受激发色团的荧光谱类似，也就是说会发生相对于基态漂白信号的斯托克斯位移。在受激发射的物理过程中，

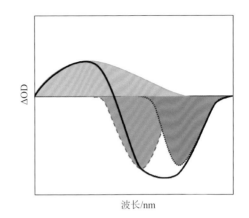

图 4-2　参与贡献 ΔOD 光谱的组成部分：基态漂白（蓝色短划线）、受激发射（绿色虚线）、激发态吸收（黄色实线）和实际光谱（黑实线）

探测光脉冲中的一个光子会诱导能够回到基态的激发态分子发出另一个光子，而且受激发射的光子和探测光中的光子发射方向一致，因此都能被探测到。值得一提的是，由于探测光脉冲的强度足够低，因此激发态的布居数并不受受激发射过程影响。受激发射会导致进入探测器中的光强度增强，正好与吸收相反，因此也会表现为"负信号"，如图 4-2 中绿色虚线部分所示。

（3）第三部分的贡献通常来自激发态吸收（excited state absorption）。当样品受到激发后，从激发态到更高激发态的跃迁允许的能级对应于某些特定的波长范围，从而探测光谱中相对应的波长范围就会被吸收，因此相对于 ΔOD，激发态的吸收表现为"正信号"，如图 4-2 中黄色实线部分所示。同理，由于探测光脉冲的强度足够低，因此激发态的布居数并不受激发态吸收过程影响。

因此，以上三部分的光谱组成了实际的时间分辨吸收光谱（黑实线）。面对相对复杂的光谱信息，为了更好地分离这些动力学过程，通常需要利用整体参数化分析来分析[15]。

时间分辨发射光谱根据光谱性质主要是指时间分辨荧光光谱和时间分辨磷光光谱。该方法主要是基于跟踪并检测激发态分子（单重激发态或三重激发态）进行辐射跃迁所发射的光谱随时间的变化，研究其激发态分子状态与微观结构变化的方法。与时间分辨吸收光谱相比，时间分辨发射光谱（此处以时间分辨荧光光谱为例）只用于探测具有发射荧光能力的激发态分子的衰减的动态过程，较少受到基态分子及激发态分子相关吸收信号的干扰，因此时间分辨荧光光谱比时间分辨吸收光谱的单一性更高，从某种程度上来讲其检测灵敏度也更高。

根据探测方法的不同，目前常用的荧光光谱时间分辨技术主要有 Kerr 开关（Kerr gate）时间分辨技术、频率上转换（up-conversion）荧光光谱技术及时间相

关单光子计数（time-correlated single-photon counting，TCSPC）技术。本节着重介绍频率上转换荧光光谱技术，该技术是基于非线性光学的和频（sum frequency）效应测量荧光衰减过程的方法。图 4-3 给出了频率上转换时间分辨荧光光谱仪的光路示意图：图中的泵浦光用于激发荧光样品产生待测的荧光信号并会聚到非线型晶体 BBO 上，该荧光信号的频率可视为 ω_f，同时，另一束波长为 800 nm 的飞秒激光也会会聚到晶体上，实现两束光空间上的重合。此时，在非线型晶体偏硼酸钡（BBO）内，两束光进行了非线性混频，$\omega_f + 1/800 = \omega_{sum}$，$\omega_{sum}$ 为混频后的频率，由探测器直接探测得到。通过换算可得到实际的荧光频率。频率为 ω_{sum} 的信号功率大小与 800 nm 光和泵浦光功率成正比，同时通过调节 800 nm 光和泵浦光的时间差，可实现被测荧光信号强度在不同时间延迟下的强度分布，实现时间分辨荧光的探测。同时，通过扫描 BBO 晶体的角度，可得到 420～780 nm 波长范围内的荧光光谱探测，得到荧光光谱谱图信息。

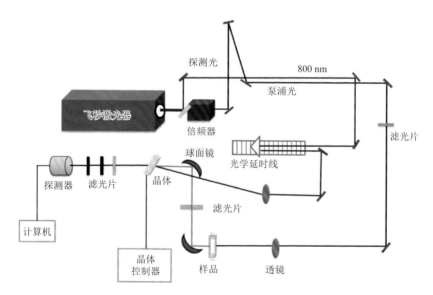

图 4-3　频率上转换时间分辨荧光光谱仪的光路示意图

此外，无论是时间分辨吸收光谱还是发射光谱，主要研究的都是分子的电子（及其相关的振动和转动）能级的光谱和动力学信息，而时间分辨拉曼光谱则可以规避电子吸收光谱和荧光发射光谱方法的局限性，在原子运动水平上直接跟踪监测分子的构型变化和相应的动力学信息，测量光辐射作用于分子体系时发生的拉曼散射（Raman scattering）现象。

拉曼散射是指当入射光的光子经过分子后传播方向和频率发生改变的非弹性光散射现象，根据频率的变化可分为斯托克斯位移（Stokes shift）和反斯托克斯位移（anti-Stokes shift）。斯托克斯位移是指入射光部分能量被分子吸收，其散射光频率小于入射光频率；反之，当振动中的分子将能量传递给入射光，导致散射光频率大于入射光频率，称为反斯托克斯位移，本节所涉及的时间分辨拉曼光谱主要是指斯托克斯位移。从任意初始状态 I 到最终状态 F 的拉曼散射概率与分子的拉曼横截面 $\sigma_{\text{I} \to \text{F}}$ 有关，其表示如下：

$$\sigma_{\text{I} \to \text{F}} = \frac{8\pi e^4}{9\hbar^4 c^4} E_{\text{S}}^3 E_{\text{L}} \left| \sum_{\varphi\lambda} (\alpha_{\rho\lambda}) \Big|_{\text{I} \to \text{F}} \right|^2 \tag{4-2}$$

式中，c 是光的速度；E_{S} 是光的散射光子的能量；E_{L} 是光的入射光子的能量；$\alpha_{\rho\lambda}$ 是跃迁极化率张量，其中 ρ 和 λ 分别代表入射和散射光子的极化率。应用二阶微扰理论推导得到极化率的公式：

$$(\alpha_{\rho\lambda})_{\text{I} \to \text{F}} = \sum_V \left(\frac{\langle \text{F}|m_\rho|\text{V}\rangle \langle \text{V}|m_\lambda|\text{I}\rangle}{E_{\text{V}} - E_{\text{I}} - E_{\text{L}} - \text{i}\varGamma} + \frac{\langle \text{F}|m_\lambda|\text{V}\rangle \langle \text{V}|m_\rho|\text{I}\rangle}{E_{\text{V}} - E_{\text{F}} + E_{\text{L}} - \text{i}\varGamma} \right) \tag{4-3}$$

式中，E_{L} 是入射光子能量；$|\text{I}\rangle$ 是初始振动状态；$|\text{V}\rangle$ 是中间振动状态；$|\text{F}\rangle$ 是最终振动状态；m_ρ 和 m_λ 是偶极矩算子；$\varGamma$ 是电子跃迁的均匀线宽。使用玻恩-奥本海默（Born-Oppenheimer）和康登（Condon）近似值代入式（4-2）可得到式（4-4），如下：

$$\sigma_{\text{I} \to \text{F}} = 5.87 \times 10^{-19} M^4 E_{\text{S}}^3 E_{\text{L}} \left| \sum_V \frac{\langle \text{f}|\text{v}\rangle \langle \text{v}|\text{i}\rangle}{\varepsilon_{\text{v}} - \varepsilon_{\text{i}} + E_0 - E_{\text{L}} - \text{i}\varGamma} \right|^2 \tag{4-4}$$

式中，E_0 是基态和激发态的最低振动能级之间的零-零能量间隔；$|\text{v}\rangle$ 和 $|\text{i}\rangle$ 分别是能量为 ε_{v} 和 ε_{i} 的振动态（请参见图 4-4）。E_{L}、E_{S}、E_0、ε_{v} 和 ε_{i} 的能量单位为 cm^{-1}；M（跃迁矩）和 σ 的单位分别是 Å/分子和 Å²/分子。式（4-3）是阿尔布雷希特（Albrecht）A 项表达式，是允许的电子跃迁对共振拉曼散射的主要贡献[16]。当入射光的能量（E_{L}）足够与分子的电子跃迁发生共振（$E_0 + \varepsilon_{\text{v}} - \varepsilon_{\text{i}}$）时，就能够得到共振拉曼散射光谱，因此式（4-3）中的第一项占据了主导地位，这种共振效应或增强效应是分子的电子态和振动态之间的耦合产生的。分子的生色团（或负责电子跃迁的原子团）上的振动模式是在共振拉曼光谱中共振增强的部分。对于基本的 A 项散射，只有完全对称的振动模式才能起作用。在共振拉曼光谱中观察到的振动模式的相对强度取决于弗兰克-康登重叠和电子跃迁的振荡强度。

　　与分子的发色团相关的共振增强产生的共振拉曼光谱有诸多优势：①由于共振增强效应，拉曼横截面可以变大几个数量级（通常为 $10^3 \sim 10^6$），因此可以检测到浓度低至 10^{-6} mol/L 的物种。②选择可以与电子跃迁态直接共振的激发波长，有助于抑制不必要的散射影响。③共振增强的选择性对于研究由许多生色团组成的复杂分子是非常有用的。由于非线型分子具有 $3N-6$ 的普通振动模式，线型分子具有 $3N-5T$ 振动（其中 N 是分子中的原子数），因此诸如蛋白质之类

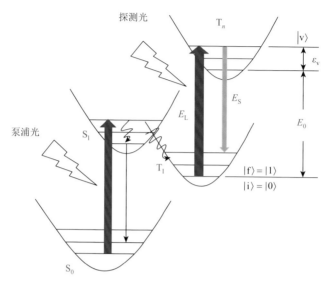

图 4-4 时间分辨共振拉曼原理图

的复杂分子的振动模式难以合理解释。但是，使用适当的激发波长来选择性地增强与不同发色团（或电子跃迁）相关的拉曼散射，可以分别检查分子的不同部分，并且更容易解释与共振拉曼散射相关的振动光谱。共振拉曼光谱实验可以分为单脉冲或双脉冲实验。单脉冲和双脉冲实验都可以研究短寿命的光生物种。但是，只有在激光脉冲持续时间内出现的光生物质才能在单脉冲实验中进行研究。

在单脉冲实验中，相同的激光脉冲同时激发样品并探测样品以产生拉曼散射。在典型的单脉冲实验中，首先用低功率激光束采集基态共振拉曼光谱，一般该拉曼光谱几乎不含光产物或中间物质的拉曼信息。紧接着使用高功率激光束采集共振拉曼光谱，并且该拉曼光谱在激光脉冲的持续时间长度上包含一定量的光产物或中间体的拉曼信息。然后通过从高功率拉曼光谱中减去低功率拉曼光谱来产生"差分"共振拉曼（transient resonance Raman，TR^2）光谱。这种"差分"共振拉曼光谱主要包含在实验中使用激光脉冲期间出现的光生物质的拉曼散射。单脉冲实验也存在一些缺点。例如，无法调整"泵浦"和"探测"脉冲之间的时间延迟（因为它们是同一激光脉冲的一部分），并且只能检测在激光脉冲持续时间内出现的中间体。另外，由于分子与高功率激光脉冲之间的有害相互作用，在获取高功率拉曼光谱时，必须注意避免产生伪影（例如，在某些情况下加热，多光子吸收和二次激发产生的光产物或中间体）。

双脉冲时间分辨共振拉曼（time-resolved resonance Raman，TR^3）方法被认为是研究光引发的涉及分子激发态结构和动力学过程的最佳技术手段之一。在泵浦探测双脉冲实验中，泵浦光脉冲负责激发样品以引发光化学反应，而探测光脉冲则用于探测由泵浦光脉冲激发的中间体的演变过程（图 4-4）。泵浦光脉冲和探测光脉冲在时间上是分开的，这使得泵浦光脉冲和探测光脉冲之间的时间延迟可以独立变化。泵浦光脉冲和探测光脉冲在光谱上也是分开的，并且通常具有不同的波长，但在某些情况下也可以使用相同的波长。尝试不同波长的泵浦光脉冲和探测光脉冲，优化泵浦波长和探测波长实现反应中间体的拉曼信号的最佳共振增强。图 4-5 主要描述了纳秒到毫秒时间尺度的 TR^3 光谱的光路示意图。TR^3 实验可以轻松地跟踪光引发反应过程中的动力学和结构信息变化。在这些实验中获得的光谱包含大量信息，可用于清楚地识别反应性中间体并阐明其结构、性质。

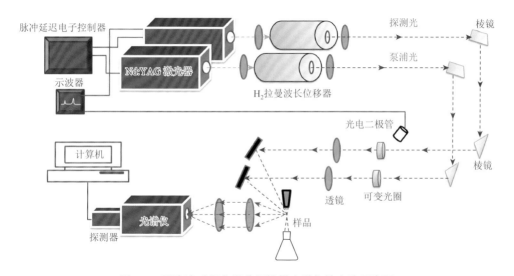

图 4-5　双脉冲时间分辨共振拉曼光谱仪的光路示意图

4.1.2　时间分辨光谱在聚集诱导发光现象中的应用

本小节将讨论利用时间分辨光谱对聚集诱导发光材料的研究近况。唐本忠院士课题组[17]在 2001 年首次提出了 AIE 的概念，实现了发光材料和生物传感等领域的革命性突破[18]。AIE，顾名思义是指分子在溶液态不发光或微弱发光但是在聚集态发光显著增强的现象。根据 Jablonski 能级图（图 4-6），AIE 现象同时可以理解为在溶液中，非辐射跃迁为激发态分子主要衰减通道，因此荧光量子产率比较低。相反，相较于溶液中的激发态分子更青睐于非辐射跃迁，聚集状态下由于分子内旋转受限（RIR）[19-23]、分子内振动受限（RIV）[24-26]、光环化（photocyclization）受阻[27-29]和 *E-Z* 异构化（*E-Z* isomerization）受阻[30, 31]等原因，无辐射过程受限制，该激发态分子更青睐于辐射跃迁，因此实现了聚集态下的发光增强，得到 AIE 现象。由于上述的非辐射跃迁过程都是在较短时间（$10^{-12} \sim 10^{-9}$ s）内发生的，很难用常规的检测手段去捕捉，因此时间分辨光谱被认为是研究 AIE 分子激发态构型和动力学过程的有效手段之一。

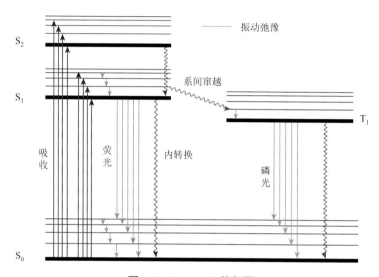

图 4-6　Jablonski 能级图

1. TPE 分子及其衍生物

作为经典的 AIE 分子之一，TPE 及其衍生物由于特殊的结构和 AIE 特性受到了广泛关注。本小节将详细介绍利用时间分辨光谱对 TPE 系列化合物的激发态分子构型变化和动力学过程的研究。

最初，Greene[32]通过皮秒时间分辨吸收光谱观察到了 TPE 分子在正己烷溶液中的光谱变化过程（图 4-7），首次观测并提出了 TPE 单重激发态 S_1 的乙烯双键的快速转动（twisting）过程抑制了 TPE 的辐射跃迁衰减通道，从而降低了 TPE 的荧光量子产率。Greene 推测，伴随着乙烯双键的转动生成了转动激发态中间体：可能是自由基或双自由基物种。在正己烷中，TPE 的初始瞬态吸收峰主要在 423 nm 和 630 nm，Greene 认为 630 nm 主要可以归属为 TPE 垂直单重激发态 S_{1v} 的吸收，其寿命为 5 ps；后期的 420 nm 为无荧光的转动单重激发态 S_{1t} 的吸收，其寿命为 3 ns。同时，Greene 通过归属 420 nm 吸收峰的收窄过程认为 TPE 激发态的苯环扭转过程为 400 ps。

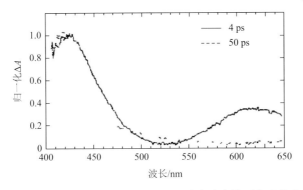

图 4-7　TPE 在 305 nm 激发后的正己烷溶液中的瞬态吸收光谱

紧接着，Barbara 等[33]通过时间分辨荧光光谱研究了 TPE 在不同温度和不同黏度溶剂中的荧光光谱演变和衰减过程，并提出了 TPE 激发态的动力学模型，如图 4-8 所示：①在低温低黏度溶剂中，转动重排速率 k_{AB} 相对较小，因此 TPE 激发态主要通过 S_{1A} 构型的辐射跃迁（荧光）过程衰减；②在较高温度低黏度溶剂中，转动重排速率 k_{AB} 增大，因此荧光光谱红移以 B 构型实现辐射跃迁过程；③在更高温度低黏度溶剂中，非辐射跃迁过程引起的转动重排速率 k_{BC} 显著增大，TPE 激发态构型从 S_{1B} 转动到 S_{1C}，后者通过非辐射跃迁过程迅速衰减到 S_{0C}，此过程不仅显著缩短了荧光寿命，同时也降低了 TPE 荧光的量子产率。

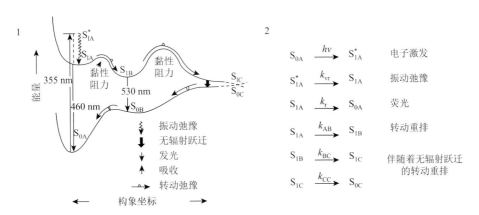

图 4-8　TPE 激发态的动力学模型

在此基础上，Schilling 等[34]第一次提出两性离子（zwitterionic）的概念（图 4-9），认为转动单重激发态 S_{1t} 呈现了两性离子特征。同时，他们通过皮秒时间分辨吸收光谱研究了溶剂极性对转动

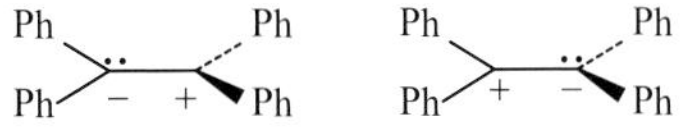

图 4-9　两性离子示意图

单重激发态 S_{1t} 与转动基态 S_{0t} 之间能量差的影响：随着溶剂极性的增大，S_{1t} 态衰减速率明显增大的实验结果证明了 S_{1t} 具有两性离子特征，极性溶剂有助于偶极稳定的 S_{1t} 态，减少 S_{1t} 与转动基态 S_{0t} 间的能量差，促进两个能级的耦合从而加快了非辐射跃迁的过程。

两性离子理论同时也得到了 Zimmt 课题组[35]及 Schuddeboom 等[36]的支持。通过皮秒光学热量研究方法，Zimmt 课题组[37]不仅证明了两性离子的存在，同时给出了 TPE 光致异构化的势能面模型，如图 4-10 所示。Sun 和 Fox[38]提出了补充意见：他们通过皮秒时间分辨吸收光谱研究 TPE 在超临界流体中的动力学过程发现，TPE 的转动单重激发态 S_{1t} 的无辐射过程确实与溶剂极性以及激发态基态之间的能量差相关，并且是通过分子内的电荷转移过程实现的。

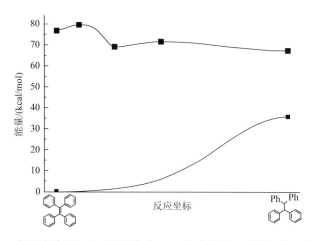

图 4-10　根据光致异构化反应得出的 TPE 基态和第一单重激发态的势能面

Tahara 和 Hamaguchi[39]利用时间分辨共振拉曼证实了两性离子的猜想。他们用同位素 ^{13}C 标记了 TPE 乙烯键上的一个 C 原子，并且分别用 417 nm 和 514.5 nm 探测光监测了同位素标记前后的 TPE 激发态和基态的共振拉曼光谱，如图 4-11 所示：首先，通过比较发现，激发态和基态拉曼光谱最主要的区别在波数范围 $1500 \sim 1600 \text{ cm}^{-1}$ 的双键振动光谱。在图 4-11 中 C，TPE 基态 S_0 在该区间主要有三个振动峰，分别是 1595 cm^{-1}、1588 cm^{-1} 和 1564 cm^{-1}。当用同位素 ^{13}C 标记后，1564 cm^{-1} 峰左移到了 1545 cm^{-1}，说明该振动峰主要源自乙烯双键 C═C 的伸展振动。而 1595 cm^{-1} 和 1588 cm^{-1} 主要源自苯环的双键伸展振动。相反，同位素 ^{13}C 标记对于 TPE 转动激发态 S_{1t} 在 $1500 \sim 1600 \text{ cm}^{-1}$ 之间的双键振动光谱却没有影响。这说明 TPE 从基态到激发态后乙烯双键已经消失，因此没有观测到同位素效应，证明了转动单重激发态 S_{1t} 构型存在的合理性，同时也说明转动单重激发态 S_{1t} 的乙烯双键伸展与苯环伸展振动的耦合作用减弱。比较同位素 ^{13}C 标记的激发态拉曼光谱（图 4-11 中 A 和 B）还可以发现 A 的 1255 cm^{-1} 振动峰左移到了 1246 cm^{-1}(B)，这可能是 TPE 激发态的乙烯双键转动后变成单键的振动信号峰，也佐证了 TPE 转动单重激发态 S_{1t} 构型的变化。此外，图 4-11 中 A 的苯环振动峰主要在 1587 cm^{-1} 和 1543 cm^{-1}，两者之间的频率差值为 44 cm^{-1}。与基态的苯环振动峰的频率差值（1595 cm^{-1}–1588 cm^{-1} = 7 cm^{-1}）相比，相对较大的频率差值反映了从 TPE 基态构型到激发态构型的剧烈变化。同时，考虑到两性离子的阴阳离子部分对苯环构型的影响，1587 cm^{-1} 和 1543 cm^{-1} 振动峰有可能分别源自两性离子中阴离子部分和阳离子部分的贡献，因此间接证明了 TPE 转动单重激发态 S_{1t} 是两性离子构型的合理性。

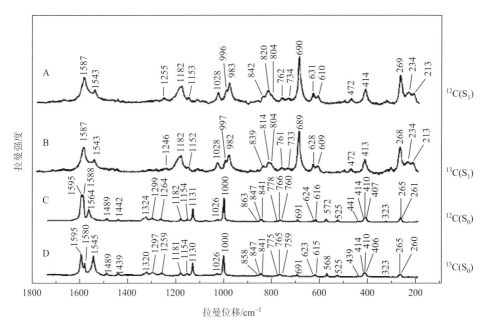

图 4-11　TPE 转动单重激发态 S_{1t} 和基态的共振拉曼光谱

A 是普通的转动单重激发态 S_{1t}，B 是乙烯键 ^{13}C 同位素单标记的转动单重激发态 S_{1t}，C 是普通的基态 S_0，
D 是乙烯键 ^{13}C 同位素单标记的基态 S_0，S_{1t} 探测光：417 nm，S_0 探测光：514.5 nm

　　紧接着，Wiersma 课题组[40, 41]通过更高时间分辨率的瞬态吸收光谱给出了 TPE 激发态更详细的演变过程。很显然，在研究分子激发态的构型和动力学信息时，越高时间分辨率的时间分辨吸收光谱给出的信息会越全面。通过偏振相关的飞秒时间分辨吸收光谱的研究，作者提出了详细的 TPE 激发态动力学的四态模型，如图 4-12 所示。这四个激发态分别是弗兰克-康登（FC）激发态、弛豫激发

态、电荷共振（charge-resonance，CR）态（又称双自由基态）和两性离子（CT）态。弗兰克-康登激发态是指 TPE 的垂直激发态 S_{FC}，其构型与 TPE 基态相同，该激发态通过振动冷却的方式到达弛豫激发态 S_1（亚皮秒级）。在 S_{FC} 的振动冷却过程中，乙烯双键增长了 0.3 Å，同时双键的伸展振动模式与苯环弯曲模式发生非谐式耦合，激发态构型的变化使其斯托克斯位移达到了 12000 cm^{-1}。随后，在皮秒量级的时间范围内，S_1 可能会经历异构化或对称性破坏造成的电荷分离过程。在绝热条件下，S_1 将沿着乙烯碳碳键的转动坐标在避免势能面交叉区域附近发生电荷分离，形成两性离子态。此时，溶剂阻力将会限制乙烯双键的转动速度，这是反应中的决速步骤。在极性溶剂中，溶剂有助于稳定两性离子态，几乎完全不会发生溶剂诱导的非绝热势能面相交（图 4-12）。但是，在非极性溶剂中，电荷共振态与两性离子态之间的能量差较小，S_1 可以通过热活化和势能面交叉达到电荷共振态，形成两态之间的热平衡。因此，他们将 500 nm 处的瞬态吸收归因于 TPE 的两性离子态，450 nm 瞬态吸收归因于 TPE 的 C(Ph)$_2$ 片段的局部 π-π^* 激发。

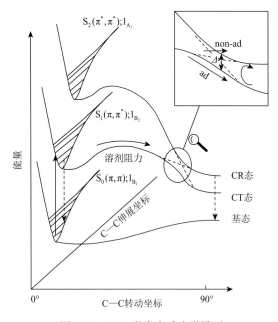

图 4-12 TPE 激发态动力学模型

亚皮秒弛豫沿分子中心乙烯双键 C—C 伸展坐标发生，导致激发波长（310 nm，实线箭头）和探测到的受激发射（500 nm，虚线箭头）之间较大的斯托克斯位移。紧接着，围绕中心乙烯双键的转动过程受到了溶剂的强烈抑制，可表示为"溶剂阻力"。通过避免两个激发态势能面之间的交叉，该激发态转动过程直接导致了绝热电子转移至两性离子态。这在插图的扩大交叉区域中用 ad 表示。所得的电荷转移（CT）态通过溶剂效应得以稳定。很小的一部分可能会直接经过较高势能面的非绝热过程（插图中为 non-ad），得到对称的电荷共振（CR）状态。在非极性溶剂中，这种热活化是可能的，并且可在 CT 和 CR 状态之间建立动态平衡时隔 11 年，Kayal 等[42]和唐本忠院士课题组及杜莉莉等所在课题组[43]通过时间分辨光谱对 TPE 的激发态构型及其变化过程进行了更为系统的研究，两项工作从不同的切入点详尽地描述了 TPE 的非辐射跃迁过程，不仅有异曲同工之妙，还提供了不同的研究者的视角。Kayal 等[42]将研究重点放在亚皮秒和皮秒量级，主要通过时间分辨吸收光谱和超快拉曼损失光谱研究了 TPE 激发态衰减的决定性步骤，以及溶剂对激发态核动力学的影响（图 4-13）。与前期报道一致，通过时间分辨吸收光谱也将亚皮秒级别的光谱变化归属于从弗兰克-康登激发态 S_{FC} 到弛豫激发态 S_1 并伴随着乙烯双键增长的振动冷却过程，皮秒级别的光谱变化归属于从弛豫激发态 S_1 到两性离子态的过程。但是，通过超快拉曼损失光谱的研究，他们提出了一个全新观点。如图 4-14 所示，TPE 被光激发后主要得到两个振动标志峰，即乙烯的双键伸展振动模式（1512 cm^{-1}）和苯环的双键伸展振动模式（1584 cm^{-1}）。在亚皮秒级别，1584 cm^{-1} 振动峰出现了红移，他们认为这是激发态 TPE 结构平面化的过程。相反，1512 cm^{-1} 振动峰在 1 ps 内表现为先蓝移后红移，这表明在亚皮秒级的时间尺度上，结构弛豫主要受苯基扭转而不是中心乙烯双键转动的影响。因此，他们认为相比于乙烯双键的转动，苯环的扭转是决定 TPE 非辐射跃迁的关键因素。

为了限制处于激发态的某些非辐射通道并探索其 AIE 机理，唐本忠院士课题组和笔者所在课题组（Cai 等）[43]合成了一组具有不同刚性的 TPE（**1**）及其 TPE 衍生物 **2~6**（图 4-15），试图通过比较构型和激发态动力学的变化来解释 TPE 的 AIE 作用机理。无独有偶，TPE 在乙腈中的时间分辨吸收光谱的结果与 Kayal 等[42]同期发表的亚皮秒级和皮秒级的光谱和动力学信息一致，其衰减速率常数分别是 0.39 ps 和 1.2 ps（图 4-16）。两个研究团队都将 0.39 ps 归属于 TPE 从弗兰克-康登激发态 S_{FC} 到弛豫激发态 S_1 并伴随着乙烯双键增长的振动冷却过程。但是，对于 1.2 ps 以及后期的动力学过程的归属，Cai 等提出了不同的看法：随着 613 nm 吸收峰的消失，1.2 ps 的光谱演变过程主要归因于双键的转动；紧接着，随着 422 nm 吸收峰的消失，18.9 ps 的动力学演变过程主要得益于苯环的扭转。同时，通过结合纳秒时间分辨光谱及密度泛函理论（density functional theory，DFT）计算，他们还捕捉到了超长寿命（159 s）的 TPE 的成环中间体（**1-IM**）并有效地通过瞬态共振拉曼归属了 **1-IM** 的振动信息，说明光成环中间体也是 TPE 在溶液态中荧光猝灭的原因之一。当在 TPE 苯环的间位接上双甲基结构（**3**），无论是乙烯双键的转动还是苯环的扭转过程都严重被抑制，速率常数 τ_2 和 τ_3 分别增加到 11.2 ps 和 4.07 ns（表 4-1），因此 **3** 的辐射跃迁概率增加，表现为在溶液态有较强的荧光。此外，他们发现通过苯环之间不同形式的桥连（**4~6**）从而抑制苯环的扭转过程，能够有效地缩短成环中间体的形成时间（表 4-1）。因此，他们认为首先弛豫激发态 S_1 的寿命是决定荧光量子产率的关键决定因素；其次，在刚性较低的结构中，乙烯双键的转动过程是抑制非辐射跃迁通道、促进辐射跃迁过程的关键；最后，在刚性较大的结构中，苯环的扭转过程是非辐射跃迁过程及光环化中间体的决定因素。

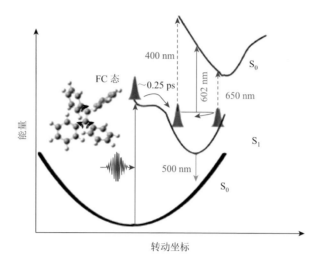

图 4-13　TPE 的核动力学方案

相干波包动力学的示意图说明了两个吸收区域（650、400 nm）中瞬态吸收轨迹的调制

图 4-14　（a）使用 **335 nm** 泵浦光和 **600 nm** 拉曼光在 BuCN 中从 **0 ps** 到 **1.2 ps** 的 TPE 时间分辨拉曼损失光谱，在等高线图中，清晰可见约 **260 fs** 时间段的振幅振荡；（b）TPE 在各种时间延迟下的拉曼损失光谱，每个时间光谱用高斯拟合（红线），以提取峰值位置和振幅

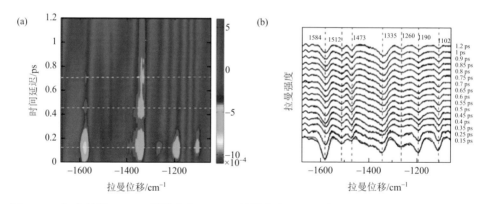

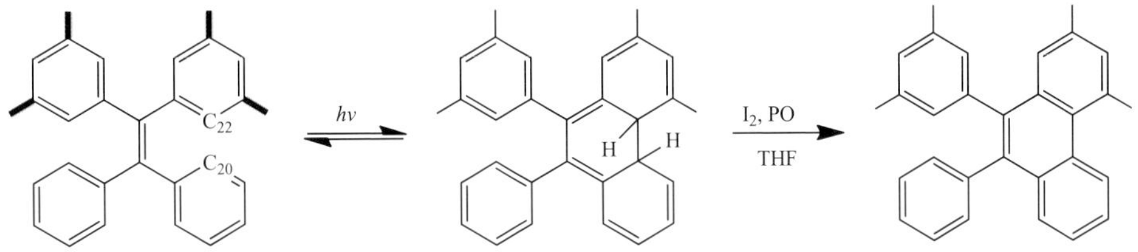

2　　**2**-IM　　**2**-PC

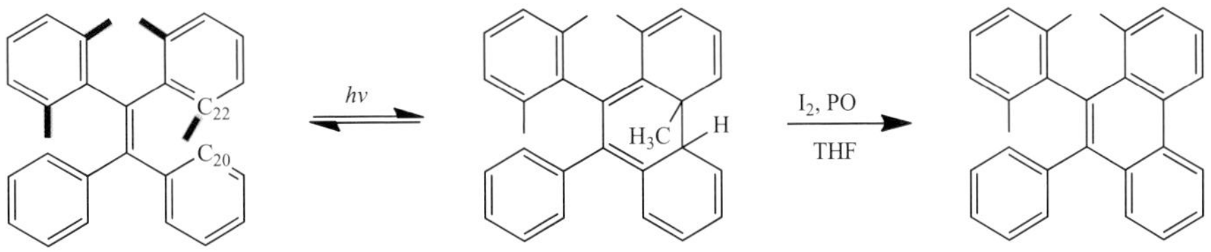

3　　**3**-IM　　**3**-PC

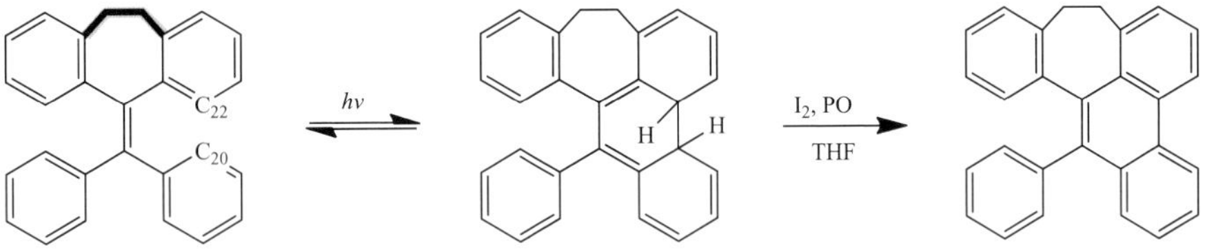

4　　**4**-IM　　**4**-PC

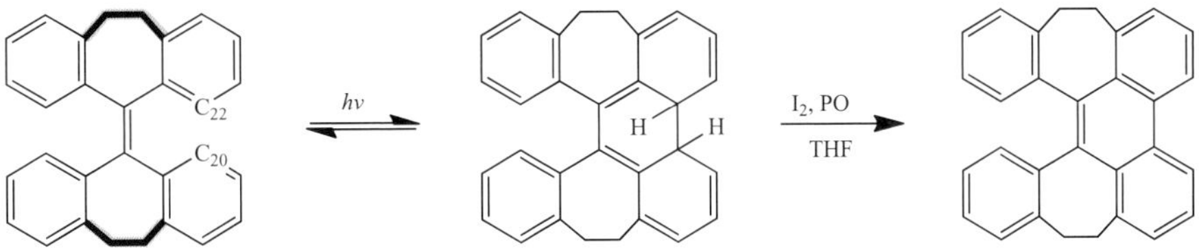

5　　**5**-IM　　**5**-PC

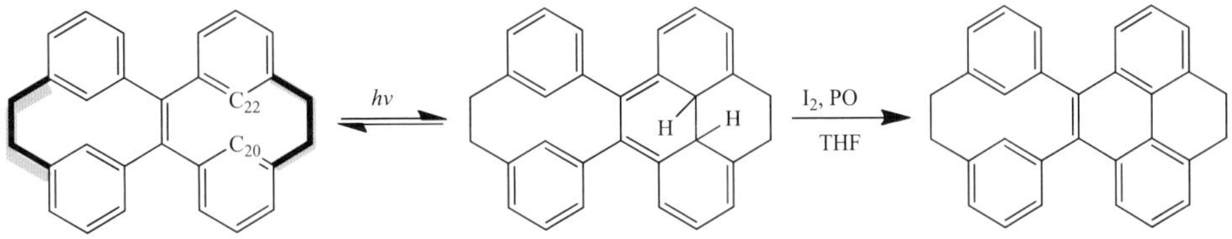

6　　**6**-IM　　**6**-PC

图 4-15　TPE（1）及其 TPE 衍生物 2～6 的结构，紫外光照射下转变为相应的中间体结构（1-IM～6-IM）及氧化后的光环化菲衍生物 1-PC～6-PC

PO：光氧化

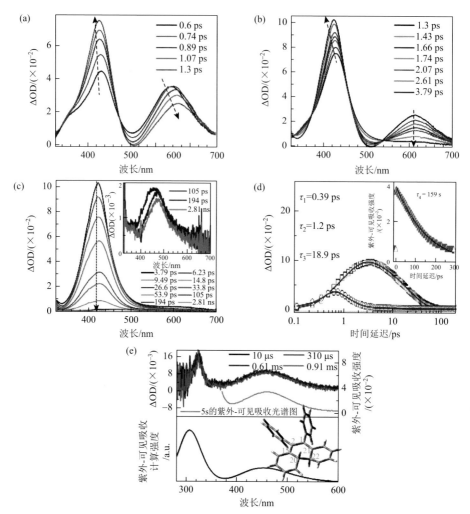

图 4-16 （a~c）TPE 在乙腈中不同时间延迟的飞秒时间分辨吸收光谱；（d）利用全局拟合得到的在 **430 nm**（黑色正方形）和 **600 nm**（蓝色圆圈）处的动力学及拟合结果（红线，实线），插图显示了通过紫外-可见吸收光谱得到的光环化中间体 **1-IM** 的单指数拟合衰减结果；（e）纳秒时间分辨吸收光谱（上图）和 **1-IM** 的电子吸收计算光谱（下图）

表 4-1 通过时间分辨吸收光谱全局拟合得到的 **1~6** 在乙腈中的时间常数，以及通过紫外-可见吸收衰减的单指数拟合得到的相应中间体的寿命

寿命	1（TPE）	2	3	4	5	6
τ_1（双键增长）	0.39 ps	0.32 ps	0.38 ps	0.35 ps	0.30 ps	—
τ_2（双键转动）	1.2 ps	1.6 ps	11.2 ps	1.6 ps	8.9 ps	0.4 ps
τ_3（苯环扭转）	18.9 ps	14.3 ps	4.07 ns	12.9 ps		
τ_4（光环化中间体）	159 ps	—	—	761 s	1139 s	—

综上所述，对于溶液态 TPE 的激发态的动力学过程，大家比较统一的结论是亚皮秒级的过程是从弗兰克-康登激发态 S_{FC} 到弛豫激发态 S_1 的跃迁，同时伴随着乙烯双键的增长过程。但是，在皮秒和纳秒时间尺度的归属上，研究者的意见仍旧有较大分歧。近日，Guan 等[44]发表的最新工作支持了成环中间体的理论。他们通过超快多维紫外/红外混频光谱技术同样观测到溶液态 TPE 在几皮秒内迅速异构并产生环状中间体[图 4-17（b）]的过程，同时证明环状中间体是经过 TPE 电子激发态和基态势能面上的锥形交叉点简并得到。电子激发态到达锥形交叉点这个构象需要各个苯环侧基围绕着碳碳单键旋转，在溶液中，这种旋转的阻力主要来自溶剂分子位置重组所需的能量，通常比较小（小于几 kcal/mol），因此可以很容易实现和很快进行。但是，在固体中，绕着碳碳单键旋转要打破晶格，能量太高而无法进行，所以，TPE 在电子激发后没有办法到达锥形交叉点，无法形成环状中间体。因此，他们认为是否通过锥形交叉点是决定辐射与非辐射跃迁比例的关键，它可以通过相变（如 AIE）或其他手段（如压力与电刺激等）来调节。

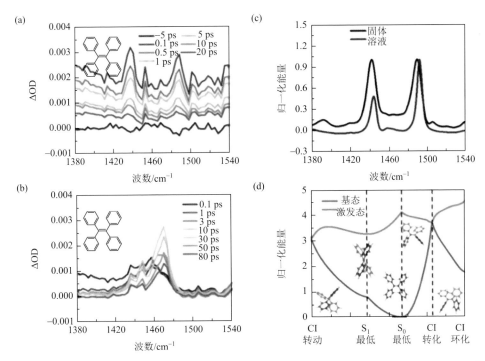

图 4-17 （a）TPE 固体激发后的红外响应；（b）TPE 溶液激发后的红外响应；（c）TPE 固体和溶液的 FTIR 光谱；（d）TPE 势能图，S_0 最低对应的是电子基态最稳定结构，CI 环化对应的是环状中间体，CI 转化对应的是形成环状中间体必经的锥形交叉点

2. 六苯基噻咯及其衍生物

1, 1, 2, 3, 4, 5-六苯基噻咯（1, 1, 2, 3, 4, 5-hexaphenyl-1*H*-silole，HPS）是最早发现的 AIE 分子[17]，也是被广泛研究的 AIE 类材料之一。尽管它具有与 TPE 明显不同的分子结构，但本质上构象类似，也是苯环能够通过单键相对于噻咯核转动。HPS 的时间分辨光谱的研究工作相对较少，主要集中于时间分辨荧光光谱的探索，下面对这些工作做简单的介绍。

Lee 等[45]和 Wong 课题组[46, 47]先后发表了 HPS 及其衍生聚合物 PS9PA（图 4-18）的时间分辨荧光光谱特征及其动力学信息，分别比较了溶液态中不同温度、黏度、含水量以及薄膜和晶体对 HPS 和 PS9PA 荧光寿命的影响。由于不同条件下，HPS 荧光光谱的中心波长始终在 500 nm 左右，因此排除了激发态平面化导致聚集发光的可能。以不同含水量的影响为例（表 4-2）简单分析 HPS 及其衍生聚合物 PS9PA 的聚集发光机理，双指数拟合公式如式（4-5）所示，其中 A_1 和 A_2 的值代表两个不同衰减途径的比例；τ_1 和 τ_2 代表荧光寿命：

$$y = A_1 \mathrm{e}^{-t/\tau_1} + A_2 \mathrm{e}^{-t/\tau_2} \qquad (4\text{-}5)$$

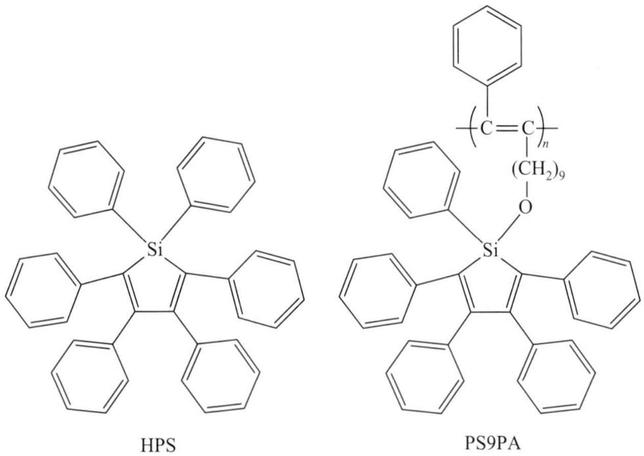

图 4-18　HPS 和 PS9PA 的结构示意图

水是 HPS 的不良溶剂，随着含水量的增加，HPS 的荧光显著增加。当含水量超过 30%时，HPS 的荧光寿命以双指数形式衰减并且寿命和含水量成正比，同时长寿命物种的比例（A_2）也同比增加。他们指出，由于添加了不同体积的水，HPS 分子以不同的聚集形态存在于系统中。在不加水的稀溶液中，分子完全以自由状态存在，而不受分子内扭转运动的限制。由于 HPS 分子是不发光的或弱发光，那么激发态的衰减主要由非辐射跃迁引起（40 ps）。在 DMF 溶液中加入少量水后，一些分子开始以聚集状态堆积。但是，大多数分子仍处于自由状态，并且形成的聚集颗粒尺寸较小。在一个粒子中，可能只有几个分子聚集。与游离态的分子相比，聚集态的分子数量较少。因此，由分子内运动受限引起的荧光增强作用并不明显。但是，在系统中加入大量水之后，如在含有 70% 或 90% 水的混合物中，具有大尺寸的聚集颗粒在混合物中 HPS 分子的形态中占主导地位。在这些聚集的纳米颗粒中，HPS 发射增强。由于 HPS 分子在固态时具有明显的非平面结构，其分子平面间距离约为 10 Å（图 4-19），几乎避免了由于 π-π 堆积（π-π stacking）导致辐射复合的可能。从 HPS 的晶体结构图 4-19 可以发现，HPS 平面间和分子间距离尽管造成了分子中心硅原子之间的间隔，但是相邻的苯环彼此却非常靠近。空间位阻效应，限制了这些固态分子的扭转/振动运动，因此抑制了固体条件下 HPS 的非辐射跃迁过程，从而增加了辐射跃迁的概率。所以，认为 HPS 的 AIE 特性是由于分子内振动和扭转运动的限制而使非辐射跃迁失活的现象。

表 4-2　HPS 在不同比例 DMF/H$_2$O 混合溶液中的荧光寿命

含水量/%	A_1/A_2	τ_1/ns	τ_2/ns
0	1/0	0.04	
30	0.80/0.20	0.10	3.75
70	0.50/0.50	0.82	4.98
90	0.43/0.57	1.27	7.16

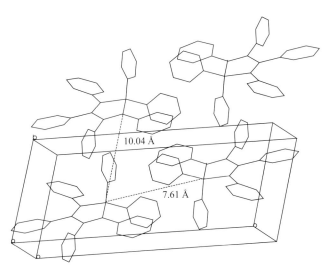

图 4-19　HPS 的晶体结构

分子平面间距离为 10.04 Å，单位晶胞分子间距离为 7.61 Å

随后，Heng 等[48]设计并研究了不同直径的 HPS 纳米线的荧光光谱性质，其荧光寿命和量子产率如表 4-3 所示。与前面聚集态 HPS 衰减结果类似，纳米线中的 HPS 分子的激发态也通过两个途径衰减，如式（4-5）所示。在表 4-3 中，结晶膜体系中 6%的 HPS 分子会通过快速途径衰减，其寿命为 2.2 ns，同时有 94%的分子通过慢速路径衰减，其寿命为 6.7 ns。当纳米线的直径从 35 nm 增加为 250 nm 时，通过缓慢失活通道的 HPS 激发态分子比例从 14%增加到了 21%，相应地，通过快速衰减通道的 HPS 激发态分子比例从 86%减少到了 79%，但是寿命并无明显变化。因此，他们认为快速途径衰减（τ_1）对发射光谱的贡献很小，而缓慢的失活过程（τ_2）则支配了各种直径的 HPS 纳米线激发态的弛豫。

表 4-3 **HPS 晶体膜、HPS 非晶体膜和各种直径的 HPS 纳米线的荧光寿命和量子产率**

形态	A_1/A_2	τ_1/ns	τ_2/ns	Φ_f/%
晶态	0.06/0.94	2.2 ± 0.04	6.7 ± 0.27	86
纳米线（35 nm）	0.14/0.86	2.1 ± 0.04	6.4 ± 0.14	79
纳米线（70 nm）	0.16/0.84	3.2 ± 0.08	6.6 ± 0.29	84
纳米线（150 nm）	0.19/0.81	2.6 ± 0.06	5.9 ± 0.18	74
纳米线（250 nm）	0.21/0.79	3.1 ± 0.07	6.2 ± 0.27	77
非晶态	0.25/0.75	2.4 ± 0.05	6.7 ± 0.09	78[49]

到目前为止，相较于 TPE 分子的系统性研究工作，针对 HPS 分子及其衍生物的研究大部分只是采用了时间分辨荧光光谱。笔者认为，接下来研究者可以利用时间分辨吸收光谱和时间分辨拉曼光谱分析并研究 HPS 分子的激发态构型和动力学过程。时间分辨吸收光谱和时间分辨拉曼光谱不仅可以提供高时间分辨率的动力学信息，也可以提供更为详细的电子态和振动态的结构信息，可以帮助研究者更好地剖析 HPS 分子的非辐射过程并研究其 AIE 相关机理。

3. 激发态分子内质子转移 AIE 体系

具有激发态分子内质子转移（excited state intramolecular proton transfer，ESIPT）性质的荧光染料由于独特的四级环状质子转移反应，广泛应用于化学传感器[50]、电致发光材料[51]、激光染料[52]、生物化学[53]、紫外线光稳定剂[54]及特殊的光物理过程[55]等领域。众所周知，基态的 ESIPT 分子的烯醇（enol，E）构型相对稳定，而在激发态中则是酮类（keto，K）构型相对稳定。在 ESIPT 过程中，分子被光激发后立即发生了由分子内氢键传递引起的快速的四能级光物理循环（E—E*—K*—K—E）过程。但是，固态的浓度猝灭问题是导致 ESIPT 分子荧光效率低的主要原因。有研究表明，具有首尾相接的 J 聚集构型[56]，位点隔离或限制分子间键旋转和扭转的树突结构[57]等特定结构的 ESIPT 分子可以通过抑制非辐射跃迁来有效防止自猝灭，因此将显著增强其聚集态或固态的发光强度，即聚集诱导发射增强（AIEE）。

Hu 等[58]通过微秒时间分辨吸收光谱研究了 *N*-[4-(2-苯并噻唑)-3-羟基苯基]-苯甲酰胺{*N*-[4-(benzo[*d*]thiazol-2-yl)-3-hydroxyphenyl]benzamide，BTHPB}（图 4-20）的 ESIPT 过程（图 4-21），并分析其 AIEE 的机理。首先，他们探测到 BTHPB 在环己烷中的时间分辨吸收光谱中的寿命长达 500 μs 且对氧气不敏感，并将其归属为反式酮类中间体（*trans*-keto）的吸收。相反，在固体 BTHPB 中并未检测到任何瞬态吸收信号，这表明没有反式酮类中间体产生，说明固态的物理特征限制了构型翻转。因此，不难得出 ESIPT 过程中两个亚基之间旋转的限制是导致 AIEE 现象的主要原因。紧接着，通过飞秒时间分辨吸收光谱（图 4-22）比较溶液态和聚集态的区别，发现在聚苯乙烯基质中未检测到反式酮类中间体在 440～500 nm 范围内的吸收，再次证明反式酮类中间体仅在溶液中形成，而不在固态基质中形成。同时，在溶液中，ESIPT 的速率为 $10^{13}\ \mathrm{s}^{-1}$，在聚集体中，其速率约为 $10^{12}\ \mathrm{s}^{-1}$。通过上述结果观察到两个有趣的现象：分子间相互作用导致 ESIPT 速率略有降低；分子内旋转受限导致荧光量子产率增加。因此，分子间和分子内的作用使得 BTHPB 聚集体的荧光效率显著增强。

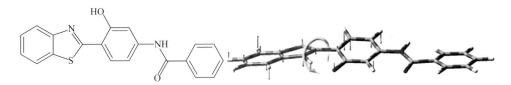

图 4-20　BTHPB 的结构和计算构型示意图

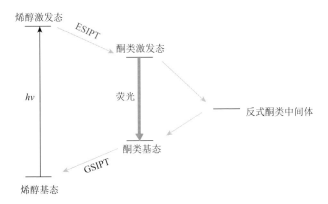

图 4-21　HBT 型 ESIPT 化合物的光诱导过程机理

ESIPT：激发态分子内质子转移；GSIPT：基态分子内质子转移

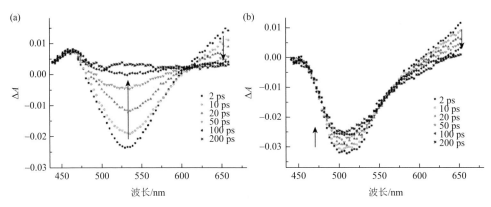

图 4-22 BTHPB 在 THF（a）和聚苯乙烯（b）中的飞秒时间分辨吸收光谱

Padalkar 等[59]研究了同样具有 2-(2′-羟基苯基)-苯并噻唑（HBT）基团的 2-(2′-羟基苯基)苯并噻唑-芴[2-(2′-hydroxy)benzothiazole-fluorene]系列化合物的光物理性质，该系列 ESIPT 化合物的固态荧光量子产率高达 50%～68%。通过时间分辨荧光光谱的研究发现，该系列化合物固态的寿命在 5 ns 左右，相反，在溶液中其寿命是固态的 $\frac{1}{10}$～$\frac{1}{5}$。DFT 计算结果表明，该系列化合物发光的高量子产率主要得益于 ESIPT 转化的烯醇和酮类中间体的 HOMO 和 LUMO 之间的大轨道能量差，并且单重激发态能量主要集中在酮类中间体上。同时，他们指出芴和 HBT 单元之间的分子内电荷转移有助于稳定 HBT 基团上的单重激发态能量。

4. 分子内电荷转移 AIE 体系

Gao 等[60-62]设计并研究了一系列氰基取代的化合物，氰基取代的寡聚-对亚苯基亚乙烯基-1, 4-双{1-氰基-2-[4-(二苯基氨基)苯基]乙烯基}苯（cyano-substituted oligo(p-phenylenevinylene)1, 4-bis{1-cyano-2-[4-(diphenylamino)phenyl]vinyl}benzene，TPCNDSB)、氰基取代的寡聚-(α-亚苯基亚乙烯基)-1, 4-双(R-氰基-4-二苯基氨基苯乙烯基)-2, 5-二苯基苯[cyano-substituted oligo (α-phenylenevinylene)-1, 4-bis (R-cyano-4-diphenylaminostyryl)-2, 5-diphenylbenzene, CNDPASDB]及氰基取代的寡聚对亚苯基亚乙烯基[cyano-substitutedoligo(p-phenylenevinylene)，CNDPDSB]，见图 4-23。同时，利用时间分辨光谱研究并分析了该系列化合物的激发态过程及其 AIE 作用机理。其中，TPCNDSB 和 CNDPASDB 的激发态过程都表现出较强的溶剂依赖的 AIE 特性：在非极性溶剂中，荧光发射主要来自具有高量子产率的局部发射（local emission，LE）态，而在极性溶剂中，发射主要来自较低量子产率的分子内电荷转移（intramolecular charge transfer，ICT）态。因此，在固态下，通过有效地抑制从 LE 态到 ICT 态的转变过程就可以实现较好的 AIE 特性（图 4-24）。对于没有电子给体基团的 CNDPDSB，就不存在 ICT 态，因此它的 AIE 效应可归结于在固态中其振动/扭转非辐射跃迁过程受阻。

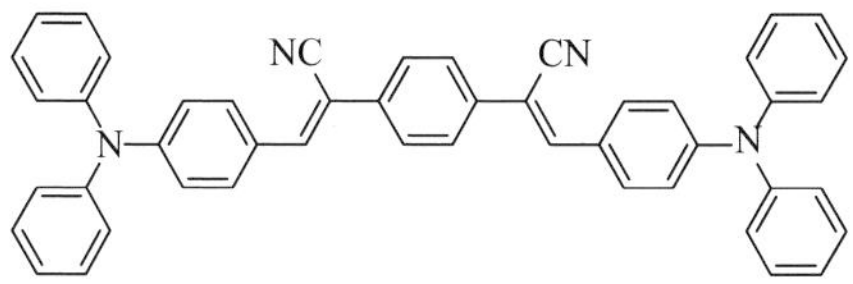

TPCNDSB

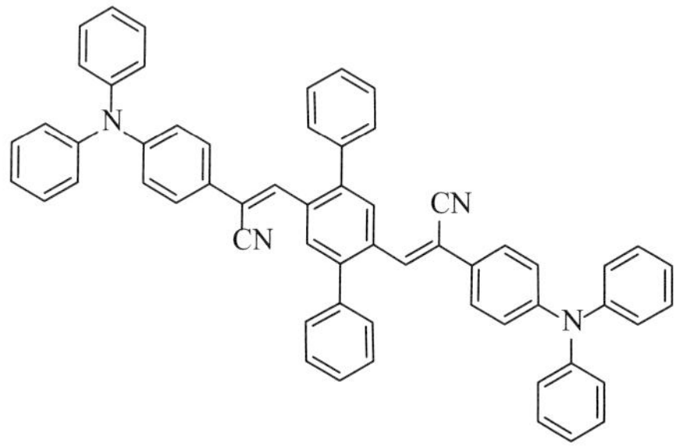

CNDPASDB

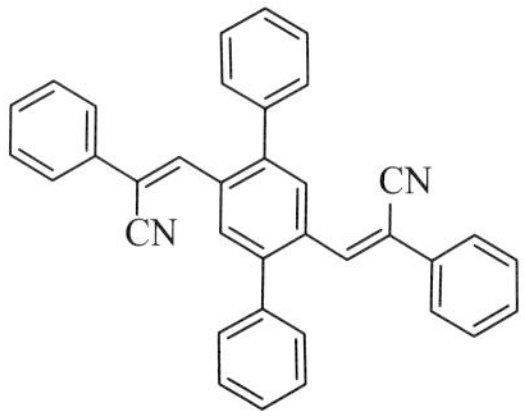

CNDPDSB

图 4-23　**TPCNDSB、CNDPASDB 和 CNDPDSB** 的结构

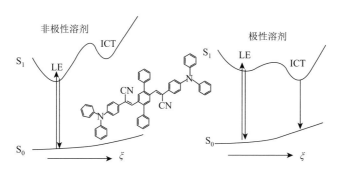

图 4-24　**CNDPASDB** 在非极性和极性溶剂中的荧光发射原理图

ξ 表示介电常数

随后，Li 等[63]报道了 *N*-(3-苯并噁唑-2-苯基)-4-叔丁基苯甲酰胺（*N*-[3-(benzo[*d*]oxazol-2-yl)phenyl]-4-tert-butylbenzamide，3OTB）的聚集态发射增强原理。他们提出，在溶液中，3OTB 通过扭曲分子内电荷转移（TICT）激发态发光，而在聚集情况下，3OTB 则是通过准 TICT 激发态发光，如图 4-25 所示。其中，准 TICT

激发态是在聚集条件下LE态由于分子内旋转受限而无法跃迁到TICT激发态形成的。通过时间分辨发射光谱研究了3OTB在THF溶液、薄膜、纳米聚集体和粉末中的结果发现：在粉末和晶体中，由于所有分子都是规则取向的，表现出几乎相同的准TICT激发态构型，这与在不同激发波长下检测到的荧光寿命几乎不变相一致。因此，在粉末和晶体中得到的发射光谱较窄。但是，在纳米聚集体或薄膜中，同时存在部分高度取向一致分子和部分无序分子。激发态可以从势能面交叉点弛豫到许多中间位置，这与不同激发波长下检测到的变化的荧光寿命结果一致。因此，纳米聚集体或薄膜的发射光谱更宽。目前，时间分辨发射光谱已经被证实探测到了从LE激发态到溶液中的TICT激发态或到聚集态的准TICT激发态的变化过程。LE激发态开始的跃迁过程一般在100～500 ps内发生，但TICT或准TICT激发态的荧光相对强度会继续随着时间延长而增加。如图4-26所示，在THF溶液中，随着时间的延长，LE态荧光（345 nm）的相对强度逐渐降低，而TICT态荧光（510 nm）的相对强度逐渐提高。同样，在聚集态（薄膜、纳米聚集体和粉末）中，LE态发射峰在345～365 nm随时间延长而降低，而准TICT峰在450 nm左右随时间延长而增强。因此，上述结果充分证明了3OTB的AIE现象源自准TICT激发态的辐射跃迁过程。

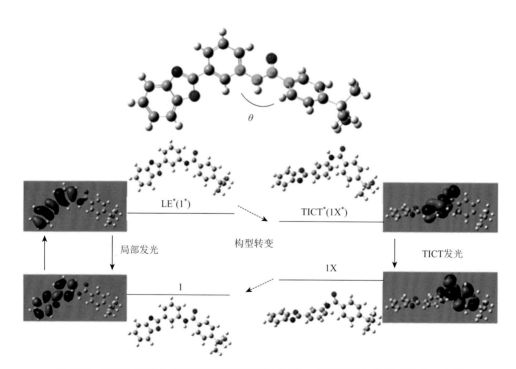

图4-25　3OTB的两个最稳定的基态/激发态构型，以及激发态的跃迁轨道示意图

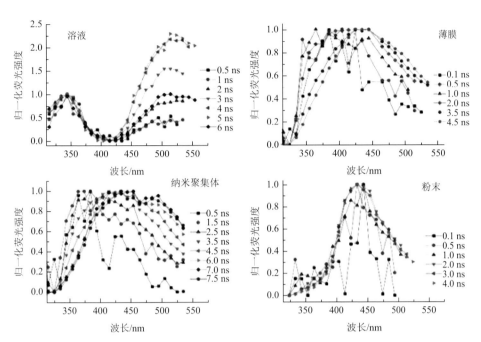

图 4-26　3OTB 在 THF 溶液、薄膜、纳米聚集体和粉末中的时间分辨发射光谱
（激发光 290 nm）

5. 其他 AIE 体系

除了上述体系，时间分辨光谱也被用来研究其他 AIE 体系[64-71]的动力学过程和工作原理。例如，在簇发光体系中（图 4-27）[64]，唐本忠院士课题组通过飞秒时间分辨吸收光谱直接捕捉到了固体 1, 2-二苯乙烷(1, 2-diphenylethane, s-DPE)和 1, 2-双(2, 4, 5-三甲基苯基)乙烷[1, 2-bis(2, 4, 5-trimethylphenyl)ethane, s-DPE-TM]的激发态的空间复合物（excited-state through-space complexes，ESTSC）的吸收光谱。如图 4-28 所示，s-DPE 薄膜被激发后，在 590 nm 有一个寿命为 525 ps 的吸收峰，该吸收峰在溶液中并不存在，这说明 590 nm 的吸收峰是激发态 s-DPE 空间复合的特征吸收峰。此外，时间分辨荧光光谱表明，s-DPE 和 s-DPE-TM 的固态分子运动随着环境温度的升高而加速。因此，时间分辨吸收光谱可以成为研究簇发光机理的有效手段。

此外，唐本忠院士课题组首次提出通过芳香性翻转来设计振动受限类型 AIE 体系的新策略（图 4-29）[66]。从机理上，打破了传统 AIE 分子设计的思维局限，设计了环八四噻吩（cyclooctatetrathiophene，COTh）系列化合物，首次提出从芳香性的角度思考 AIE 分子激发态的运动行为。同样，通过时间分辨吸收光谱分别研究了 COTh 溶液态和薄膜的激发态动力学过程，如图 4-30 所示。通过溶液态的动力学拟合常数得出其激发态动力学过程：0.1 ps 可归属为 S_n 到 S_1 的内部转换（IC）过程；4.9 ps 可对应于快速的环芳香性翻转过程。在薄膜状态下，IC 和环芳香性翻转过程分别减慢为 0.4 ps 和 57.7 ps。此外，还观察到了更慢的辐射跃迁过程（687 ps）。这说明 COTh 在溶液状态下具有非常快速的分子翻转过程，从而抑制了荧光发射。但是在固态时，分子翻转过程被部分抑制，导致荧光发射增强。

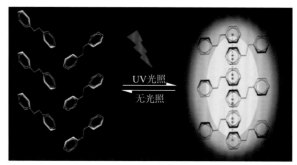

图 4-27 固态 s-DPE 的光驱动分子间运动的示意图

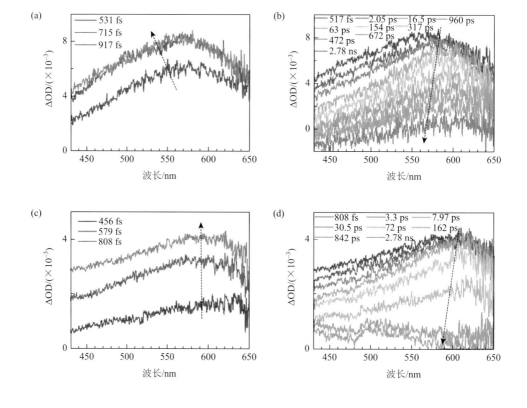

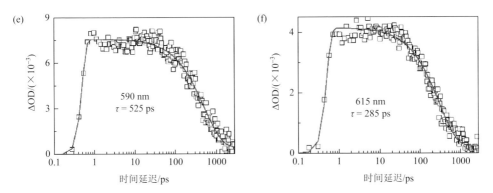

图 4-28　s-DPE（a，b）和 s-DPE-TM 薄膜（c，d）在 267 nm 激发下的飞秒时间分辨吸收光谱；s-DPE 在 590 nm（e）和 s-DPE-TM 在 615 nm（f）的动力学轨迹和拟合结果

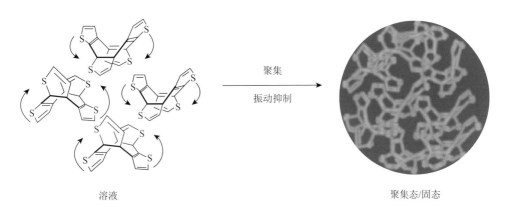

图 4-29　COTh 体系的 AIE 过程的示意图

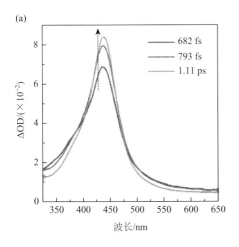

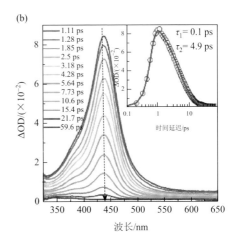

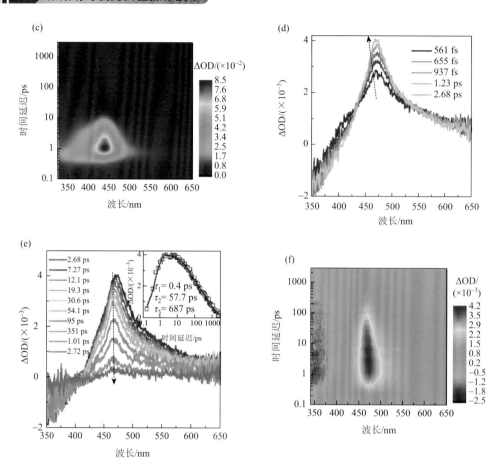

图 4-30 （a～c）COTh 在乙腈中被 267 nm 激发后的飞秒时间分辨吸收光谱，插图：440 nm 处的动力学迹线及拟合结果；（d～f）COTh 薄膜被 267 nm 激发后的飞秒时间分辨吸收光谱，插图：470 nm 处的动力学迹线及拟合结果

综上所述，时间分辨光谱的核心任务是实时监测 AIE 分子在光物理或光化学过程中所展示的实时构型、状态及其运动变化的微观过程，在分子水平上揭示 AIE 分子体系的光物理和光化学行为的奥秘，从而为寻求调节或控制这些过程的方法提供实验基础和理论依据。近年来，随着时间分辨光谱的普及，越来越多的课题组开始利用时间分辨光谱去分析和解释相关 AIE 分子的工作机理。因此，通过时间分辨光谱探索结构与性质关系对于理解 AIE 机理和开发新型实用功能性固态发光材料至关重要。

4.2　固体核磁共振技术

4.2.1　概述

AIE 是近年来备受关注的光物理过程之一，了解 AIE 现象的微观机理对于建立光物理过程的基础知识和精确设计新型发光材料，以及有效的实际应用和技术创新都具有重要的意义。据目前研究报道，AIE 的机理包括分子内运动受限、分子内共平面、抑制光物理过程或光化学反应、非紧密堆积、形成 J 聚集体及形成特殊激基缔合物等。其中，目前研究最为全面、适用范围最广的机理是由唐本忠课题组提出的分子内运动受限机理。分子内运动受限包括两类：分子内旋转受限和分子内振动受限。在目前开发的 AIE 分子中，绝大部分分子结构中具有可以绕单键自由旋转的芳香族取代基，可以用分子内旋转受限机理进行解释。芳香族取代基旋转（或运动）为非辐射弛豫过程提供了可能的非辐射衰变渠道，导致荧光微弱；而当 AIE 分子处于聚集状态下时，由于空间限制，这种分子内旋转受到了很大阻碍，上述非辐射衰变渠道被抑制，激发态分子只能通过辐射衰变回到基态，从而使荧光显著增强。实际上，分子内旋转受限机理的本质是分子动力学问题，因此，认识 AIE 机理的关键之一是阐明荧光分子聚集受限过程中的动力学演化。AIE 现象意味着发光化学基团经历了独特的动力学受限过程，其运动几何（旋转或振动等）、运动幅度和运动的时间尺度都发生了显著的变化。同时，随着温度的降低，体系的状态将由熔融变为固态，或由均匀溶液变为非均相溶液或胶体，因此所采用的 AIE 分子检测技术应涵盖很大范围的运动时间尺度和不同的样品状态，并提供运动几何信息等。传统的表征技术很难达到上述的技术要求，特别是原位分子水平检测技术在这一领域更很少报道。

在过去报道的工作中，太赫兹时域谱（THz-TDS）和液体核磁共振（liquid-state NMR）等多种实验技术被用来获得 AIE 机理假说的实验支持。例如，使用 THz-TDS 技术测量了固体状态的 TPE 分子，实验结果表明：TPE 旋转的苯环在 THz 频率下发生，在 280 K 时，在 0.1～2.2 THz 频率范围内观察到 38%的较高吸收，在较高温度下的总吸收比较低温度更符合理论预测。核磁共振波谱已被证明是研究有机分子结构和动力学的一种原位和无损的重要实验技术，但目前常用的液体核磁共振实验只能提供样品在良溶剂中的结构变化和有限动力学信息，相关 AIE 机理的液体 NMR 研究文献报道较少[72-75]。例如，变温液体核磁共振实验用于验证低温下六苯基噻咯分子样品在溶液中的限制性分子内旋转，以及研究各种外部环境变化对于 AIE 分子荧光性质的影响[76-79]。如图 4-31 为六苯基噻咯分子溶液的变温液体 NMR 谱，在室温下，由于绕单键轴的分子内快速旋转而导致的快速构象交换，因此 NMR 谱图表现为尖锐的共振峰，而在低温下由于旋转缓慢而导致的缓慢交换使共振峰变宽。由此证明，六苯基噻咯分子在低温下分子内旋转运动的确受到一定限制，导致低温荧光增强现象。尽管该领域的研究取得了许多重要的进展，但对于 AIE 现象的基本机制，如不同体系中各种受限运动的时间尺度和几何特性等，仍然缺乏详细的分子运动信息和严格的实验证据。

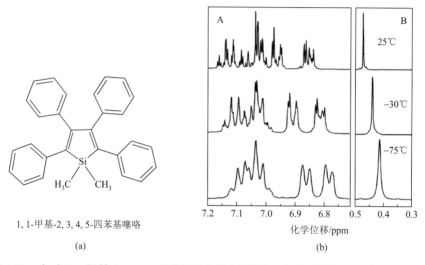

1, 1-甲基-2, 3, 4, 5-四苯基噻咯

(a)　　　　　　　　　　(b)

图 4-31　（a）1, 1-甲基-2, 3, 4, 5-四苯基噻咯的分子结构；（b）噻咯分子在氘代二氯甲烷中的液体核磁共振吸收峰的温度依赖特性[79]

固体核磁共振技术（solid-state NMR，SSNMR）利用核自旋探针的多尺度特性，可以原位检测从原子至 100 nm 以及 $10^{-9} \sim 10^2$ s 的时空尺度上的丰富结构和动力学信息，由于在获取分子结构和动力学信息上展现的独特优点，已经逐渐成为生物、化学领域中分子结构表征和动力学分析，以及阐明微观结构与宏观物理化学性质关系的有力工具，适用于包括溶液、熔体、凝胶、液晶、晶体以及非晶态固体等不同的物质状态。特别是在动力学分析方面，SSNMR 能够表征 $10^{-9} \sim 10^2$ s 时间尺度上的分子动力学信息以及运动的几何模式和幅度，在分子动力学与宏观性能关系的研究领域具有明显的优势。利用特殊的密封样品转子，SSNMR 可以检测在溶液、胶体、凝胶和固体等多种状态下与 AIE 现象相关的微观结构与动力学信息。采用覆盖不同时间尺度的 SSNMR 可以研究荧光分子聚集受限过程中的动力学演化，例如：对于不同运动频率区间，可以选择合适的 SSNMR 方法，荧光分子高频运动（运动相关时间<10^{-6} s）时，可以通过纵向弛豫时间（T_1）、偶极作用及化学位移各向异性实验方法探究分子运动信息；荧光分子做中频运动（$10^{-6} \sim 10^{-3}$ s）时，采用氘谱、横向弛豫时间（T_2）的方法进行探究；当荧光分子

做低频运动（$10^{-3}\sim10$ s）时，可以通过 ^{13}C/^{2}H 交换实验及测定慢运动的 ^{13}C CODEX 实验进行研究，分子运动相关时间大于 1s 以上到分子运动完全冻结状态，即分子内运动受限（RIM）。不同探针的 SSNMR 可以覆盖分子运动从高频到完全静止的时间尺度范围，从而可以用于研究荧光分子从快速运动到运动受限过程中相应的高频、中频至低频运动的演化。尽管 SSNMR 提供了研究分子运动的丰富表征手段，但由于 SSNMR 实验技术及 AIE 微观机理研究的复杂性，目前上述技术在 AIE 领域的研究报道还很少，这也显示了该方法在未来 AIE 领域的研究中具有很大的发展潜力。本节将主要介绍 SSNMR 在 AIE 微观机理研究中的应用，将从基础原理、实验方法、典型应用与研究进展等几方面进行简要总结。

4.2.2　固体核磁共振实验技术简介

核磁共振是指核自旋量子数（或磁矩）不为零的原子核在外加静磁场作用下自旋能级发生塞曼分裂，并在外加射频场下共振吸收某一特定频率射频辐射的物理过程。核磁共振的自由感应衰减信号经过傅里叶变换所得到的吸收曲线就是核磁共振谱。不同分子中原子核的化学环境不同，导致发生共振频率的不同，因此具有不同的化学位移，对于不同谱峰的位置及相对数目进行定量分析可用于有机和无机化合物结构鉴定，二维或多维核磁共振谱可以在更多的维度下分离不同的核自旋相互作用而提供对于复杂化学结构的精确分析能力。NMR 可以对很多自旋量子数（I）不为零的原子核进行测定，如 ^{1}H、^{13}C 以及 ^{2}H、^{19}F、^{15}N 等诸多杂核，其中 ^{1}H 和 ^{13}C 核磁共振技术使用最为广泛，因此成为有机分子结构分析的重要手段。NMR 通常分为液体 NMR 和 SSNMR，液体 NMR 广泛用于液态物质的结构与动力学研究。在液态样品中，分子快速运动使得核自旋的各向异性相互作用平均掉，只保留了各向同性化学位移和与化学键相关的标量耦合，因此可获得高分辨谱图，得到关于化学结构、空间构象、超分子组装和弱相互作用等重要信息。SSNMR 以固体样品为研究对象，由于分子运动受限，化学位移各向异性、偶极-偶极相互作用和核四极相互作用等各向异性相互作用导致谱线严重展宽，分辨率大幅下降。现代 SSNMR 采用超高速魔角旋转（MAS）、多脉冲去耦、交叉极化（CP）、同位素富集和高磁场等多种技术的结合可实现固体样品的高分辨和快速检测。由于核自旋的多种各向异性相互作用与固态微观结构、分子取向与聚集，以及分子链运动密切关联，通过 MAS 下重聚和精细调控各向异性相互作用的技术可以获得上述关于结构与动力学的重要信息，进而阐明材料的结构性能关系。近年来，采用特殊的密封转子和动力学编辑的 SSNMR，可以用于原位研究同时包含固体和液体组分的乳液、胶束和凝胶等软物质体系的结构和动力学，以及其复杂的相转变行为。目前，NMR 已经广泛用于化学、物理、生物与材料科学等众多学科领域。

有机分子（小分子及高分子等）具有复杂的多尺度结构和动力学，其分子水平的精准表征既具有极大挑战性又不可或缺。核磁共振波谱特别适合于有机分子的表征，因为核自旋探针天然就具有多尺度的特性，通过获得从原子至 100 nm 以及 $10^{-7}\sim10^{2}$ s 的时空尺度上的重要信息，从而解决有机分子中复杂的多尺度结构和动力学问题。图 4-32 显示了 SSNMR 利用核自旋探针的多尺度特性研究有机分子多尺度结构与动力学的示意图[80]。主要包括：

（1）利用对局域化学环境敏感的各向同性化学位移、二维异核和同核相关谱等技术，可以在原子至化学键尺度上通过核外电子云的变化有效地检测有机分子中不同基团的化学结构、结晶性及超分子弱相互作用等。

（2）利用基于偶极-偶极相互作用的二维双量子滤波和质子自旋交换等实验，可以检测大约 0.5 nm 内的不同化学基团间的空间接近和复杂的分子间相互作用。

（3）利用有机分子上质子间的自旋扩散效应，结合偶极滤波和化学位移滤波等技术，可以原位检测 100 nm 范围内有机分子的相分离结构及其演化。

（4）通过多量子滤波和自旋交换等技术可以检测不同相区间的界面相结构与化学组成。

（5）通过检测基于化学位移各向异性的粉末谱或交换谱，可有效检测不同基团的分子取向，以及其在不同时间尺度上的复杂运动方式。

（6）利用部分氘代有机分子中氘核的四极相互作用可以灵敏地检测不同时间尺度下有机分子运动的幅度，包括旋转和平移运动等几何特性。

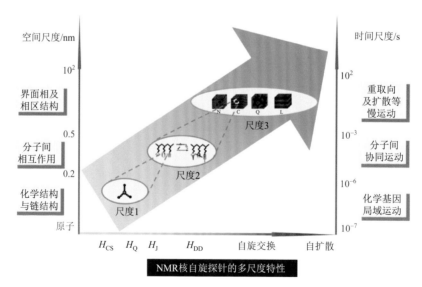

图 4-32　利用核自旋探针的多尺度特性研究有机分子多尺度结构和动力学示意图，其中，H_{CS} 为化学位移相互作用，H_Q 是四极相互作用，H_J 为 J 耦合相互作用，H_{DD} 为偶极-偶极相互作用

　　因此，SSNMR 可以用于具有 AIE 现象的有机小分子及高分子的结构及动力学表征，从不同时间、空间尺度上深入揭示 AIE 现象的微观机理。图 4-33 显示了研究 AIE 有机分子的结构变化与分子运动的常用 SSNMR 实验脉冲序列，为实现原位变温的精确控制以研究 AIE 分子的荧光性质随温度变化的响应性，这些实验一般在宽腔（89 mm）Varian Infinity-plus 400 MHz SSNMR 谱仪上进行，通常在几个通道上配备有 1kW 的高功率射频放大器，以实现信号宽频的激发和各向异性相互作用的精确调控等。通常使用转子直径为 1.3～5 mm 的 CPMAS 探头，采用自动高精度温度控制器可以在一定温度范围内进行原位变温实验，必要时可采用具有密封良好的转子，提高实验的精密度及可重复性。实验前需要定期进行魔角的校准，为保证实验的成功和获得高质量的谱图，通常还需要定期校准探头的标准参数，如 ^1H 和 ^{13}C 的 90° 脉冲宽度、去耦功率等。由于很多 AIE 分子的弛豫时间很长（如 TPE），通常需要设置采样延迟时间大于 3～5 倍的 T_1，采样次数设定为基本相位循环的倍数，否则可能采集不到正确的信号。为保护探头，在高功率下的 CP 接触时间一般小于 50 ms，采样期间的去耦时间也有一定限制，这些实验参数的精确设置是实验成功的关键。

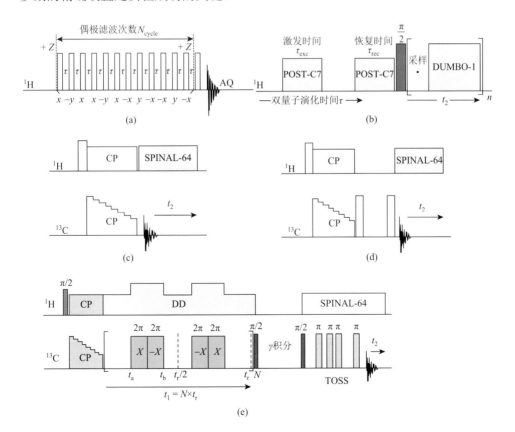

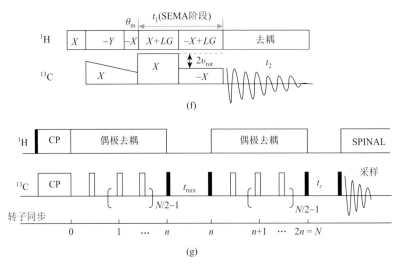

图 4-33　固体核磁共振脉冲序列

（a）12 脉冲偶极滤波实验；（b）利用转子同步 C7 脉冲激发/转换的双量子滤波实验；（c）^{13}C 交叉极化-魔角旋转（CPMAS）实验；（d）^{13}C 自旋-晶格弛豫时间（T_1^c）实验；（e）^{13}C 高效偶极重耦获取无扭曲粉末谱线形实验（SUPER）；（f）测定 ^{13}C-^{1}H 偶极相互作用的魔角极化反转自旋交换（PISEMA）实验；（g）测定超慢分子运动的 ^{13}C CODEX 实验

4.2.3　固体核磁共振研究 AIE 微观机理

　　分子结构的多样性使分子内转动也具有多样性，且时间尺度分布相对较宽，在 $10^{-12} \sim 1\,\mathrm{s}$ 时间尺度内均有对应的不同的分子内转动，小到乙烷分子的内旋转[81]，大至蛋白质长链的折叠都属于分子内转动[82]，分别对应快而恒定的分子内转动和慢而多样的分子内转动。螺旋桨式的 AIE 分子，如四苯乙烯，本质上进行的同样是分子内转动。分子运动可以平均 SSNMR 谱线的形状并影响核磁共振弛豫性质，而且大多数核自旋相互作用是取向相关的，因此，SSNMR 可以在原子水平上提供丰富的检测方法来阐明 AIE 分子在不同条件下的运动几何、运动幅度和时间尺度。例如，分子运动速率（或运动相关时间）可以通过测量弛豫时间（T_1、T_2 和 T_1^p）来确定；结合理论模拟和核磁共振参数的量子化学计算，通过对 ^{2}H、^{13}C-CSA 和 ^{13}C-^{1}H 偶极分裂的模拟和实验核磁共振谱线形状的分析，可以直接得到分子运动的几何特性和运动幅度。原则上，分子在不同时间尺度和几何特性下的运动将对以下核磁共振参数或核自旋相互作用产生显著影响：①^{13}C/^{1}H 弛豫时间；②^{13}C-^{1}H 和 ^{1}H-^{1}H 偶极相互作用；③^{13}C 化学位移各向异性（CSA）相互作用；④^{2}H 四极相互作用。因此，采用相应的 SSNMR 方法可以有效地检测 AIE 过程中的多尺度分子运动。其中，^{2}H 是一种检测分子运动的直接和严格的技术，为芳香族分子的旋转运动提供了丰富的信息，是 AIE 机理研究的重要手段。因此，在不同的时间尺度上，具有不同特点的系列 SSNMR 技术是在原子水平上提供明确证据和揭示 AIE（包括 RIR、RIV 和 RIM）潜在机制的理想而有力的工具，如图 4-34 和图 4-35 所示。SSNMR 实验有助于人们在分子水平上理解 AIE 的微观机理。在实验技术上，AIE 分子研究通常采用中等转子直径（4～5 mm）的 SSNMR 探头，以获得足够的灵敏度和分辨率。为研究不同温度或溶剂下的 AIE 分子中化学基团分子运动的演化，需要密封很好的转子，以满足从溶液到固体的不同状态下的原位测试。对于 TPE 这类弛豫时间很长（质子 T_1 在几分钟，碳 T_1 接近 2 h）的有机分子，SSNMR 实验非常耗时，长达几天（一维谱）或几周（二维谱），因此需要测试环境的温度和仪器状态保持足够的稳定性。由于 SSNMR 在该领域的研究实际上尚未起步，因此下面只介绍几种最常用的 SSNMR 在 AIE 机理研究中的潜在应用和笔者的部分工作实例，以此抛砖引玉推动 SSNMR 在该领域的发展。

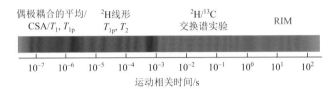

图 4-34　不同时间尺度分子运动的 SSNMR 技术示意图

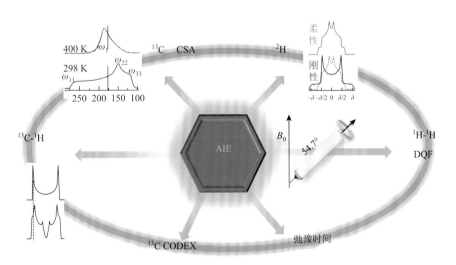

图 4-35　不同 SSNMR 技术研究 AIE 微观机理的示意图

1. 自旋-晶格弛豫时间 T_1 揭示 AIE 荧光分子运动

NMR 的弛豫时间与分子运动速率密切关联。弛豫是指原子核自旋被激发后从非平衡态重新恢复到平衡态这一过程，可分为自旋-晶格弛豫（纵向弛豫 T_1）和自旋-自旋弛豫（横向弛豫 T_2），在固态下由于质子间有很强的自旋扩散的影响，通常采用 ^{13}C 的 T_1 研究局域环境的分子运动特性。在自旋-晶格弛豫过程中，被激发的原子核与周围的环境（晶格）之间发生能量交换，其磁化矢量逐渐恢复到与外加磁场方向平行的方向，恢复时间 T_1 即为自旋-晶格弛豫时间，其数值大小依赖于周围分子运动特性[83]。因此，可以通过 AIE 荧光分子 ^{13}C 核的 T_1 弛豫时间来判断分子运动的相对快慢，并与荧光强度的变化关联，进而获得微观分子运动受限与 AIE 现象之间的关联。测定有机固体中 ^{13}C T_1 的倒转-恢复法脉冲序列如图 4-33（d）所示，质子在 90°脉冲激发后进行自旋锁定，在一定的接触时间下与 ^{13}C 进行交叉极化而使得 ^{13}C 信号显著增强，随后的 90°脉冲将 ^{13}C 信号扳到 z 方向，然后在设定的延迟时间下发生弛豫过程的演化，最后的 90°脉冲将 ^{13}C 信号扳回到 x 方向进行检测。通过 ^{13}C 信号强度随系列设定的不同延迟时间的变化曲线，可以计算出 ^{13}C 的 T_1 数值。通过设定特殊的相位循环，^{13}C 信号随延迟时间的变化可以满足指数衰减的规律而方便 T_1 的计算。

近期，基于 AIE 概念，赵征博士等[84]开创性地提出利用固态下分子快速运动促进非辐射跃迁产热来构建高效光热材料的分子设计理念。在该工作中，^{13}C 核 T_1 弛豫时间的 SSNMR 实验为该分子设计理念提供了直接的实验支持。首先，通过改变交叉极化的接触时间，对 ^{13}C CPMAS 谱的峰位进行快速归属，在短的接触时间（0.15 ms）下只有与质子相连的 ^{13}C 信号出现，由此可以确定 TPE 基团的化学位移[图 4-36（a）]。然后，利用饱和恢复法测得分子中 TPE 基团苯环 ^{13}C 的弛豫时间，结果如图 4-36（b）和（c）所示。可以发现具有光热效应的 2TPE-NDTA 和 2TPE-2NDTA 与 TPE 分子相比，弛豫时间分别只有 10.5 s 和 7.1 s 左右，而固态 TPE 分子在相同条件下，弛豫时间长达 5577 s。因此，证明这两个光热分子在固态下仍具有较快的分子内运动，从而使能量以非辐射跃迁方式耗散，产生热效

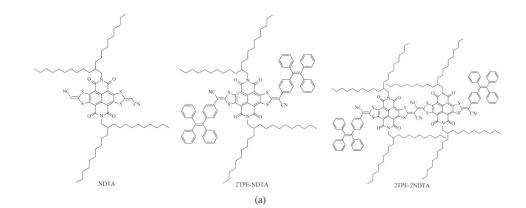

(a)

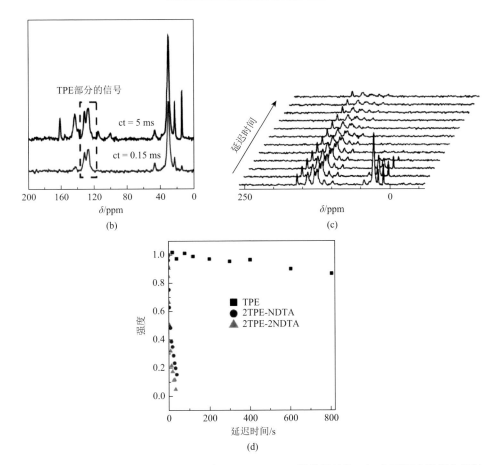

图 4-36　（a）NDTA、2TPE-NDTA 和 2TPE-2NDTA 的分子结构；（b）不同交叉极化接触时间（ct）的 ^{13}C CPMAS 谱；（c）2TPE-NDTA 的 ^{13}C T_1 NMR 弛豫信号在不同延迟时间下的堆积谱图；（d）TPE 及其衍生物的 ^{13}C T_1 NMR 弛豫信号在不同延迟时间下的衰减曲线

应。并且 2TPE-2NDTA 分子与 2TPE-NDTA 相比具有更高的光热转换效率，这也可以由弛豫时间实验进行佐证，2TPE-2NDTA 具有更短的弛豫时间，分子运动速率更快，因此，非辐射跃迁产热的能力更强。固体核磁弛豫时间实验为该工作中 AIE 分子光热差别的微观机理提供了重要的实验依据，表明固体核磁共振技术是揭示 AIE 微观机理的有力工具。

2. ^{13}C CPMAS NMR 线形分析用于分子运动研究

在有机固体的研究中，^{13}C 的丰度很低和弛豫时间很长，导致在液体 NMR 中经常使用的 ^{13}C 直接极化（DP）检测技术难以使用。而采用 ^{13}C 交叉极化-魔角旋转（CPMAS）技术［图 4-33（c）］，通过调节 ^1H 和 ^{13}C 通道的射频场强在旋转坐标系下满足 Hartmann-Hahn 匹配条件，可以将丰度很高的 ^{1}H 磁化强度传递到 ^{13}C 原子核上，结合在采样期间的高功率异核去耦（注意质子去耦的中心频率要设置在氢谱中心位置），可实现快速获得高分辨率的碳谱，测定不同碳原子的化学位移和获得详细的结构信息。该技术是目前有机固体研究中应用最广泛的固体 NMR 技术。另外，分子运动会影响不同碳核的化学位移，众所周知，变温 ^{13}C NMR 谱线形分析是一种适用于表征 100～1000 Hz 范围内发生的位点交换过程的动态核磁技术[85]。尽管 ^{13}C CPMAS 谱技术简单、易于操作，但是要求发生运动的分子结构中，位置互相交换的碳原子具有磁不等价性，并且化学位移能够区分，限制了该技术的应用范围。变温 ^{13}C NMR 谱线形分析已成功用于研究分子机器转子运动，能够获取转子运动的频率温度依赖关系以及苯环翻转运动的能垒信息[86, 87]。变温 ^{13}C NMR 从原理上也同样适用于研究 AIE 分子的苯环旋转运动及受限行为，分子机器的 NMR 表征工作给了我们重要的启示，该技术也将为 AIE 微观机理的研究提供一种可靠的途径。例如，图 4-37（a）所示的分子机器中对位固定的苯环转子，在慢运动或静止时，^{13}C 谱可以清晰分辨 a～d 碳的化学位移呈现 4 个峰，而快速 180°翻转运动时，a、b 及 c、d 化学位移重叠，合并为两个峰。基于此，Miguel 等[87]通过变温 ^{13}C NMR 谱的线形拟合分析，获得了图 4-37（a）分子中苯环转子在不同温度下的运动频率及旋转运动所需的活化能。如图 4-37（b）所示，随温度从 183 K 增加至 273 K，苯环位置 ^{13}C 化学位移逐渐演化为双峰，运动频率从低于 2 Hz 增加为 1000 Hz，通过计算得到对应的苯环旋转运动活化能为 7.19 kcal/mol。

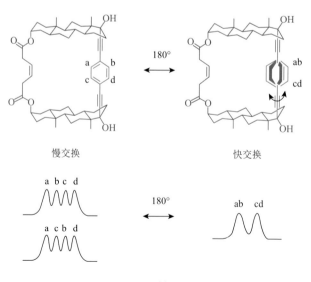

(a)

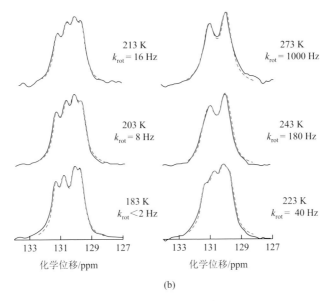

213 K
$k_{rot} = 16$ Hz

273 K
$k_{rot} = 1000$ Hz

203 K
$k_{rot} = 8$ Hz

243 K
$k_{rot} = 180$ Hz

183 K
$k_{rot} < 2$ Hz

223 K
$k_{rot} = 40$ Hz

133　　131　　129　　127　　　　　133　　131　　129　　127

化学位移/ppm　　　　　　　　　化学位移/ppm

(b)

图 4-37　（a）分子机器的分子结构示意图；（b）变温 ^{13}C NMR 谱图，黑色实线为实验谱图，
红色虚线为拟合曲线，拟合所得的分子旋转频率如图中标注

3. ^2H NMR 谱研究 AIE 微观机理

根据目前的认识，AIE 效应可以用限制分子内旋转的机制来解释，而固体 ^2H NMR 谱已被证明是研究复杂分子运动特性的有力工具[88, 89]，因此可用于研究 AIE 的微观机理。从原理上讲，大多数 C—^2H 键的氘场梯度张量通常是轴对称的，沿着 C—^2H 键的方向有唯一的主轴，这使得 ^2H 谱的解析变得直接简洁。最重要的是 ^2H 核的四极粉末谱对分子运动非常敏感，运动相关时间 $\tau \propto (\Delta v_q)^{-1}$，其中 Δv_q 是氘四极分裂数值，可以直接从谱图中获得。^2H 粉末线形形状对频率 $10^3 \sim 10^8$ Hz 范围内的分子运动特别敏感，这也恰好是固体中比较常见的分子运动速率范围。有机固体的 ^2H NMR 实验通常采用具有两个 90°脉冲的固体回波（solid echo）序列，其中两个脉冲之间，以及脉冲与采样开始之间的两个延迟时间大约在几十微秒，需要根据分子运动特性调节设置。为获得理想对称的 ^2H 四极线形，在变温实验中还需要精确地调节 ^2H NMR 的共振频率在中心位置。图 4-38 显示了不同运动模式下由于分子运动平均导致的一维 ^2H NMR 谱的模拟线形的变化。在没有运动的情况下，得到的是具有四极分裂的清晰 Pake 线形，而在有特定分子运动的情况下，^2H 固体回波信号的线形和振幅都受到运动几何特性和运动速率的影响。可以通过计算机程序来理论模拟 ^2H NMR 谱的线形，从而确定分子运动的几何类型和速率等重要的运动信息。在我们过去的工作中提出了动力学编辑的一维 ^2H NMR 谱来阐明水合壳聚糖膜中不同运动状态水分子的

运动特性[90]。该技术可用于进一步区分 AIE 样品中自由分子和聚集态分子的不同分子运动及其对于荧光性质的影响。

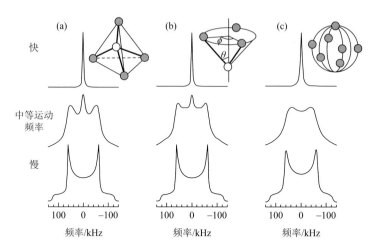

图 4-38　不同运动模式下的运动平均 ^{2}H NMR 谱的模拟线形，不同分子运动的几何特性导致谱图显示特征各向异性：（a）四面体跃迁、（b）多位角跃迁和（c）随机取向跃迁[91]

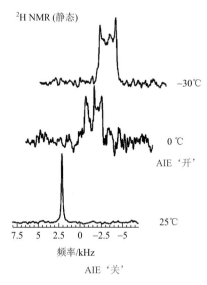

图 4-39　溶解在 1,4-二氧六环溶剂中的 TPE 在不同温度下的 ^{2}H NMR 谱

一维 ^{2}H 交换谱只适用于研究较快的分子运动，对于具有较慢分子运动（如毫秒级）的 AIE 分子，二维 ^{2}H 交换谱则是测量分子慢运动最有效的实验技术之一，只是实验相对耗时和复杂。上述两种 ^{2}H 实验技术的结合可以获得很宽范围的不同运动时间尺度下 AIE 分子的详细运动特性。图 4-39 显示溶解在 1,4-二氧六环溶剂中的 TPE 分子在不同温度下的 ^{2}H NMR 谱图，可以看到室温下 TPE 在溶剂中的快速各向同性热运动导致一个很窄的单峰，随着温度降低到接近溶剂冻结，TPE 中的苯环分子运动受限，出现了典型的固体样品的 Pake 双峰线形，中间的尖峰是少量未冻结的 TPE 分子信号，而在很低温度下的谱线是典型的刚性固体的谱图，分子运动极度受限，导致材料出现强烈的 AIE 荧光性质。

麻省理工学院的 Robert G. Griffin 和 Mircea Dincă 教授[92]，采用 SSNMR 实验结合理论计算对 TPE 构建 MOF 材料的苯环动力学行为进行了系统研究，该研究对阐明 AIE 的微观机理具有一定的启示，并且对 AIE 现象的 SSNMR 研究具有十分重要的借鉴价值。在该工作中，研究者合成了氘富集的 MOF 材料，从而利用 ^{2}H NMR 研究了不同温度下 TPE 分子中苯环运动的频率变化。图 4-40 显示了 TPE MOF 中苯环 ^{2}H 信号在升温及降温过程 ^{2}H NMR 谱线形的变化，通过对实验谱图的计算机模拟，可以分别获得该温度下苯环运动的频率，如图 4-40 中标示。^{2}H NMR 实验表明当 MOF 孔中含有客体溶剂分子时，^{2}H NMR 谱中间各向同性的信号来自溶剂运动升温至温度高于 373 K，客体溶剂分子消失，导致苯环翻转运动被激活，客体溶剂分子逐渐被损耗，使得频率与温度的关系偏离 Arrhenius 方程。当客体溶剂分子完全消失，MOF 材料的 ^{2}H NMR 谱运动频率符合 Arrhenius 方程，得到此时 MOF 结构中 TPE 苯环运动的活化能为 43 kJ/mol，高于自由 TPE 分子的活化能（20 kJ/mol）。^{2}H NMR 实验证明 MOF 结构使 TPE 苯环的扭转运动受到阻碍，是其能够发射荧光的主要原因。

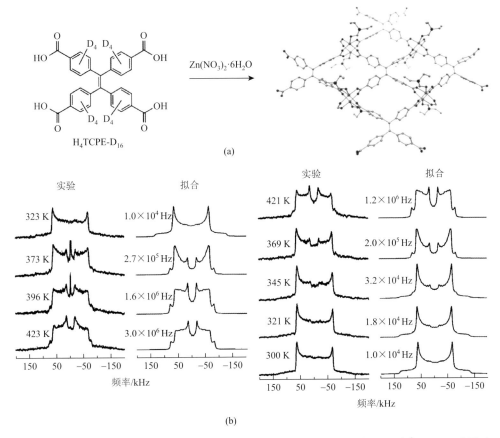

图 4-40　（a）TPE-MOF 材料的合成及晶体结构示意图；（b）固体自旋回波 ^{2}H NMR 谱及对应的拟合曲线[92]

实际上，固体 ^{2}H NMR 技术在分子机器的相关研究中也发挥了很大作用，能够提供详细的分子动力学信息，较其他表征手段有更大的优势。分子机器中转子的旋转运动与 AIE 分子的芳环旋转运动本质相同，因此，这类的相关研究对揭示 AIE 机理有重要的借鉴意义。例如，Braulio 课题组[93]设计合成了一种"咔唑-π-咔唑"结构的分子机器。该分子具有结晶诱导发光性质，通过变温固体 ^{2}H NMR 表征结合理论计算等，证明了分子快速旋转运动和荧光发射微观机理。^{2}H NMR 结果证明，该分子中只有中心的二乙烯基苯作为分子机器的转子可以进行快速的"2-fold"翻转运动，室温下频率可以达到 6 MHz，两侧的咔唑基团充当分子机器的定子，提供转子运动所必需的空腔结构；晶体结构中咔唑基团的受限运动导致强的荧光发射。图 4-41（a）为咔唑-π-咔唑的变温 ^{2}H NMR 谱，随温度升高，运动频率升高，图 4-41（c）由变温 ^{2}H NMR 谱计算得出化合物转子运动的活化能为 8.5 kcal/mol，相对较低的活化能证明结晶结构不会限制该化合物内部的苯环翻转运动。

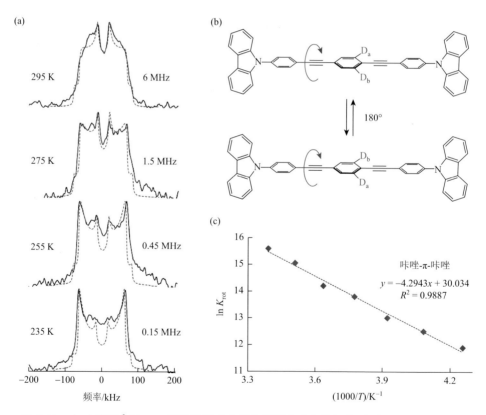

图 4-41　（a）变温 ^{2}H NMR 实验谱图（实线）及拟合（虚线）；（b）分子结构示意图及氘代位点；（c）lnK_{rot} 和 T^{-1} 符合 Arrhenius 曲线[93]

　　由此可见，固体 ^{2}H NMR 技术能够表征分子的转动、振动以及高分子链段跳跃运动等，特别是苯环绕 σ 键的转动。作为螺旋桨的苯环基绕单键转动，为非辐射弛豫过程提供了可能的非辐射衰变渠道，因此 ^{2}H NMR 是研究四苯乙烯等类型 AIE 分子动力学行为的强大工具。在未来的研究工作中，有望成为表征 AIE 分子动力学的常规和关键手段，进一步揭示 AIE 分子受限的微观机制。但是，氘富集分子的合成是该方法的前提，在一定程度上可能增加了推广该方法的难度。

　　4. 基于化学位移各向异性检测技术研究 AIE 的微观机理

　　化学位移是确定分子结构的关键 NMR 参数之一，它反映了核外电子，特别是价电子对原子核的磁屏蔽效果，因而是检测原子核所处磁性环境的重要表征手段。在固体物质中，分子运动较液体环境中缺乏足够的自由度而导致运动受限，因此有机固体的化学位移具有很大的空间各向异性，该各向异性化学位移通常以张量的形式表示。假设主轴坐标系（PAS）中磁场方向为 Euler 角 (α, β)，化学位移张量的 3 个主值分量分别为 δ_{11}、δ_{22}、δ_{33}，则化学位移张量在磁场方向（Z）的分量 δ_{zz}（即 NMR 的观测频率）可表示为

$$\delta_{zz} = \delta_{11}\cos^2\alpha\sin^2\beta + \delta_{22}\cos^2\alpha\,\sin^2\beta + \delta_{33}\cos^2\beta$$

　　有机固体中强烈的化学各向异性会导致其 NMR 谱图（常称为粉末谱）严重展宽并呈现特征的线形，但这种展宽的粉末谱中包含了原子核外更精确的电子云空间分布信息，它与有机分子中的晶体结构、链取向及分子运动的几何特性等重要信息密切关联。测量固体样品的化学位移张量（也称屏蔽张量）可以获得固体分子的微观结构和动态的空间依赖性[94]，粉末样品中每个核的主轴相对外加磁场的取向是等概率分布的，导致不同频率信号的分布而显示出化学位移张量的粉末线形。如果 $I(\delta)$ 是在化学位移 δ 处的 NMR 信号强度，$p(\Omega)\mathrm{d}\Omega$ 是在立体角 Ω 和 $\Omega + \mathrm{d}\Omega$ 内找到张量取向的概率，则 $I(\delta)\times\mathrm{d}\delta = p(\Omega)\times\mathrm{d}\Omega = p(\alpha, \beta)\mathrm{d}\alpha\times\sin\beta\times\mathrm{d}\beta$，根据此关系式就可以获得粉末谱强度的理论公式，进而模拟 CSA 的理论粉末谱线形。采用量子化学计算[如密度泛函理论（DFT）]可以预测特定分子结构中不同原子核的化学位移张量及其三个主轴数值，因此通过理论计算可以预测和模拟出样品中代表化学位移各向异性的静态粉末谱线形及其随分子运动的演化，将理论计算结果和固体 NMR 实验结果比较，可检验分子结构的正确性。分子运动可以影响 ^{13}C 化学位移各向异性（CSA）的大小及其静态粉末谱的形状，因此 CSA 是一种检测分子三维结构、运动幅度和几何特性的灵敏探针。该屏蔽张量在旋转轴方向上的分量是不变的，而垂直于旋转轴的分量是平均的，从而形成了以旋转轴为对称轴的轴对称张量。因此测定 CSA 粉末谱的线形，进而获得 CSA 屏蔽张量

的三个主轴数值及分子运动信息已经成为研究有机固体的分子结构和动力学的重要实验手段。通常对于简单结构的高分子（如聚乙烯）可以直接在静态下测定其 CSA 主值。

采用魔角旋转（MAS）技术尽管可有效地消除由化学位移各向异性造成的谱线严重展宽而获得高分辨的 ^{13}C NMR 谱，但 CSA 中包含的重要分子结构和动力学信息也同时丢失。而通过基于 MAS 下 ^{13}C CSA 重聚的固体 NMR 实验可以精确测定 CSA 屏蔽张量的主轴数值，目前国际上已经发展了在 MAS 下重聚 CSA 来获得其静态粉末线形的多种二维固体 NMR 新技术，如 SUPER 和 RAI 等，这些技术在液晶、生物大分子及无机介孔材料结构和动力学的研究中发挥了重要的作用[95, 96]。但由于 SUPER 等实验技术的复杂性，CSA 的测定方法在有机固体研究领域还未得到有效的应用。图 4-33（e）是二维 ^{13}C SUPER 实验的脉冲序列，它可以在 MAS 下获得无扭曲的化学位移各向异性粉末谱。在该脉冲序列中，样品在 MAS 下的旋转周期为 t_r，二维谱中 F1 维的演化时间 $t_1 = N \times t_r$，在每个样品旋转周期中有一对 360° 脉冲作用在 ^{13}C 通道上以实现 CSA 的有效重聚。二维 ^{13}C SUPER 谱图中，在直接检测的 F2 维可以得到高分辨的 ^{13}C CPMAS 谱，获得不同化学基团的微观结构信息，对每一个 ^{13}C 峰在间接检测的 F1 维方向做切片投影，可获得该碳位的化学位移各向异性静态粉末谱。根据实验脉冲设计的原理，SUPER 需要对二维谱进行剪切处理，而且不能用于太高的转速，为获得最佳的 CSA 谱分辨率，根据不同核的 CSA 大小，样品旋转速度最好设置在不同 MAS 转速下，如脂肪碳用 2.5 kHz，芳环碳用 4 kHz，而羧酸等具有较大 CSA 的样品设置在 5 kHz，一般采用 4 mm 或 5 mm 的固体 NMR 双通道探头可以获得很好的谱图。图 4-42 显示了甲基丙二酸固体粉末样品的 ^{13}C 一维静态粉末谱和二维 SUPER 谱，并进行了

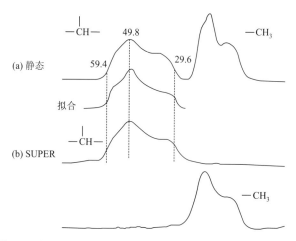

图 4-42　甲基丙二酸的一维静态碳谱（a）及重聚 CSA 的二维 ^{13}C SUPER 谱（b）

CSA 粉末谱线形的拟合。可以看到，SUPER 技术中由于采用 360°的重聚脉冲，有效消除了脉冲误差的影响。测定的 CSA 粉末谱线形与静态条件下测定的粉末谱线形一致，通过线形拟合可以有效地萃取 CSA 的 3 个主值分量，进而与 DFT 等理论计算结果相比较。另外，可以看到不同的化学基团具有完全不同的化学位移各向异性粉末谱线形，它们直接反映了甲基丙二酸中不同基团的 ^{13}C 核周围电子云分布环境的不同。对于具有 AIE 效应的有机分子，由于化学基团分子运动的影响，这种粉末谱的线形会进一步窄化，通过理论模拟可获得分子运动对 AIE 效应的影响。

具有 AIE 效应的有机分子在室温聚集态下通常具有较慢分子运动（如毫秒至几十秒级），这种超慢的分子运动的检测通常采用二维 ^{13}C 或 ^2H 交换谱等实验技术来测量，导致实验非常耗时。近年来发展的通过只检测中心边带的交换谱（CODEX）NMR 技术能对复杂有机固体中的慢运动（$0.1\sim3000/s$）进行详细和定量的研究，具有实验精度高和方便快捷的特点。图 4-33（g）显示了测定超慢分子运动的 ^{13}C CODEX 实验脉冲序列，采用转子同步的多脉冲重聚 CSA，如果在混合时间 t_{mix} 期间发生化学键的超慢运动，则在第二个重聚 CSA 的多脉冲期间会出现原来的 CSA 不能完全重聚而产生信号衰减，通过信号强度 t_{mix} 变化的曲线拟合，可测定分子慢运动的特征时间。设置的 t_Z 用于消除弛豫时间的影响，并通过在采样期间定时交换 t_Z 与 t_{mix} 来提高实验的精度和消除仪器的不稳定性。该技术对于 AIE 分子中的每个化学基团都可以很好地确定其慢运动的相对含量、运动幅度及运动相关时间。这些信息超过了大多数现有检测慢运动的 SSNMR 技术，特别是它不需要像 ^2H NMR 那样必须做同位素标记。尽管目前还没有用 CODEX 技术研究 AIE 分子运动的报道，但是对其他小分子特别是含苯环基团的化合物的研究证明运用该技术研究 AIE 的微观机理是切实可行的。例如，Mcdermott 课题组[97]运用 ^{13}C CPMAS、二维 ^{13}C-^{13}C 交换谱及 CODEX 等多种 SSNMR 技术详细剖析了 L-苯基丙氨酸盐酸盐的分子动力学信息。如图 4-43 所示，二维 ^{13}C-^{13}C 交换谱中 δ_1 和 δ_2（以及 ε_1 和 ε_2）之间出现了交叉峰，证明该分子的苯环基团发生了翻转运动，碳位发生交换。进一步通过不同温度的 ^{13}C CODEX 实验分别获得了该分子在不同温度下的苯环翻转运动的频率（图 4-44）。拟合曲线为图 4-44 中实线，结果表明该分子的苯环基团在 $-15℃$ 和 $0℃$ 的运动频率分别为 0.486 kHz 和 1.96 kHz，显示苯环翻转频率随温度的升高而加快。因此，CODEX 实验可以用于研究苯环转子型荧光分子的 AIE 效应，建立苯环旋转频率与荧光强度的相关关系，进而推动 AIE 现象微观机理的研究。

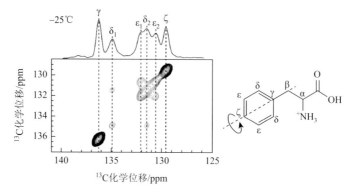

图 4-43　L-苯基丙氨酸盐酸盐分子结构示意图以及–25℃下的二维 ^{13}C-^{13}C 交换谱[97]

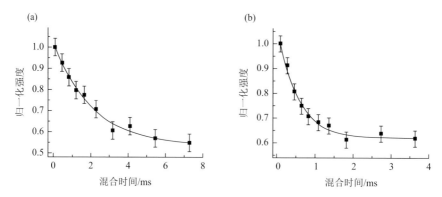

图 4-44　L-苯基丙氨酸盐酸盐分子在–15℃（a）和 0℃（b）的 CODEX 实验曲线[97]

4.2.4　总结

　　AIE 现象作为近年来备受关注的光物理过程，认识其发光现象的微观机制（如 RIM 微观机理等）一直是一个迷人的挑战性课题。作为目前最小探针的核自旋探针由于具有多时空尺度的检测特性，为人们提供了从一个崭新的视角来揭示 AIE 微观机理的机遇，而由于固体 NMR 技术和研究体系的复杂性，其应用于 AIE 微观机理的研究尚处于起步阶段，在该领域未来的研究中具有很大的潜力。本章简单综述了多尺度和多核固体 NMR 的基本实验技术及其在 AIE 微观机理研究领域的一些典型应用实例，以此抛砖引玉推动固体 NMR 技术在该领域的发展，但揭示 AIE 的发光机理仍是一个极具挑战性的课题，特别是如何精确获得特定聚集态结构与受限分子慢运动之间的关联，进而阐明其对发光性能的影响将是未来研究的重点。近十几年来，随着固体 NMR 理论和谱仪软硬件技术的不断发展，固体 NMR 技术已经发生了革命性飞跃，特别是目前高达 110 kHz 的超高速魔角旋转及 1.2 GHz 高磁场等新技术的应用使人们对化学、材料和生命科学的认识将上升到一个新的层次，无疑这些固体 NMR 新技术的发展也为阐明 AIE 中独特的分子运动与荧光性质的关联提供了独特的实验手段，为解决上述挑战提供了新的机遇。此外，固体 NMR 技术表征的分子运动对应于 AIE 分子的基态分子运动，尽管对激发态分子运动的理解有一定的帮助，但对于直接解释 AIE 微观机理仍有较大差距，因此开发可同步光激发的固体 NMR 探头实现原位检测也是该领域亟待攻克的难题与挑战。原位检测获得激发态下 AIE 分子的 NMR 谱图，可揭示 AIE 分子激发态结构与动力学并提供关键的新认识。通过更深层次理解 AIE 发光材料中的分子运动现象，探究其运动原理和影响因素以及分子运动与荧光性能关系，可实现对 AIE 更好的调控。未来可以预期，通过固体 NMR 技术并结合其他表征手段深入揭示 AIE 现象的微观机理，将为构筑高性能的 AIE 材料和发展光物理理论提供新的认识。同时，随着多种先进固体 NMR 技术在 AIE 研究中的不断深入应用，也将为固体 NMR 技术的应用打开一扇新的大门，并在为 AIE 研究领域提供重要的技术支撑中获得新的发展。

（杜莉莉　王粉粉　孙平川）

参 考 文 献

[1]　Porter G. Flash photolysis and some of its applications. Science，1968，160（3834）：1299-1307.

[2]　Du L，Qiu Y，Lan X，et al. Direct detection of the open-shell singlet phenyloxenium ion：an atom-centered diradical reacts as an electrophile. Journal of the American Chemical Society，2017，139（42）：15054-15059.

[3]　Du L，Zhu R X，Xue J D，et al. Time-resolved spectroscopic and density functional theory investigation of the photochemistry of suprofen. Journal of Raman Spectroscopy，2015，46（1）：117-125.

[4]　Du L，Li M D，Zhang Y，et al. Photoconversion of β-lapachone to α-lapachone via a protonation-assisted singlet excited state pathway in aqueous solution：a time-resolved spectroscopic study. Journal of Organic Chemistry，2015，80（15）：7340-7350.

[5]　Xiong W J，Du L，Lo K C，et al. Control of electron flow direction in photoexcited cycloplatinated complex containing conjugated polymer-single-walled carbon nanotube hybrids. Journal of Physical Chemistry Letters，2018，9（14）：3819-3824.

[6]　Shi H T，Du L，Xiong W J，et al. Study of electronic interactions and photo-induced electron transfer dynamics in a metalloconjugated polymer-single-walled carbon nanotube hybrid by ultrafast transient absorption spectroscopy. Journal of Materials Chemistry A，2017，5（35）：18527-18534.

[7]　Shi H T，Du L，Lo K C，et al. Photoinduced triplet state electron transfer processes from ruthenium containing triblock copolymers to carbon nanotubes. Journal of Physical Chemistry C，2017，121（14）：8145-8152.

[8]　Du L，Xiong W J，Cheng S C，et al. Direct observation of an efficient triplet exciton diffusion process in a platinum-containing conjugated polymer. Journal of Physical Chemistry Letters，2017，8（11）：2475-2479.

[9]   Yan Z P, Du L, Phillips D L. Multilayer core-shell MoS₂/CdS nanorods with very high photocatalytic activity for hydrogen production under visible-light excitation and investigation of the photocatalytic mechanism by femtosecond transient absorption spectroscopy. RSC Advances, 2017, 7 (88): 55993-55999.

[10] Zhu Z L, Ma J A, Wang Z L, et al. Efficiency enhancement of perovskite solar cells through fast electron extraction: the role of graphene quantum dots. Journal of the American Chemical Society, 2014, 136 (10): 3760-3763.

[11] Liu C W, Zhu R X, Ng A, et al. Investigation of high performance TiO₂ nanorod array perovskite solar cells. Journal of Materials Chemistry A, 2017, 5 (30): 15970-15980.

[12] Wang W C, Zhao X L, Cao Y N, et al. Copper phosphide-enhanced lower charge trapping occurrence in graphitic-C₃N₄ for efficient noble-metal-free photocatalytic H₂ evolution. ACS Applied Materials & Interfaces, 2019, 11 (18): 16527-16537.

[13] Jing L, Zhu R X, Phillips D L, et al. Effective prevention of charge trapping in graphitic carbon nitride with nanosized red phosphorus modification for superior photo (electro) catalysis. Advanced Functional Materials, 2017, 27 (46).

[14] Berera R, van Grondelle R, Kennis J T M. Ultrafast transient absorption spectroscopy: principles and application to photosynthetic systems. Photosynthesis Research, 2009, 101 (2-3): 105-118.

[15] van Stokkum I H M, Larsen D S, van Grondelle R. Global and target analysis of time-resolved spectra. Biochimica et Biophysica Acta (BBA): Bioenergetics, 2004, 1657 (2): 82-104.

[16] Albrecht A C. On the theory of Raman intensities. Journal of Chemical Physics, 1961, 34 (5): 1476-1484.

[17] Luo J D, Xie Z L, Lam J W Y, et al. Aggregation-induced emission of 1-methyl-1, 2, 3, 4, 5-pentaphenylsilole. Chemical Communications, 2001, (18): 1740-1741.

[18] Mei J, Leung N L C, Kwok R T K, et al. Aggregation-induced emission: together we shine, united we soar! Chemical Reviews, 2015, 115 (21): 11718-11940.

[19] Parrott E P J, Tan N Y, Hu R, et al. Direct evidence to support the restriction of intramolecular rotation hypothesis for the mechanism of aggregation-induced emission: temperature resolved terahertz spectra of tetraphenylethene. Materials Horizons, 2014, 1 (2): 251-258.

[20] Zhang G F, Chen Z Q, Aldred M P, et al. Direct validation of the restriction of intramolecular rotation hypothesis via the synthesis of novel ortho-methyl substituted tetraphenylethenes and their application in cell imaging. Chemical Communications, 2014, 50 (81): 12058-12060.

[21] Yang Z, Qin W, Leung N L C, et al. A mechanistic study of AIE processes of TPE luminogens: intramolecular rotation *vs.* configurational isomerization. Journal of Materials Chemistry C, 2016, 4 (1): 99-107.

[22] Zhao J, Yang D, Zhao Y, et al. Anion-coordination-induced turn-on fluorescence of an oligourea-functionalized tetraphenylethene in a wide concentration range. Angewandte Chemie International Edition, 2014, 53 (26): 6632-6636.

[23] Sinha N, Stegemann L, Tan T T Y, et al. Turn-on fluorescence in tetra-NHC ligands by rigidification through metal complexation: an alternative to aggregation-induced emission. Angewandte Chemie International Edition, 2017, 56 (10): 2785-2789.

[24] Peng Q, Yi Y, Shuai Z, et al. Toward quantitative prediction of molecular fluorescence quantum efficiency: role of duschinsky rotation. Journal of the American Chemical Society, 2007, 129 (30): 9333-9339.

[25] Leung N L C, Xie N, Yuan W, et al. Restriction of intramolecular motions: the general mechanism behind aggregation-induced emission. Chemistry: A European Journal, 2014, 20 (47): 15349-15353.

[26] Zhang T, Ma H, Niu Y, et al. Spectroscopic signature of the aggregation-induced emission phenomena caused by restricted nonradiative decay: a theoretical proposal. Journal of Physical Chemistry C, 2015, 119 (9): 5040-5047.

[27] Mazzucato U, Spalletti A. Competition between photoisomerization and photocyclization of the *cis* isomers of *n*-styrylnaphthalenes and -phenanthrenes. Journal of Physical Chemistry A, 2009, 113 (52): 14521-14529.

[28] Prlj A, Došlić N, Corminboeuf C. How does tetraphenylethylene relax from its excited states? Physical Chemistry Chemical Physics, 2016, 18 (17): 11606-11609.

[29] Gao Y J, Chang X P, Liu X Y, et al. Excited-state decay paths in tetraphenylethene derivatives. Journal of Physical Chemistry A, 2017, 121 (13): 2572-2579.

[30] Tseng N W, Liu J, Ng J C Y, et al. Deciphering mechanism of aggregation-induced emission (AIE): Is *E*-zisomerisation involved in an AIE process? Chemical Science, 2012, 3 (2): 493-497.

[31] Garg K, Ganapathi E, Rajakannu P, et al. Stereochemical modulation of emission behaviour in *E/Z* isomers of diphenyldipyrroethene from aggregation induced emission to crystallization induced emission. Physical Chemistry Chemical Physics, 2015, 17 (29): 19465-19473.

[32] Greene B I. Observation of a long-lived twisted intermediate following picosecond UV excitation of tetraphenylethylene. Chemical Physics Letters, 1981, 79 (1): 51-53.

[33] Barbara P F, Rand S D, Rentzepis P M. Direct measurements of tetraphenylethylene torsional motion by picosecond spectroscopy. Journal of the American Chemical Society, 1981, 103 (9): 2156-2162.

[34] Schilling C L, Hilinski E F. Dependence of the lifetime of the twisted excited singlet state of tetraphenylethylene on solvent polarity. Journal of the American Chemical Society, 1988, 110 (7): 2296-2298.

[35] Morais J, Ma J, Zimmt M B. Solvent dependence of the twisted excited state energy of tetraphenylethylene: evidence for a zwitterionic state from picosecond optical calorimetry. Journal of Physical Chemistry, 1991, 95 (10): 3885-3888.

[36] Schuddeboom W, Jonker S A, Warman J M, et al. Sudden polarization in the twisted, phantom state of tetraphenylethylene detected by time-resolved microwave conductivity. Journal of the American Chemical Society, 1993, 115 (8): 3286-3290.

[37] Ma J, Dutt G B, Waldeck D H, et al. The excited state potential energy surface for the photoisomerization of tetraphenylethylene: a fluorescence and picosecond optical calorimetry investigation. Journal of the American Chemical Society, 1994, 116 (23): 10619-10629.

[38] Sun Y P, Fox M A. Picosecond transient absorption study of the twisted excited singlet state of tetraphenylethylene in supercritical fluids. Journal of the American Chemical Society, 1993, 115 (2): 747-750.

[39] Tahara T, Hamaguchi H O. Transient Raman spectra and structure of the "twisted" excited singlet state of tetraphenylethylene. Chemical Physics Letters, 1994, 217 (4): 369-374.

[40] Lenderink E, Duppen K, Wiersma D A. Femtosecond twisting and coherent vibrational motion in the excited state of tetraphenylethylene. Journal of Physical Chemistry, 1995, 99 (22): 8972-8977.

[41] Zijlstra R W J, van Duijnen P T, Feringa B L, et al. Excited-state dynamics of tetraphenylethylene: ultrafast Stokes shift, isomerization, and charge separation. Journal of Physical Chemistry A, 1997, 101 (51): 9828-9836.

[42] Kayal S, Roy K, Umapathy S. Femtosecond coherent nuclear dynamics of excited tetraphenylethylene: ultrafast transient absorption and ultrafast Raman loss spectroscopic studies. Journal of Chemical Physics, 2018, 148 (2): 024301.

[43] Cai Y, Du L, Samedov K, et al. Deciphering the working mechanism of aggregation-induced emission of

tetraphenylethylene derivatives by ultrafast spectroscopy. Chemical Science, 2018, 9 (20): 4662-4670.

[44] Guan J, Prlj A, Wei R, et al. Direct observation of aggregation-induced emission mechanism. Angewandte Chemie International Edition, 2020, 59 (35): 14903-14909.

[45] Lee M H, Kim D, Dong Y, et al. Time-resolved photoluminescence study of an aggregation-induced emissive chromophore. Journal of the Korean Physical Society, 2004, 4550: 78-47.

[46] Ren Y, Dong Y, Lam J W Y, et al. Studies on the aggregation-induced emission of silole film and crystal by time-resolved fluorescence technique. Chemical Physics Letters, 2005, 402 (4): 468-473.

[47] Ren Y, Lam J W Y, Dong Y, et al. Enhanced emission efficiency and excited state lifetime due to restricted intramolecular motion in silole aggregates. Journal of Physical Chemistry B, 2005, 109 (3): 1135-1140.

[48] Heng L, Zhai J, Qin A, et al. Fabrication of hexaphenylsilole nanowires and their morphology-tunable photoluminescence. ChemPhysChem, 2007, 8 (10): 1513-1518.

[49] Yu G, Yin S, Liu Y, et al. Structures, electronic states, photoluminescence, and carrier transport properties of 1,1-disubstituted 2,3,4,5-tetraphenylsiloles. Journal of the American Chemical Society, 2005, 127 (17): 6335-6346.

[50] Shynkar V V, Klymchenko A S, Piémont E, et al. Dynamics of intermolecular hydrogen bonds in the excited states of 4'-dialkylamino-3-hydroxyflavones. on the pathway to an ideal fluorescent hydrogen bonding sensor. Journal of Physical Chemistry A, 2004, 108 (40): 8151-8159.

[51] Ma D, Liang F, Wang L, et al. Blue organic light-emitting devices with an oxadiazole-containing emitting layer exhibiting excited state intramolecular proton transfer. Chemical Physics Letters, 2002, 358 (1): 24-28.

[52] Sakai K I, Tsuzuki T, Itoh Y, et al. Using proton-transfer laser dyes for organic laser diodes. Applied Physics Letters, 2005, 86 (8): 081103.

[53] Fehr M J, Carpenter S L, Wannemuehler Y, et al. Roles of oxygen and photoinduced acidification in the light-dependent antiviral activity of hypocrellin A. Biochemistry, 1995, 34 (48): 15845-15848.

[54] Parejo P G, Zayat M, Levy D. Highly efficient UV-absorbing thin-film coatings for protection of organic materials against photodegradation. Journal of Materials Chemistry, 2006, 16 (22): 2165-2169.

[55] Arthen-Engeland T, Bultmann T, Ernsting N P, et al. Singlet excited-state intramolecular proton tranfer in 2-(2t'-hydroxyphenyl) benzoxazole: spectroscopy at low temperatures, femtosecond transient absorption, and MNDO calculations. Chemical Physics, 1992, 163 (1): 43-53.

[56] An B K, Kwon S K, Jung S D, et al. Enhanced emission and its switching in fluorescent organic nanoparticles. Journal of the American Chemical Society, 2002, 124 (48): 14410-14415.

[57] Chen J, Law C C W, Lam J W Y, et al. Synthesis, light emission, nanoaggregation, and restricted intramolecular rotation of 1,1-substituted 2,3,4,5-tetraphenylsiloles. Chemistry of Materials, 2003, 15 (7): 1535-1546.

[58] Hu R, Li S, Zeng Y, et al. Understanding the aggregation induced emission enhancement for a compound with excited state intramolecular proton transfer character. Physical Chemistry Chemical Physics, 2011, 13 (6): 2044-2051.

[59] Padalkar V S, Sakamaki D, Tohnai N, et al. Highly emissive excited-state intramolecular proton transfer (ESIPT) inspired 2-(2'-hydroxy) benzothiazole-fluorene motifs: spectroscopic and photophysical properties investigation. RSC Advances, 2015, 5 (98): 80283-80296.

[60] Gao B R, Wang H Y, Hao Y W, et al. Time-resolved fluorescence study of aggregation-induced emission enhancement by restriction of intramolecular charge transfer state. Journal of Physical Chemistry B, 2010, 114 (1): 128-134.

[61]　Gao B R，Wang H Y，Yang Z Y，et al. Comparative time-resolved study of two aggregation-induced emissive molecules. Journal of Physical Chemistry C，2011，115（32）：16150-16154.

[62]　Yan Z Q，Yang Z Y，Wang H，et al. Study of aggregation induced emission of cyano-substituted oligo (*p*-phenylenevinylene) by femtosecond time resolved fluorescence. Spectrochimica Acta Part A：Molecular and Biomolecular Spectroscopy，2011，78（5）：1640-1645.

[63]　Li J，Qian Y，Xie L，et al. From dark TICT state to emissive quasi-TICT state: the AIE mechanism of *N*-(3-(benzo[*d*]oxazol-2-yl)phenyl)-4-tert-butylbenzamide. Journal of Physical Chemistry C，2015，119（4）：2133-2141.

[64]　Zhang H，Du L，Wang L，et al. Visualization and manipulation of molecular motion in the solid state through photoinduced clusteroluminescence. Journal of Physical Chemistry Letters，2019，10（22）：7077-7085.

[65]　Zhao Z，Chen C，Wu W，et al. Highly efficient photothermal nanoagent achieved by harvesting energy via excited-state intramolecular motion within nanoparticles. Nature Communications，2019，10（1）：768.

[66]　Zhao Z，Zheng X，Du L，et al. Non-aromatic annulene-based aggregation-induced emission system via aromaticity reversal process. Nature Communications，2019，10（1）：2952.

[67]　Zhang X，Du L，Zhao W，et al. Ultralong UV/mechano-excited room temperature phosphorescence from purely organic cluster excitons. Nature Communications，2019，10（1）：5161.

[68]　Liu S，Zhang H，Li Y，et al. Strategies to enhance the photosensitization：polymerization and the donor-acceptor even-odd effect. Angewandte Chemie International Edition，2018，57（46）：15189-15193.

[69]　Wu H，Pan Y，Zeng J，et al. Novel strategy for constructing high efficiency OLED emitters with excited state quinone-conformation induced planarization process. Advanced Optical Materials，2019，7（18）：1900283.

[70]　Zhang H，Liu J，Du L，et al. Drawing a clear mechanistic picture for the aggregation-induced emission process. Materials Chemistry Frontiers，2019，3（6）：1143-1150.

[71]　Li Q，Li Y，Min T，et al. Time-dependent photodynamic therapy for multiple targets：a highly efficient AIE-active photosensitizer for selective bacterial elimination and cancer cell ablation. Angewandte Chemie International Edition，2020，59（24）：9470-9477.

[72]　Yang Z，Qin W，Leung N L C，et al. A mechanistic study of AIE processes of TPE luminogens：intramolecular rotation *vs.* configurational isomerization. Journal of Materials Chemistry C，2016，4（1）：99-107.

[73]　Lasitha P，Prasad E. Orange red emitting naphthalene diimide derivative containing dendritic wedges：aggregation induced emission（AIE）and detection of picric acid（PA）. RSC Advances，2015，5（52）：41420-41427.

[74]　Tseng N W，Liu J，Ng J C Y，et al. Deciphering mechanism of aggregation-induced emission（AIE）：Is *E-Z* isomerisation involved in an AIE process？Chemical Science，2012，3（2）：493-497.

[75]　Chen S，Liu J，Liu Y，et al. An AIE-active hemicyanine fluorogen with stimuli-responsive red/blue emission：extending the pH sensing range by "switch + knob" effect. Chemical Science，2012，3（6）：1804-1809.

[76]　Ma Y，Cametti M，Dzolic Z，et al. AIE-active bis-cyanostilbene-based organogels for quantitative fluorescence sensing of CO_2 based on molecular recognition principles. Journal of Materials Chemistry C，2018，6（34）：9232-9237.

[77]　Li M，Wang Y，Wang J，et al.（*Z*）-Tetraphenylbut-2-ene-1, 4-diones：facile synthesis, tunable aggregation-induced emission and fluorescence acid sensing. Journal of Materials Chemistry C，2017，5（13）：3408-3414.

[78]　Yang Z，Qin W，Lam J W Y，et al. Fluorescent pH sensor constructed from a heteroatom-containing luminogen with tunable AIE and ICT characteristics. Chemical Science，2013，4（9）：3725-3730.

[79] Chen J, Law C C W, Lam J W Y, et al. Synthesis, light emission, nanoaggregation, and restricted intramolecular rotation of 1, 1-substituted 2, 3, 4, 5-tetraphenylsiloles. Chemistry of Materials, 2003, 15 (7): 1535-1546.

[80] 孙平川, 赵守远, 王媛媛, 等. 高分子多尺度结构与动力学的固体 NMR 研究. 高分子通报, 2012, 1: 72-86.

[81] Marcus R A. Reflections on electron transfer theory. Journal of Chemical Physics, 2020, 153 (21): 210401.

[82] Dobson C M. Protein folding and misfolding. Nature, 2003, 426 (6968): 884-890.

[83] Dey K K, Gayen S, Ghosh M. Understanding the correlation between structure and dynamics of clocortolone pivalate by solid state NMR measurement. RSC Advances, 2020, 10 (8): 4310-4321.

[84] Zhao Z, Chen C, Wu W, et al. Highly efficient photothermal nanoagent achieved by harvesting energy via excited-state intramolecular motion within nanoparticles. Nature Communications, 2019, 10 (1): 768-779.

[85] Sandström J. Dynamic NMR Spectroscopy. London, New York: Academic Press, 1982.

[86] Karlen S D, Reyes H, Taylor R E, et al. Symmetry and dynamics of molecular rotors in amphidynamic molecular crystals. Proceedings of the National Academy of Sciences, 2010, 107 (34): 14973-14977.

[87] Czajkowska S D, Rodríguez M B, Magaña V N E, et al. Macrocyclic molecular rotors with bridged steroidal frameworks. Journal of Organic Chemistry, 2012, 77 (22): 9970-9978.

[88] Huber H. Deuterium quadrupole coupling constants. A theoretical investigation. Journal of Chemical Physics, 1985, 83 (9): 4591-4598.

[89] Millett F S, Dailey B P. NMR determination of some deuterium quadrupole coupling constants in nematic solutions. Journal of Chemical Physics, 1972, 56 (7): 3249-3256.

[90] Wang F, Zhang R, Chen T, et al. ^{2}H solid-state NMR analysis of the dynamics and organization of water in hydrated chitosan. Polymers, 2016, 8 (4): 149.

[91] Lee Y J, Murakhtina T, Sebastiani D, et al. ^{2}H solid-state NMR of mobile protons: it is not always the simple way. Journal of the American Chemical Society, 2007, 129 (41): 12406-12407.

[92] Shustova N B, Ong T C, Cozzolino A F, et al. Phenyl ring dynamics in a tetraphenylethylene-bridged metal-organic framework: implications for the mechanism of aggregation-induced emission. Journal of the American Chemical Society, 2012, 134 (36): 15061-15070.

[93] Aguilar-Granda A, Pérez-Estrada S, Roa A E, et al. Synthesis of a carbazole-[pi]-carbazole molecular rotor with fast solid state intramolecular dynamics and crystallization-induced emission. Crystal Growth & Design, 2016, 16 (6): 3435-3442.

[94] Aharoni T, Goldbourt A. Rapid automated determination of chemical shift anisotropy values in the carbonyl and carboxyl groups of fd-y21m bacteriophage using solid state NMR. Journal of Biomolecular NMR, 2018, 72 (1): 55-67.

[95] Lobo N P, Prakash M, Narasimhaswamy T, et al. Determination of ^{13}C chemical shift anisotropy tensors and molecular order of 4-hexyloxybenzoic acid. Journal of Physical Chemistry A, 2012, 116 (28): 7508-7515.

[96] Witter R, Sternberg U, Hesse S, et al. ^{13}C chemical shift constrained crystal structure refinement of cellulose I α and its verification by NMR anisotropy experiments. Macromolecules, 2006, 39 (18): 6125-6132.

[97] Li W, Mcdermott A E. Detection of slow dynamics by solid-state NMR: application to L-phenylalanine hydrochloride. Concepts in Magnetic Resonance Part A, 2013, 42A (1): 14-22.

基于聚集诱导发光分子的薄膜材料

有机薄膜材料是指厚度介于单原子到几毫米间的薄有机物层，在日常生活和科学研究中具有很广泛的应用，如食品包装、油漆涂层、制造薄膜电池等。随着柔性电子器件的兴起，制备有机发光薄膜材料成为近年来的一个研究热点[1]。为了制备发光薄膜材料，研究人员可以将荧光分子直接制备成膜，或者将其掺杂在其他成膜材料中。然而，使用传统荧光分子制备的薄膜材料，其荧光强度往往显著低于这些荧光分子在溶液状态中的本征发光效率，有时发光甚至完全猝灭。这种现象被称为聚集导致猝灭（ACQ）效应。与之相反，聚集诱导发光（AIE）现象是指荧光分子在稀溶液中无荧光或仅有微弱荧光，但在聚集态和固态下具有显著提升的发光效率[2, 3]。具有 AIE 效应的这类荧光分子称为 AIEgen，如常见的四苯乙烯（TPE）、六苯基噻咯（HPS）、四苯基吡嗪（TPP）等。这些 AIEgen 可以作为掺杂物与聚合物材料进行物理共混，也可以作为重复单元，构筑具有 AIE 性质的聚合物材料[4, 5]。这些具有 AIE 性质的有机小分子或聚合物具有得天独厚的优势，无需担心荧光猝灭现象，非常适用于制备有机发光薄膜材料，进而应用于光电器件、传感元件、光学成像等实际场所中。除此之外，AIE 分子可以作为荧光探针，利用 AIE 现象的工作机制，即分子内运动受限（RIM），用于研究薄膜材料本身的性质和变化过程。

本章将介绍基于 AIE 分子的薄膜材料，包括：①薄膜材料的制备方法，重点介绍几种常见的液相法；②介绍薄膜材料的性质表征，如热稳定分析和相分离观测等，并着重讲解利用 AIE 分子作为荧光探针，研究薄膜材料性质的新技术；③以近年来报道的具体例子，介绍 AIE 薄膜材料在光学成像和传感元件方面的应用，展示这类薄膜材料的未来前景。本章主要关注薄膜材料，因此所涉及的 AIE 分子结构均总结于本章的补充信息。

5.2 薄膜材料的制备方法

常见的薄膜制备方法可大致分为气相法和液相法[6]。在气相法中，真空蒸镀（简称蒸镀）是最常见的工艺，指在真空条件下，采用一定的加热方式蒸发镀膜材料（或称膜料）并使之气化，材料粒子飞至基片表面凝聚成膜的方法，如图 5-1 所示。蒸镀是使用较早、用途较广泛的气相沉积技术，根据是否发生化学反应，又可大致分为物理蒸镀（physical vapor deposition，PVD）与化学蒸镀（chemical vapor deposition，CVD）两种，具有成膜方法简单、薄膜纯度和致密性高、膜结构和性能独特等优点。

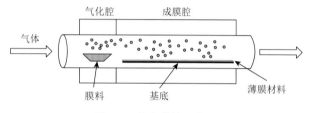

气化腔　　　成膜腔

气体

膜料　　　基底　　　薄膜材料

图 5-1　真空蒸镀示意图

蒸镀法广泛适用于有机小分子，是制备有机光电器件时常用的镀膜手段。以一个 AIE 分子 VP$_3$-(TPE)$_3$ 为例[7]，首先用丙酮、乙醇和去离子水的超声波浴，清洗涂有铟锡氧化物（ITO）的玻璃基板，然后将基板在 80℃烘箱中干燥，再暴露在紫外线、臭氧、等离子体中进行表面处理。电致发光器件的制造方法如下：通过蒸镀法将空穴传输层，即 50 nm 厚的 4, 4′-双（1-萘基苯基氨基）联苯（NPB）膜沉积在 ITO 表面上。再将化合物 VP$_3$-(TPE)$_3$ 在 NPB 层上沉积成 30 nm 的发光薄膜，然后沉积 20 nm 厚的 8-羟基喹啉铝（Alq$_3$）层作为电子传输层。最后，通过热蒸发将 LiF（1 nm）和 Al（100 nm）沉积在有机层的顶部。所制备的多层有机发光器件具有 ITO/NPB(50 nm)/VP$_3$-(TPE)$_3$(30 nm)/Alq$_3$(20 nm)/LiF(1 nm)/Al(100 nm) 的结构，如图 5-2 所示。所有的气相沉积过程使用 BOC Edwards Auto 500 箱式室系统，每层沉积的基本压力均低于 5×10^{-6} mbar(1 mbar = 10^2 Pa)，膜的厚度通过轮廓仪表征。

但是分子量较高的聚合物材料，无法通过加热形成蒸气分子，不适用于上述的气相沉积法。由于分子链之间的物理缠结，聚合物材料自身通常具有优异的成膜性，因此，研究人员通常可以将材料溶解在合适的溶剂中，使用溶液法来制备聚合物材料的均一薄膜。相对于气相法，液相法的成本更低，且具有可大面积制备薄膜材料的优势，因而在工业界中更加常见。下面将简要介绍四种液相制备方法，即浸渍涂覆、刮刀涂覆、旋转涂覆、静电纺丝，如图 5-3 所示。每种制备方法具有自己独特的优势和劣势，适用于不同的材料性质和应用场景，需要研究人员根据实际例子挑选和优化。

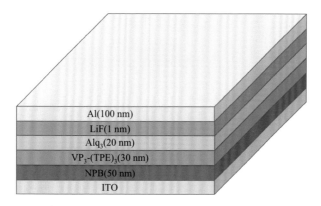

图 5-2　基于 AIE 分子 VP$_3$-(TPE)$_3$ 的多层有机发光器件示意图

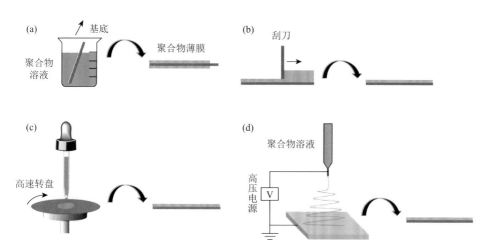

图 5-3　四种常见的液相制备聚合物薄膜材料的方法

（a）浸渍涂覆；（b）刮刀涂覆；（c）旋转涂覆；（d）静电纺丝

（1）浸渍涂覆（dip-coating）是将基底浸渍在待涂覆材料的溶液中，再从溶液中缓慢拉出，材料随之附着在基底表面，干燥后形成薄膜。薄膜的厚度受多种因素影响，包括基底的拉出速率、材料浓度、溶液黏度等。浸渍涂覆的优势包括：①工艺简单，适用于不同规模的制备；②可同时在基底两侧涂覆；③通过控制基底的拉出速率，可以制备梯度厚度的薄膜；④适用于稀溶液体系。浸渍涂覆法的劣势则有：①需要相对较长的干燥时间，且干燥时成膜质量容易受到环境因素的影响，不同批次的薄膜不能保证较高的重复性；②对于某些材料，干燥时薄膜收缩会导致薄膜产生裂痕或缺陷；③需要大量的材料储备溶液，材料使用率较低。

（2）刮刀涂覆（blade-coating）常用于快速制备工业级别的大面积薄膜。刮刀与表面之间具有狭小的缝隙，移动刮刀或者表面使得材料均匀涂覆在表面上，薄膜的厚度由狭缝宽度、溶液黏度和刮涂速度等因素决定。这种涂覆方法的最大优点是在快速制备大面积薄膜的同时，能够保持较高的整体表面均一度，且材料利用率高，适用于不同黏度的材料溶液。但是与其他实验室方法相比，刮刀涂覆法难以制备 10 μm 以下的薄膜，局部表面的精确程度较低。

（3）旋转涂覆（spin-coating）是一种将待涂覆材料的溶液滴加在基底中心，并将基底放置在可以高速旋转的旋转涂覆仪器上，利用离心力将材料均匀分布在基底表面的涂覆技术。薄膜的厚度取决于旋转的转速、材料浓度、溶液黏度等因素。旋转涂覆法需要的设备简单，操作容易，尤其适用于小面积的光滑平面基底，因此是实验室中最常用的涂膜手段之一。通过转速调控膜的厚度，可以非常便利地制备从纳米到微米级别的均匀薄膜。由于在旋转涂覆过程中，大部分溶剂通常已经被气流带走，因此通常不需要长时间的后续干燥。相应地，旋转涂覆法的最大缺点则是不适用于大规模制备，不能用于非平面基底，并且不适用于低浓度、低黏度的材料溶液。此外，大部分的材料在旋转涂覆过程中被离心力甩走，因此材料的利用率较低。

（4）静电纺丝（electrospinning）是一种制备特殊薄膜的技术，使用高压电源从样品溶液中抽出极细（一般在微米或纳米大小）的纤维，并在基底（收集屏）上收集，最终由大量的微观纤维堆积形成多孔膜。静电纺丝技术的标准实验室装备包括样品注射器、喷丝头、高压（5～50 kV）直流电源、泵和接地的收集装置。通过调控样品浓度、样品注射速率、电压大小等因素，可以得到含有不同直径的纤维的多孔薄膜，多孔薄膜的厚度通过制样时间控制。近年来，新的静电纺丝技术还能利用两种或以上的材料，制备具有核壳（core-shell）结构的纳米纤维薄膜。

以上四种液相制备聚合物薄膜材料的方法各有利弊，是制备、研究基于聚集诱导发光分子的薄膜材料时必备的实验技能，将在本章后续的实际例子中有更详细的解释说明。

5.3 薄膜材料的性质表征

5.3.1 热稳定分析

热稳定性是有机材料在实际应用中的重要性质之一。随着温度的升高，有机材料通常具有多级相变，如玻璃态转变、不同晶型以及晶态/非晶态之间的转变、熔化等。如果温度进一步升高，有机小分子和聚合物材料都会发生裂解，分子链开始断裂，并相互反应。这会导致材料性能显著降低，从而给材料的使用温度带来上限。因此，在投入实际应用之前，有机材料都需要进行热稳定性分析，尤其是对于使用蒸镀法制备薄膜的有机小分子而言，分解温度是蒸镀前必须表征的一项关键性质。常见热稳定性测试手段，主要包括热重分析（thermogravimetric analysis，TGA）[8]、差示扫描量热法（differential scanning calorimetry，DSC）[9]、动力学分析（dynamic mechanical analysis，DMA）[10]、热膨胀法（thermodilatometry，TD）[11]等方法。下面简要介绍目前使用最广泛的热重分析和差示扫描量热法的技术原理及操作。

　　热重分析是一种在程序控温条件下，测量待测样品的质量与温度（等加热速率）或时间（等温）变化关系的一种热分析技术，常用于研究各种有机和无机材料的热稳定性和组分。仪器主要由封闭的加热系统、热电偶和称量系统组成，如图 5-4（a）所示。根据研究课题的需求，加热系统内可以是空气、惰性气体，或者氧气气氛。热重分析可提供样品的物理信息，如蒸发、升华、分解、吸收、吸附和脱附。相同地，热重分析也可提供有关化学现象的信息，包括化学吸附、脱溶剂（尤其是脱水）、分解和固相-气相反应（如氧化或还原）。其中，用于表征材料热稳定性最为常见的信息是分解温度（T_d），即样品的质量分数减少到 95%时的温度[图 5-4（b）]。需要注意的是，在进行正式的分解温度测试前，应该首先将样品从室温加热到 120℃（或更高，取决于研究课题），再恢复到室温，以排除样品中残留溶剂、热历史（thermal history）等影响。

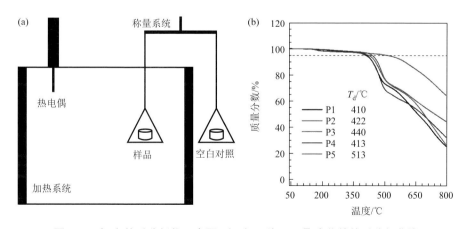

图 5-4　（a）热重分析仪示意图；（b）一种 AIE 聚合物的热重分析曲线

　　对于在温度变化过程中不存在质量变化的过程，如聚合物的玻璃化转变温度（glass transition temperature，T_g）等，则需要使用差示扫描量热法进行分析。与热重分析不同，差示扫描量热法是借助补偿器，测量使待测样品与参比物达到同样温度所需的加热速率与温度的关系。与热重分析类似，为了消除残留溶剂、热历史等外界影响，差示扫描量热测试时需要进行多个升温-降温循环，通常选择第二个升温过程的数据作为最终的分析结果。以一种聚苯乙烯（polystyrene，PS）的玻璃化转变温度测试为例，差示扫描量热分析曲线如图5-5（b）所示，通常是一个吸热方向的台阶，两条外推基线距离相等的线与曲线的交点，即为该材料的玻璃化转变温度。此外，值得注意的是，聚合物的玻璃化转变不是热力学的平衡过程，实验所观察到的玻璃态也非平衡态，因此差示扫描量热法测试玻璃化转变温度时，还会受到升降温速率的影响，因此必须在实验细节中标明升降温循环数和速率等。

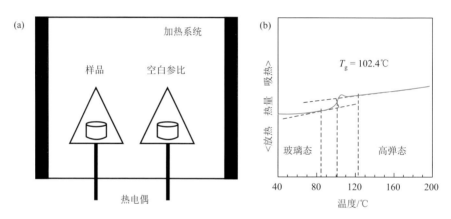

图5-5　（a）差示扫描量热测试仪示意图；（b）一种聚苯乙烯的差示扫描量热分析曲线

　　除了传统的差示扫描量热法之外，近年来研究人员成功将 AIE 分子掺杂到聚合物薄膜中作为荧光探针，利用 AIE 分子荧光对于周围环境变化的敏感性，实现聚合物薄膜玻璃化转变温度的灵敏检测[12, 13]。在聚合物材料中，玻璃化转变温度 T_g 是指从较为刚性的玻璃态，可逆转变为橡胶状的高弹态的温度。检测原理如图 5-6 所示，当聚合物处在玻璃态时，AIE 分子的周围环境较硬，对分子运动的限制较大，因此荧光强度较高；而当聚合物处在高弹态时，AIE 分子的周围环境较软，激发态能量更多以热的形式放出，因此荧光减弱。AIE 分子在两个相态之间荧光强度变化的突变点，即为相变点。

　　在 2015 年，研究人员利用 TPE 及其衍生物作为荧光探针掺杂到聚合物薄膜中，首次证明 AIE 分子在聚合物的玻璃化转变检测领域的应用[12]。如图 5-7 所示，随着温度的升高，通过实时检测不同温度下的荧光光谱可以发现，掺杂了 0.1 wt% TPE 的聚苯乙烯的荧光强度逐渐下降，并出现了明显的拐点，即为聚苯乙烯的玻璃化转变温度。通过增加 AIE 分子的掺杂含量，或者改变 AIE 分子的结构，也能进一步提高荧光信号对玻璃化转变的敏感性。由于无需化学接枝，只需要简单的物理共混，因此这种测试手段对于不同的聚合物材料具有一定的适用性，可以根据实际研究需求改变 AIE 探针的种类和含量。

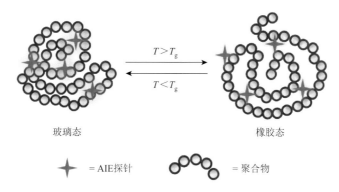

图 5-6　采用 AIE 分子作为荧光探针检测聚合物玻璃化转变温度的工作原理示意图

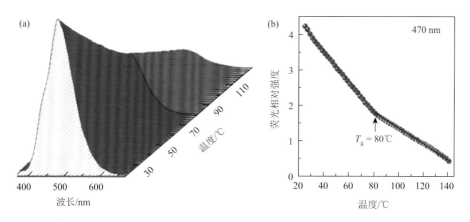

图 5-7　（a）0.1 wt%的 TPE 掺杂在聚苯乙烯中，不同温度下的荧光光谱图；（b）TPE 的荧光发射波长峰值（470 nm）随着温度变化的曲线，转折点（80℃）即为玻璃化转变温度

　　然而，上述研究虽然从原理上证明了 AIE 分子作为探针研究聚合物 T_g 的可行性，但在实际操作中，这种方法仍具有相当大的局限性。例如，对于玻璃态和高弹态温度范围的选择具有主观性，这将不可避免地引起 T_g 值的偏差。另外，这种方法需要依赖于昂贵且笨重的光致发光光谱仪，且耗时较长。为了进一步改进这个测试方法，研究人员于 2017 年开发了一种基于荧光图像灰度测定，更为简单、灵敏且可靠的技术[13]。除了可以通过荧光光谱仪捕捉发射的光子，直接解析光谱，也可以通过解析荧光图像，利用计算机程序从每个像素点中获取荧光图像上的数

字信息，如红绿蓝（RGB）值和灰度值。其中，RGB 值包含光谱形状和波长范围的信息，而灰度值则能代表荧光信号的亮度或强度。这种图像解析手段主要用于生物成像领域，它很少被材料科学家用来量化物理过程的变化，如聚合物材料的玻璃化转变。

这个基于 AIE 现象的新型检测仪被称为 ADEtect，主要由热台、紫外灯和数码相机组装而成，数码相机可连接至计算机进行实时的图像处理和数据分析，如图 5-8 所示。下面以 TPABMO 掺杂的聚苯乙烯（PS-1）薄膜为例，解释 ADEtect 的工作流程。将 50 mg 的 PS-1 和 1 wt%的 AIE 分子 TPABMO 溶于 10 mL 四氢呋喃中，超声处理得到均匀的溶液，用旋涂机将所得溶液旋涂在清洁的硅晶片表面，得到掺杂的聚合物薄膜。在测量之前，将聚合物薄膜在 120℃真空环境下退火 12 h，然后冷却至室温，放置在 ADEtect 的热台上。利用数码相机，在相同的参数下，以恒定速率拍摄在 30～130℃下聚合物膜的荧光图像。在 50～130℃下拍摄的代表性照片如图 5-9（a）所示，这表明荧光亮度随温度升高而降低。根据 Matlab 程序中获得的平均 RGB 值，每张图像选中区域的亮度即可被量化为灰度值 G［图 5-9（b）］：

$$G = 0.2989 \times R + 0.5870 \times G + 0.1140 \times B \qquad (5\text{-}1)$$

令 G_0 为测试初始时的灰度值，因此，如图 5-9（c）所示，可以绘制不同温度的灰度变化曲线 G/G_0。

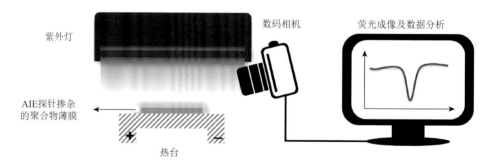

图 5-8 简便的 AIE 检测仪（ADEtect）的设备组成示意图

G/G_0 通过样条平滑后得到拟合曲线，对拟合曲线进行二阶求导后，可以得到二次求导曲线 $\mathrm{d}^2(G/G_0)/\mathrm{d}T^2$，其最低点为灰度值变化最大点，即为 T_g。通过这样的数据处理，可以避免研究人员的主观因素影响，并且能快速准确地给出 T_g。如图 5-9（d）所示，以不同分子量的聚苯乙烯（PS-1，重均分子量 $M_w = 2600$；PS-2，重均分子量 $M_w = 17200$）作为研究对象可以看出，由于所有测量和数据处理均由计算机程序控制，PS-1 和 PS-2 的 T_g 值分别稳定地位

于（72.5±2.0）℃和（100.3±1.5）℃的区间，表明 ADEtect 的测量具有较高
的重现性。

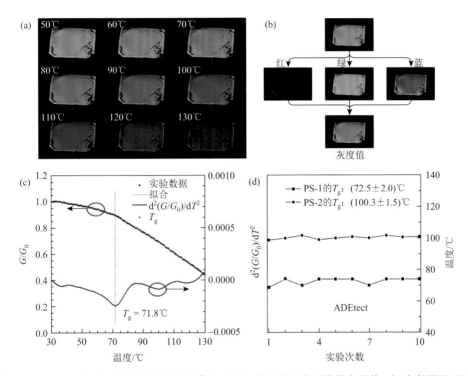

图 5-9 （a）TPABMO 掺杂的聚苯乙烯膜（PS-1）在不同温度下的荧光照片；（b）数据处理过
程：读取荧光照片的每一个像素点的红绿蓝值（RGB 值），再计算灰度值；（c）相对灰度值（G/G_0）
随着温度变化的曲线、相应的拟合曲线，以及拟合曲线对温度的二次求导曲线[$d^2(G/G_0)/dT^2$]，
最低点即为 T_g，加热速率为 6℃/min；（d）以两种不同分子量的聚苯乙烯（PS-1 和 PS-2）为
例，ADEtect 的重复性测试

　　在 ADEtect 中，通过使用不同的像素坐标，可以分析一个荧光图像内的不同
区域。因此，ADEtect 可以用于同时测量多个聚合物薄膜的 T_g。如图 5-10 所示，
使用另一种 AIE 分子 DPA-IQ，掺杂到聚甲基丙烯酸甲酯中，同时测试两个薄膜
样品。通过像素点的选择，研究人员可以分别分析左侧和右侧聚合物薄膜的 G/G_0
值，分别确定 T_g 为 121.2℃和 120.2℃。相反，常规的 DSC 方法只能依次逐个测
量样品，需要更长的测量时间。因此，新型检测手段 ADEtect 具有高通量测试的
巨大潜力，能大大提高测量效率。利用相同的原理，ADEtect 也可以进一步用于
检测其他细微的物理过程，如带有长烷基链的小分子的玻璃化转变[14]，或者液滴
蒸发过程中浓度梯度的可视化等[15]。

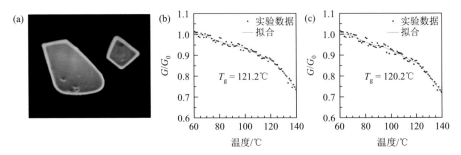

图 5-10 （a）在 60℃下两个 DPA-IQ 掺杂的聚甲基丙烯酸甲酯薄膜的荧光图像；（b，c）左侧（b）和右侧（c）聚合物薄膜的相对灰度（G/G_0）随温度的变化曲线，以及相关的拟合曲线

5.3.2 相分离观测

将两种或多种聚合物材料进行物理共混，是一种获得优异综合性能新材料的常见方法。然而许多聚合物之间多为热力学不相容体系，混合熵很小，因而不能以分子水平相互混合，导致不同聚合物在共混时发生相分离，并形成不同的形貌。聚合物材料由于具有诸多性能，如硬度、可延展性、可加工性、耐腐蚀性、流动性、热稳定性等物理性质，与共混体系中的相分离形貌及大小有着十分密切的关系，因此观察不同聚合物材料之间共混后的相分离，研究相分离规律，进而调控相分离形貌和大小，是聚合物领域中非常重要的研究方向[16]。在微观尺度（微米或纳米级别）下的相分离，通常需要借助扫描电子显微镜（scanning electron microscopy，SEM）、透射电子显微镜（transmission electron microscopy，TEM）和原子力显微镜（atomic force microscopy，AFM）这些大型的现代显微技术。然而，这些大型的显微手段通常非常昂贵，其样品制备过程往往费时费力甚至会对样品造成不可逆的破坏。例如，图 5-11 在使用 TEM 表征聚苯乙烯、聚丁二烯共混物相分离形貌时，由于这两种聚合物的两相对比度很低，为了提高两相的对比度，研究人员常常需要对材料进行化学染色，如使用高毒性且易造成样品缺陷的四氧化锇。此外，用于 TEM 分析的样品还需要进行费时且具有挑战性的低温超薄切片预处理，使样品薄膜足够薄，才能实现电子透射成像。除了现代显微技术，也有使用依赖于复杂化学反应或化学相互作用的荧光表征方法，然而常规荧光探针由于上述提到的 ACQ 效应，在固态薄膜中使用的

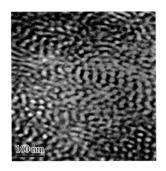

图 5-11 丁苯橡胶（由苯乙烯和丁二烯共聚而成）的 TEM 图像[17]

较亮的区域是聚苯乙烯，较暗的区域是被四氧化锇染色的聚丁二烯

选择范围具有很大的局限性。

　　将 AIE 分子作为荧光探针掺杂在多相的聚合物体系后，由于 AIE 探针对所处的聚合物微环境中刚性和极性差异具有高灵敏度荧光响应，从而实现简单有效、灵敏快速并且高对比度地观测聚合物共混体系相分离形貌的方法[18]。该方法基于 AIE 分子的"分子内运动受限"（RIM）和"扭曲分子内电荷转移"（TICT）的工作机制，如图 5-12 所示，此种荧光可视化方法可广泛适用于观测多种由具有不同刚性和/或不同极性的聚合物组分组成的聚合物共混体系的相分离形貌。这种 AIE 荧光方法比传统表征更加简单、快速、低成本、易操作，使用范围也更加广泛。

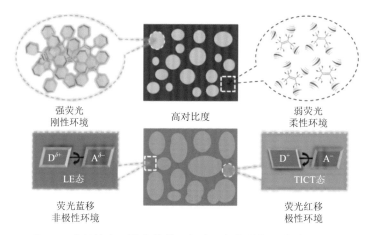

图 5-12　将 AIE 分子掺杂于聚合物共混物中可视化微相分离的工作原理示意图

　　具体实验细节如下。首先制备聚合物和 AIE 分子的储备溶液，将 0.5 g 聚合物样品溶解在 10 mL 良溶剂中，其中聚苯乙烯（PS）、聚丁二烯（polybutadiene，PB）溶解在甲苯中，聚乙二醇（polyethylene glycol，PEG）溶解在氯仿中，将 5 mg AIE 分子溶解在 2 mL 甲苯中。其次，从上述集中聚合物储备溶液中选取两种，如将 0.25 mL PS 溶液和 0.25 mL PB 溶液充分混合，制备质量分数为 1∶1 的 PS 和 PB 共混溶液。然后将 0.1 mL AIE 分子储备溶液与 0.5 mL 的 PS/PB 聚合物共混溶液混合，超声处理约 1 h，得到聚合物浓度为 42 mg/mL、AIE 分子含量为 1.0 wt% 的均匀溶液。将这一均匀溶液滴到石英基底上，放置于旋转涂覆仪器上，以 1000 r/min 转速旋涂 1 min，制得均匀的 AIE 分子掺杂的、两种聚合物共混的聚合物薄膜，随后在真空干燥器内，室温下干燥过夜。使用类似的方法，制备 AIE 分子掺杂的单一聚合物薄膜（PS 或 PB）作为对照组。实验操作简要流程见图 5-13（a）。

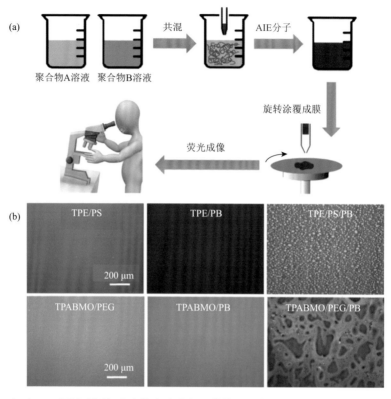

图 5-13　（a）AIE 探针观测相分离的实验流程：①将 AIE 探针与两种或以上的聚合物进行物理共混；②旋转涂覆制作共混聚合物薄膜；③荧光显微镜观测相分离；（b）第一行：TPE 掺杂的聚苯乙烯（TPE/PS）、聚丁二烯（TPE/PB）及聚苯乙烯/聚丁二烯共混（TPE/PS/PB）的荧光照片；第二行：TPABMO 掺杂的聚乙二醇（TPABMO/PEG）、聚丁二烯（TPABMO/PB）及聚乙二醇/聚丁二烯共混（TPABMO/PEG/PB）的荧光照片

　　如图 5-13（b）第一行所示，在荧光显微镜观测时可以发现，TPE 掺杂的纯 PB 薄膜（TPE/PB）荧光强度比较低，荧光量子产率（quantum yield，Φ_F）仅为 1.7%，而 TPE 掺杂的纯 PS 薄膜（TPE/PS）的荧光强度则高得多，荧光量子产率达到 19.6%。这是由于 PS 薄膜比 PB 薄膜更加坚硬，掺杂在 PS 薄膜中的 TPE 分子的分子运动更加受限，根据 RIM 机理，TPE 在 PS 薄膜中具有更高的荧光强度。在 TPE 掺杂的 PS 和 PB 共混的薄膜中，可以清晰地观察到明暗两种区域，即明亮的岛状区域（直径为 4~28 μm）和较暗的背景区域。通过与纯聚合物薄膜相比较可知，这两种区域的产生是由于 PS 和 PB 发生了相分离。由于 TPE/PS 膜的发射强度比 TPE/PB 的强得多，因此可以将明亮的岛状区域指定为 PS 富集区域，该区域被连续且具有微弱荧光的 PB 相包围。如果将 TPE 的掺杂浓度降低到 0.1 wt%，虽然仍能在 PS/PB 共混薄膜中观察到清晰的相分离，但与高掺杂浓度

（1%）的样品相比，对比度较低。因此，使用 TPE 作为观察聚合物相分离探针时，建议掺杂浓度为 1 wt%。

　　TPABMO 是一种具有电子给体（donor，D）和电子受体（acceptor，A）结构的 AIE 分子，因此具有强烈的 TICT 效应。这个 TPABMO 分子对环境的极性变化非常敏感，其荧光发射波长会随着溶剂极性的增加发生明显的红移。当将溶剂从正己烷变成甲苯时，即使极性的变化较小，仍然能观察到从蓝色到绿色的明显荧光颜色的变化。受此启发，可以使用 TPABMO 作为另一种相分离探针，用于观察具有不同极性的聚合物的相分离结构。以 1.0 wt% TPABMO 掺杂的 PEG/PB 共混薄膜为例，首先研究了 TPABMO 掺杂的单一聚合物薄膜的荧光现象。如图 5-13（b）的第二行所示，TPABMO 掺杂在相对极性较高的 PEG 和非极性的 PB 薄膜中，分别显示出黄色（波长 567 nm）和蓝色（波长 499 nm）的荧光。同理，在 TPABMO 掺杂的 PEG 和 PB 共混的薄膜（TPABMO/PEG/PB）中，可以清晰地观察到黄色和蓝色两种相分离区域，分别指定为 PEG 和 PB 的富集区域。

　　此外，由于荧光成像具有实时性，这种技术还能实时检测相分离的过程，研究溶剂挥发过程中聚合物相分离的动力学过程。如图 5-14 所示，将一滴 TPE/PS/PB 混合溶液（1.0 wt% 的 TPE）添加到石英板上，然后在荧光显微镜下立即观察。使用显微镜成像软件，可以实时计算相应图像中特定区域的灰度强度值。混合溶液

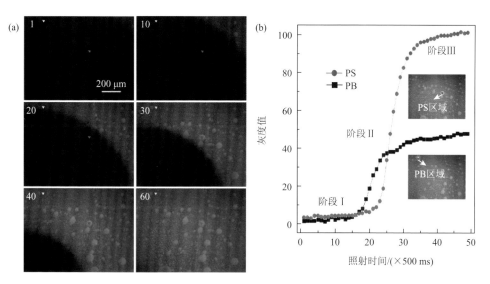

图 5-14　（a）TPE/PS/PB 混合溶液在不同时间下的荧光图像，每个图像的扫描数显示在左上角，每次扫描时间：500 ms。（b）随着照射时间的延长，所选区域（黄色和红色箭头）中灰度值变化的曲线

在开始时几乎没有荧光，并且没有检测到相分离（阶段 Ⅰ）。一旦溶剂开始蒸发，溶液的黏度就会上升，并且可以清晰地看到相分离的形态。所选区域中相应的发射强度也将相应增加（阶段 Ⅱ）。随着溶剂的逐渐挥发，所形成的相形态基本上保持不变。溶剂完全蒸发后，每个区域的发射强度将基本保持不变（阶段Ⅲ）。在相分离结构中，由于 RIM 机制，TPE 在富含 PS 的区域中的发射总是比富含 PB 的连续相的发射强。这种实时观测是其他常用的表征技术（如 SEM、TEM 等）难以匹配的优势。

综上所述，研究人员可以使用 AIE 分子作为荧光探针，可视化地观察聚合物共混物中的微米级相分离，这种方法与大型的现代显微技术相比，便捷、省时，且背景噪声低、对比度较高。另外，该检测方法仅基于不同聚合物中 AIE 分子的物理性质变化，不涉及材料的化学反应或修饰，且不会对样品造成破坏，有望广泛应用在学术和工业领域，研究各种聚合物共混物中相分离形态和动力学过程。通过设计和采用不同 AIE 分子作为荧光探针，以及使用更先进的荧光观察仪器，如近场扫描光学显微镜和超分辨率技术，可以实现纳米级别的结构成像。

5.4　基于聚集诱导发光分子的薄膜材料的应用实例

5.3 节介绍了两个利用 AIE 分子作为荧光探针，掺杂在薄膜材料，以研究表征薄膜材料的例子。在这一小节，将通过近年来报道的例子，介绍四种基于 AIE 原理制备的薄膜材料本身的应用研究。

5.4.1　例一

许多 AIE 聚合物在固态时具有较高的发光效率，并且可以通过旋转涂覆法，在硅晶片上形成均匀、坚韧的发光薄膜。如果这些聚合物具有光响应性，则可利用光刻的原理，通过强紫外光照射来产生具有荧光的光刻图案（photopattern）[19]。这些具有光响应性的聚合物，可大致分为两种类型：①在强紫外光照射下，聚合物会发生复杂的光化学反应，如氧化、分解等，因此暴露区域的荧光将被猝灭，形成二维的正向光刻图案，实验原理如图 5-15（a）所示。这种光猝灭过程又称为光漂白（photobleaching）。②在紫外光照射下，聚合物发生光交联反应，产生不易溶的发光交联产物。使用有机溶剂作为显影剂，溶解除去未曝光部分（未交联）的聚合物薄膜之后，即可形成三维的负向光刻图案。在某些特殊情况下，两种效果都会发生，因此可以同时生成二维和三维的光刻图案。

以二维正向光刻图案为例，具体实验操作如下。首先将 AIE 聚合物溶解于甲苯、1,2-二氯乙烷等低挥发性溶剂，浓度约为 10 mg/mL。将少量聚合物溶液滴在硅晶片，放置于旋转涂覆仪器上，以 1000 r/min 转速旋涂 1 min，所得聚合物薄膜在室温下干燥后，放置于真空干燥箱中干燥过夜。干燥后的聚合物薄膜放置于具有微观结构的铜网下，再暴露于强紫外光照射（功率约为 18.5 mW/cm^2）下，光刻20 min。由于铜网能有效阻挡紫外光照射，因此能使紫外光选择性地照射到聚合物的部分区域。未曝光的聚合物薄膜区域（正方形）仍保持原来的 AIE 聚合物荧光，而曝光的区域（暗线）由于紫外线照射后发生光化学反应，荧光被猝灭。将光刻后的聚合物薄膜放置于荧光显微镜下，即能观察到清晰的二维正向光刻图案，光刻图案与铜网的微观结构一致[图 5-15（b）][20]。

　　制备三维负向光刻图案则在相似光刻操作后，用有机溶剂（如 1,2-二氯乙烷、四氢呋喃等）进一步洗涤光刻后的聚合物薄膜，溶解并去除未曝光区域的聚合物，留下曝光部分的交联聚合物。这种三维负向光刻图案在日光下，使用光学显微镜即可清晰地观察到三维图案，同时在紫外光激发下也能观察到较弱荧光的图案，光刻图案与铜网的微观结构互补[图 5-15（c）][21]。

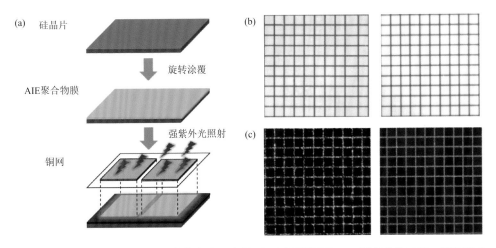

图 5-15　（a）制作正向光刻图案的实验示意图；（b）两种不同 AIE 聚合物的二维、正向荧光图案，光刻图案与铜网的微观结构一致；（c）明场下和紫外光激发下的三维、负向图案，光刻图案与铜网的微观结构互补，每个小格子的边长为 **50 μm**

5.4.2　例二

　　传感材料是指能检测到光、电、声、温度等物理量，并按照一定的数学规律转换成可用信号的材料。各类热敏、光敏、气敏、力敏、湿敏等材料已经成为现代生活中重要的一部分。近年来，柔性电子学成为炙手可热的研究领域，实现可穿戴设备的大规模商用的最关键点之一便是有机柔性传感膜材料的合成与制备。经过化学修饰后的 AIE 聚合物薄膜，具有强烈的固态荧光，且能对微观环境具有灵敏的响应，因此已有许多文献报道应用于各种不同的场景中功能化的 AIE 传感膜材料[2, 22-24]。与高分子材料相比，传统有机小分子材料的成膜性一般较差，难以形成均一的薄膜，因此目前主流手段是将功能化的有机小分子与惰性的聚合物共混，再使用上述液相法制备掺杂的薄膜材料。AIE 分子的固态荧光特性也使得它们十分适合与高分子材料进行共混成膜。下面以湿度检测为例，介绍 AIE 传感膜材料的设计与制备。

人类的生存和社会活动与水蒸气密切相关，湿度探测与控制应用于各个领域，如电子封装运输、半导体器件、食品工业、化学工程、航空航天等。如果湿度传感器适用于不同的环境，且同时实现湿度梯度分布的动态测量，将会给智能集成系统和人工智能系统带来巨大的革新。最近，一些柔性电子器件的开发实现了不同程度的弯折或拉伸。尽管这些电子器件具有优异的性能，但相应的外部驱动设备和电路却较为复杂和庞大，且加工制备这些器件的工艺过程较为复杂，由此成为制约电子器件大规模应用的瓶颈问题。将水汽敏感的荧光分子与聚合物网络组装得到感应材料，被认为是实现湿度可视化检测的有效方法[25, 26]。荧光感应无需外接微电子设备，通过外界水汽对荧光材料诱发的微环境极性变化，利用紫外光激发即得到不同的"肉眼"可见颜色，从而实现对外界环境湿度的感应。

2017 年，研究人员将具有 TICT 效应的 AIE 分子（TPE-Py 或 TPE-VPy）分散到具有吸收水分子作用的聚丙烯酸[poly(acrylic acid), PAA]中，进而制成基于荧光成像的湿度检测复合薄膜材料，工作原理如图 5-16（a）所示[27]。这种 AIE 湿度传感器可兼容各种应用，具有可调整的几何形状和简单的组成，能将原本人眼无法观测的相对湿度（relative humidity，RH）转换为直观的、不同颜色的荧光颜色[图 5-16（b）]。以 TPE-Py 掺杂的聚丙烯酸薄膜为例，具体实验细节如下：首先将 TPE-Py 分散在二甲基亚砜中，形成 1 mg/mL 储备溶液（3.53 mmol/L）。然后，在剧烈搅拌下，将 16 μL TPE-Py 溶液与 150 mg 聚丙烯酸（$M_w = 4.5 \times 10^5$ g/mol）在 3 mL 水中混合 2 h。将所得溶液旋涂在石英玻璃载片上，然后在烘箱（RH 10%）中加热以获得干燥的复合薄膜，简称 TPP。由 TPE-VPy 和 PAA 组成的复合薄膜称为 TVP。然后将载玻片放置在自制的湿气室中，通过不同的饱和盐溶液控制相对湿度值，密封并在环境温度下静置 30 min 以进行下一步研究。这种 AIE 湿度传感材料具有快速的响应性，其发光峰值波长和相对湿度具有较高的线性拟合度，如图 5-16（d）所示，因此可以通过拟合曲线检测不同的湿度范围。此外，这个 AIE 湿度传感材料还具有极高的可重复性，可以反复使用多次而发光峰值波长无明显衰减[图 5-16（e）]。

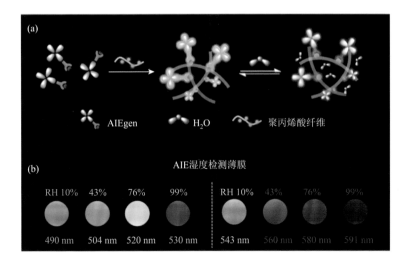

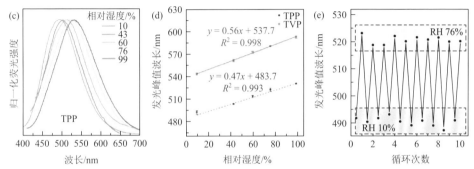

图 5-16　（a）AIE 分子掺杂的聚丙烯酸复合材料用于湿度检测原理的示意图；（b）在不同相对湿度和紫外光激发下，两种 AIE 分子（TPE-Py 和 TPE-VPy）掺杂的聚丙烯酸电纺丝纤维膜的荧光照片；（c）不同相对湿度下归一化的荧光光谱；（d）发光峰值波长和相对湿度的线性拟合曲线；（e）在不同湿度下的重复性测试

　　这种复合薄膜材料利用 AIE 荧光传感材料优异的加工性能，克服了传统电子器件的不足，将荧光传感材料应用于电子器件封装和管道内部检测中，实现了水汽的动态梯度分布"可视化"测量。此外，还能通过静电纺丝技术制备加工得到由纳米纤维组成的薄膜，增加材料的活性比表面积，进一步提高检测的灵敏度[28]。具体实验细节如下：将含有 AIE 分子和聚丙烯酸的 N, N-二甲基甲酰胺溶液（10 wt%）的注射器针头放置在静电纺丝仪器中，针尖与收集器之间的工作距离为20 cm，再通过施加高压（11.8 kV）进行静电纺丝。这种通过静电纺丝技术得到的纳米纤维薄膜，能用于感应人体湿度微环境的变化，可以实现人体活动跟踪监测，包括指纹和汗孔成像应用等，如图 5-17 所示，为人工智能集成化新器件提供了新的可能。

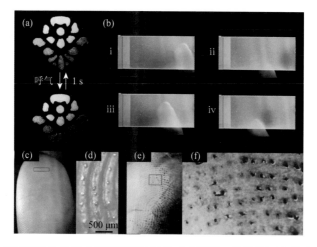

图 5-17 （a）通过静电纺丝制成鲜花图案的湿度感应薄膜，此鲜花图案的叶子部分和花朵部分掺杂了两张不同的 AIE 功能分子，在人呼出水汽的影响下发生荧光变色，并能在 1 s 后恢复；（b）覆在玻璃基底上的湿度感应薄膜，能非接触地感应到手指上的湿度；（c，d）手指（c）及指纹放大图（d），从放大图中可以看到指纹及汗孔；（e，f）将手指按在湿度感应薄膜后，能清晰看到指纹（e）和汗孔（f）的细节

5.4.3 例三

近年来，基于微胶囊的自愈涂层和复合材料的开发取得了显著进展，因此除了直接物理共混，研究人员还可以将探针分子包覆在微胶囊的核心，再掺杂在聚合物材料中，形成复合材料[29, 30]。当这种复合材料受到外部力学或机械冲击时，微胶囊的破裂会触发探针分子的释放，从而展示出荧光等可探测变化。这种优异的力致荧光变化的特性可以敏感地检测复合材料中不同程度的损伤、裂纹，因此这种复合材料也称为自报告（self-reporting）智能材料。AIE 分子从溶液态（无荧光）到固态（高荧光亮度）的急剧荧光变化，使它们成为制造这类自报告智能材料的理想探针分子[31-33]。

例如，研究人员在 2016 年报道了将 AIE 分子与微胶囊系统巧妙结合的设计，实现了聚合物材料的损伤自报告功能[34]。作为最经典的 AIE 分子，TPE 能完全溶解在乙酸己酯溶液中，形成无色透明溶液，且在紫外光激发下没有荧光发射。由于 AIE 效应，TPE 的溶液在溶剂蒸发后能显示出明亮的蓝色荧光，最大发射波长为 450 nm。通过原位乳化缩聚法制备包含 TPE（1 wt%）的核壳微胶囊，再将微胶囊嵌入透明的聚合物薄膜中，即可轻松制备具有损伤自报告功能的智能工程材料。如图 5-18（a）所示，当用剃刀刮擦复合涂层时，微胶囊的破裂会导致受损区域释放封装的 TPE 溶液，在溶剂蒸发后，这些受损区域则会显示出明显的 TPE

聚集体的亮蓝色荧光。TPE 的荧光信号在机械损坏涂层后迅速增强，并在数分钟内达到稳定的最大强度。与白光下的明场图像相比，紫外光源下的荧光场能更加清晰地显示出受损区域，展示出更高的灵敏度和可靠性。在更高放大倍数的立体显微镜下，可以清晰地观察到单个破裂的微胶囊的位置。除了环氧树脂薄膜外，TPE 微胶囊还能嵌在聚二甲基硅氧烷、聚丙烯酸和聚苯乙烯在内的多种其他聚合物薄膜中，提供了出色的损伤指示性能[图 5-18（b）和（c）]。即使非常微小的、在明场下不可见的裂纹，也可在紫外光激发下清晰观察到。此外，这种基于 TPE 微胶囊的环氧树脂还能用作功能涂层，涂覆于其他材料表面，如碳纤维复合材料等，进而实现更加广泛材料的损伤可视化，具有广泛的应用价值。

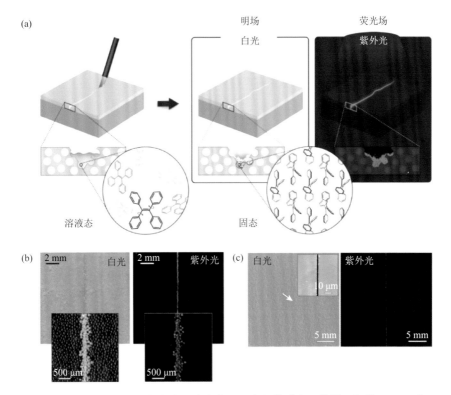

图 5-18　（a）将含有 TPE 稀溶液的微胶囊嵌入聚合物薄膜中，其微观损伤可以通过 TPE 的释放和沉积来显现；（b）用剃刀刮擦后含有 TPE 微胶囊的环氧树脂涂层的照片，插图为在相似光照下涂层的显微照片；（c）用剃刀刮擦后含有 TPE 微胶囊的聚氨酯涂层的照片，插图为刮擦后的 SEM 图像

　　以含有 TPE 的乙酸己酯溶液为核，聚氨酯/聚（脲-甲醛）为壳的微胶囊为例，具体实验细节如下：将 0.83 g 尿素、83 mg 氯化铵、83 mg 间苯二酚和两滴 1-辛

醇与 42 mL 0.5 wt%的乙烯马来酸酐水溶液混合。在 800 r/min 持续机械搅拌下，将由 174 mg TPE、20 mL 乙酸己酯和 670 mg 聚氨酯组成的核心溶液缓慢添加至上述混合物的水溶液中，并乳化 10 min。需注意的是，在使用乙酸己酯溶解 TPE 时，需要适当加热才能使其完全溶解至澄清溶液。此后，加入 2.1 g 甲醛水溶液（37%），以每分钟升高 1℃的速率将反应温度升高至 55℃，然后保持 4 h。反应结束后，过滤收集制备好的微胶囊，用去离子水轻轻漂洗以除去过量的表面活性剂，干燥并过筛，分离出直径为（112±10）μm 的微胶囊用于自报告智能材料的研究。此外，使用相同的程序制备不包含 TPE 的对照微胶囊，直径为（112±13）μm。

将微胶囊嵌入聚合物薄膜的方法如下。将不同质量分数的微胶囊添加到 EPON 813 环氧树脂和 EPIKURE 3233 固化剂的混合物中，环氧树脂和固化剂的质量比为 100∶43。使用刮刀涂覆法，将上述混合物均匀涂覆在载玻片或碳纤维增强的聚合物复合材料基材上，并在 35℃下固化 24 h。以类似方式可以制备聚氨酯和聚二甲基硅氧烷等含微胶囊的聚合物薄膜。环氧树脂薄膜也可以用紫外固化的方式制备，使用 5 wt%光引发剂（Irgacure 250）在 365 nm 紫外灯（25 W）下固化 4 h 即可。制备含微胶囊的聚苯乙烯薄膜，则需要将聚苯乙烯的甲苯溶液（30 wt%）与微胶囊混合后滴涂到载玻片上，使薄膜在室温下干燥约 24 h，以控制溶剂的蒸发速率。相似地，使用 35 wt%聚丙烯酸水溶液与微胶囊混合后，可制备含微胶囊的聚丙烯酸薄膜。

这类微胶囊材料除了能作为损伤自报告材料之外，还能通过巧妙地设计同时实现自愈合功能。例如，可以制备含有六亚甲基二异氰酸酯（hexamethylene diisocyanate，HDI）和 AIE 分子的微胶囊，并将其嵌入聚合物薄膜中[35]。在外力的作用下，包埋在薄膜中的微胶囊破裂后，将 HDI 和 AIE 分子释放到受损区域。HDI 将与环境中的水发生反应，形成更坚固的聚脲，从而自动填充并修复裂缝。这种修复过程是完全自主、无需外部干预的，因此被称为自愈合功能。同时，由于这些划痕区域中 AIE 分子的聚集，在紫外灯下能清晰观察到荧光，从而标记发生自愈合的区域（图 5-19）。同理，这种含有 HDI/AIE 分子微胶囊的聚合物复合材料可以作为具有自报告、自愈合功能的智能防腐涂料，用于钢板等其他常见的工程基底上，具有广泛的应用前景。

(a) 双功能微胶囊　AIE分子　HDI　溶液

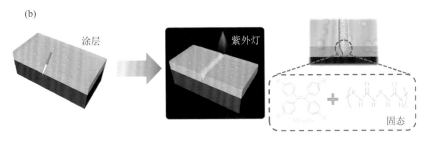

图 5-19 （a）含有 AIE 分子和 HDI 的双功能微胶囊的示意图；（b）自愈合和自报告双功能的示意图

5.4.4 例四

除了与聚合物共混，也有少数纯有机小分子能在基底上形成致密的薄膜，进而作为薄膜材料应用于各种场景中。下面以四硝基-四苯乙烯（TPE-4N）为例，介绍 AIE 有机小分子在机械应力/应变检测中的应用。力致响应发光材料（mechanoresponsive luminescence，MRL）是一类智能材料，能在力学刺激下发生荧光的强度或者波长变化，在传感、显示和存储方面有潜在的应用价值，已有相当多的文章报道[36-39]。然而，这些研究通常局限于粉末材料的性质研究，并没有太多相关的实际应用研究。最近已有研究表明，作为明星分子 TPE 的衍生物，无定形态的 TPE-4N 能发出强烈的绿色固态荧光，但在结晶态下，由于高效的系间窜越，TPE-4N 的荧光会被猝灭[40]。此外，TPE-4N 能在多种基底上形成致密的晶体薄膜，并且对力学刺激具有极高的灵敏度，展现出快速的响应性、高对比度、出色的可逆性和优异的成膜性等优点。因此，研究人员在此前力致响应性质研究的基础上，将 TPE-4N 作为涂层覆盖在金属试样表面，于 2018 年首次实现了利用纯有机力致响应材料，动态可视化监测机械部件的全场应力/应变分布和疲劳裂纹扩展路径[41]。

具体实验细节如下：首先使用浸渍涂覆法，将金属试样浸泡在 TPE-4N 的氯仿溶液后取出（浓度为 33 mg/mL），在空气中干燥后，放置在 150℃烘箱内加热 20 min，即可在金属试样表面制备致密的结晶态 TPE-4N 涂层。然后将含 TPE-4N 涂层的金属试样放置于拉伸仪中，在紫外光源的激发下，使用照相系统获取并记录在不同的应力/应变响应阶段的荧光照片，如图 5-20（a）所示。对涂有 TPE-4N 的 316L 不锈钢金属试样进行单轴拉伸实验，不同的应力/应变响应阶段的试样荧光照片如图 5-20（b）所示。可以发现随着应变的增加，绿色荧光强度也逐渐增加。提取照片中试样标距处的灰度值，分析该区域的平均灰度值大小，利用灰度值表示荧光的强弱，并根据实验结构建立荧光强度和应力/应变大小的曲线，可见荧光强度-应变曲线的变化趋势基本与应力-应变曲线一致。

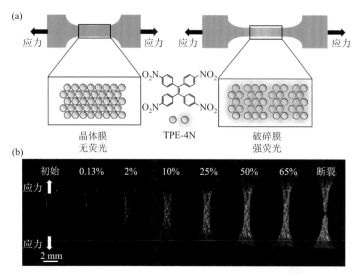

图 5-20 （a）TEP-4N 薄膜材料在应力传感的工作原理图；（b）含 TPE-4N 涂层的 316L 不锈
钢荧光强度随应力/应变的变化规律

　　通过扫描电子显微镜对拉伸试样上不同荧光强度区域进行表面分析，可以观测到 TPE-4N 晶体膜在拉力的作用下产生了裂痕、破碎，由晶态转变为无定形态，从而发出绿色荧光，并且裂痕方向与拉伸方向基本垂直，这进一步印证了 TPE-4N 涂层的工作原理。对于复杂的实际机械部件，以单边缺口试样[图 5-21（a）]和圆孔试样[图 5-21（b）]作为例子进行应力/应变分布分析。试样受力变形后，利用照相系统记录试样表面的荧光分布及其像素灰度值分布，荧光实验结果与 ANSYS 有限元模拟结果基本一致，证明了 TPE-4N 涂层能够有效地反映出复杂金属试样的受力状况。更为重要的是，ANSYS 有限元模拟只能针对理想模型进行计算，不能反映出机械部件在实际加工过程中出现的缺陷，而这种不可预测的缺陷在实际试样中会导致局部压力集中，引起失效破坏。如图 5-21（c）所示，圆孔试样在圆孔边缘处出现加工过程中意外存在的微小缺口，ANSYS 有限元模拟不能预测这种加工造成的缺陷，但利用 TPE-4N 涂层则能清晰地将缺陷附近的应力集中可视化，体现出这种荧光方法对实际机械部件中应力/应变分布测量的准确性，能看到理论模拟做不到的细节。

　　除了应力/应变分布分析，TPE-4N 涂层还能实时监测机械部件上的疲劳裂纹，并且预测疲劳裂纹的扩展路径。如图 5-22（a）所示，当试样未加载时，无荧光响应。当载荷（$F = 700$ N）循环加载到 4500 圈时，在缺口的边缘处出现荧光信号，表明该处出现应力集中，并且诱发疲劳裂纹生成[图 5-22（b）]。当载荷循环到 5500 圈时，疲劳裂纹扩展，并且在裂纹的尖端和两侧出现荧光信号[图 5-22（c）]。如图 5-22（d）～（f）所示，裂纹尖端的前部出现荧光，这表明该区域应力集中明显，裂纹偏向此区域扩展。这一系列 TPE-4N 涂层的实验在铝合金（Al 1100，

Al 2024)、不锈钢（SUS316L）和低合金钢（X80）等材料上进行了重复性测试，均表现出相似的现象。2020 年，研究人员进一步将 TPE-4N 作为涂层，研究焊接的复合材料上的局部应力应变，证明了 TPE-4N 的广泛适用性[42]。

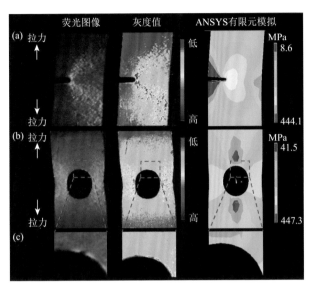

图 5-21　单边缺口试样（a）、圆孔试样（b）和圆孔试样局部（c）的应力分布与有限元模拟结果对比

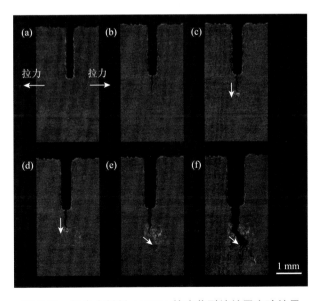

图 5-22　铝合金材料 Al 2024 的疲劳裂纹扩展实验结果

（a）初始试样；F = 700 N 拉力下 4500 圈（b）、5500 圈（c）、8500 圈（d）、11200 圈（e）、13000 圈（f）

5.5 补充信息

本章所涉及的 AIE 分子化学结构：

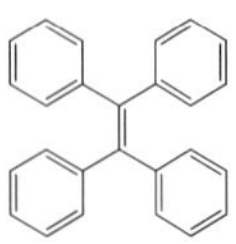

TPE 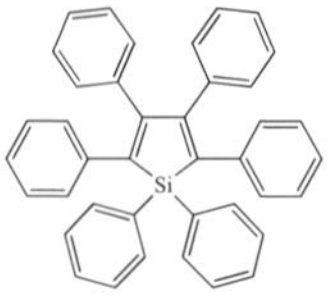　　　HPS 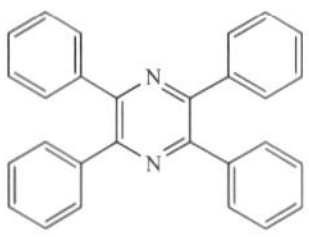　　　TPP　　　VP₃-(TPE)₃

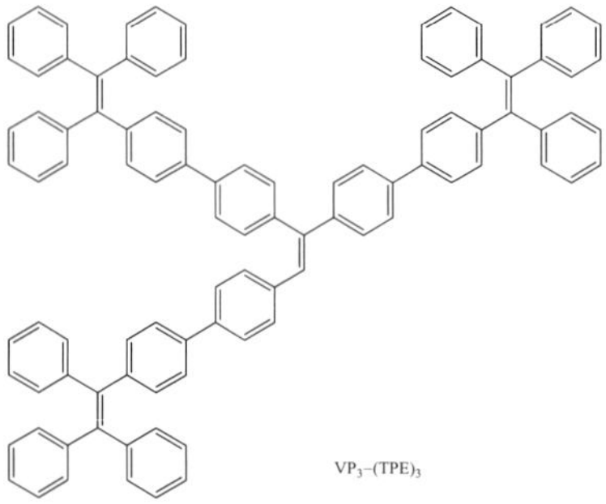

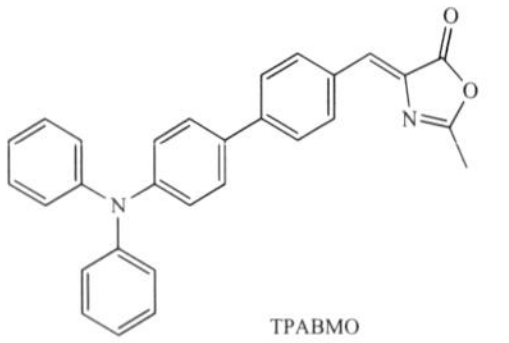

TPABMO 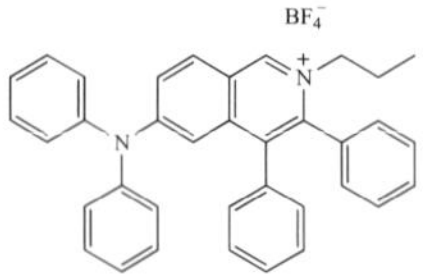　　　DPA-IQ

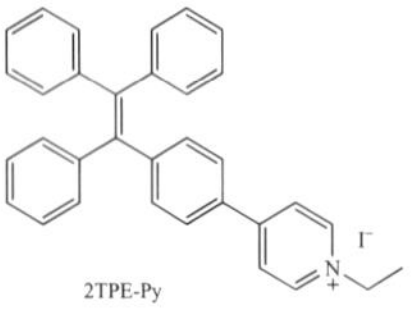

2TPE-Py 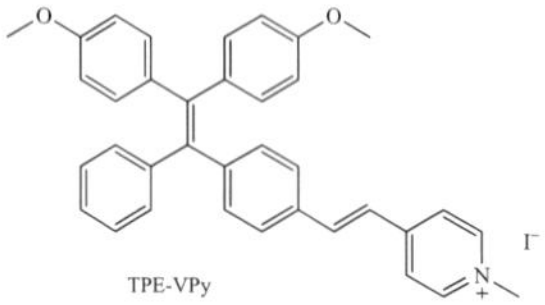　　　TPE-VPy 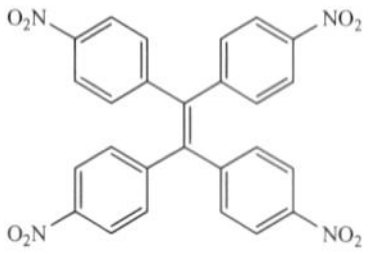　　　TPE-4N

Matlab 代码，读取某一图片（1.jpg）中，某一区域（长 570～580 像素点，宽 800～810 像素点）中，每个像素点的灰度值，用于将荧光图转为像素图：

```
clear;
clc;
outfile = 'data.csv';

RGB_sample_1=imread('1.jpg');

dlmwrite(outfile,'xyI','-append');
format long

I1=rgb2gray(RGB_sample_1);
I1=double(I1);

[M,N]=size(I1);

IP1_I=0;

for i=570:580
    for j=800:810
        Ip1_I=I1(i,j)
        dlmwrite(outfile,[(i) (j) (IP1_I)],'-append');
    end
end
```

　　Matlab 代码，用于读取一系列图片（如从 1.jpg 到 101.jpg）中，某一区域（长170～175 像素点，宽 285～290 像素点）中的平均灰度值：

```
clear;
clc;
max = 130;
min = 30;
interval = 1;
outfile = 'data.csv';

n = (max-min)/interval+1;
dlmwrite(outfile,'TI','-append');
format long

for i=1:1:n
sample=imread([num2str(i)'.jpg']);

% gray of samples
I=RGB2gray(sample);
I=double(I);
[M,N]=Size(I);
area_I=0;
area_I=double(area_I);
m=0;
for x=170:175
    for y=285:290
        area_I = area_I+I(y,x);
        m=m+1;
    end
end
area_I=double(area_I/m);

d(i,1)={i*interval+min-interval};
d(i,2)={area_I};

dlmwrite(outfile,[d(i,1)d(i,2)],'-append');
end
```

（丘子杰）

参　考　文　献

[1]　Ling M M，Bao Z N. Thin film deposition，patterning，and printing in organic thin film transistors. Chemistry of Materials，2004，16：4824-4840.

[2]　Mei J，Leung N L C，Kwok R T K，et al. Aggregation-induced emission：together we shine，united we soar！ Chemical Reviews，2015，115：11718-11940.

[3]　Hong Y N，Lam J W Y，Tang B Z. Aggregation-induced emission. Chemical Society Reviews，2011，40：5361-5388.

[4] Qiu Z, Liu X, Lam J W Y, et al. The marriage of aggregation-induced emission with polymer science. Macromolecular Rapid Communications, 2019, 40: 1800568-1800583.

[5] Hu R, Leung N L, Tang B Z. AIE macromolecules: syntheses, structures and functionalities. Chemical Society Reviews, 2014: 43 (13): 4494-4562.

[6] Martin P M. Handbook of Deposition Technologies for Films and Coatings. 3rd ed. Norwich: William Andrew Publishing, 2010: 1-13.

[7] Xu B, Chi Z, Li H, et al. Synthesis and properties of aggregation-induced emission compounds containing triphenylethene and tetraphenylethene moieties. Journal of Physical Chemistry C, 2011, 115 (35): 17574-17581.

[8] Menczel J D, Prime R B. Thermal Analysis of Polymers: Fundamentals and Applications. 1st ed. Hoboken: John Wiley & Sons, 2009: 241-317.

[9] Menczel J D, Prime R B. Thermal Analysis of Polymers: Fundamentals and Applications. 1st ed. Hoboken: John Wiley & Sons, 2009: 7-239.

[10] Menczel J D, Prime R B. Thermal Analysis of Polymers: Fundamentals and Applications. 1st ed. Hoboken: John Wiley & Sons, 2009: 387-495.

[11] Menczel J D, Prime R B. Thermal Analysis of Polymers: Fundamentals and Applications. 1st ed. Hoboken: John Wiley & Sons, 2009: 319-385.

[12] Bao, S, Wu Q, Qin W, et al. Sensitive and reliable detection of glass transition of polymers by fluorescent probes based on AIE luminogens. Polymer Chemistry, 2015, 6 (18): 3537-3542.

[13] Qiu Z, Chu E K K, Jiang M, et al. A simple and sensitive method for an important physical parameter: reliable measurement of glass transition temperature by AIEgens. Macromolecules, 2017, 50 (19): 7620-7627.

[14] Dang D, Qiu Z, Han T, et al. 1 + 1 ≫ 2: Dramatically enhancing the emission efficiency of TPE-based AIEgens but keeping their emission color through tailored alkyl linkages. Advanced Functional Materials, 2018, 28 (16): 1707210-1707221.

[15] Cai X, Xie N, Qiu Z, et al. Aggregation-induced emission luminogen-based direct visualization of concentration gradient inside an evaporating binary sessile droplet. ACS Applied Materials & Interfaces, 2017, 9 (34): 29157-29166.

[16] Jyotishkumar P, Thomas S Y G. Characterization of Polymer Blends: Miscibility, Morphology, and Interfaces. Weinheim: Wiley-VCH, 2015: 1-5.

[17] Zhou Z, Doak S S, Grandy D B, et al. Morphologies of a solvent cast polystyrene-polybutadiene-polystyrene (S-B-S) triblock copolymer characterised by TEM, AFM and energy filtered SEM. European Microscopy Congress 2016: Proceedings. Weinheim: Wiley-VCH Verlag GmbH & Co. KGaA, 2016: 748-749.

[18] Han T, Gui C, Lam J W Y, et al. High-contrast visualization and differentiation of microphase separation in polymer blends by fluorescent AIE probes. Macromolecules, 2017, 50 (15): 5807-5815.

[19] Hu R, Lam J W Y, Liu J, et al. Hyperbranched conjugated poly(tetraphenylethene): synthesis, aggregation-induced emission, fluorescent photopatterning, optical limiting and explosive detection. Polymer Chemistry, 2012, 3 (6): 1481-1489.

[20] Qiu Z, Han T, Kwok R T K, et al. Polyarylcyanation of diyne: a one-pot three-component convenient route for in situ generation of polymers with AIE characteristics. Macromolecules, 2016, 49 (23): 8888-8898.

[21] Deng H, Han T, Zhao E, et al. Multicomponent click polymerization: a facile strategy toward fused heterocyclic polymers. Macromolecules, 2016, 49 (15): 5475-5483.

[22] Li Z，Qin W，Wu J，et al. Bright electrochemiluminescent films of efficient aggregation-induced emission luminogens for sensitive detection of dopamine. Materials Chemistry Frontiers，2019，3（10）: 2051-2057.

[23] Zhou H，Ye Q，Neo W T，et al. Electrospun aggregation-induced emission active POSS-based porous copolymer films for detection of explosives. Chemical Communications，2014，50（89）: 13785-13798.

[24] Huang R，Liu H，Liu K，et al. Marriage of aggregation-induced emission and intramolecular charge transfer toward high performance film-based sensing of phenolic compounds in the air. Analytical Chemistry，2019，91（22）: 14451-14457.

[25] Zhang Y，Li D，Li Y，et al. Solvatochromic AIE luminogens as supersensitive water detectors in organic solvents and highly efficient cyanide chemosensors in water. Chemical Science，2014，5（7）: 2710-2716.

[26] Chen W，Zhang Z，Li X，et al. Highly sensitive detection of low-level water content in organic solvents and cyanide in aqueous media using novel solvatochromic AIEE fluorophores. RSC Advances，2015，5（16）: 12191-12201.

[27] Cheng Y，Wang J，Qiu Z，et al. Multiscale humidity visualization by environmentally sensitive fluorescent molecular rotors. Advanced Materials，2017，29（46）: 1703900-1703907.

[28] Li K，Yu R H，Shi C M，et al. Electrospun nanofibrous membrane based on AIE-active compound for detecting picric acid in aqueous solution. Sensors and Actuators B: Chemical，2018，262: 637-645.

[29] Zhu D Y，Rong M Z，Zhang M Q. Self-healing polymeric materials based on microencapsulated healing agents: from design to preparation. Progress in Polymer Science，2015，49: 175-220.

[30] Bah M G，Bilal H M，Wang J. Fabrication and application of complex microcapsules: a review. Soft Matter，2020，16（3）: 570-590.

[31] Lu X，Li W，Sottos N R，et al. Autonomous damage detection in multilayered coatings via integrated aggregation-induced emission luminogens. ACS Applied Materials & Interfaces，2018，10（47）: 40361-40365.

[32] Song Y K，Lee T H，Lee K C，et al. Coating that self-reports cracking and healing using microcapsules loaded with a single AIE fluorophore. Applied Surface Science，2020，511: 145556.

[33] Song Y K，Kim B，Lee T H，et al. Fluorescence detection of microcapsule-type self-healing，based on aggregation-induced emission. Macromolecular Rapid Communications，2017，38（6）: 1600657.

[34] Robb M J，Li W，Gergely R C，et al. A robust damage-reporting strategy for polymeric materials enabled by aggregation-induced emission. ACS Central Science，2016，2（9）: 598-603.

[35] Chen S，Han T，Zhao Y，et al. A facile strategy to prepare smart coatings with autonomous self-healing and self-reporting functions. ACS Applied Materials & Interfaces，2020，12（4）: 4870-4877.

[36] Dong Y Q，Lam J W Y，Tang B Z. Mechanochromic luminescence of aggregation-induced emission luminogens. Journal of Physical Chemistry Letters，2015，6（17）: 3429-3436.

[37] Christiane L，Weder C. Oligo（*p*-phenylene vinylene）excimers as molecular probes: deformation-induced color changes in photoluminescent polymer blends. Advanced Materials，2002，14: 1625-1629.

[38] Davis D A，Hamilton A，Yang J，et al. Force-induced activation of covalent bonds in mechanoresponsive polymeric materials. Nature，2009，459（7243）: 68-72.

[39] Han T，Liu L，Wang D，et al. Mechanochromic fluorescent polymers enabled by AIE processes. Macromolecular Rapid Communications，2021，42（1）: 2000311-2000325.

[40] Zhao W，He Z，Peng Q，et al. Highly sensitive switching of solid-state luminescence by controlling intersystem

crossing. Nature Communications，2018，9（1）：3044-3052.

[41] Qiu Z，Zhao W，Cao M，et al. Dynamic visualization of stress/strain distribution and fatigue crack propagation by an organic mechanoresponsive AIE luminogen. Advanced Materials，2018，30（44）：1803924-1803932.

[42] Zhang Z，Cao M，Zhang L，et al. Dynamic visible monitoring of heterogeneous local strain response through an organic mechanoresponsive AIE luminogen. ACS Applied Materials & Interfaces，2020，12（19）：22129-22136.

第6章

>>

聚集诱导发光材料在生物成像领域的
相关操作及表征

6.1 ▶ 概述

　　基于荧光探针的荧光成像技术是生物成像应用中的一个重要分支。其优点是对检测目标提供无损、实时、原位监测。目前使用的荧光探针根据其材料的化学本质可分为荧光蛋白、金属络合物、量子点和有机分子。传统的荧光探针会在高浓度时形成聚集，并使其荧光发生猝灭。这种现象被称为聚集导致猝灭（ACQ）[1]。ACQ极大地限制了传统荧光探针的使用浓度，使其只能在较低的浓度使用。这直接导致诸如易于产生光漂白、检测信号低等一系列问题。2001年，研究人员发现了一类具有与ACQ性质相反的荧光分子。这类分子在稀溶液中无荧光或仅有微弱荧光，但在高浓度或固体状态时，会由于聚集而引发较强的荧光。这种现象就是聚集诱导发光（AIE）。经过10多年研究，唐本忠等[2]提出：分子内运动受限（RIM）是AIE现象的工作机制。与传统荧光探针相比，具有AIE性质的分子具有良好的光稳定性、高亮度等优势，而且可以通过对分子结构的优化，显著降低毒性。这些优势使AIE探针在生物成像应用中有着广泛的应用空间。目前已经有很多应用于生物成像领域的AIE体系被开发出来，总体上分为三大类：小分子AIE，AIE与生物分子（核酸、多肽、抗体等）偶联物，通过与硅基掺杂、聚合物（磷脂聚乙二醇、牛血清白蛋白等）包裹等方式形成AIE纳米颗粒。

　　生物成像技术除了荧光成像技术外，还包括拉曼、光声和超声及核磁共振等成像技术。荧光成像技术包括普通荧光显微镜、激光共聚焦显微镜、双光子显微镜和超分辨显微镜等显微成像技术和高内涵细胞成像技术（high content imaging）。AIE探针在生物成像中具有广泛的应用，目前AIE探针被应用于动物细胞器成像、动物细胞追踪、动物细胞内生物分子检测、细菌成像与杀菌、体内器官或组织成像、体内肿瘤成像与杀灭等。本章将主要介绍 AIE 探针在动物细胞器成像、细菌成像和杀菌及 AIE 纳米颗粒的制备和表征。

6.2 细胞器成像

应用 AIE 探针可对细胞膜、线粒体、溶酶体、脂滴和细胞核等细胞器（图 6-1）进行成像检测。其实验过程可以分为三个主要环节：染色前准备、染色、光学检测。染色前准备包括 AIE 探针母液的配制及细胞准备。大多数 AIE 探针不溶于水，所以要先用与水互溶的有机溶剂溶解 AIE 探针以配制成高浓度的母液，随后在染色过程中再进一步稀释至工作浓度。配制母液的常用有机溶剂有二甲基亚砜（DMSO）和乙醇等。为了把能溶解 AIE 探针的有机溶剂对细胞的影响有效降低，配制的母液浓度原则上是越高越好。但如果母液浓度过高，例如，是其工作浓度的 5000 倍，在盛有 1 mL PBS 的 35 mm 直径培养皿中进行染色则需要加入的母液体积是 0.2 μL，接近移液器的取样量下限，而且量取这个体积在操作上容易出错；如果母液浓度超过工作浓度的 10000 倍，在上述情况下，母液取样量将小于移液器的最小取样量（0.1 μL），这就需要做梯度稀释，会增加实验准备的时间和步骤。因此在兼顾有效降低有机溶剂的影响、加入 AIE 探针的准确性和实验效率的平衡的原则下，用 DMSO 作溶剂的母液浓度通常是工作浓度的 500～2000 倍。

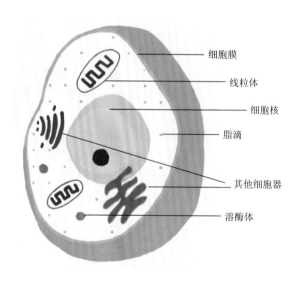

细胞膜

线粒体

细胞核

脂滴

其他细胞器

溶酶体

图 6-1　动物细胞的细胞器

AIE 探针对细胞的染色操作包括：将细胞培养液更换成磷酸缓冲液（或其他

类似的缓冲液），加入 AIE 探针进行染色，细胞染色后进行细胞清洗。将细胞培养液更换成磷酸缓冲液是因为有些 AIE 探针在细胞培养液中对细胞进行染色时，会受到细胞培养液中含有的物质如胎牛血清的影响。如果 AIE 探针对细胞器的染色不受细胞培养液中含有的物质影响，则可以直接在细胞培养液中进行染色，此时应注意使用不含苯酚红的细胞培养液。染色时间通常为 $10\sim30$ min，染色条件为 37℃，5% CO_2 细胞培养箱。对于长时间持续观测的实验，某些无毒性的 AIE 探针可以在实验开始时就加入细胞培养液对细胞进行染色，直到进行荧光成像前再更换培养液。如果染色是在细胞培养液中进行的，在染色之后需要将含有 AIE 探针的细胞培养液移除，用磷酸缓冲液和缓地清洗 3 次。如果用的是不含苯酚红的细胞培养液，则不需要清洗步骤。这是因为通常使用的细胞培养液中含有的 pH 指示剂苯酚红在荧光成像过程中会被紫外线（UV）激发而发射荧光，增加背景噪声，从而干扰成像。

　　细胞的荧光成像检测通常使用的是普通荧光显微镜和激光共聚焦显微镜。当需要使用高通量和高内涵细胞自动成像与定量测量时，可以使用如 Cytation 5（Biotek Instruments Inc.）和 Operetta（PerkinElmer）等设备。活细胞的实时成像一般使用倒置显微镜。物镜放大倍数的选择原则上是在满足要求的情况下尽量选择小的放大倍数。普通荧光显微镜和激光共聚焦显微镜一般使用 $20\sim100\times$ 的物镜，$40\times$、$60\times$ 和 $100\times$ 物镜通常为水镜或油镜。

　　荧光成像的激发和发射波长的选择取决于所使用的 AIE 探针。普通荧光显微镜是通过具有固定激发和发射波长范围的荧光滤光块调节所需的激发和发射波长。激光共聚焦显微镜具有固定单波长激发，常用的激发波长有：405 nm、488 nm/489 nm、514 nm、560 nm/561 nm 和 633 nm 等。其发射波段波长是连续可调的，可根据需要进行设定。

6.2.1　线粒体成像及实例分析

　　线粒体是细胞的产能中心，参与诸多重要的生物过程。许多病理过程也与其相关，如线粒体自噬。因此，线粒体是生物医学领域的研究热点之一。由于线粒体在正常情况下会在其内膜两侧保持一定的电位差并使内膜内侧带负电，所以许多靶向线粒体的 AIE 探针带有正电荷。本节以 AIE 探针 TPE-ph-In[3]（结构式见图 6-2）为例分两部分阐述和分析 AIE 在线粒体成像实验中的实验方法和具体实验操作。第一部分描述与线粒体专一性商业荧光染料共染以明确 TPE-ph-In 对线粒体染色的专一性；第二部分阐述 TPE-ph-In 在定量检测人肝肿瘤细胞 HepG2 中线粒体膜电位变化的具体应用。相关研究人员可以基于此例中的方法，进行适当调整来实现其他线粒体靶向的 AIE 探针在细胞荧光成像中的应用。

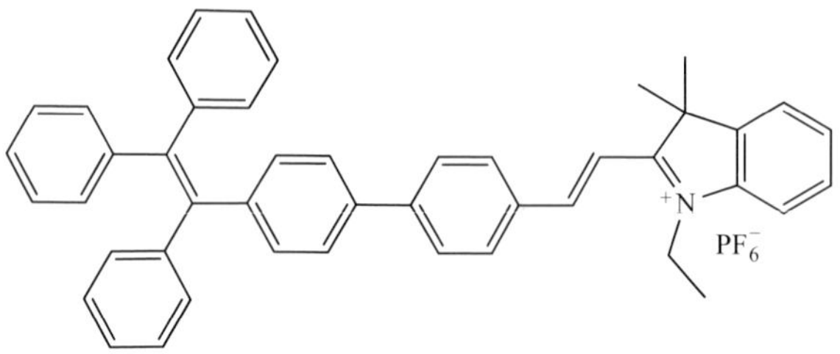

图 6-2 TPE-ph-In 的结构式

1. 与线粒体专一性商业荧光染料共染色[3]

本例中使用的商业荧光染料是 Thermofisher 公司的基于 GFP 荧光蛋白的 CellLight®Mitochondria-GFP，BacMam 2.0。Mitochondria-GFP 与 TPE-ph-In 进行共染以确认该 AIE 探针对线粒体的染色专一性。当选用商业染料进行共染时，首先是根据所需要针对的细胞器选择有专一靶向性的商业染料，如本例中的 Mitochondria-GFP。其次是商业染料发射波长要与 AIE 探针不同，否则无法区分两者不能进行共染。此例中 Mitochondria-GFP 是绿色荧光（发射波长为 469～555 nm），而 TPE-ph-In 是红色荧光（发射波长为 561～656 nm），两者可以共染。共染的结果可以通过视觉观察进行定性分析或通过软件计算共定位系数等方法来定量分析。具体操作如下所述。

1) 细胞培养及染色前准备

（1）用含有 1 mmol/L EDTA 的 0.25%胰蛋白酶消化贴壁生长的 HeLa 细胞，使其悬浮在细胞培养液中。用血细胞计数板计数 HeLa 细胞，并在直径 35 mm 特制无菌的细胞培养皿（培养皿底部是带有一个镶有圆形玻璃盖玻片的显微镜观测孔，可以是自制或直接购买预制好的，如图 6-3 所示）中种入（1～2）×10^5 个细胞。随后在温度为 37℃的二氧化碳细胞培养箱中培养 16～24 h。这一步需要在染色前 16～24 h 进行，以保证细胞有足够的时间正常贴壁并生长。所种细胞数目可以根据所用培养皿的大小以该方法为基础进行调整。

（2）准确称量 1～5 mg 的 TPE-ph-In，将其溶于适量的 DMSO，以配制浓度为 5 mmol/L 的母液。DMSO 是生物医学实验中常用的溶解疏水性药物的有机溶剂，其对细胞的毒性相对比较小，常温下性质稳定，与乙醇相比有挥发性相对较小的优点。

2) 细胞染色

（1）根据 CellLight®Mitochondria-GFP，BacMam 2.0 的操作手册计算所需染料的体积，然后用移液枪量取该体积的染料直接加入载有细胞的培养皿中，水平缓慢混匀。在温度为 37℃的二氧化碳细胞培养箱中隔夜染色（不少于 16 h）。

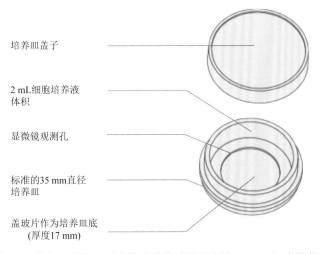

培养皿盖子

2 mL细胞培养液
体积

显微镜观测孔

标准的35 mm直径
培养皿

盖玻片作为培养皿底
（厚度17 mm）

图 6-3　具有显微镜观测孔的玻璃盖玻片为底的 35 mm 细胞培养皿

以 ibidi 预制培养皿为例

（2）由于细胞培养液中的胎牛血清等物质不会影响 TPE-ph-In 的染色效果，所以可以把 TPE-ph-In 直接加入细胞培养液中进行细胞染色。将适量 TPE-ph-In 母液在所需体积的细胞培养液中稀释 1000 倍至 5 μmol/L 以配制含染料的细胞培养液。一般每个 35 mm 细胞培养皿中需要 2 mL 细胞培养液，可根据式（6-1）计算用于染色所需细胞培养液体积（mL），而所需加入的 TPE-ph-In 体积则为所需细胞培养液体积的 1/1000：

$$V = N \times 2 \times 110\% \tag{6-1}$$

式中，V 是所需细胞液总体积，mL；N 是 35 mm 细胞培养皿的个数；2 是每个培养皿加培养液体积，mL；110%是因加样过程中会有液体损失，一般多准备 10% 的培养液。

（3）将隔夜染色的培养皿中原有的细胞培养液小心移除，并加入 2 mL 上述含有 TPE-ph-In 的细胞培养液。在温度为 37℃的二氧化碳细胞培养箱内染色 45 min。

（4）染色完成后，移除含有 TPE-ph-In 的细胞培养液，小心地清洗细胞 2 次，每次使用 1～2 mL PBS。随后在培养皿中加入 2 mL PBS（或者 6.2.1 节"2. 在定量检测 HepG2 中线粒体膜电位变化的具体应用"中的 HBSS）。

3）荧光成像

由于细胞是培养在具有显微镜观测孔的特制培养皿（图 6-3）中，所以可以直接使用此皿在 Zeiss LSM7 DUO 型激光共聚焦显微镜上进行荧光成像。激发波长为 488 nm，Mitochondria-GFP 的发射波段为 469～555 nm，TPE-ph-In 的发射波段为 561～656 nm。

4）共染结果的定性和定量分析

（1）定性分析。将 469～555 nm 通道收集的 Mitochondria-GFP 的绿色荧光的图像与 561～656 nm 通道收集的 TPE-ph-In 的红色荧光的图像进行叠加以获得叠加后图像。两种染料染色位置相同的区域，在叠加后图像中会呈现黄色（即绿色＋红色的叠加色），由此可以定性判断 Mitochondria-GFP 与 TPE-ph-In 染色同一位置。常用的激光共聚焦显微镜的专用软件均具备将不同通道图像叠加的功能，其他的科研用图像处理软件，如 NIH ImageJ 也具备此功能。使用定性分析还需要注意两个荧光通道拍摄的图像中两种荧光强度之间的差异，理想的是荧光强度差异不大。以 Mitochondria-GFP 与 TPE-ph-In 为例，如果 Mitochondria-GFP 荧光强度强于 TPE-ph-In 的荧光，叠加后的图像中两种染料位置相同的区域则很有可能显示的不是黄色荧光，而是绿色荧光。这时需要将同一幅图的两个荧光通道的图像并列排放，并用箭头或鼠标同时标注同一个位置来比较在两个荧光通道的图像中是否都有荧光染色，如果有则说明是染色同一位置，如果只有其中一个荧光通道有而另一个没有，则说明这个位置两者没有共染。

（2）定量分析。对 Mitochondria-GFP 与 TPE-ph-In 两种染料共染后的共定位结果进行定量分析，在数据收集时需要先收集两种染料共染的样品荧光，然后用相同的显微镜设定（包括物镜、激发光强度、激发与发射波长、拍照条件等）收集分别用 Mitochondria-GFP 和 TPE-ph-In 单独染色的细胞的荧光作为对照。然后使用具有共定位（co-localization）功能的专用软件，如 Zeiss 的 Zen 软件和 AIM 软件，NIH ImageJ 软件等根据其操作指南具体操作。例如，在 Zen 软件中用收集的 Mitochondria-GFP 和 TPE-ph-In 分别单独染色的样品的荧光分别设置 Y 轴和 X 轴的"Crosshairs/Threshold"后就可以在软件中分析整幅共染图相中的共定位系数，也可以指定 ROIs 进行共定位系数分析，软件会自动计算并给出各个荧光通道的"Colocalization Coefficient"和"Weighted Colocalization Coefficient"。前者是每个像素值为 1，而后者每个像素的值对应每个像素的荧光强度，其定位系数的值是从 0 到 1，1 表明两个染料位置完全重合。研究者可根据具体需要来决定选择使用哪个共定位系数。有些软件还会计算并提供其他的共定位系数，如"Pearson's Correlation Coefficient"和"Overlap Coefficient"。

2. 在定量检测 HepG2 中线粒体膜电位变化的具体应用[4]

本例中，线粒体靶向 AIE 探针 TPE-ph-In 被应用于定量检测人肝肿瘤细胞 HepG2 中线粒体膜电位的变化，线粒体膜电位在被用于治疗心律失常的药物胺碘酮（amiodarone）处理的过程中会发生变化[4]。其他线粒体靶向 AIE 探针可以参照此例中的思路来设计和进行类似的实验。

为了定量研究胺碘酮对 HepG2 细胞进行处理后，细胞中线粒体膜电位的变化，在处理的不同时间点：处理前、处理 24 h、处理 48 h 和处理 48 h 后停止处理并恢复 24 h，用 TPE-ph-In 对细胞分别进行染色、荧光成像并储存图像数据，后期导出相应的 TIFF 图像，用 ImageJ 对图像中的 TPE-ph-In 的荧光强度进行定量分析。

下面对 TPE-ph-In 进行染色，应用激光共聚焦显微镜对 HepG2 活细胞实时成像操作方法进行阐述和分析。其实验操作分成如下三个阶段进行。

1）细胞培养、胺碘酮处理及染色前准备

（1）用含有 1 mmol/L EDTA 的 0.25%胰蛋白酶消化贴壁生长的 HepG2 细胞，使其悬浮在细胞培养液中。用血细胞计数板计数 HepG2 细胞，并在每个直径 35 mm 的细胞培养皿（培养皿底部含有一个直径 30 mm 的圆形盖玻片）中种入 2×10^5 个细胞。随后在温度为 37℃的二氧化碳细胞培养箱中培养 16～24 h。所种细胞数目可以根据所用培养皿的大小以该方法为基础进行调整。使用的盖玻片厚度是 0.17 mm。

（2）准备 10 mmol/L 浓度的胺碘酮母液，并在所需体积[计算见式（6-1）]的细胞培养液中稀释 500 倍到 20 μmol/L。把种有细胞的 35 mm 细胞培养皿分成 4 组：①0 h 对照组；②24 h 处理组；③48 h 处理组；④处理 48 h 后 24 h 恢复组。将②、③组中的细胞培养液小心移除，并加入含有 20 μmol/L 胺碘酮的细胞培养液，分别继续培养 24 h 和 48 h 后，分别进行染色和荧光成像。将④组的细胞培养液小心移除，并加入含有 20 μmol/L 胺碘酮的细胞培养液，继续培养 48 h 后换成正常细胞培养液继续培养 24 h，然后进行染色和荧光成像。①组中的细胞直接染色并进行荧光成像。

（3）准确称量 1～5 mg TPE-ph-In，将其溶于适量的 DMSO，配制浓度为 10 mmol/L 的母液。

2）TPE-ph-In 染色

（1）将适量 TPE-ph-In 母液在所需体积的细胞培养液中稀释至 10 μmol/L。由于细胞培养液中的胎牛血清等物质不会影响 TPE-ph-In 的染色效果，所以可以把 TPE-ph-In 直接加入细胞培养液中进行细胞染色。可根据式（6-1）计算用于染色所需细胞培养液体积。

（2）将培养皿中的细胞培养液小心移除并在每个培养皿中加入 2 mL 上述含有 TPE-ph-In 的细胞培养液。

（3）在温度为 37℃的二氧化碳细胞培养箱内染色 30 min。

（4）染色完成后，移除含有 TPE-ph-In 的细胞培养液，小心地清洗细胞 2 次，每次使用 1 mL HBSS。随后在每个培养皿中加入 2 mL HBSS。把细胞培养液更换成缓冲液是由于细胞培养液中含有的苯酚红会产生背景荧光并干扰成像。HBSS（HEPES 缓冲盐溶液）成分如下：137 mmol/L NaCl，5.4 mmol/L KCl，

0.41 mmol/L $MgSO_4$, 0.49 mmol/L $MgCl_2$，1.26 mmol/L $CaCl_2$, 0.64 mmol/L KH_2PO_4，3 mmol/L $NaHCO_3$，5.5 mmol/L D-葡萄糖，20 mmol/L HEPES，pH 7.4。此缓冲液能为经历较长时间荧光成像的细胞提供营养，并在低浓度 CO_2 情况下提供更强的 pH 7.2～7.4 的缓冲能力。如果荧光成像时间较短，不超过 5～10 min，可以使用 PBS 缓冲液，也可以使用添加了 HEPES 的不含 pH 指示剂苯酚红的细胞培养液。

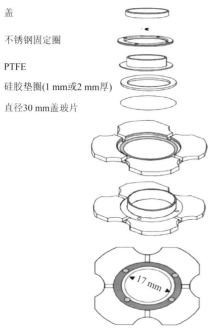

盖

不锈钢固定圈

PTFE

硅胶垫圈(1 mm或2 mm厚)

直径30 mm盖玻片

17 mm

图 6-4　POCmini "Open" 培养系统

PTFE: 聚四氟乙烯

3）荧光成像

（1）成像前，将细胞培养皿中带有细胞的盖玻片取出，并以细胞贴壁一面朝上装入 POCmini "Open" 培养系统（cultivation system），随后在 "Open" 培养系统中加入 1 mL HBSS，如图 6-4 所示。

（2）荧光成像在 Leica TCS SP5 型激光共聚焦显微镜上进行，激发波长是 488 nm，发射波段是 545～645 nm，物镜使用 63×油镜，图像分辨率为 2048×2048。由于使用的显微镜的样品台不具备温度控制功能，在成像过程中培养皿中的细胞培养液温度会逐渐降至室温（25℃），因此需要尽量缩短成像时间，以避免或减少低温对活细胞成像结果带来的影响。

4）荧光成像后定量分析

（1）将拍摄的 TPE-ph-In 图像以 TIFF 格式输出，并在 NIH ImageJ 中打开，用 "Huang" 算法设定 "Threshold"，然后使用 "Measure" 功能计算图像的平均荧光强度 "Mean gray value"。

（2）将获得的 "Mean gray value" 输出到 Excel 中计算标准偏差（standard deviation）和相应的统计学分析，如 Student's T。

6.2.2　溶酶体成像及实例分析

溶酶体是细胞中的废物处理站，参与细胞中的废物回收利用和一些重要的代谢过程，如线粒体自噬。由于近年对细胞自噬的热点研究，溶酶体也成为相关研究的重要目标之一。溶酶体内溶液呈酸性，以保证其含有的众多水解酶的活性以分解细胞内各种生物大分子。因此，靶向溶酶体的 AIE 探针通常带有弱碱性的靶向基团，如吗啉和吲哚基团等。本节以溶酶体靶向 AIE 探针 2M-DABS（图 6-5）为例[5]阐述染色溶酶体并进行实时成像的实验方法和具体步骤。相关研究人员可以此为基础，进行适当调整以应用于其他溶酶体靶向的 AIE 探针在荧光成像中的应用。

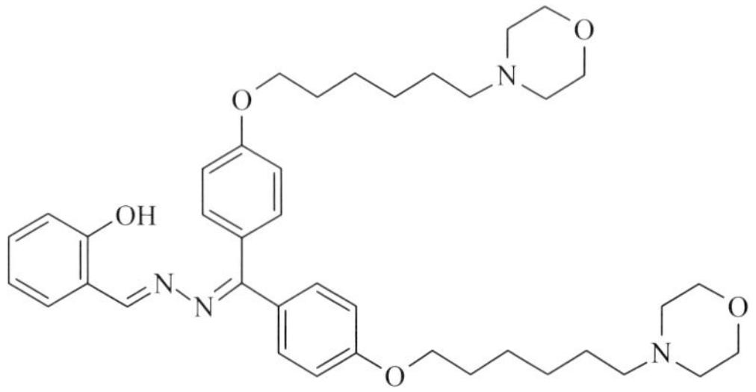

图 6-5　2M-DABS 结构式

1. 实验方法

本例中[5]，2M-DABS 被应用于复用荧光显微成像（multiplexed fluorescence imaging）技术研究双氧水引发的细胞凋亡的早期过程。其他溶酶体靶向 AIE 探针在生物成像的应用可以参照此例中的思路来设计和进行实验。

与线粒体靶向 AIE 探针 TPE-ph-In 和细胞核靶向商用探针 Hoechst 33258 一起共染 HeLa 细胞进行复用荧光显微成像。先后用 TPE-ph-In 和 2M-DABS 对 HeLa 细胞进行染色，随之使用双氧水对细胞进行处理，并在处理前、处理 1 h 和 3 h 3 个时间点进行活细胞的荧光成像，以观察溶酶体和线粒体膜电位的变化及线粒体自噬。接着先后用 TPE-ph-In、2M-DABS 和 Hoechst 33258 对 HeLa 细胞进行染色，随之使用双氧水对细胞进行处理，并在处理前、处理 1 h、2 h 和 3 h 4 个时间点进行活细胞复用荧光显微成像，分别观察线粒体、溶酶体和细胞核在这个过程中的变化。两个或多个荧光探针进行染色时，如果一起同时染色，互相之间不会产生干扰，则优先选择同时共染。在此例中，预实验显示同时共染会产生一定的相互干扰，效果不如按顺序先后染色，所以此例中是采取的后者。在选择两个或多个染料共染时，要避免选择激发和荧光发射波一样或类似的染料。

2. 实验操作方法及分析

以 2M-DABS 染色并用激光共聚焦显微镜对 HeLa 细胞进行实时成像的操作方法进行阐述和分析。其实验操作分为如下三个阶段进行。

1）染色前准备

（1）在天平上准确称量 1～5 mg 2M-DABS，并溶于适量的 DMSO 配制浓度

5 mmol/L 的母液。DMSO 是生物医学实验中用于溶解药物常用的有机溶剂，其对细胞的毒性相对比较小，在常温下性质稳定。

（2）用含有 1 mmol/L EDTA 的 0.25%胰蛋白酶消化贴壁生长的 HeLa 细胞使其悬浮在细胞培养液中。用血细胞计数板计数 HeLa 细胞并在每个直径 35 mm 的细胞培养皿（培养皿底部有一个直径 25 mm 的圆形盖玻片，培养皿底部中央有个用于倒置显微镜的观测孔）中种入 1×10^5 个细胞。在温度为 37℃的二氧化碳细胞培养箱中培养 24 h。这一步需要在染色前 16～24 h 进行，以保证细胞有足够的时间正常贴壁生长。细胞数目可以根据所用培养皿的大小和所用的细胞的大小，以该方法为基础进行调整。使用的盖玻片厚度是 0.17 mm。

2）2M-DABS 染色

（1）取适量 2M-DABS 母液在细胞培养液中稀释至 5 μmol/L。由于细胞培养液中的胎牛血清等物质不会影响 2M-DABS 对溶酶体的染色，所以将 2M-DABS 直接加入细胞培养液中进行染色。用于染色所需细胞培养液体积可根据式（6-1）计算。

（2）小心移除种有细胞的培养皿中细胞培养液，并在每个培养皿中加入 2 mL 上述含有 2M-DABS 的细胞培养液。

（3）在温度为 37℃的二氧化碳细胞培养箱内染色 30 min。

（4）染色完成后，移除含有 2M-DABS 的细胞培养液，小心地清洗细胞 2 次，每次用 1 mL HBSS。然后在每个培养皿中加入 2 mL HBSS。把细胞培养液更换成缓冲液是由于细胞培养液中含有的苯酚红会带来背景荧光。HBSS 成分见 6.2.1 节"2. 在定量检测 HepG2 中线粒体膜电位变化的具体应用"。HBSS 为经历较长时间的荧光成像中的细胞提供营养，并在低浓度 CO_2 情况下提供 pH 7.2～7.4 的缓冲能力。如果荧光成像时间不超过 5～10 min，也可以使用常用的 PBS 缓冲液；或者使用添加了 HEPES 的不含 pH 指示剂苯酚红的细胞培养液。

3）荧光成像

荧光成像在 Zeiss 激光共聚焦显微镜型号 LSM7 DUO 上进行，激发波长是 405 nm，发射波段是 519～673 nm，物镜使用 63×油镜。由于使用的显微镜不具备温度控制功能，在成像过程中培养皿中的细胞培养液温度会逐渐降至室温，因此需要尽量缩短成像时间，以避免或减少低温对活细胞成像结果带来的影响。

6.2.3 脂滴成像及实例分析

脂滴一度被认为只是细胞内储存脂质的惰性细胞器。但近年的研究发现其除了参与细胞膜的合成和蛋白质的分解等重要生理过程，还与肥胖、脂肪肝和 2 型糖尿病等多种疾病的病理过程密不可分。一系列具有不同发射光颜色，甚至是双光子成像的脂滴靶向的 AIE 探针已被开发，见综述类文献[6]。本节以 AIE 探针 FAS（图 6-6）为例[4]阐述和分析 AIE 在脂滴成像实验中的实验方法和具体实验操作。其他脂滴靶向的 AIE 探针在细胞荧光成像中应用可以基于此方法，并进行适当调整。

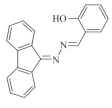

图 6-6　FAS 结构式

1. 实验设计与方法

本例中[4]，靶向脂滴的 AIE 探针 FAS 被应用于定量检测人肝肿瘤细胞 HepG2 中的脂滴数量。其他对脂滴靶向 AIE 探针细胞成像的应用可以参照此例中的思路来设计和进行。

为了定量研究胺碘酮对 HepG2 细胞进行处理后细胞中脂滴数量和体积的变化，在处理的不同时间点：处理前、处理 24 h、处理 48 h，用 FAS 对细胞分别进行染色、荧光成像（具体方法见下面）并储存图像数据，后期导出相应的 TIFF 图像，用 ImageJ 软件对图像中 FAS 的荧光点的数量和直径进行定量分析。

2. 实验操作方法实例及分析

以 FAS 染色并用激光共聚焦显微镜对 HepG2 细胞进行实时成像的操作方法进行阐述和分析。具体实验操作分成如下三个阶段进行。

1）细胞培养、胺碘酮处理及染色前准备

（1）在每个直径 35 mm 的细胞培养皿（培养皿底部含有一个直径 30 mm 的圆形盖玻片）中种入 2×10^5 个细胞。随后在温度为 37℃的二氧化碳细胞培养箱中培养 16～24 h。所种细胞数目可以根据所用培养皿的大小以该方法为基础进行调整。使用的盖玻片厚度是 0.17 mm。

（2）准备 10 mmol/L 浓度的胺碘酮母液，并在所需体积［计算见式（6-1）］的细胞培养液中稀释 500 倍到 20 μmol/L。把种有细胞的 35 mm 细胞培养皿分成 3 组：①0 h 对照组；②24 h 处理组；③48 h 处理组。将②、③组中的细胞培养液小心移除，并加入含有 20 μmol/L 胺碘酮的细胞培养液，分别继续培养 24 h 和 48 h 后，分别进行染色和荧光成像。①组中细胞直接染色并进行荧光成像。

（3）在天平上准确称量 1～5 mg FAS，并溶于适量的 DMSO 配制浓度为 10 mmol/L 的母液。DMSO 是用于溶解药物常用的有机溶剂，其对细胞的毒性相对比较小，在常温下性质稳定。

2）FAS 染色

（1）取适量 FAS 母液在细胞培养液中稀释至 10 μmol/L。由于细胞培养液中的胎牛血清等物质不会影响 FAS 对脂滴的染色，所以将 FAS 直接加入细胞培养液中进行染色。用于染色所需细胞培养液体积可根据式（6-1）计算。

（2）小心移除种有细胞的培养皿中细胞培养液，并在每个培养皿中加入 2 mL 上述含有 FAS 的细胞培养液。

（3）在温度为 37℃的二氧化碳细胞培养箱内染色 30 min。

（4）染色完成后，移除含有 FAS 的细胞培养液，小心地洗细胞 2 次，每次用 1 mL HBSS。然后在每个培养皿中加入 2 mL HBSS。HBSS 成分见 6.2.1 节 "2. 在定量检测 HepG2 中线粒体膜电位变化的具体应用"。HBSS 为荧光成像中的细胞提供了营养，并在低浓度 CO_2 情况下提供 pH 7.2～7.4 的缓冲能力。如果荧光成像时间不超过 5～10 min，也可以使用 PBS 缓冲液，或者使用添加了 HEPES 的不含 pH 指示剂苯酚红的细胞培养液。

3）荧光成像

（1）成像前，将细胞培养皿中带有细胞的盖玻片取出，并以细胞贴壁一面朝上装入 POCmini "Open" 培养系统，随后在 "Open" 培养系统中加入 1 mL HBSS，如图 6-4 所示。

（2）荧光成像在 Leica TCS SP5 型激光共聚焦显微镜上进行，激发波长是 405 nm，发射波段是 600～671 nm，物镜使用 63× 水镜，图像分辨率为 1024× 1024。由于使用的显微镜不具备温度控制功能，在成像过程中培养皿中的细胞培养液温度会逐渐降至室温，因此应该尽量缩短成像时间，以避免或减少低温对活细胞成像结果带来的影响。

4）荧光成像后定量分析

（1）将拍摄的 FAS 图像以 TIFF 格式输出，并在 NIH ImageJ 中打开。先在原图中去除背景荧光，并设定 "Threshold"，然后应用软件中的 "analyze particle" 功能计算并获得脂滴的数目和每个脂滴的大小。这种使用 2D 图像对脂滴的检测是脂滴在激光共聚焦显微镜成像的平面的投影，并不能精确检测细胞中所有的脂滴数量，但仍可以通过统计学方法反映细胞脂滴的数量及大小并在不同处理组间进行比较。如要精确检测脂滴在细胞中的数量和大小，则应该进行 Z-Stack 成像，并合成细胞的 3D 图像，再进行定量分析。Z-Stack 成像会耗时较多，3D 合成需要专用软件且对计算机硬件要求较高，研究者可根据实际情况选择合适的方法。

（2）将定量分析结果输出到 Excel 中计算标准偏差和相应的统计学分析，如 Student's T。

6.2.4 细胞膜成像及实例分析

细胞膜是保护细胞质和其中细胞器，并控制物质进出细胞的一个天然屏障。细胞膜是脂质双分子层构成，其亲水基团朝外，疏水尾部朝内，在脂质双分子层中还镶嵌着具备着各种功能的蛋白质。靶向细胞膜的 AIE 探针通常需要带有正电荷并保持亲疏水之间的平衡[7]，或者具有靶向细胞膜上某类特有性蛋白的基团[8]。

以细胞膜靶向 AIE 探针 2ASCP-TPA 为例阐述活 HeLa 细胞染色，并用激光共聚焦显微镜进行活细胞实时成像。这个例子是基于我们未发表的相关实验。相关研究人员可以基于此方法，进行适当调整以应用于其他细胞膜靶向的 AIE 探针在同样的细胞或不同细胞中进行荧光成像。其实验操作分为如下三个阶段进行。

1）染色前准备

（1）准确称量 1～5 mg 的 2ASCP-TPA，并溶于适量的 DMSO 配制浓度为 5 mmol/L 的母液。DMSO 是用于溶解药物常用的有机溶剂，其对细胞的毒性相对比较小。

（2）用含有 1 mmol/L EDTA 的 0.25%胰蛋白酶消化贴壁生长的 HeLa 细胞使其在细胞培养液中悬浮。用血细胞计数板计数，并在每个直径 35 mm 的细胞培养皿（有一个直径 25 mm 的圆形盖玻片固定在培养皿底部，培养皿底部中央有个用于倒置显微镜的观测孔）中种入 1×10^5 个细胞。在温度为 37℃的二氧化碳细胞培养箱中培养 24 h。细胞数目可以根据所用培养皿的大小和所用的细胞的大小，以该方法进行调整。使用的盖玻片厚度是 0.17 mm。

2）2ASCP-TPA 染色

（1）取适量 2ASCP-TPA 母液在细胞培养液中稀释至 5 μmol/L。由于细胞培养液中的胎牛血清等物质不会影响 2ASCP-TPA 对细胞膜的染色，所以将 2ASCP-TPA 直接加入细胞培养液中进行染色。用于染色所需细胞培养液体积可按照式（6-1）计算。

（2）小心移除种有细胞的培养皿中细胞培养液，并在每个培养皿中加入 2 mL 上述含有 2ASCP-TPA 的细胞培养液。

（3）在温度为 37℃的二氧化碳细胞培养箱内染色 10 min。如果染色时间过长，2ASCP-TPA 会加入细胞内部造成一定的背景荧光。

（4）染色完成后，移除含有 2ASCP-TPA 的细胞培养液，小心地洗细胞 2 次，每次用 1 mL HBSS。然后在每个培养皿中加入 2 mL HBSS。用 HBSS 洗细胞和进行细胞成像是由于细胞培养液中含有的苯酚红会带来背景荧光。HBSS 成分见 6.2.1 节 "2. 在定量检测 HepG2 中线粒体膜电位变化的具体应用"。如果荧光成像时间不超过 5～10 min，也可以使用常用的 PBS 缓冲液；或者使用添加了 HEPES 的不含 pH 指示剂苯酚红的细胞培养液。

3）荧光成像

荧光成像在 Zeiss LSM7 DUO 型激光共聚焦显微镜上进行，激发波长是 489 nm，发射波段是 571～682 nm，物镜使用 63×油镜，图像分辨率为 1024×1024。由于使用的显微镜不具备温度控制功能，在成像过程中培养皿中的细胞培养液温度会逐渐降至室温，因此应该尽量缩短成像时间，以避免或减少低温对活细胞成像结果带来的影响。

6.2.5 细胞核成像及实例分析

细胞核不仅是细胞内遗传物质的主要储存场所，而且是细胞各项生理功能的重要控制中心。可以通过提高 AIE 探针分子的正电荷数目，连接靶向基团，如核定位信号多肽（NLS）等靶向细胞核。本节以 AIE 探针 ASCP 为例[9]阐述和分析 AIE 在细胞核成像实验中的实验方法和具体实验操作。相关研究人员可以基于此方法，进行适当调整以应用于其他细胞核靶向的 AIE 探针在同种细胞或不同细胞中进行的荧光成像。

1. 实验方法

本例中，对新开发的细胞核靶向 AIE 探针 ASCP 的细胞成像特性在 HeLa 细胞中通过一系列实验进行了测试，其他细胞核靶向 AIE 探针可以参照此例中的思路来设计和进行类似的实验。

对于一个用于活细胞成像的荧光探针，其细胞毒性是首先需要测试的一项。通常使用的方法是 MTT 法。其原理是活细胞线粒体中的琥珀酸脱氢酶能使外源加入的 MTT 还原为水不溶性的蓝紫色结晶甲臜（formazan）并在细胞内沉积，但死细胞没有这个作用。在一定细胞数目范围内，甲臜形成量与细胞数目成正比。甲臜的量可以通过溶于 DMSO，使用酶联检测仪检测 570 nm 吸光度来定量。本例中 ASCP 达到 10 μmol/L 浓度也没有对 HeLa 细胞产生明显的毒性。

在细胞成像中（具体方法步骤参见下面），ASCP 显示了对细胞核的专一性染色（ASCP 同时对线粒体也具备专一性染色）。通过与对 RNA 分子有靶向性的商业细胞核染料 SYTO RNASelect 的对比实验（非共染实验），表明 ASCP 对细胞核染色的机理是其对 RNA 的靶向性。

本例使用的两组细胞分别用 5 μmol/L ASCP 和 500 nmol/L SYTO RNASelect 进行染色。使用激光共聚焦显微镜分别在激发波长 560 nm 和 488 nm 对 ASCP 和 SYTO RNASelect 进行激发，其荧光发射检测分别在波段 650~750 nm 和 500~540 nm。ASCP 和 SYTO RNASelect 染色后的细胞又进一步分成 3 个小组：分别进行①DNase 处理、②RNase 处理和③无处理对照。处理 2 h 后，ASCP 和 SYTO RNASelect 染色的 RNase 处理的细胞中两个染料的荧光分别消失，而 DNase 处理的细胞中两个染料均有荧光，且与无处理对照的荧光类似。这说明 ASCP 在细胞核中的荧光与 SYTO RNASelect 的类似，随着细胞核内 RNA 的降解而消失，表明 ASCP 对细胞核的染色是靶向 RNA。

确认了 ASCP 对细胞核染色是源于对 RNA 的靶向后，可以通过与商业染料 SYTO RNASelect 进行对比来研究测试 ASCP 的光稳定性。原理上是在同样的激光能量强度和时间下在两个染料各自的激发波长和发射波段下，在固定的区域进行荧光映像，直到其中一个染料的荧光或者两个染料的荧光完全消失为终点。

2. 细胞核成像实验操作方法及分析

以 ASCP 为例[9]阐述如何染色活的 HeLa 细胞，并用激光共聚焦显微镜对其进行实时成像。其实验操作分为如下三个阶段进行。

1）染色前准备

（1）准确称取一定量的 ASCP，并溶于适量的 DMSO 配制浓度为 5 mmol/L 或 10 mmol/L 的母液。

（2）用含有 1 mmol/L EDTA 的 0.25%胰蛋白酶消化贴壁生长的 HeLa 细胞使其在细胞培养液中悬浮。用血细胞计数板计数，并在每个直径 35 mm 的细胞培养皿（有一个直径 25 mm 的圆形盖玻片固定在培养皿底部，培养皿底部中央有个用于倒置显微镜的观测孔）中种入适当数目的细胞。在温度为 37℃的二氧化碳细胞培养箱中培养 16～24 h。需要在染色前 16～24 h 种入细胞以保证细胞有足够的时间正常贴壁生长。细胞数目可以根据所用培养皿的大小和所用的细胞的大小，以该方法进行调整。通常使用的盖玻片厚度是 0.17 mm。

2）ASCP 染色和 DNase 与 RNase 处理

（1）取适量 ASCP 母液在细胞染色液中稀释至 5 μmol/L。用于染色所需细胞染色液体积可按照式（6-1）计算。

（2）小心移除种有细胞的培养皿中的细胞培养液，并在每个培养皿中加入 2 mL 上述含有 ASCP 的细胞染色液。

（3）在温度为 37℃的二氧化碳细胞培养箱内染色 15～30 min。

（4）染色完成后，移除含有 ASCP 的细胞染色液，用 PBS 小心地洗细胞 3 次。然后在每个培养皿中加入 2 mL PBS。使用 PBS 进行荧光成像，操作时间最好不超过 10 min。也可使用 HBSS，成分见 6.2.1 节"2. 在定量检测 HepG2 中线粒体膜电位变化的具体应用"；或者使用添加了 HEPES 的不含 pH 指示剂苯酚红的细胞培养液作为荧光成像的溶液。

（5）用于 DNase 与 RNase 处理的细胞在染色前先移除细胞培养液，用 4%多聚甲醛固定 30 min，用 1% Triton X-100 进行透性化处理 2 min，用 PBS 洗 2 次，然后用含有 10 μmol/L 的 ASCP 或者 5 μmol/L SYTO RNASelect 的 PBS 染色 30 min，PBS 洗 2 次，接着加入 2 mL 含有 30 μg/mL DNase 或 25 μg/mL RNase 的 PBS 分别在温度为 37℃的二氧化碳细胞培养箱内处理 2 h。处理完后用 PBS 洗 2 次，然后进行荧光成像。

3）荧光成像

荧光成像在 Zeiss LSM7 DUO 型激光共聚焦显微镜上进行，ASCP 的激发波长是 560 nm，发射波段是 650～750 nm，SYTO RNASelect 的激发波长是 488 nm，发射波段是 500～600 nm，物镜使用 63×油镜。由于使用的显微镜不具备温度控制功能，在成像过程中培养皿中的细胞培养液温度会逐渐降至室温，因此应该尽量缩短成像时间，以避免或减少低温对活细胞成像结果带来的影响。

6.3   细菌成像

6.3.1   体外细菌成像及实例分析

体外细菌成像实验的主要目的是对新合成的 AIE 探针对细菌的染色、成像及杀灭的专一性和效果进行测试和检验。这类成像实验主要分为 4 类：①单一细菌细胞成像[10]；②两种不同细菌共培养成像[11]；③细菌与动物细胞共培养成像[12]；④利用光动力治疗对细菌的杀灭实验[13]。体外的细菌实验还可以针对物体表面或食品中细菌的检测应用进行模拟和检验。本节中描述的细菌培养条件见表 6-1。

表 6-1   细菌培养条件

细菌种类	液体培养基	摇菌温度和时间 （从固体培养基接种至液体培养基）	参考文献
大肠杆菌 *E. coli*	LB（Luria-Bertani）	37℃，12～16 h	[12]、[14]
肺炎克雷伯菌 *K. pneumoniae*	LB（Luria-Bertani）	37℃，16 h	[14]
霍乱弧菌 *V. cholera*	LB（Luria-Bertani）	37℃，16 h	[14]
鼠疫杆菌 *Y. pestis*	LB（Luria-Bertani）	37℃，16 h	[14]
绿脓杆菌 *P. aeruginosa*	LB（Luria-Bertani）	37℃，12～16 h	[12]、[14]
金黄色葡萄球菌 *S. aureus*	LB（Luria-Bertani）	37℃，16 h	[14]
枯草杆菌 *B. subtilis*	LB（Luria-Bertani）	37℃，12～16 h	[12]、[14]
李斯特菌 *L. monocytogenes*	脑心浸液（BHI）培养基	37℃，16 h	[14]
表皮葡萄球菌 *S. epidermidis*	LB（Luria-Bertani）	37℃，10 h	[16]
粪肠球菌 *E. faecalis*	酵母牛肉膏蛋白胨（BPY）	37℃，12 h	[12]
耐甲氧西株金黄色葡萄球菌 *Staphylococcus aureus*（MRSA）	LB（Luria-Bertani）	37℃，12 h	[17]

1. 单一细菌细胞成像及实例分析

在这类实验中，使用 AIE 探针对不同细菌分别染色。

1）细菌培养和染色前准备

（1）实验用细菌分别接种在合适的液体培养基中在控温摇床上隔夜 37℃ 摇菌（200 r/min）培养。例如，Zhou 课题组和 Xing 课题组[14]将革兰氏阴性菌 *E. coli*、*K. pneumoniae*、*V. cholera*、*Y. pestis*、*P. aeruginosa* 和革兰氏阳性菌 *S. aureus*、*B. subtilis*（营养细胞）均接种于 LB（Luria-Bertani）液体培养基中隔夜培养。LB 培养基是一种常见细菌培养基，可以直接购买配制好的或者按照配方[15]自行配制。本例中的致病菌 *L. monocytogenes* 接种于 BHI 培养基中进行培养。BHI 培养基专门用于苛养型致病微生物的培养，可以直接购买配制好的培养基。

（2）隔夜细菌培养结束后，可离心收获细菌。通常离心速度在 5000～8000 r/min 之间，时间在 2～5 min 之间（离心速度快，则离心时间短）。本例中，上述细菌统一使用 7000r/min，离心 5 min。收获的细菌用生理盐水（pH = 7.0）使其悬浮并以离心的方式清洗三次。洗过的细菌用生理盐水再悬浮使其体积与隔夜培养的体积相同。用分光光度计测量在 600 nm 波长处的吸光度（OD_{600}），并由此计算细菌的浓度（CFU/mL 或 cell/mL）。每种细菌都有其专一的 OD_{600} 值与浓度的对应曲线。例如，*E. coli* 的 OD_{600} 值 1.0 对应的细胞浓度是 $8×10^8$ CFU/mL。获取不同细菌的 OD_{600} 值与浓度的对应关系（曲线）的途径可以通过查阅文献或自行进行实验室测定。

（3）在天平上准确称取 1～5 mg AIE 探针，用 DMSO 或其他有机溶剂配成浓度为 24 mg/mL 的母液。DMSO 作为细胞生物学实验中的一种常用药物溶剂，是 AIE 探针的首选溶剂。母液浓度通常是工作浓度的 1000 倍，如本例中各个 AIE 探针的浓度都为 24 µg/mL。

2）细菌染色

（1）将细菌的悬浮液依照 OD_{600} 测定结果所算的浓度稀释到（1～10）× 10^8 CFU/mL。稀释通常使用生理盐水（pH = 7.0），在本例中，细菌被含 10% DMSO 的生理盐水稀释到 $1×10^8$ CFU/mL。

（2）取适量的 AIE 探针母液加到细菌悬浮液中，以配成达到工作浓度的 AIE 探针染色液，如本例中，TPEMN、TPEDN 等探针工作浓度为 24 µg/mL。在 37℃ 的摇床上或培养箱中进行染色（通常是 5～20 min）。由于染色是对悬浮液中的细菌进行的，摇床的速度通常设为 200r/min 左右。当 AIE 探针最佳染色浓度未确定时，往往需要准备一系列不同工作浓度的 AIE 探针进行染色并检测以确定最佳染色浓度。染色时间随 AIE 探针的不同和被染色的细菌种类不同（尤其是革兰氏阴性或阳性）而有所不同，但通常在 5～20 min 内。同理，如果最佳染色时间不确定，可以以固定的浓度通过测试一系列不同的染色时间而确定最佳染色时间。例如在本例中，不同浓度的 TPEMN 等 AIE 探针（12 μg/mL、16 μg/mL、20 μg/mL 和 24 μg/mL）被用于对革兰氏阴性菌 *E. coli* 和革兰氏阳性菌 *S. aureus* 进行不同时间的染色，并最终确定 24 μg/mL 和 5 min 分别为最适染色浓度和最佳染色时间。

（3）染色完毕后，通过离心收获细菌并移除多余的染色液。然后加入与在离心管底部的细菌沉淀相近体积的生理盐水通过振荡器使细菌再悬浮。由于 AIE 探针在染色液中具有低的背景荧光，细菌染色完毕后也可以直接进行荧光成像。

3）细菌荧光成像或荧光检测

（1）如用激光共聚焦显微镜进行荧光成像，用移液器在载玻片上加 2 μL 左右的细菌悬浮液，盖上盖玻片然后进行成像。或者用移液管在载玻片上加几滴细菌悬浮液，自然风干后立即进行成像，但要注意自然风干会影响细菌状态，效果并不好，不建议使用。

（2）荧光成像常用的设备是激光共聚焦显微镜和荧光显微镜。在本例中，激光共聚焦显微使用 Olympus FV1000 的 60× 油镜，由于 TPEMN 等荧光探针是发蓝色荧光，所以激发（E_x）波长是 405 nm。其发射（E_m）波长峰值在 450～500 nm 之间。荧光显微镜也是常用的细菌成像设备。Tang 课题组[16]使用 Olympus BX41 荧光显微镜，100× 物镜，400～440 nm 的激发波长滤片，大于 465 nm 的发射波长滤片，455 nm 的二向色镜对在载玻片上被 AIE 探针染色的 *E. coli* 和 *S. epidermidis* 两种细菌进行荧光成像。

（3）AIE 探针染色的细菌的荧光光谱和荧光强度还可以用荧光分光光度计来测量。例如，Zhou 课题组和 Xing 课题组[14]用荧光分光光度计 F-7000（Hitachi High-Tech Science Co.）来测量 TPEMN 等一系列 AIE 探针染色的细菌的荧光光谱及在特定激发和发射波长下不同 AIE 探针染色的不同种细菌的荧光强度。

2. 两种或两种以上细菌共染色成像及实例分析

不同的 AIE 探针由于所带电荷不同决定了其对不同种类的细菌染色的专一性，例如对革兰氏阴性或阳性菌的专一性，或同一类革兰氏阳性或阴性菌中不同种的细菌的专一性。这就为用一种 AIE 探针对两种或两种以上的细菌或微生物进行染色并通过成像区分不同细菌提供了可能。下面以 Tang 课题组[12]的研究为例来分析具体操作。

1）细菌培养和染色前准备

（1）从相应的革兰氏阳性菌 *B. subtilis*，革兰氏阴性菌 *P. aeruginosa* 和真菌 *S. cerecisiae* 的琼脂糖凝胶平板培养基上各选择一个菌落接种到 10 mL 相应的液态培养基中，并在 37℃ 的控温摇床上隔夜摇菌（或摇菌 12 h）。三种菌使用的液态培养基分别是酵母牛肉膏蛋白胨（beef-extract peptone yeast-extract，BPY）、大豆酪蛋白（trypticase soy，TS）和酵母浸出粉胨葡萄糖（yeast extract peptone dextrose，YPD）。上述培养基均可购买已配制好的直接使用。

（2）摇菌完毕后，通过离心（7100 r/min）收获三种菌。收获的菌用 10 mmol/L 磷酸缓冲液（phosphate buffer saline，PBS，pH = 7.4）洗三次，每次洗完均通过离心来回收。洗完菌后用 5 mL PBS 将三种菌分别再悬浮并用分光光度计测其 OD_{600}，然后用 PBS 将三种菌稀释至浓度为 OD_{600} = 1.0。如前所述，对于 *E. coli*，OD_{600} = 1.0 对应的细胞浓度是 8×10^8 CFU/mL。虽然严格地说不同菌的个体大小不同，相同的 OD_{600} 值对应的细胞浓度是有一定差异的，但是如果细菌浓度在实验中不需要十分精确，这种差异在一定程度上可以忽略，如本例。

（3）称量并准备基于 DPAN 的 AIE 探针母液：M1-DPAN、M2-DPAN 和 M3-DPAN。由于这三个 AIE 探针使用浓度为 5 μmol/L，其母液浓度可以准备成 5 mmol/L。

2）细菌共染色

（1）上述准备的三种菌的 PBS 悬浮液各 33 μL 混合，加 PBS 稀释至总体积 500 μL，最后加入 0.5 μL M1-DPAN 母液混匀。在 37℃ 下染色 20 min。染色时可以在摇床上摇菌染色也可以静置染色，在此是静置染色。

（2）染色结束后通过离心（7100 r/min，1 min）回收三种菌的混合物，并加 10 μL PBS 将混合菌再悬浮。此时三种菌的混合液浓缩了大约 10 倍。在用激光共聚焦显微镜或荧光显微镜观察成像之前将三种菌的混合液保存在冰上备用。

3）荧光成像

取 3 μL 三种菌的悬浮液并加在载玻片上，轻轻盖上盖玻片，在激光共聚焦显微镜 LSM 710（Zeiss，Germany）上，用 405 nm 激光激发 M1-DPAN 成像检查染色情况。由于 M1-DPAN 荧光光谱显示其在 540 nm 左右有最大发射，激光共聚焦显微镜可在相应的波段检测其激发荧光。结果显示只有革兰氏阳性菌 *B. subtilis* 显示绿色 M1-DPAN 荧光。这个例子表明，AIE 探针，如 M1-DPAN 可以在多种菌混合物中特异性地检测 *B. subtilis*。

3. 细菌与动物细胞共培养成像及实例分析

由于 AIE 探针的低毒、高光稳定性以及一些 AIE 探针特有的可长期跟踪性等特性，利用 AIE 探针对细菌和动物细胞之间的互动进行实时观测以研究病原菌如何感染人体细胞也是热点之一。下面以 AIE 探针 M1-DPAN[12]为例阐述细菌与动物细胞共培养成像的具体实验操作。实验操作总体上可以分为细菌与动物细胞的分别培养、细菌预处理和染色、染色后的细菌与动物细胞的共同培养及荧光成像。

1）细菌与动物细胞的分别培养

（1）革兰氏阳性菌 S. aureus 的培养参见 6.3.1 节 "1. 单一细菌细胞成像及实例分析" 中的 1）部分。

（2）HeLa 和 NIH3T3 细胞都是实验室常用的动物细胞系。HeLa 细胞起源于人的宫颈癌细胞，其培养方法参见文献[5]。NIH3T3（ATCC® CRL-1658）源于小鼠的胚胎成纤维细胞，其培养方法参见 ATCC 网站（www.atcc.org）。

（3）在与细菌共培养前 24 h 左右在 35 mm 直径的无菌动物细胞专用培养皿（底部有一个直径 30 mm 的圆形盖玻片）中种入 1×10^5 HeLa 细胞或 NIH3T3 细胞和 2 mL 细胞培养液，在 37℃恒温二氧化碳细胞培养箱中进行培养。或者在直径 35 mm 的细胞培养皿（培养皿底部有一个直径 25 mm 的圆形盖玻片，培养皿底部中央有个用于倒置显微镜的观测孔）中种入 1×10^5 HeLa 细胞或 NIH3T3 细胞和 2 mL 细胞培养液，在 37℃恒温二氧化碳细胞培养箱中进行培养。

2）细菌预处理和染色

（1）取三组 1 mL S. aureus 的 PBS 悬浮液（$OD_{600} = 1$，参见 6.3.1 节 "2. 两种或两种以上细菌共染色成像及实例分析" 中的 1）部分），第一组用 75%乙醇，第二组用最终浓度为 4 μg/mL 的头孢噻吩（cephalothin）室温处理 20 min，第三组不做任何处理作为对照。

（2）处理完毕后，在这三组细菌悬浮液中分别加入适量 M1-DPAN 母液（5 mmol/L）和碘化丙啶（propidium iodide，PI）母液（3 mmol/L）进行共染，使两种荧光染料最终浓度分别为 5 μmol/L 和 3 μmol/L。在 37℃下共染 20 min。

（3）染色完毕后，采用离心方式（7100 r/min，1 min）分别回收三个处理组中的细菌，然后用 PBS 洗两次，每次洗完离心回收细菌。最后每组加入 100 μL PBS 用以再悬浮离心后沉降在底部的细菌。

3）染色后的细菌与动物细胞共培养及荧光成像

（1）将上述 100 μL 的 S. aureus PBS 悬浮液先稀释到 900 μL DMEM 培养基中，然后加入有 HeLa 细胞或 NIH3T3 细胞的培养皿中，在 37℃恒温二氧化碳细胞培养箱中共培养 8 h。100 μL 细菌悬浮液也可以直接加入有 HeLa 细胞或 NIH3T3 细胞的培养皿中（含有 2 mL 完全培养基），小心摇动培养皿，混匀。100 μL 细菌悬浮液也可以稀释到 900 μL 完全培养基中，混匀，移除 HeLa 细胞或 NIH3T3 细胞的培养皿中原有完全培养基，加入 1 mL 含有细菌的完全培养基。有时候，动物细胞的完全培养基中添加抗生素作为防止细菌污染的手段，在这种情况下，要先移除原有的完全培养基，用无菌的 PBS 洗两次，然后将含有细菌的完全培养基加入培养皿中与动物细胞共培养。

（2）这类实验中荧光成像比较理想宜采用激光共聚焦显微镜，如 Zeiss LSM 710。可以选择在不同的时间点进行荧光成像以便动态追踪共培养过程中致病菌与动物细胞之间的互动，如感染（进入）动物细胞。成像时采用的是一种如图 6-4 中所示 POCmini "Open" 培养系统，参见 6.2.1 节 "2. 在定量检测 HepG2 中线粒体膜电位变化的具体应用" 中的 3）部分。另一种是使用底部有一个直径 25 mm 的圆形盖玻片，其中央有个用于倒置显微镜的观测孔的 35 mm 直径的细胞培养皿。采用前者，每次荧光成像时都需要把有细胞的圆形盖玻片取出装入 POCmini "Open" 培养系统。而采用后者则只需在成像时把带有细胞的相应的培养皿放在显微镜上进行成像即可。本例中，基于 M1-DPAN 荧光特性，激光的激发波长为 405 nm。PI 的激发波长为 543 nm。为了可以了解 *S. aureus* 侵入 HeLa 细胞或 NIH3T3 细胞后在细胞内的 3D 立体分布，在成像时还可以同时进行 Z-Stack 对不同聚焦平面的影像进行拍照记录，然后用专用软件制作成 3D 立体分布图。

6.3.2　体内细菌成像及实例分析

体内细菌成像实验通常是用小动物活体成像系统对其体内的细菌进行实时成像，观测其在小动物体内的聚集位置和数量，并在此基础上使用细菌杀灭手段，同时用此方法观测杀菌效果。本部分以 Liu 课题组[17]利用金属有机框架构建的基于点击化学反应的 AIE 纳米颗粒探针的体内细菌荧光标记成像和杀灭体系为例说明。

1）小动物模型的建立和准备

（1）首先，基于小动物的体内实验，应在具备相应资质的动物实验室中进行，相关的动物实验应该获得有关动物道德伦理委员会的批准。具体与小动物有关的实验操作步骤应由有经验的或经过培训的人员进行。

（2）本例中使用的细菌是耐甲氧西林金黄色葡萄球菌（methicillin-resistant *Staphylococcus aureus*，MRSA）。从琼脂糖平板培养基上取一个菌落接种在 5～10 mL LB 液体培养基中，在 37℃摇床上摇菌 12 h 左右，直到其 $OD_{600} = 0.5$。摇菌的具体体积取决于所需接种的小鼠数目，一般上述摇菌体积是满足所需的。在 4℃ 7100 r/min 离心 1 min 以收获 MRSA，接着用 4℃的 PBS 清洗并在 4℃下离心两次。最后一次离心完，用 4℃的 PBS 使 MRSA 再悬浮达到 2×10^5 CFU/μL（或 2×10^8 CFU/mL）并保存在冰上或 4℃备用。这需要事先获得 MRSA 的 OD_{600} 与浓度的对应曲线或关系，并依据这个关系计算 $OD_{600} = 0.5$ 时收获的 MRSA 的具体数量。

（3）将 30 μL 含 2×10^5 CFU/μL MRSA 的上述 PBS 悬浮液用配有 27G 针头的胰岛素注射用针管皮下注射入雌性 BALB/c 小鼠背面左侧，并于注射后 24 h 采用苏木精-伊红染色法（hematoxylin-eosin staining，H&E staining）进行组织学检测以确认 MRSA 注射造成局部发炎。如果组织学检测小鼠炎症建模成功，在皮下注射 MRSA 后 12 h 起即可相应注射活体成像所需纳米材料（具体见 2）AIE 探针的准备和注射）。

2）AIE 探针的准备和注射

（1）先用纳米颗粒载体 MIL-100(Fe)装载可标记细菌表面的 3-叠氮基-D-丙氨酸（3-azido-D-alanine，D-AzAla），以形成 D-AzAla@MIL-100(Fe)纳米颗粒。在小鼠背部皮下注射 MRSA 12 h 后，通过静脉注射 100 μL D-AzAla@MIL-100(Fe)纳米颗粒（浓度 1 mg/mL）和生理盐水作为对照组。进入循环系统的 D-AzAla@MIL-100(Fe)纳米颗粒由于高通透性和滞留效应（enhanced permeation and retention，EPR）会在因皮下注射 MRSA 而引发炎症的部位聚集。由于发生炎症，免疫细胞会释放大量 H_2O_2，H_2O_2 作用于 D-AzAla@MIL-100(Fe)纳米颗粒从而释放 D-AzAla。D-AzAla 进入细菌之后其中的叠氮（azide）基团会在细菌表面表达。

（2）在 D-AzAla@MIL-100(Fe)纳米颗粒注射后 24 h，静脉注射 100 μL 以 DBCO-DSPE-PEG$_{2000}$ 作为聚合物母体的 AIE 纳米颗粒探针 US-TPETM（浓度 0.5 mg/mL）或者作为对照的生理盐水。US-TPETM 纳米颗粒外壳上的 DBCO 基团与已在细菌表面的叠氮基团发生点化学反应，保留在细菌表面并标记相应的细菌。

3）光敏动力治疗法及小鼠活体成像

（1）在静脉注射 US-TPETM 之后，荧光活体成像立即在 Maestro（Cri-Tech，Inc.，Woburn，美国）小动物活体成像系统上进行。激发波长滤镜为 480 nm，发射波长滤镜＞670 nm，曝光时间 300 ms。

（2）对于不需要光动力治疗的小鼠，在注射 US-TPETM 24 h 后注射安乐死，取出包括皮肤在内的不同器官在 Maestro 系统上进行荧光成像并定量其 US-TPETM 荧光强度。

（3）对于需要光动力治疗的小鼠，在注射 US-TPETM 12 h 后，用 300 mW/cm^2 的白光在小鼠背面皮下注射了 MRSA 的部位照射 10 min。

（4）7 天后对注射安乐死的小鼠，取下皮下注射 MRSA 部位的皮肤加入 2 mL PBS 用组织匀浆机匀浆，涂布在 LB 琼脂糖凝胶平板上，在 37℃培养 24 h，计数菌落总数。

6.4　聚集诱导发光纳米颗粒的制备、表征及实例分析

6.4.1　PEG 包裹的纳米颗粒

聚乙二醇（PEG）最早于 20 世纪 70 年代被用作药物载体，用于药物的体内递送，近年来也作为荧光探针，尤其是 AIE 探针的载体用于细胞或体内成像。以

PEG 作为纳米颗粒的载体可以增加纳米颗粒的稳定性，增加纳米颗粒在生物环境中的扩散能力（如脑细胞外间隙），增强纳米颗粒的物理化学特性（如可溶性）和生物相容性等。PEG 链的两端可以根据需要加上不同的基团进行修饰，通常在 PEG 疏水端加上磷脂、聚乳酸（polylactide）等合成 DSPE-PEG$_{2000}$ 或 PEG-PLA 等不同的纳米颗粒载体。在 PEG 的 α 端（亲水端）还可以加上靶向基团，如 DSPE-PEG$_{5000}$ 加上 Folate 形成 DSPE-PEG$_{5000}$-Folate[18]用以靶向细胞膜表面有 Folate 受体表达的细胞，如乳腺癌细胞系 MCF-7。

1. PEG 包裹光纳米颗粒的制备及实例分析

PEG 包裹 AIE 探针纳米颗粒的制备通常是在含水的有机溶剂中将 PEG 载体材料和需要被包裹的 AIE 探针进行混合，然后除去有机溶剂，通过纳米沉淀作用形成分散在水溶液中的 PEG 包裹纳米颗粒。为了使 PEG 纳米颗粒在体内精准递送，需要靶向定位，在 PEG 纳米颗粒表面需要加上靶向基团。在 PEG 纳米颗粒表面增加靶向基团有两种方式：一种是在组装制备包裹 AIE 探针的纳米颗粒之前，先在 PEG 链的 α 端添加靶向基团，然后制备 PEG 纳米颗粒，如上述 DSPE-PEG$_{5000}$-Folate；另一种是在 PEG 链的 α 端保留可进一步反应的基团（如缩醛基团和氨基），在纳米颗粒制备好之后，再通过反应在 PEG 链的 α 端保留的基团上增加靶向基团。下面分别以实例说明。

（1）Li 等[18]合成了基于 PEG 的双光子吸收 AIE 纳米颗粒 FTNPs 并用于体外细胞靶向成像实验。PEG 聚合物 DSPE-PEG$_{2000}$ 与 DSPE-PEG$_{5000}$-Folate 都可通过商业合成。在进行 FTNPs 合成时，将 1 mg AIE 探针与 3 mg DSPE-PEG$_{2000}$ 和 DSPE-PEG$_{5000}$-Folate（不同摩尔比例）的混合物溶于 0.5 mL 四氢呋喃（THF），然后加入 10 mL THF 与水的混合液（90% 水/THF，V/V）中，使用带金属微探头的超声波细胞破碎仪（Misonix Incorp XL2000，美国），在 12 W 输出功率下超声波处理 60 s。形成的微乳液在室温下搅拌 12～16 h，直至其中的 THF 完全挥发。最终产品 FTNPs 就均匀分散在水中。浓缩成母液保存于 4℃或通过冷冻干燥制成干粉，置于 4℃保存。在制备 FTNPs 纳米颗粒过程中，DSPE-PEG$_{5000}$-Folate 与 DSPE-PEG$_{2000}$ 以不同摩尔比例混合，分别含有 0%、20%、40% 和 60% 的 DSPE-PEG$_{5000}$-Folate，以使最终合成的 FTNPs 纳米颗粒上含有不同数量的靶向定位基团 Folate，这样可以通过测试比较以确定哪种摩尔比例混合的 DSPE-PEG$_{5000}$-Folate 与 DSPE-PEG$_{2000}$ 的靶向定位效果最佳。

（2）Li 等[19]使用两步合成的方法合成表面带有靶向基团的 PEG 纳米颗粒 Tat-AIE-dot。

a. 在 1 mL THF 中加入 1 mg AIE 探针 TPETPAFN、0.75 mg DSPE-PEG$_{2000}$ 和 0.75 mg DSPE-PEG$_{2000}$-NH$_2$ 溶解，然后倒入 9 mL 水中，用带金属微探头的超声波

仪在 12 W 输出功率下超声波处理 60 s，最后用滤孔为 0.2 μm 的针管用过滤器过滤，并在室温快速搅拌 12～16 h 直至 THF 完全挥发以形成装载有 TPETPAFN 的纳米颗粒。在这步使用 DSPE-PEG$_{2000}$-NH$_2$ 可以为合成的 TPETPAFN 纳米颗粒表面提供氨基，为下一步结合多肽 HIV-1 Tat 反应提供所需的氨基。

b. 取 1.8 mL 第一步制备的 TPETPAFN 纳米颗粒溶液，加入 0.6 mL 含 30 μmol/L HIV-1 Tat 多肽和 1 mmol/L N-(3-二甲基氨基丙基)-N′-乙基碳二亚胺盐酸盐（EDAC）的硼酸缓冲液（0.2 mol/L，pH = 8.5）在室温进行 4 h 的碳二亚胺介导的偶联反应，将靶向多肽 HIV-1 Tat 偶联到 TPETPAFN 纳米颗粒表面的氨基上。反应完成后，在超纯水中进行 2 天的透析以除去多余的多肽和 EDAC。

（3）制备具有靶向定位功能的纳米颗粒除了如上述在纳米颗粒表面增加靶向基团外，还可以在制备纳米颗粒时在其表面嵌入靶向分子。Zhang 等[20]开发了一步自组装带靶向定位的核酸适配体（DNA aptamer）的纳米颗粒的方法。将 AIE 探针 2TPE-4E、组成纳米颗粒外膜的合成磷脂 DPPC、胆固醇（cholesterol）、DSPE-PEG 先在氯仿中混合，然后用氮气挥发氯仿，并真空干燥 12～16 h 以完全去除氯仿。在 50℃条件下，向上述混合干燥的脂质中加入 5 mL HEPES（25 mmol/L）缓冲液，缓冲液中添加了 150 mmol/L NaCl、5 mmol/L KCl、1 mmol/L MgCl$_2$ 和 1 mmol/L CaCl$_2$ 并混合。最后加入 1mL 5.8 nmol/L（含 66 μg 纯 DNA）的胆固醇标记的核酸适配体在 50℃混合 6 h，然后把温度降到 37℃再用超声波处理 10 min。

2. PEG 包裹光纳米颗粒的表征及实例分析

PEG 包裹的纳米颗粒的表征通常指对纳米颗粒的物理性质和光学性质进行表征。物理性质主要包括纳米颗粒的平均大小、大小分布及纳米颗粒的形态。纳米颗粒的大小可以通过激光粒度分析仪来测量。例如，使用激光动态光散射纳米粒度分析仪（NANOBROOK 90 Plus，Brookhaven Instruments Co.，美国）在室温，以 90°的固定角度对 Tat-AIE 纳米点[19]、FTNP40 纳米颗粒[18]和 Apt-AIE 纳米点[20]的粒度大小的分析。检测结果显示 Tat-AIE 纳米点平均直径是（32±2）nm，FTNP40 纳米颗粒平均直径是（85±3）nm，Apt-AIE 纳米点的平均直径则为大约 68 nm。如果要进一步检测纳米颗粒的形态，需要使用透射电子显微镜（TEM）进行分析。例如，使用高清透射电子显微镜（HR-TEM）对 Tat-AIE 纳米点和 FTNP40 纳米颗粒[18]进行分析，显示两种纳米颗粒均为球状，其中 Tat-AIE 纳米点直径平均值为（29±3）nm，与纳米粒度分析仪测出的结果近似。

对 PEG 包裹的 AIE 纳米颗粒的光学性质的表征通常包括纳米颗粒在水中的吸收光谱、荧光发射光谱、荧光量子产率的测量。对于吸收光谱，使用可以扫描紫外和可见光光谱区域的紫外-可见分光光度计进行检测。荧光发射光谱可使用荧光分光光度计进行检测。Liu 课题组[18]使用岛津（Shimadzu，日本）分光光度计（UV-1700）对溶于水中的 DSPE-PEG$_{5000}$-Folate 与 DSPE-PEG$_{2000}$ 载体包裹的 AIE 纳米颗粒 FTNP 和无载体包裹的 AIE 探针形成的纳米颗粒 BTNP 进行了在 200～600 nm 波段的吸收光谱的检测，FTNP 与 AIE 探针在此波段的吸收峰相重合，均有两个吸收峰，分别是 353 nm 和 454 nm。荧光发射光谱检测使用 PerkinElmer 荧光分光光度计（型号 LS 55）。通过吸收光谱得到两个吸收峰，选择波长长的吸收峰的吸收波长 454 nm 作为荧光激发光波长，在 500～800 nm 波段进行扫描检测荧光发射光谱。荧光发射光谱结果显示，FTNP 和 BTNP 的荧光发射光谱近似，都在 601 nm 处有最强荧光发射。通过对 FTNP 和 BTNP 的吸收光谱和荧光发射光谱的表征，显示 FTNP 纳米颗粒和其中负载的 AIE 纳米探针的吸收和荧光发射光谱是一样的。

　　PGE 包裹的 AIE 纳米颗粒的荧光量子产率（Φ_F）通常采用比较测量法来获得[21]。在相同的仪器设置下测量在溶液中的待测纳米颗粒和已知 Φ_F 的参照荧光物质在相同激发波长下的吸收和荧光发射光谱，以及相应溶剂的折射率（refractive index）。计算上述 Tat-AIE 纳米点在水溶液中的 Φ_F 时以在甲醇溶液中的 4-二氰基甲基-2-甲基-6-(p-二甲基胺苯乙烯)H-吡喃（DCM）作为参照荧光物质。计算 FTNP 纳米颗粒的 Φ_F 则是以 0.1 mol/L 硫酸中的硫酸喹咛（quinine sulfate）作为参照荧光物质。

　　AIE 纳米颗粒的光学性质的表征还有针对负载有近红外发射的 AIE 探针的纳米颗粒的双光子吸收（TPA）的表征。其表征方法是使用双光子诱导荧光（two-photon induced fluorescence，TPIF）光谱法[22]。Tang 和 Liu 课题组[19]使用锁模钛宝石激光器（Ti:sapphire mode-locked lasers）对水溶液中的 Tat-AIE 纳米点进行 TPIF 检测，激光器通过波段为 800～960 nm 的飞秒级的光学参量放大器（OPA）以 82 MHz 的重复频率产生 100 fs 的上述激光脉冲对水溶液中的 Tat-AIE 纳米点进行激发。使用高镜口率镜片组在与激发光成 90°角的位置接收 Tat-AIE 纳米点的荧光，并导入荧光分光光度计进行测量。用同样的设置测量在甲醇中的罗丹明 6G（Rhodamine 6G）的荧光发射光谱，并作为参照值以式（6-2）[23]来计算 Tat-AIE 纳米点双光子吸收截面。

$$\frac{\delta_2}{\delta_1} = \frac{F_2 \eta_1 c_1 n_1}{F_1 \eta_2 c_2 n_2} \qquad (6\text{-}2)$$

式中，下标 1 是罗丹明 6G；下标 2 是 Tat-AIE 纳米点；δ_1、δ_2 是双光子吸收截面，F_1、F_2 分别是罗丹明 6G 与 Tat-AIE 纳米点在相同能量的激发光下产生的荧光强度；η_1、η_2 是荧光量子产率；c_1、c_2 是溶液浓度；n_1、n_2 是溶剂的折射率。

6.4.2　BSA 包裹的纳米颗粒

牛血清白蛋白（BSA）是从牛血液中分离的血清球蛋白，是血液中多种生物分子的载体。再加上其良好的生物相容性、水溶性、可生物化学降解性及其表面可功能化修饰性，BSA 已经作为载体被应用于药物递送、癌症治疗和生物成像上。

负载 AIE 探针的 BSA 纳米颗粒的合成主要是通过纳米沉淀（nanoprecipitation）过程将溶于有机溶剂中的 AIE 探针在水相中包裹在 BSA 纳米颗粒内。然后根据需要还可以在 BSA 纳米颗粒表面上进行功能性修饰，增加功能基团。Gao 课题组[24]发展了通过纳米沉淀合成基于 BSA 和石墨烯的复合纳米颗粒的方法。Li 课题组[25]采用共价键连接的 BSA-Dextran、豆油和负载分子在水相中通过乳化制备了 BSA-Dextra 包裹的上转换纳米颗粒。下面将分别举例介绍 BSA 纳米颗粒的制备和表征。

1. BSA 包裹光纳米颗粒的制备及实例分析

1）通过纳米沉淀过程合成负载 AIE 探针的 BSA 纳米颗粒

Tang 课题组和 Liu 课题组[26]通过以下三步合成负载 TPE-TPA-DCM 的 BSA 纳米颗粒。

（1）在反应溶液中形成负载 TPE-TPA-DCM 的 BSA 纳米颗粒。将 13 mg BSA 溶于 5 mL 超纯水，然后逐滴加入 8 mL 适当浓度的 TPE-TPA-DCM。用带微探头（microtip）的超声波细胞破碎仪（Misonix Incorp XL2000，美国）在 18 W 输出功率下，室温处理 60 s，以形成 BSA 纳米颗粒。

（2）在上述溶液中加入 5 μL 50%戊二醛并在室温孵育 4 h 以交联纳米颗粒中的 BSA 分子。

（3）提纯合成的负载 TPE-TPA-DCM 的 BSA 纳米颗粒。在真空旋转干燥器中挥发 THF。用 0.45 μm 的滤膜过滤，用去离子水清洗再离心回收。

2）通过纳米沉淀过程合成 BSA 纳米颗粒并在表面进行功能性修饰

Wang 课题组[27]在合成的负载 TPE-OH 的 BSA 纳米颗粒表面通过耦合作用增加兔 IgG 抗体。其合成分四步进行。

（1）同时将 6.5 μg AIE 探针 TPE-OH 溶于 8 mL THF，将 13 mg BSA 溶于 5 mL 去离子水中。然后在室温逐滴将含有 TPE-OH 的 8 mL THF 加入 5 mL BSA 水溶液，并同时用带微探头的超声波细胞破碎仪进行超声波处理。超声波细胞破碎仪通常使用 12～18 W 输出，一次不超过 60 s。这将合成包裹 TPE-OH 的 BSA 纳米颗粒。

（2）戊二醛交联和纳米颗粒提纯。在上述（1）中纳米颗粒溶液中加入 10 μL 25%戊二醛并在室温孵育 4 h 以交联纳米颗粒中的 BSA 分子。然后真空旋转挥发溶液中的 THF，用 0.45 μm 的滤膜过滤，用去离子水清洗再离心回收。

（3）合成 IgG-TPE-OH@BSA 纳米颗粒。在 1 mL PBS（0.01 mol/L，pH 7.4）中加入 10 mg N-(3-二甲氨基丙基)-N'-乙基碳二亚胺盐酸盐（EDC）和 N-羟基琥珀酰亚胺（NHS）溶解，并与上述（2）中的纳米颗粒在室温孵育 30 min 以活化纳米颗粒表面 BSA 的羧基。然后用 PBS 清洗-离心三次，用 PBS 再悬浮纳米颗粒。然后加入 200 μL 1 mg/mL IgG 抗体在室温孵育 2 h。反应完成后，用 PBS 洗涤、离心，并用 PBS 再悬浮然后保存于 4℃备用。

2. BSA 包裹光纳米颗粒的表征及实例分析

本部分将继续以上面例子中的方法描述 BSA 包裹纳米颗粒的表征，本例中纳米颗粒待测量的理化性质项目与 6.4.1 节"2. PEG 包裹光纳米颗粒的表征及实例分析"中有重复且使用的方法和仪器可近似地参照此部分中内容。

1）负载 TPE-TPA-DCM 的 BSA 纳米颗粒[26]的表征

（1）BSA 纳米颗粒的平均直径大小和粒径分布的多分散指数（PDI）是使用激光动态光散射纳米粒度分析仪（NANOBROOK 90 Plus，Brookhaven Instruments Co.，美国）进行测量。在水溶液中的 Zeta 电位使用 Zeta 电位仪（ZetaPALS，Brookhaven Instruments Co.，美国）在室温（25℃）水溶液中测量。

（2）BSA 纳米颗粒的形态的测量使用 TEM 和场发射扫描电子显微镜（FE-SEM）来进行。用 FE-SEM（JEOL JSM-6700F，日本）进行测量，纳米颗粒样品先干燥后，使用全自动溅射仪（JEOL，日本）镀上一层钛涂层，然后固定在样品台上。测量时加速电压为 10 kV。用 TEM（JEOL JEM-2010F，日本）测量形态时，在 400 目铜载网上覆盖一层碳 Formvar 膜，再在其上滴稀释的纳米颗粒样品，使样品在空气中风干，加速电压为 5 kV。

（3）BSA 纳米颗粒的光学性质的表征。纳米颗粒的吸收光谱的测量使用紫外-可见分光光度计（Shimadzu UV-1700，日本），荧光发射光谱使用荧光分光光度计（Perkin Elmer LS 55）。其荧光量子产率测量使用罗丹明 6G 作为参照物。可以参照 6.4.1 节"2. PEG 包裹光纳米颗粒的表征及实例分析"。

2）IgG-TPE-OH@BSA 纳米颗粒[27]的表征

（1）IgG-TPE-OH@BSA 纳米颗粒的平均直径、粒径分布和 Zeta 电位的测量是使用 Zeta 电位及粒度分析仪（NANOBROOK 90 Plus，Brookhaven Instruments Co.，美国）来进行。

（2）IgG-TPE-OH@BSA 纳米颗粒的形态是通过 TEM（JEOL JEM-2100F，日本）和 FE-SEM（BOEN 53655）进行测量。样品制备参照 6.4.1 节"2. PEG 包裹

光纳米颗粒的表征及实例分析"中（1）。

（3）其光学性质的检测包括吸收光谱、荧光发射光谱和傅里叶变换红外（FTIR）光谱。前两者分别使用紫外-可见分光光度计和荧光分光光度计（Shimadzu RF-5301PC，日本）。TPE-OH@BSA 纳米颗粒的 FTIR 检测是使用 FTIR 光谱仪（Nicolet 6700，Thermo Fisher Scientific，Inc.，），检测的光谱范围为 4000～400 cm^{-1}。TPE-OH@BSA 纳米颗粒所包含的功能或特征基团的光谱峰应出现在 4000～1300 cm^{-1} 区间内。

6.4.3　硅基纳米颗粒

硅基纳米颗粒与有机聚合物纳米颗粒和金属纳米颗粒目前被广泛应用在生物医学领域。作为一种无机纳米颗粒，硅基纳米颗粒相对于广泛应用于细胞成像的量子点（quantum dot）具有低毒和对于众多化学反应呈现惰性的优点。而且硅基纳米颗粒还具有表面可修饰性、硅基载体在光学上的透明性、可增强荧光染料的光稳定性和较好的生物相容性等优点[28]。

硅基纳米颗粒的传统合成方法主要分为两大类。第一类是基于 Stöber 法[29]的合成，第二类是基于微乳液（microemulsion）法[30]的合成。Stöber 法是在水/乙醇混合物中以氨水作为催化剂，在 pH 11.0～12.0 范围内将正硅酸乙酯（TEOS）先进行水解反应然后再缩合形成硅基纳米颗粒。在合成过程中，通过优化包括 TEOS 在内的初始反应物的浓度可以改进最终合成的硅基纳米颗粒的大小、孔隙度、单分散性等理化性质。微乳液法是在油/表面活性剂中加入适量的水，TEOS 的水解和缩合反应发生在油相中形成的水珠表面。下面两个小节将具体举例介绍以硅基作为载体的 AIE 纳米颗粒的合成和表征方法。

1. 硅基纳米颗粒的制备及实例分析

1）Stöber 法制备负载 AIE 探针的功能化的硅基纳米颗粒

Xiang 课题组[31]使用 Stöber 法制备表面带有核酸配体功能团的 Apt-AIE-FSNP 纳米颗粒。纳米颗粒的制备过程分为以下四步。

（1）Stöber 法制备 AIE-FSNP（分为三组 AIE-FSNP，内部分别负载三种不同 AIE 探针）。将 AIE 探针固体溶于 THF 配成浓度为 20 mmol/L 的溶液，将 0.5 mL TEOS 加入 1.5 mL 无水乙醇混匀。在 16.2 mL 无水乙醇中加入 1 mL 上述 AIE 探针溶液、1.25 mL 氢氧化铵。室温搅拌 20 min 然后逐滴加入 TEOS 乙醇溶液，然后再在室温搅拌 20 h 以进行 TEOS 的水解、缩合反应并最后形成负载 AIE 探针的 AIE-FSNP。反应完成后，在室温下 12000 r/min 离心 15 min，除去上清液，分别用磷酸缓冲液 A（0.2 mol/L NaCl，0.1 mol/L 磷酸钠缓冲液，pH 7.3）

和无水乙醇各洗涤 5 次。

（2）合成 amine-AIE-FSNP 纳米颗粒。将 1.5 mL 无水乙醇和 0.5 mL 水混合互溶，倒入含 5 mg AIE-FSNP 的容器并搅拌，然后在混合液中加入 40 μL 3-氨丙基三乙氧基硅烷（APTS），将容器置于摇床上在室温混合 12～16 h。这将在 AIE-FSNP 表面加上氨基形成 amine-AIE-FSNP。混合结束，12000 r/min 离心 15 min 以回收合成的 amine-AIE-FSNP。用 1 mL 无水乙醇洗涤 4 次，1 mL 磷酸缓冲液 A 洗涤 1 次，备用。

（3）生成 maleimide-AIE-FSNP。将磷酸缓冲液 A 与 N,N-二甲基甲酰胺（DMF）按照 7∶3 的比例混合成混合液 B，将 amine-AIE-FSNP 加入混合液 B 配成浓度为 5 mg/mL 的溶液，然后取 0.5 mL 并在其中加入 2 mg 4-(N-马来酰亚胺甲基)环己烷-1-羧酸磺酸基琥珀酰亚胺酯钠盐（Sulfo-SMCC），在摇床上室温混合 2 h 以生成 maleimide-AIE-FSNP。12000 r/min 离心 15 min 以回收生成的 maleimide-AIE-FSNP，接着用 0.5 mL 混合液 B 洗涤 6 次。

（4）合成终产物 Apt-AIE-FSNP 纳米颗粒。首先是活化 DNA 配体中的硫醇基，向 30 μL 1 mmol/L DNA 配体水溶液中加入 2 μL 1 mol/L 磷酸钠缓冲液（pH 5.5）和 2 μL 30 mmol/L 的三（2-羧基乙基）磷盐酸盐（TCEP），并在室温下孵育 2 h。活化后的 DNA 配体的提纯通过磷酸缓冲液 A 洗涤和 Amicon-3K 离心管离心来实现。提纯的活化的 DNA 配体与 maleimide-AIE-FSNP 在磷酸缓冲液 A 中混合并在摇床上室温混合反应 48 h，以合成 Apt-AIE-FSNP 纳米颗粒。

2）基于 Stöber 法的共价键连接 AIE 探针和硅基制备纳米颗粒

Tang 课题组[32]用共价键连接 AIE 探针和硅基合成负载 AIE 探针的纳米颗粒 FSNP。制备过程分为以下三步。

（1）合成 TPE-APTS 加合物。在 100 μL DMSO 中分别加入 4 μmol/L AIE 探针和 10 μmol/L APTS，室温下搅拌 12～16 h。将产物 TPE-APTS 真空浓缩。

（2）合成 TPE-silica 纳米核。将 64 mL 无水乙醇、1.28 mL 氢氧化铵与 7.8 mL 蒸馏水混合并将 TPE-APTS 加入其中，在室温下搅拌 3 h 以合成 TPE-silica 纳米核。

（3）合成负载 AIE 探针的 FSNP 终产物。将 2 mL TEOS 与 1 mL 无水乙醇混合，然后逐滴加入上述（2）中正在搅拌的 TPE-silica 纳米核溶液中。在室温下搅拌 24 h，在 TPE-silica 纳米核加上硅基外壳以合成 FSNP。离心回收 FSNP，然后加入无水乙醇溶液中用超声波处理 5 min。离心回收后再如此重复 2 次。最后加入适量的蒸馏水将 FSNP 再悬浮。

3）微乳液法制备负载 AIE 探针的功能化的硅基纳米颗粒

Prasad 课题组[33]使用微乳液法用硅基纳米颗粒 ORMOSIL 负载 AIE 探针 BDSA。具体的制备过程分为以下四步。

（1）准备含 BDSA 的甲基吡咯烷酮（NMP）溶液。在 2 mL NMP 中加入 0.2 g 乙烯基三乙氧基硅烷（VTES）和 40 μL 氢氧化铵，在室温下搅拌 12～24 h。判断搅拌混合终点的标准是在水中加入一滴上述预聚硅胶溶液会显示明显的白色沉淀。用针管用滤膜（0.2 μm）过滤上述预聚硅胶溶液，与 BDSA 和额外的 NMP 按一定比例混合。

（2）制备水相中的微胶粒。将 0.22 g 丁二酸二辛酯磺酸钠（OT）、0.4 mL 1-丁醇与 10 mL 蒸馏水混合。

（3）合成负载 BDSA 的 ORMOSIL 纳米颗粒。用针筒将（1）中准备好的 0.72 mL 含 BDSA 的 NMP 溶液一次注入（2）中制备的微胶粒水溶液中，剧烈搅拌 24 h，以沉淀和聚集形成负载 BDSA 的 ORMOSIL 纳米颗粒。

（4）透析纯化纳米颗粒产物。将（3）中的产物在水中用 12～14 kDa 纤维素膜透析 48 h 以去除 OT 和 1-丁醇等反应剩余杂质。

2. 硅基纳米颗粒的表征及实例分析

本部分将继续以上面例子中的方法描述硅基纳米颗粒的表征，本例中纳米颗粒待测量的理化性质项目与 6.4.1 节 "2. PEG 包裹光纳米颗粒的表征及实例分析" 中有重复且使用的方法和仪器可近似地参照此部分中内容。

1）通过 Stöber 法制备的 Apt-AIE-FSNP[31] 的表征

（1）对中间产物 AIE-FSNP 和终产物 Apt-AIE-FSNP 都用激光动态光散射纳米粒度分析仪对纳米颗粒的大小及分布进行测量，用 TEM（Hitachi H-7650B，日本）对其颗粒的形态进行测量，用紫外-可见分光光度计（JASCO V-550，日本）对其吸收光谱进行测量，用荧光分光光度计（JASCO FP-6500，日本）对其荧光发射光谱进行测量，用荧光光谱仪（Edinburgh Instruments FLS920，英国）对其固体和溶液中的荧光量子产率进行测量。上述表征操作可参考 6.4.1 节 "2. PEG 包裹光纳米颗粒的表征及实例分析" 中内容。

（2）对各步合成过程中产生的中间产物 AIE-FSNP、amine-AIE-FSNP 和 maleimide-AIE-FSNP 等纳米颗粒以及最终产物 Apt-AIE-FSNP 在缓冲溶液中的稳定性通过测量 Zeta 电位进行了表征，将各种纳米颗粒在水溶液中配成相同的浓度在室温下使用纳米粒度分析仪（Horiba SZ-100，日本）进行检测。结果显示 Apt-AIE-FSNP-1 最稳定，其 Zeta 电位值达到-80 mV，表明其稳定性好。AIE-FSNP-1 和 maleimide-AIE-FSNP-1 的 Zeta 电位值都在-50 mV 左右，表明稳定性较好。而 amine-AIE-FSNP-1 的 Zeta 电位值为正，但小于 10 mV，不稳定。

2）基于 Stöber 法用共价键连接法制备的 FSNP[32] 的表征

（1）对 FSNP 在不同 pH 的水溶液中的 Zeta 电位用 ZetaPlus 电位仪（ZetaPALS，Brookhaven Instruments Co.，美国）在室温进行测定。同时还用电位仪对 FSNP 的

颗粒大小和尺寸分布进行了测量。具体操作可以根据设备的使用说明书进行。

（2）纳米颗粒的形态是同时使用加速电压为 200V 的 TEM（JEOL 2010，日本）和加速电压为 5 kV 的扫描电子显微镜（SEM）（JEOL 6700F，日本）进行测量，使用 TEM 的样品制备是在 400 目铜载网上覆盖一层碳 Formvar 膜，再在其上滴稀释的纳米颗粒样品，使样品在空气中风干。SEM 的样品制备可以参照 6.4.2 节"2. BSA 包裹光纳米颗粒的表征及实例分析"中 1）的内容。

（3）FSNP 的原子组成通过能量色散 X 射线谱仪（EDX）进行测量。

（4）FSNP 的荧光发射光谱由荧光分光光度计（PerkinElmer LS 50B）测定。

3）微乳液法制备的负载 BDSA 的 ORMOSIL[33]的表征

（1）该研究中 ORMOSIL 纳米颗粒的大小、粒径分布和 Zeta 电位分别使用激光动态光散射纳米粒度分析仪（NANOBROOK 90 Plus，Brookhaven Instruments Co.，美国）和 Zeta 电位仪（ZetaPALS，Brookhaven Instruments Co.，美国）在室温（25℃）水溶液中测量。其形态通过加速电压为 80 kV 的 TEM（JEOL JEM-100cx，日本）测定。

（2）ORMOSIL 纳米颗粒的吸收光谱通过紫外-可见分光光度计（Shimadzu UV-3600，日本）测定。其荧光发射光谱用荧光分光光度计（Jobin-Yvon Fluorog FL-3.11，美国）测定。其荧光量子产率的测定采用比较法，以乙醇中的罗丹明 B 作为参照物。具体可参照 6.4.1 节"2. PEG 包裹光纳米颗粒的表征及实例分析"。

（周亚宾　唐友宏）

参 考 文 献

[1] Qi J，Hu X，Dong X，et al. Towards more accurate bioimaging of drug nanocarriers: turning aggregation-caused quenching into a useful tool. Advanced Drug Delivery Reviews，2019，143: 206-225.

[2] Leung N L C，Xie N，Yuan W，et al. Restriction of intramolecular motions: the general mechanism behind aggregation-induced emission. Chemistry: A European Journal，2014，20（47）: 15349-15353.

[3] Zhao N，Chen S，Hong Y，et al. A red emitting mitochondria-targeted AIE probe as an indicator for membrane potential and mouse sperm activity. Chemical Communications，2015，51（71）: 13565-13712.

[4] Zhou Y，Hua J，Barritt G，et al. Live imaging and quantitation of lipid droplets and mitochondrial membrane potential changes with aggregation-induced emission luminogens in an *in vitro* model of liver steatosis. Chembiochem，2019，20（10）: 1256-1259.

[5] Zhou Y，Liu H，Zhao N，et al. Multiplexed imaging detection of live cell intracellular changes in early apoptosis with aggregation-induced emission fluorogens. Science China Chemistry，2018，61（8）: 892-897.

[6] Zhou Y，Hua J，Tang B Z，et al. AIEgens in cell-based multiplex fluorescence imaging. Science China Chemistry，2019，62（10）: 1312-1332.

[7] Li Y，Wu Y，Chang J，et al. A bioprobe based on aggregation induced emission（AIE）for cell membrane tracking. Chemical Communications，2013，49（96）：11335-11337.

[8] Shi H，Liu J，Geng J，et al. Specific detection of integrin $\alpha_v\beta_3$ by light-up bioprobe with aggregation-induced emission characteristics. Journal of the American Chemical Society，2012，134（23）：9569-9572.

[9] Yu C Y Y，Zhang W，Kwok R T K，et al. A photostable AIEgen for nucleolus and mitochondria imaging with organelle-specific emission. Journal of Materials Chemistry B，2016，4（15）：2614-2619.

[10] Zhao E，Hong Y，Chen S，et al. Highly fluorescent and photostable probe for long term bacterial viability assay based on aggregation-induced emission. Advanced Healthcare Materials，2014，3（1）：88-96.

[11] He X，Yang Y，Guo Y，et al. Phage-guided targeting，discriminated imaging and synergistic killing of bacteria by AIE bioconjugates. Journal of the American Chemical Society，2020，142（8）：3959-3969.

[12] Hu R，Zhou F，Zhou T，et al. Specific discrimination of gram-positive bacteria and direct visualization of its infection towards mammalian cells by a DPAN-based AIEgen. Biomaterials，2018，187：47-54.

[13] Gao M，Hu Q，Feng G，et al. A multifunctional probe with aggregation-induced emission characteristics for selective fluorescence imaging and photodynamic killing of bacteria over mammalian cells. Advanced Healthcare Materials，2015，4（5）：659-663.

[14] Liu G J，Tian S N，Li C Y，et al. Aggregation-induced-emission materials with different electric charges as an artificial tongue: design，construction，and assembly with various pathogenic bacteria for effective bacterial imaging and discrimination. ACS Applied Materials & Interfaces，2017，9（34）：28331-28338.

[15] Non. Common buffers，media，and stock solutions. Current Protocols in Human Genetics，2001，Appendix 2.

[16] Zhao E，Chen Y，Chen S，et al. A luminogen with aggregation-induced emission characteristics for wash-free bacterial imaging，high-throughput antibiotics screening and bacterial susceptibility evaluation. Advanced Materials，2015，27（33）：4931-4937.

[17] Mao D，Hu F，Kenry，et al. Metal-organic-framework-assisted *in vivo* bacterial metabolic labeling and precise antibacterial therapy. Advanced Materials，2018，30（18）：e1706831.

[18] Li K，Jiang Y，Ding D，et al. Folic acid-functionalized two-photon absorbing nanoparticles for targeted MCF-7 cancer cell imaging. Chemical Communications，2011，47（26）：7323-7325.

[19] Li K，Qin W，Ding D，et al. Photostable fluorescent organic dots with aggregation-induced emission（AIE dots）for noninvasive long-term cell tracing. Scientific Reports，2013，3：1150.

[20] Zhang P，Zhao Z，Li C，et al. Aptamer-decorated self-assembled aggregation-induced emission organic dots for cancer cell targeting and imaging. Analytical Chemistry，2018，90（2）：1063-1067.

[21] Drake J M，Lesiecki M L，Camaioni D M. Photophysics and *cis-trans* isomerization of DCM. Chemical Physics Letters，1985，113：530-534.

[22] Xu C，Webb W W. Measurement of two-photon excitation cross sections of molecular fluorophores with data from 690 to 1050 nm. Journal of the Optical Society of America B，1996，13（3）：481-491.

[23] Oulianov D A，Tomov I V，Dvornikov A S，et al. Observation on the measurement of two-photon absorption cross-section. Optics Communications，2001，191：235-243.

[24] Zhang Y，Fu H，Liu D，et al. Construction of biocompatible bovine serum albumin nanoparticles composed of nano graphene oxide and AIEgen for dual-mode phototherapy bacteriostatic and bacterial tracking. Journal of Nanobiotechnology，2019，17（1）：104.

[25] Liu Q，Yin B，Yang T，et al. A general strategy for biocompatible，high-effective upconversion nanocapsules

based on triplet-triplet annihilation. Journal of the American Chemical Society，2013，135（13）: 5029-5037.

[26] Qin W，Ding D，Liu J，et al. Biocompatible nanoparticles with aggregation-induced emission characteristics as far-red/near-infrared fluorescent bioprobes for *in vitro* and *in vivo* imaging applications. Advanced Functional Materials，2012，22（4）: 771-779.

[27] Guo Y，Zhao C，Liu Y，et al. A novel fluorescence method for the rapid and effective detection of listeria monocytogenes using aptamer-conjugated magnetic nanoparticles and aggregation-induced emission dots. Analyst，2020，145（11）: 3857-3863.

[28] Korzeniowska B，Nooney R，Wencel D，et al. Silica nanoparticles for cell imaging and intracellular sensing. Nanotechnology，2013，24（44）: 442002.

[29] Stöber W，Fink A，Bohn E. Controlled growth of monodisperse silica spheres in the micron size range. Journal of Colloid and Interface Science，1968，26（1）: 62-69.

[30] Arriagada F J, Osseo-Asare K. Synthesis of nanosize silica in a nonionic water-in-oil microemulsion: effects of the water/surfactant molar ratio and ammonia concentration. Journal of Colloid and Interface Science，1999，211: 210-220.

[31] Wang X，Song P，Peng L，et al. Aggregation-induced emission luminogen-embedded silica nanoparticles containing DNA aptamers for targeted cell imaging. ACS Applied Materials & Interfaces，2016，8（1）: 609-616.

[32] Faisal M，Hong Y，Liu J，et al. Fabrication of fluorescent silica nanoparticles hybridized with AIE luminogens and exploration of their applications as nanobiosensors in intracellular imaging. Chemistry，2010，16（14）: 4266-4272.

[33] Kim S，Pudavar H E，Bonoiu A，et al. Aggregation-enhanced fluorescence in organically modified silica nanoparticles: a novel approach toward high-signal-output nanoprobes for two-photon fluorescence bioimaging. Advanced Materials，2007，19（22）: 3791-3795.

第7章

>>

聚集诱导发光材料在生物及化学传感领域的相关操作及表征

7.1 概述

　　一些典型的生物大分子和化学物种与人的生产生活和生命健康密切相关。酶、蛋白质、DNA 等生物大分子在维持正常生活中起着不可或缺的作用；特定酶的含量和活性异常与很多疾病的发生和发展有关；生物小分子如活性氧（ROS）、谷胱甘肽（GSH）、多巴胺等参与调解多种生理过程；一些人体必需金属离子（如 Ca^{2+}、Zn^{2+} 等）是构成生物大分子的活性中心并参与神经信号传导；而一些重金属离子（Hg^{2+}、Cd^{2+}、Pb^{2+} 等）及有毒化学物质（CN^- 等）会引起环境污染并通过食物链的富集最终对人体造成严重损害。对上述的各种生物及化学物种精准而灵敏的检测具有十分重要的理论意义和实践价值。

　　聚集诱导发光材料（AIEgens）具有量子产率高、背景信号低、光稳定性高等优势，在化学及生物传感领域展示出广泛的应用前景。AIEgens 已经成功应用于生物大分子（如酶、蛋白质、DNA 等）、小分子化合物、金属离子及其他化学物种的检测。其检测原理主要基于 AIEgens 分子内运动受限，即探针分子经过精心修饰处于溶解且可自由运动状态，自身几乎不发光，与待测物作用后发生聚集使得荧光大幅增强，从而实现点亮型检测。由于篇幅的限制，本章将选取一些具有代表性的例子，向读者介绍 AIEgens 在生物及化学传感应用方面的相关操作与表征手段。

7.2 生物酶检测

　　酶活性异常通常与疾病的发生、发展密切相关。因此，深入了解酶的功能，开发检测酶活性工具十分重要。检测酶的功能和活性由于受到多种因素的影响仍然存在挑战。目前反应型的小分子探针是检测酶活性的重要手段。通过底物分子在酶反应前后呈现的荧光改变来检测目标酶的活性。

应用 AIE 探针可对组蛋白去乙酰化酶、碱性磷酸酶、糖苷水解酶、脂酶等进行检测。其检测对象可以是经由质粒表达后纯化的酶、商业化购买的酶、细胞中内源表达的酶和血清中分泌的酶。大多数 AIE 探针在水中的溶解度有限，所以要先用易溶于水的有机溶剂溶解 AIE 探针以配制成高浓度的母液，随后在染色过程中再进一步稀释至工作浓度。配制母液的常用有机溶剂有二甲基亚砜（DMSO）和乙醇等。为了降低有机溶剂对于细胞的毒性，控制有机溶剂的含量小于 5‰。

7.2.1　组蛋白去乙酰化酶成像及实例分析

组蛋白的修饰可以调控基因的表达，对于发育、分化及疾病的预防有着重要的意义。组蛋白去乙酰化酶（HDACs）和组蛋白乙酰转移酶（HATs）可以使组蛋白 N 端附近赖氨酸残基发生可逆乙酰化，调控染色质结构和转录活性。HDACs 是目前癌症、神经退行性疾病和代谢疾病的重要靶点。通过去乙酰化的过程，并利用生理 pH 环境下氨基被质子化的特点，利用正负电荷之间的静电作用促使 AIE 的产生。本节以 AIE 探针 K(Ac)PS-TPE（结构式见图 7-1）为例阐述和分析 AIE 在 HDACs 活性检测实验中的实验方法和具体实验操作[1]。

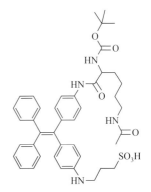

图 7-1　K(Ac)PS-TPE 结构式

1. 实验方法

本例中，检测 HDACs 的 AIE 探针 K(Ac)PS-TPE 被应用于检测在溶液体系中一种 NAD^+ 依赖的可以对 p53 等去乙酰化的酶——Sirt1。探针在去乙酰化酶的作用下可以由 K(Ac)PS-TPE 反应为 KPS-TPE，利用生理 pH 环境下氨基能被质子化带正电荷，然后与化合物本身带的负电荷通过静电作用互相吸引，从而发生聚集导致荧光的增强。本例对大肠杆菌表达的 Sirt1 蛋白活性进行检测，并利用 Sirt1 的抑制剂 tenovin-6 抑制酶活性以评估探针的灵敏性。利用光谱和高效液相色谱（HPLC）观察探针对化合物的检测。

2. 实验操作方法及分析

下面对溶液中去乙酰化酶的活性进行检测，并对如何使用荧光光谱仪对溶液中 Sirt1 的检测进行阐述和分析。其实验操作分成如下几个阶段进行。

1）检测前准备

（1）准确称量 1～5 mg 的 K(Ac)PS-TPE，将其溶于适量的 DMSO，以配制浓度为 1 mmol/L 的母液。

（2）Sirt1 的制备：将大肠杆菌 BL21（DE3）（Novagen）转入质粒 pGEX-4T-1-Sirt1，并在 37℃下，在含有 100 μg/mL 氨苄青霉素 LB 溶液中使其扩增。当 OD_{600} 值到达 0.6～0.8 时，使温度降至 25℃，加入 IPTG（100 μmol/L）诱导表达的蛋白质。过夜后，4℃下 5000 r/min 离心 10 min。在超声缓冲液（5.8 mmol/L Na_3PO_4、137 mmol/L NaCl、2.7 mmol/L KCl、10 mmol/L DTT，pH 7.3）中重悬，用超声波裂解。裂解后的细胞悬液在 4℃下以 15000 r/min 离心 15 min 获得上清液，然后填充谷胱甘肽 S-转移酶（GST）结合树脂的柱，用含有 137 mmol/L NaCl 和 2.7 mmol/L KCl 的 5.8 mmol/L 磷酸钠缓冲液（pH = 7.3）洗涤树脂，用含有 10 mmol/L 谷胱甘肽的 50 mmol/L Tris-HCl 缓冲液（pH 8.0）洗脱。最后，通过超离心法（VIVASPIN 6，MWCO 30000 PES，Sartorius Stedim）使纯化后的蛋白质保存在 25 mmol/L Tris-HCl（pH 8.0）、100 mmol/L NaCl、0.05% Tween-20、20% 甘油缓冲液中。用 SDS-PAGE 测定蛋白质的纯度和大小。

2）高效液相色谱和质谱验证反应机理及效率

HPLC 实验采用不同比例的缓冲液 A（含 0.1%甲酸的乙腈溶液）进行分离，在 20 min 内将缓冲液 B 的量从 20%增加到 90%。样品注射前，将 4,4'-二氨基二苯甲酮与样品混合作为内标，计算 KPS-TPE 和 K(Ac)PS-TPE 的综合峰面积。将探针与 Sirt1 孵育的动力学跟踪实验表明，酶促反应在 3 h 内基本完成，产率为 42%，色谱图上出现了一个保留时间为 13.9 min 的新峰。ESI 质谱检测结果证实了脱乙酰化合物 KPS-TPE 的存在（m/z，$[m + H^+]$实验值 713.28，计算值 713.33）。这些结果清楚地表明，该探针被 Sirt1 去乙酰化了。

3）Sirt1 酶及其抑制剂活性的荧光检测

在激发波长 345 nm 下记录 K(Ac)PS-TPE 溶液的荧光光谱。测量在含有 K(Ac)PS-TPE（10 μmol/L）、NAD^+（500 μmol/L）的缓冲液（20 mmol/L HEPES，0.2 mmol/L Tris，pH 8.0，150 mmol/L NaCl，3 mmol/L KCl，1 mmol/L $MgCl_2$，0.17% 甘油，0.0004% Tween-20，1% DMSO）中进行。Sirt1 的浓度为 500 nmol/L，其抑制剂 tenovin-6 的浓度为 1 mmol/L。每隔 30 min 记录一次荧光光谱。实验结果表明，在 Sirt1 存在的情况下，探针的荧光强度明显增强，而在无酶存在的情况下，荧光增强效果较弱。酶反应 3 h 后荧光强度继续增强，但 HPLC 显示反应完成。这种差异可以用聚集过程和酶反应之间的动力学差异来解释：荧光增强被延迟是因为聚集过程比酶反应慢。同时，在 100℃下加热 Sirt1 5 min 灭活后再进行酶促反应的检测，探针荧光增强受到抑制，几乎与本底水平一致。这些结果表明探针与酶之间不存在非特异性的相互作用，酶促反应中的荧光增加仅仅是脱乙酰产物的形成所致。在 Sirt1 抑制剂 tenovin-6（1 mmol/L）的存在下，探针的荧光增强被抑制。反应 5 h 后的 HPLC 分析显示未生成脱乙酰产物，也证实了 tenovin-6 对酶的抑制作用。这些数据表明探针 K(Ac)PS-TPE 可以用来研究 Sirt1 酶及其抑制剂的活性。

7.2.2　碱性磷酸酶成像及实例分析

碱性磷酸酶（ALP）是一类存在于各种哺乳动物来源（骨骼、肝脏、胎盘和肠道）中的酶，长期以来被认为是临床诊断的重要生物标志物。血清中 ALP 水平过高常与骨骼、肝脏功能障碍，心力衰竭，卵巢癌，乳腺癌，白血病等相关。本节以 AIE 探针 TPE-phos（图 7-2）为例阐述和分析 AIE 在碱性磷酸酶成像实验中的实验方法和具体实验操作[2]。其他检测碱性磷酸酶的 AIE 探针在细胞荧光成像中应用可以基于此方法进行适当调整。

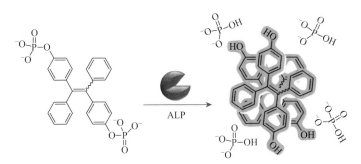

图 7-2　TPE-phos 结构式及碱性磷酸酶的检测机制

1. 实验设计与方法

本例中，检测碱性磷酸酶的 AIE 探针 TPE-phos 被应用于检测缓冲液中碱性磷酸酶的活性。

2. 实验操作方法实例及分析

这里阐述和分析以 TPE-phos 染色，并用荧光光谱对酶浓度进行检测的操作方法。具体实验操作分成如下两个阶段。

1）染色前准备

（1）在天平上准确称量 1～5 mg TPE-phos，并溶于适量的 DMSO 配制浓度为 1 mmol/L 的母液。

（2）将购买的 ALP 溶于 Tris-HCl 缓冲液（10 mmol/L，pH 8.0，$MgCl_2$ 2 mmol/L，$ZnCl_2$ 0.2 mmol/L）中制成 2.5 μmol/L 的母液。

2）TPE-phos 在溶液体系检测 ALP 的能力

（1）取 0.5 μL TPE-phos 加入 Tris 缓冲液（10 mmol/L，pH 8.0）中制成 10 μmol/L 的工作液。

（2）向 TPE-phos 工作液中加入 0～60 nmol/L APL，将混合液在室温（25℃）下孵育 20 min。

（3）使用酶标仪对荧光强度进行检测，激发波长选择 312 nm，发射波长为 450 nm。

将酶标仪读出的荧光强度与 APL 的浓度进行作图，在 Tris 缓冲液（10 nmol/L，pH 8.0）中，TPE-phos 的荧光强度均与 ALP 的浓度在 3～526 U/L 范围内呈线性关系，根据三倍标准偏差的方法，TPE-phos 的检出限为 0.2 U/L。为了检测化合物在生物样本中的检测能力，又在含 2% FBS 溶液中检测了化合物荧光强度与 APL 浓度的线性关系。在常规血清中 APL 的浓度范围（30～135 U/L）内，化合物荧光强度均与 APL 的浓度呈现线性关系，这证明了化合物具有检测生命体系中 APL 的能力。

3）TPE-phos 检测 ALP 活性

（1）取不同体积的 TPE-phos 加入 Tris 缓冲液（10 mmol/L，pH 8.0）中制成 2.5～50 μmol/L 的工作液。

（2）在工作液中加入过量的 20 nmol/L ALP 的母液。将混合液在室温（25℃）下孵育 20 min。

（3）使用酶标仪对荧光强度进行检测，激发波长选择 312 nm，发射波长为 450 nm，每隔 30 s 进行一次读数。

根据荧光强度随时间的变化，荧光在早期变化迅速，并在 5 min 左右趋于平缓。同时配套采用质谱分析，将 TPE-phos 与 20 nmol/L ALP 孵育后，9.5 min 处 TPE-phos 的峰消失，13.1 min 处出现了新的峰，并且其质量与 TPE-2OH 质量相匹配。这说明 TPE-phos 在 20 min 的孵育时间内能与 ALP 反应完全，这也验证了之前采用 20 min 作为探针的孵育时间的正确性。

7.2.3 糖苷水解酶活性成像及实例分析

β-半乳糖苷酶（β-Gal），一种糖苷水解酶，是原发性卵巢癌和细胞衰老的重要生物标志物。常将荧光团、可被活化的连接部分和触发单元进行连接构建可活化性的探针。相关研究人员可以此为基础，进行适当调整以用于其他酶活性检测的 AIE 探针在荧光成像中的应用。本节以检测 β-Gal 的 AIE 探针 QM-βGal（图 7-3）为例阐述对于细胞内 β-Gal 进行实时成像的实验方法和具体步骤[3]。

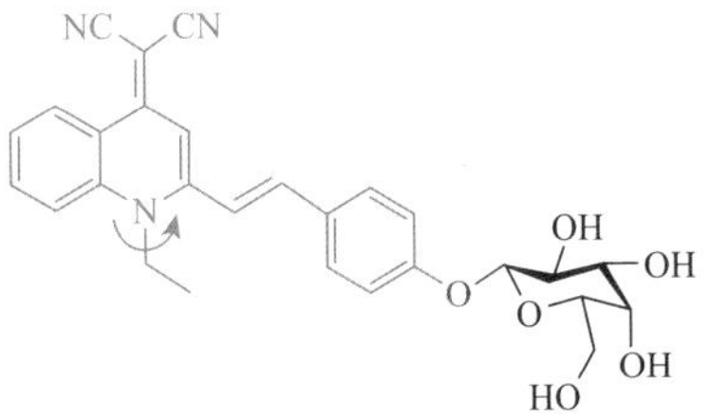

图 7-3　QM-βGal 结构式

1. 实验方法

本例中，QM-βGal 被应用于共聚焦荧光显微成像研究细胞中内源的 β-Gal 以及长时间对于细胞中 β-Gal 的检测。人卵巢癌细胞 SKOV-3 可以内源性过表达 β-Gal，人胚胎肾细胞 293T 不表达 β-Gal。以这两种细胞作为模型验证探针对于 β-Gal 的响应。利用 β-Gal 的抑制剂 D-半乳糖（D-galactose）降低细胞中 β-Gal 的含量。并且利用聚集导致猝灭的 DCM-βGal 与 QM-βGal 进行长时成像比较。在此例中，利用不同细胞系表达 β-Gal 的差异和 β-Gal 抑制剂抑制 β-Gal 活性，进而从内源性 β-Gal 的表达差异和外加刺激导致 β-Gal 活性改变两个方面验证了探针的有效性。

2. 实验操作方法及分析

这里阐述和分析以 QM-βGal 染色，并用激光共聚焦显微镜对细胞进行实时成像的操作方法。其实验操作分成如下三个阶段。

1）染色前准备

（1）在天平上准确称量 1～5 mg QM-βGal，并溶于适量的 DMSO 配制浓度为 10 mmol/L 的母液。DMSO 是生物医学实验中用于溶解药物常用的有机溶剂，其对细胞的毒性相对比较小，在常温下性质稳定，与乙醇相比有挥发性相对较小的优点。

（2）用含有 1 mmol/L EDTA 的 0.25%胰蛋白酶消化贴壁生长的 SKOV-3 和 293T 细胞使其悬浮在细胞培养液中。用血细胞计数板计数 SKOV-3 和 293T 细胞，并在每个直径 35 mm 的细胞培养皿（培养皿底部有一个直径 25 mm 的圆形盖玻片，培养皿底部中央有个用于倒置显微镜的观测孔）中种入 1×10^5 个细胞。在温度为 37℃的二氧化碳细胞培养箱中培养 12 h，以保证细胞有足够的时间正常贴壁生长。细胞数目可以根据所用培养皿的大小和所用的细胞大小，以本方法为基础进行调整。

（3）用抑制剂处理的细胞在染色前需用抑制剂 D-半乳糖（1 mmol/L）处理细胞 0.5 h 后进行后续染色实验。

2）QM-βGal 染色

（1）取适量 QM-βGal 母液在细胞培养液中稀释至 10 μmol/L。由于细胞培养液中的胎牛血清等物质不会影响 QM-βGal 对细胞的染色，所以把 QM-βGal 直接加入细胞培养液中进行染色。

（2）小心移除种有细胞的培养皿中的细胞培养液，并在每个培养皿中加入 2 mL 上述含有 QM-βGal 的细胞培养液。

（3）在温度为 37℃的二氧化碳细胞培养箱内染色 30 min，或者孵育更长时间（如 6 h 和 12 h）后成像。

（4）染色完成后，移除含有 QM-βGal 的细胞培养液，小心地清洗细胞 2 次，每次用 1 mL PBS 缓冲液。然后在每个培养皿中加入 2 mL PBS 缓冲液。把细胞培养液更换成缓冲液是由于细胞培养液中含有的苯酚红会带来背景荧光。

3）荧光成像

荧光成像在 Nicon 激光共聚焦显微镜（型号 A1R）上进行，激发波长是 404 nm，发射波段是 500～650 nm，物镜使用 60× 油镜。

本小节选取了高表达 β-Gal 的卵巢癌细胞 SKOV-3 和不表达 β-Gal 的人胚胎肾细胞 293T 作为模型细胞。在 SKOV-3 中 QM-βGal 发出强烈的荧光，而在 293T 中则几乎无荧光。通过这种具有内源性表达差异性的细胞模型证明了化合物具有区分内源性 β-Gal 差异的能力。有趣的是，探针以亮点的形式分布在细胞中而不是均匀地分布在细胞中，这表明基于 AIE 分子聚集导致的发光能够有效地原位检测 β-Gal 的活性。另外，通过 β-Gal 的抑制剂 D-半乳糖（1 mmol/L）处理细胞之后，细胞中的荧光强度显著降低，这证明了 AIE 探针能够对细胞中 β-Gal 进行特异性成像。除了短时间孵育细胞进行细胞成像之外，本小节还利用探针染色后进行长时间的跟踪。根据文献报道，纳米颗粒的胞吐比小分子慢，并且粒径增大。利用具有 ACQ 机制的小分子探针 DCM-βGal 进行对照，可以发现 DCM-βGal 和 QM-βGal 在 2 h 均产生了明显的荧光，6 h 后，QM-βGal 染色的细胞中还显示出明亮的荧光，但是 DCM-βGal 染色的细胞中荧光显著降低，12 h 后 QM-βGal 染色的细胞中荧光略有降低，DCM-βGal 染色的细胞中荧光依然很弱，这印证了通过 AIE 机制发光的分子可以有效地增加其在细胞中的滞留时间从而达到在细胞中长时间成像的目的。

7.2.4　脂酶成像及实例分析

急性胰腺炎是一种胰腺的突然阻塞。在严重的病例中，急性胰腺炎可导致腺体出血、严重的组织损伤、感染和囊肿形成。同时，胰腺疾病的诊断是非常困难的，因为这个器官相对来说是不可接近的，因此治疗也会延迟。然而，血清中的脂酶是一种来自胰腺的外分泌酶，已被用作急性胰腺炎早期诊断和病情评估的重要生化指标。此外，测量与胰腺肿瘤标志物 CA 19-9 相关的血清脂酶水平可以诊断胰腺癌。在胰腺损伤的情况下，胰腺自溶诱导血清脂酶水平显著升高，脂酶水平升高提示急性胰腺炎。本例中采用探针 S1（图 7-4）检测血清中的脂酶[4]。

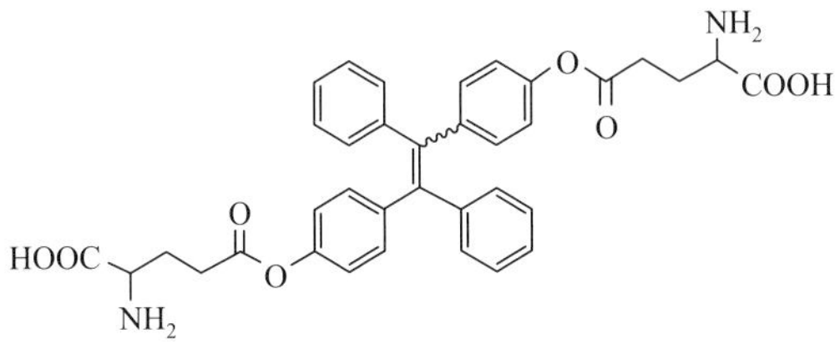

图 7-4　脂酶探针 S1 结构式

以脂酶探针 S1 为例阐述血清中脂酶的检测。其实验操作分成如下两个阶段。

1）染色前准备

（1）准确称量 6.22 mg S1，并溶于 10 mL 己烷中配制浓度为 1 mmol/L 的母液。再取 100 μL 1 mmol/L 的 S1 溶液溶于 10 mL 己烷获得 10 μmol/L 的工作液。

（2）将买来的脂酶溶于 0.1 mol/L 磷酸钾缓冲液（pH = 7.4）中。

2）S1 染色

（1）在符合相关法律和机构指南的情况下，获得了受试者的书面知情同意。通过静脉穿刺获得人静脉血样，在室温下凝固 1 h。

（2）以 3000 r/min 离心 5 min 去除凝血部分，所得血清样品用 0.1 mol/L 磷酸钾缓冲液（pH = 7.4）稀释 10 倍。

（3）将稀释后的血清与探针孵育一段时间。在 365 nm 紫外灯照射下可观察到荧光的增加。

根据溶液中的光谱数据，探针的响应范围为 0~80 U/L，所以对于检测血清中的样品需要进行稀释以保证在探针检测的线性范围之内。分别采集各六份健康人群与急性胰腺炎（AP）患者的血清样品。健康人群中脂酶的含量为 96.51~171.35 U/L，而 AP 患者中脂酶的含量为 425.59~581.05 U/L，并且在 365 nm 紫外灯照射下产生了明显的荧光。采用商用的脂酶检测试剂盒进行了对照，S1 探针的检测结果与商用试剂盒一致，较商用检测试剂盒的灵敏度更高，可以检测到更低含量的脂酶，另外最为有优势的是该探针将检测时间由 25 min 缩短至 7 min，达到了高效快速灵敏的脂酶检测。

7.3　生物体内小分子检测

AIE 探针已经广泛应用于对生物体内小分了的检测,本节内容将以过氧化氢、硫醇、超氧阴离子、柠檬酸等为例进行介绍。其实验过程可以分为三个主要环节:测试前准备、光谱测试、数据处理。测试前准备包括 AIE 探针母液及待检测分子母液的配制。大多数 AIE 探针不溶于水,所以要先用易溶于水的有机溶剂溶解 AIE 探针以配制成高浓度的母液,随后在测试过程中再进一步稀释至工作浓度。配制母液的常用有机溶剂有 DMSO 和乙醇等。为了能把溶解 AIE 探针的有机溶剂对光谱测试的影响有效降低,配制的母液浓度原则上是越高越好。

AIE 探针进行分子或离子检测时的操作包括:探针 AIE 性质测试、pH 对 AIE 探针的影响测试、AIE 探针与待测物响应的时间依赖性测试、AIE 探针对待测小分子专一性识别的测试。探针 AIE 性质测试多数是在含水量为 90% 或 99% 的混合溶液中进行,一般情况下 AIE 探针在与待测分子结合后表现出 AIE 的性质,根据被测物浓度的不同表现为荧光强度的不同。生物体内环境具有一定的 pH 范围,如胃液:1~3,血液:7.3~7.4,尿液:4.5~8.0。pH 对 AIE 探针的影响测试,保证探针在生物体内检测时不受 pH 影响或受影响较小。AIE 探针与待测物结合需要一定的反应时间,进行时间依赖性测试以确定探针的响应时间。由于生物体内环境复杂,含有多种分子或离子,为避免其他物种的干扰,所以进行探针对待测小分子专一性识别的测试。

光谱测试时通常使用紫外-可见分光光度计和荧光光谱仪。通常 AIE 探针的测试浓度为 10 μmol/L,也可以根据实验情况进行调整。AIE 探针检测待测分子或离子的光谱测试前根据反应时间,摇匀后放置相应的时间。

AIE 探针对小分子的检测主要基于分子内运动受限的机理,利用探针分子与生物小分子作用后发生聚集导致荧光增强来实现对生物小分子的检测(图 7-5)。由于 AIE 探针与待测物结合后在水中溶解度发生改变,其聚集体颗粒大小会发生变化,因此,需要通过扫描电子显微镜或动态光散射仪进行反应前后粒径的测试和分析。由于动态光散射仪对灰尘和气泡及其他大的颗粒非常敏感,所以制备样品时一定要注意不要让样品中混有大颗粒物质。

图 7-5　AIE 探针检测生物体内的小分子示意图

7.3.1　过氧化氢检测及实例分析

过氧化氢（H_2O_2）是最重要的活性氧之一，在人类健康和衰老中起着重要的生理和病理作用。目前一些过氧化氢荧光探针相继报道，然而设计检测过氧化氢的 AIE 探针仍然面临巨大挑战。含糖的 AIE 分子在水溶液中几乎没有荧光，芳香硼酸能够快速可逆地与糖类化合物形成硼酸酯。所以含糖硼酸酯 AIE 分子作为一种新的 AIE 探针能够高选择性地检测过氧化氢。本节以 AIE 探针 TPE-DABF（结构式见图 7-6）为例阐述 AIE 探针检测过氧化氢的实验方法和具体实验操作[5]。相关研究人员可基于此方法，进行适当优化以实现对过氧化氢的检测。

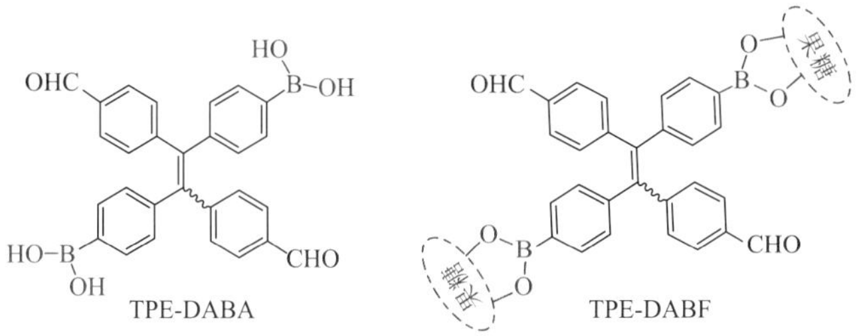

图 7-6　**TPE-DABA、TPE-DABF 和 TPE-DAP 结构式**

1. 实验方法

本例中，AIE 探针 TPE-DABA 与 D-果糖通过原位反应得到的 AIE 探针 TPE-DABF 被应用于定量检测过氧化氢。TPE-DABF 还可用于中性条件下检测葡萄糖，方法是通过检测由葡萄糖氧化酶（GOD）催化氧化葡萄糖反应生成的过氧化氢实现。由于探针 TPE-DABA 在水中溶解度较差，而与 D-果糖结合后在水中溶解度增加，再加入过氧化氢时，其荧光强度与聚集体粒径发生变化，可通过荧光显微镜和动态光散射仪进行粒径大小分析。

为了研究溶液 pH 对 AIE 探针的影响，需要测试探针在不同 pH 下荧光强度的变化。为证明该探针的专一性，本例中还检测了其他活性氧物种对过氧化氢检测的干扰。最后，使用质谱仪检测了 AIE 探针 TPE-DABF 与过氧化氢反应后分子量的变化，揭示了探针检测过氧化氢的原理。

其他检测过氧化氢的 AIE 探针可以参照此例中的思路来设计和进行类似的实验。

2. 实验操作方法及分析

所有的水溶液均由去离子水制备，大部分光谱测试是在 pH 为 7.4 的 PBS 缓冲液中进行。使用 Shimadzu UV-2450 型分光光度计进行紫外吸收光谱测试，荧光光谱由 FS5 荧光光谱仪测得。样品的吸收与发射光谱均使用 1 cm×1 cm 石英比色皿进行测试。样品颗粒尺寸采用 Brookhaven 仪器公司的 ZetaPLUS 动态光散射仪测得。光谱数据使用 Origin Pro 8.0 处理。其实验操作分成如下步骤进行。

1）样品准备

（1）活性氧的制备。

过氧化氢（H_2O_2）：将商品化过氧化氢溶液用去离子水稀释，根据朗伯-比尔定律，过氧化氢的浓度由 240 nm 处的吸光度决定，$\varepsilon = 43.6$ L/(mol·cm)。

羟基自由基（·OH）：根据芬顿（Fenton）反应，1 mmol/L 亚铁离子与 250 μmol/L 过氧化氢反应可以产生羟基自由基。

次氯酸（ClO^-）：将 5%次氯酸溶液稀释，根据朗伯-比尔定律，次氯酸根的浓度由 292 nm 处的吸光度决定，$\varepsilon = 350$ L/(mol·cm)。

过氧亚硝酸根（$ONOO^-$）：过氧亚硝酸根是由 5-氨基-3-(4-吗啉基)-1, 2, 3-噁二唑盐酸盐（3-吗啉-悉尼酮亚胺盐酸盐，SIN-1）溶于 DMSO 制得（50.0 mol/mL），浓度由 302 nm 处的吸光度决定，$\varepsilon = 1670$ L/(mol·cm)。

过氧叔丁醇（TBHP）：64 mg TBHP 的 70%水溶液用去离子水稀释至 10 mL 制得 50 mmol/L 的 TBHP 溶液。

超氧阴离子（O^{2-}）：35.5 mg 超氧化钾溶于 10 mL DMSO 制得 50 mmol/L 的 O^{2-}溶液。

亚硝酸根（NO_2^-）：$NaNO_2$ 的水溶液。

硝酸根（NO_3^-）：$NaNO_3$ 的水溶液。

（2）溶液配制。

缓冲液：Britton-Robinson 缓冲液由酸混合物（磷酸 0.04 mol/L；乙酸 0.04 mol/L；硼酸 0.04 mol/L）加入不同量的 0.2 mol/L NaOH 制得。PBS 缓冲液（pH = 7.40）由 Na_2HPO_4（133 mmol/L）和 NaH_2PO_4（133 mmol/L）混合制备，光谱测试前浓度调至 100 mmol/L。

TPE-DABA 浓储液配制：将 TPE-DABA 溶于 DMSO 中配制成 2.5 mmol/L 的浓储液，并储存于 4℃冰箱中备用。

D-果糖浓储液配制：将 D-果糖溶于去离子水中配制成浓度为 160 mmol/L 的溶液，现配现用。

2）粒径测试

配制浓度为 50 μmol/L 的 TPE-DABA 溶液（100 mmol/L PBS）、50 μmol/L 的 TPE-DABF 溶液（100 mmol/L PBS、50 μmol/L TPE-DABA 和 30 mmol/L D-果糖）、TPE-DABF 和 H_2O_2（250 μmol/L）混合液。使用荧光显微镜拍摄图片，动态光散射仪进行粒径测试。探针 TPE-DABA 不溶于水，在 0.1 mol/L PBS 缓冲液中 DLS

测试表明平均粒径约为 6000 nm。当 D-果糖加入 TPE-DABA 溶液中，悬浮液变得几乎无荧光，同时由于形成的 TPE-DABF 复合物具有良好的溶解度，聚合物的平均直径减小。在溶液中加入 H_2O_2 会生成氧化产物 TPE-DAP，其疏水性导致了聚集而使平均粒径增大。

3）质谱表征验证

配制一定浓度的 TPE-DABF 溶于甲醇和水的混合液中，进行质谱测试。向该体系中加入过氧化氢，放置 1 h 再次进行质谱测试，通过两次实验数据对比，推测出探针检测过氧化氢的原理。质谱中 m/z 419.33 处具有高丰度离子峰，表明 TPE-DABF 络合物中只有硼酸盐部分被过氧化氢氧化成苯酚，而醛基部分保持不变。

4）光谱测试

（1）pH 影响测试。

将 TPE-DABA 的 DMSO 溶液稀释至 0.5 mmol/L。然后分别取 80 µL 溶液加入不同 pH（1.94～12.69）的 3920 µL Britton-Robinson 缓冲液中，分别测试相应 pH 的荧光光谱。荧光测试前放置 30 min，所有测试重复两次。TPE-DABA 在中性和酸性条件下荧光强度较强，在碱性条件下荧光强度急剧下降。当 pH 从 8 逐渐升高到 12 时，荧光发射明显降低，说明 TPE-DABA 转化为硼酸盐，溶于高 pH 的缓冲液中。

（2）D-果糖检测。

将 80 µL TPE-DABA 浓储液和不同量的 D-果糖（0～30 mmol/L）加入 3 mL PBS 缓冲液中，相应加入特定体积的去离子水至 4 mL，分别测试相应 D-果糖浓度的光谱。荧光测试前放置 30 min，所有测试重复两次。随着 D-果糖的加入，TPE-DABA 的荧光强度逐渐降低，表明 TPE-DABA 的硼酸基团与 D-果糖的二醇基团相互作用，形成了 TPE-DABA-果糖硼酸盐复合物（TPE-DABF）。此外，在 4～16 mmol/L 范围内，510 nm 处的相对荧光强度（I_0/I）随 D-果糖浓度呈线性变化。由于含糖复合物 TPE-DABF 的良好溶解度，当 D-果糖浓度达到 30 mmol/L 时，荧光强度可以忽略。

（3）H_2O_2 检测。

将 80 µL TPE-DABA 浓储液和 750 µL D-果糖浓储液加入 3 mL PBS 缓冲液中，加入适量的去离子水后放置 30 min。然后分别将不同量的 H_2O_2（0～700 µmol/L）溶液加入混合液中，光谱测试前摇匀 1 h，所有测试重复两次。当混合物中加入 H_2O_2 时，复合物 TPE-DABF 的吸收光谱和激发光谱出现红移，与 TPE-DABA 相比，TPE-DBAF 和 H_2O_2 溶液的最大荧光发射峰红移至 576 nm。加入 H_2O_2 后的红移可能与氧化产物 TPE-DAP 的给电子和吸电子基团引起的 ICT 效应有关。

（4）葡萄糖和 GOD 产生 H$_2$O$_2$ 检测。

将 80 μL TPE-DABA 浓储液、750 μL D-果糖浓储液和一定量的葡萄糖（20 mmol/L）浓储液加入 3 mL PBS 缓冲液中，加入适量的去离子水后放置 30 min。然后加入 4 U GOD 至样品管中，光谱测试前在 37℃摇匀 1 h。所有测试重复两次。576 nm 下的相对荧光强度在 50～300 mmol/L 范围内随葡萄糖浓度呈线性增加。更重要的是，溶液在加入 H$_2$O$_2$ 或其替代品前后的变化在紫外光照下可以很容易地用肉眼分辨出来。

（5）活性氧（ROS）检测。

将 80 μL TPE-DABA 浓储液和 750 μL D-果糖浓储液加入 3 mL PBS 缓冲液中，加入适量的去离子水后放置 30 min。然后分别加入 250 μmol/L 不同活性氧物种，摇匀。分别在反应 15 min、30 min、45 min、60 min 进行测试。探针对 H$_2$O$_2$ 的荧光响应比其他 ROS 高 20 倍以上，只有 H$_2$O$_2$ 可以选择性地将苯硼酸氧化成苯酚，而其他 ROS 既不能与 TPE-DABA 反应，也不能与其他还原基团反应。

7.3.2 硫醇检测及实例分析

硫醇是细胞内一类重要的生物分子，在抗氧化防御、细胞信号转导和细胞增殖等生物过程中起着重要作用。其中，谷胱甘肽（GSH）是在人类细胞系统中发现的最丰富的（1～10 mmol/L）硫醇。细胞中 GSH 水平的改变与阿尔茨海默病、白细胞减少、银屑病、肝脏损伤和癌症等许多健康问题有关。因此，检测细胞内硫醇水平对疾病的早期诊断、疾病进展的评估和新药物的治疗效率具有重要意义。考虑到硫醇在生物功能中的重要性，开发简单、无创、高信噪比的特异性探针用于细胞内硫醇水平检测是非常必要的。本节以检测细胞内代表性硫醇 GSH 的 AIE 探针 TPE-SS-D5-cRGD（图 7-7）为例阐述 GSH 进行检测的实验方法和具体步骤[6]。相关研究人员可以此为基础，进行适当调整以应用于其他检测硫醇的 AIE 探针。

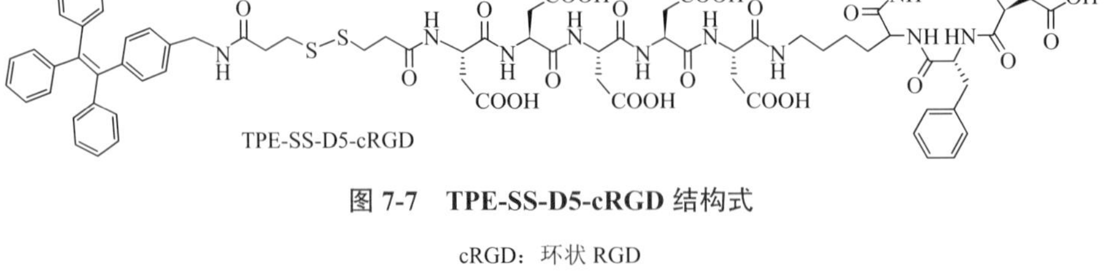

TPE-SS-D5-cRGD

图 7-7 TPE-SS-D5-cRGD 结构式

cRGD：环状 RGD

1. 实验方法

本例中，AIE 探针 TPE-SS-D5-cRGD 被用于检测细胞中含量较多的生物硫醇 GSH。其他硫醇 AIE 探针在生物成像的应用可以参照此例中的思路来设计和进行实验。

由于 AIE 探针 TPE-SS-D5-cRGD 具有一定的水溶性且荧光较弱，与 GSH 反应后，二硫键断裂，化合物的水溶性降低，因此探针会发生 AIE，可通过荧光光谱测试进行分析；形成的纳米聚集体粒径可使用激光散射（LLS）分析仪进行测试；为了监测 GSH 诱导的 TPE-SS-D5-cRGD 的荧光激活，采用反相高效液相色谱法和质谱法监测探针与 GSH 的反应。

2. 实验操作方法及分析

所有的水溶液均由 Milli-Q 制备，1×PBS 缓冲液包含 NaCl（137 mmol/L）、KCl（2.7 mmol/L）、Na_2HPO_4（10 mmol/L）和 KH_2PO_4（1.8 mmol/L）。使用 Shimadzu UV-1700 型分光光度计进行紫外吸收光谱测试，荧光光谱由 Perkin Elmer LS 55 荧光光谱仪测得。样品的吸收与发射光谱均使用 1 cm×1 cm 石英比色皿进行测试。使用粒度分析仪（90 Plus，Brookhaven Instruments Co.，美国）在室温下以 90°的固定角度对激光散射进行粒径分布测定。光谱数据使用 Origin Pro 8.0 处理。其实验操作分成如下步骤进行。

1）样品准备

TPE-SS-D5-cRGD 母液的配制：在天平上准确称量 TPE-SS-D5-cRGD，并溶于适量的 DMSO 配制成母液。DMSO 是助溶有机溶剂，能够与水互溶，少量 DMSO 对光谱测试影响较小。

GSH 母液的配制：在天平上准确称量 GSH，并溶于适量的 Milli-Q 水，现用现配。

2）光谱测试

（1）荧光量子产率的计算。

本小节测定 AIE 探针的荧光量子产率选用硫酸喹啉溶液（$\Phi_s = 0.54$）作为参比标准物质。测量时需保证荧光素和待测物质的吸光度在 0.05 以下（即 $A \leqslant 0.05$），调节荧光素和待测物质的浓度保证在最大吸收峰附近有交点。以交点处吸收波长作为激发波长，在同一光栅下测定硫酸喹啉和探针的荧光光谱。最后，根据下列公式计算荧光量子产率：

$$\Phi_x = \left(n_x^2 / n_s^2 \right) (D_x / D_s) \Phi_s$$

式中，Φ_x 和 Φ_s 分别是待测物质和参比标准物质的荧光量子产率；n_x 和 n_s 分别是待测物质和参比标准物质的溶剂折射率；D_x 和 D_s 分别是待测物质和参比标准物质的荧光光谱的校正积分面积。

（2）NaCl 和细胞培养液 DMED 对探针光谱的影响测试。

取少量 TPE-SS-D5-cRGD 母液溶于 DMSO/水（1∶199，体积比）的混合液中，制备浓度为 10 μmol/L 的稀溶液，分别加入不同浓度的 NaCl（0～960 mmol/L）和细胞培养液 DMED，设置激发波长为 312 nm 测试荧光光谱。在 0～960 mmol/L 浓度范围内，NaCl 对探针 TPE-SS-D5-cRGD 的荧光光谱无影响，同样细胞培养液 DMED 对探针光谱无响应，这表明该探针在复杂的环境中保持关闭状态，背景干扰小。

（3）时间依赖性测试。

GSH（1.0 mmol/L）与 10 μmol/L TPE-SS-D5-cRGD 在 DMSO/PBS（1∶199，体积比）中混合，测定不同时间点的荧光光谱，从 0 min 测至 180 min。加入 GSH 后 TPE-SS-D5-cRGD 的发射强度随时间延长显著增加，在 3 h 内达到最大值，是探针本征发射的 68 倍，因此该探针识别 GSH 的平衡时间为 3 h。

（4）GSH 荧光滴定。

将 TPE-SS-D5-cRGD（1.0 mmol/L）稀溶液加入不同浓度 GSH（3.9 μmol/L～1.0 mmol/L）中，混合均匀后反应 3 h 测试荧光光谱。绘制荧光强度与 GSH 浓度关系图，并进行定量分析。随着 GSH 浓度的增加，探针分子的二硫键裂解，其产物在水介质中形成的 TPE 聚集物数量增加，470 nm 处的荧光强度逐渐增强，与 GSH 浓度呈线性响应。这表明该探针具有定量检测 GSH 的潜力，检出限为 1 μmol/L。

（5）探针对其他氨基酸的荧光响应测试。

将探针 TPE-SS-D5-cRGD（1.0 μmol/L）的 DMSO/PBS（1∶199，体积比）稀溶液加入 1.0 mmol/L 的不同氨基酸 GSH（谷胱甘肽）、Cys（半胱氨酸）、Glu（谷氨酸）和 Gly（甘氨酸）中，摇匀，反应 3 h 后测试荧光光谱。结果显示 GSH、Cys 均使探针荧光强度增强。这表明探针 TPE-SS-D5-cRGD 荧光的打开是由 Cys 中的巯基与二硫键相互作用所致。

3）粒径分析

将 AIE 探针 TPE-SS-D5-cRGD（10 μmol/L）与 1 mmol/L GSH 的 DMSO/水（1∶199，体积比）溶液混合 3 h 后，使用激光散射分析仪进行测试。在水溶液中，TPE-SS-D5-cRGD 溶液未检测到激光散射信号。加入 GSH 后，探针分子二硫键断裂产生的 AIE 基团形成纳米聚集体。

4）高效液相色谱法和质谱分析

将探针 TPE-SS-D5-cRGD（10 μmol/L）与 GSH（1 mmol/L）混合，反应 3 h 后，通过监测 312 nm 处的紫外-可见吸收度来检测色谱峰。用 TOF-MS 法测定新形成峰的相应质谱。色谱图上出现两个保留时间为 10.68 min 和 11.58 min 的新峰，分别属于探针与 GSH 的反应产物 GSS-TPE 和 TPE-SH。TOF-MS 显示质荷比（*m/z*）为 755.217 和 472.164 的分子离子峰分别归属为探针与 GSH 的反应产物 GSS-TPE 和 TPE-SH。

7.3.3　超氧阴离子检测及实例分析

　　活性氧水平与细胞功能和健康息息相关。活细胞中活性氧浓度的急剧升高与癌症、心肌病、糖尿病、神经退行性疾病等疾病密切相关。而超氧阴离子是其他活性氧的前体，因此了解疾病与超氧阴离子浓度变化之间的关系具有重要的现实意义。本节以 AIE 探针 ProbeⅠ（图 7-8）为例阐述和分析 AIE 探针在超氧阴离子检测实验中的实验方法和具体实验操作[7]。其他检测超氧阴离子的 AIE 探针可在此方法上进行适当调整。

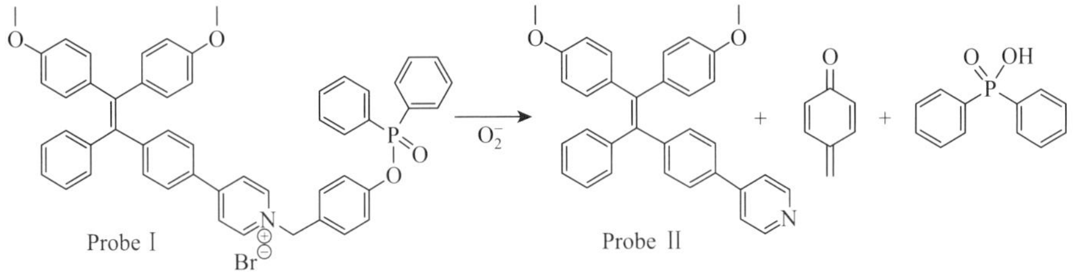

图 7-8　超氧阴离子探针结构式及其响应机理

　　1. 实验设计与方法

　　本例中，AIE 探针 ProbeⅠ被应用于定量检测超氧阴离子，其结构中的二苯基氧膦部分能够特异性识别超氧阴离子而不受其他活性氧的干扰。

　　首先检测该探针是否具有 AIE 特性，需要在不同含水量的 DMSO 溶液中进行荧光光谱测试；其次，该探针能否在生理 pH 下应用，应测试不同 pH 下的荧光光谱；生理环境中包含其他 ROS/RNS，因此需要进行该探针对超氧阴离子专一性识别的测试。AIE 探针 ProbeⅠ在 PBS 缓冲液中形成的纳米聚集体粒径使用粒度分析仪进行测试分析。

　　2. 实验操作方法实例及分析

　　超纯水由 Milli-Q 制备，PBS（pH = 7.4，10 mmol/L）缓冲液由超纯水稀释得到。使用 Biochrom Libra S80PC 双光束分光光度计进行紫外吸收光谱测试，荧光光谱由 Perkin Elmer LS 55 荧光光谱仪测得。样品的吸收与发射光谱均使用 1 cm×1 cm 石英比色皿进行测试。光谱数据使用 Origin Pro 8.0 处理。使用粒度分析仪（Brookhaven Instruments Co.，美国）进行粒径分布测定。通过激光共聚焦扫描显微镜（laser scanning microscope；LSM7 DUO）获得激光共聚焦（CLSM）图像和荧光光谱，并使用 ZEN 2009 软件（Carl Zeiss）进行处理。其实验操作分成如下步骤进行。

1）样品准备

探针母液的配制：在天平上准确称量 Probe I，并溶于适量的 DMSO 配制成 1.0 mmol/L 母液。

其他母液的配制：GSH（1.0 mmol/L）、NaClO（1.0 mmol/L）、H_2O_2（1.0 mmol/L）、SIN-1（1.0 mmol/L）和 $FeSO_4$（1.0 mmol/L）由超纯水配制；NOC-5（1.0 mmol/L）溶于 NaOH 水溶液；KO_2（1.0 mmol/L）溶于 DMSO；羟基自由基由 H_2O_2（20 μmol/L）与 Fe^{2+}（200 μmol/L）混合制得；一氧化氮和过氧亚硝酸根分别由相应的 NOC-5 和 SIN-1 制备；所有溶液现用现配。

2）光谱测试

（1）聚集诱导荧光性质的测试。

取适量 Probe I 探针母液溶于水/DMSO 不同含水量（f_w = 0 vol%～100 vol%）的混合液中，制备浓度为 10 μmol/L 的稀溶液，激发波长设置为 390 nm，分别测试不同含水量时的发射光谱。根据发射峰强度的变化分析 Probe I 探针的 AIE 特性。当含水量从 0 vol%增加到 70 vol%时，其荧光强度几乎保持不变，说明探针处于溶解状态未发生聚集。当含水量持续增大时，发射峰强度急剧增大，当含水量为 90 vol%时达到最大值。发射峰出现在 615 nm 左右，显示出红色荧光，证实 Probe I 显示出 AIE 特征。

（2）pH 对探针光谱的影响测试。

取少量 Probe I 母液溶于 DMSO/PBS（1∶99，体积比）的混合液中，制备浓度为 10 μmol/L 的稀溶液，测定在不同 pH（3～10）时的发射光谱，设置激发波长为 390 nm。在不同 pH 的 PBS 缓冲液中，Probe I 的荧光强度有细微的波动，表明探针在生理 pH 范围内是稳定的。

（3）时间依赖性测试。

将 KO_2（100 μmol/L）与 10 μmol/L Probe I 在 PBS 缓冲液（10 mmol/L，pH = 7.8，含 10% DMSO）中混合，激发波长设置为 390 nm，测定不同时间点的荧光光谱，从 0 min 测至 3 min。加入超氧阴离子后，光谱在 3 min 内达到稳定状态。

（4）超氧阴离子滴定。

在 PBS 缓冲液中配制 10 μmol/L 的 Probe I 溶液（10 mmol/L，pH = 7.8，含 10% DMSO）加入不同浓度的 KO_2（0～100 μmol/L），25℃下反应 5 min 后进行荧光光谱测试，激发波长设置为 390 nm。绘制两个发射波长处荧光强度比值与超氧阴离子浓度变化关系图，并进行定量分析。当超氧阴离子浓度增加时，615 nm

处的发射峰降低，表示 Probe I 逐渐分解。同时，525 nm 处出现新的发射峰，并随之升高，表示 Probe II 逐渐生成。其光谱表现出明显的剂量依赖性。在 20～80 μmol/L 浓度范围内，超氧阴离子浓度与峰强度比值（I_{525}/I_{615}）呈线性关系。溶液在加入超氧阴离子之前会发出红色荧光，在加入超氧阴离子之后会变成黄色，最后在加入过量的超氧阴离子之后变成绿色。两个发射峰之间的差异为 90 nm，这是由化学反应导致 Probe I 中的吡啶阳离子强吸电子基团向 Probe II 中的中性吡啶弱吸电子基团转变后 D-A 效应减弱所致。

（5）探针对其他 ROS/RNS 及金属离子的响应测试。

配制 10 μmol/L 的 Probe I 稀溶液分别加入 100 μmol/L 的 KO_2，500 μmol/L 的 GSH、OCl^-、H_2O_2、·OH、NO、$ONOO^-$、$^1O_2$，以及 500 μmol/L 的 Fe^{2+}、Fe^{3+}、Cu^+、Cu^{2+}，反应 10 min 后测试荧光光谱，激发波长设置为 390 nm。在所有研究的 ROS/RNS 物种中，只有超氧阴离子能引起 I_{525}/I_{615} 的显著变化。超氧阴离子 I_{525}/I_{615} 的变化幅度是其他 ROS/RNS 的 46 倍，$^1O_2$ 的变化幅度约为 23 倍。这些结果表明 Probe I 对超氧阴离子具有很高的选择性。同时，所加的金属离子对缓冲液中 Probe I 的发射几乎没有影响。

3）粒径分析

在 25℃下将含有 10 μmol/L Probe I 的 PBS 缓冲液（含 10% DMSO）使用粒度分析仪进行测试。

7.3.4　柠檬酸盐检测及实例分析

柠檬酸盐是三羧酸循环（又称 Krebs 循环、柠檬酸循环）的关键中间体，在需氧生物的代谢过程中起着至关重要的作用。柠檬酸盐的含量与多种疾病有关。例如，尿液中柠檬酸盐水平的降低与肾脏功能障碍有关，如肾钙质沉着和糖原储存疾病等。因此，检测生物体中柠檬酸盐的含量具有十分重要的意义。本小节以 AIE 探针 TPE-Py（图 7-9）为例阐述和分析 AIE 探针检测柠檬酸盐的实验方法和具体实验操作[8]。

1. 实验设计与方法

本例中，AIE 探针 TPE-Py 被应用于定量检测柠檬酸盐。首先检测该探针是否具有 AIE 特性，需要在不同含水量的乙醇溶液中进行荧光光谱测试；其次，该探针能否在生理 pH 下应用，应测试不同 pH 下的荧光光谱；利用核磁、质谱等对探针与柠檬酸盐的结合方式进行探究；生理环境中包含其他无机盐及含羧基的氨基酸，因此需要进行该探针对柠檬酸盐专一性识别的测试。尿液中柠檬酸盐水平的降低与肾脏功能障碍有关，因此将该探针应用于人工尿液中柠檬酸盐的检测。

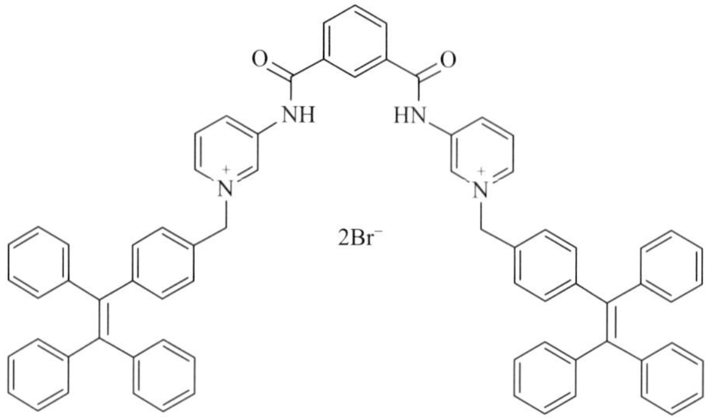

图 7-9　TPE-Py 结构式

　　AIE 探针 TPE-Py 及识别柠檬酸盐后在水中形成的纳米聚集体的粒径使用 ALV-5000 动态光散射仪进行测试分析。

　　2. 实验操作实例及分析

　　去离子水由 Milli-Q 系统纯化制备。使用 Varian Cary 500 UV-Vis 型分光光度计进行紫外吸收光谱测试，荧光光谱由 Horiba Fluoromax-4 荧光光谱仪测得。样品的吸收与发射光谱均使用 1 cm×1 cm 石英比色皿进行测试。光谱数据使用 Origin Pro 8.0 处理。使用 JEOL JSM-6360 扫描电子显微镜测得电子显微镜扫描图像。分子聚集体的粒径及粒径分布使用 ALV-5000 动态光散射仪进行测试。其实验操作分成如下步骤进行。

　　1）样品准备

　　TPE-Py 母液的配制：在天平上准确称量 5.83 mg 的 TPE-Py，并溶于 5 mL 乙醇，配制成 1 mmol/L 的母液。

　　柠檬酸盐母液的配制：在天平上准确称量柠檬酸盐，并溶于适量的 Milli-Q 水，配制成 1 mmol/L 的母液。

　　2）光谱测试

　　（1）探针 AIE 性质测试。

　　取 100 μL TPE-Py 探针母液溶于 10 mL 水/乙醇不同含水量（f_w = 0 vol%～90 vol%）的混合液中，制备浓度为 10 μmol/L 的稀溶液，激发波长设置为 330 nm，分别测试不同含水量时的发射光谱。根据发射峰强度的变化分析 TPE-Py 探针的 AIE 特性。当含水量大于 80 vol% 时，485 nm 附近的荧光强度显著增加，说明 TPE-Py 具有 AIE 活性。因此，选择水/乙醇混合物（f_w = 80 vol%）作为检测柠檬酸盐的实验环境。

　　（2）柠檬酸盐检测。

　　TPE-Py 探针可以在短时间内直接与柠檬酸盐结合，荧光强度在 2 min 内保持稳定。随着时间的推移，以及纳米颗粒的沉积，荧光强度会稍有下降，因此在加入柠檬酸盐后立即进行荧光强度的测量。随着柠檬酸盐的加入，荧光强度逐渐增加，其增强倍数约为 16 倍。

a. 检出限的计算

配制的 10 μmol/L TPE-Py 在水/乙醇混合液（f_w = 80 vol%，pH = 7）中加入不同浓度的柠檬酸盐（0～10 μmol/L），2 min 后进行荧光光谱测试。以最大发射波长处荧光强度值为纵坐标，柠檬酸盐浓度变化为横坐标，绘制剂量关系图，并进行定量分析，计算出该探针的检出限（LOD）及确定其线性检测范围。

$$LOD = 3 \ S.D./k$$

式中，k 是曲线斜率；S.D.是在没有柠檬酸盐的情况下，TPE-Py 的荧光强度的标准偏差。柠檬酸盐的检出限为 1.0×10^{-7} mol/L。

b. Job's-Plot 曲线

采用连续变分法测定 TPE-Py 和柠檬酸盐的结合比例。首先，在实验所用的溶剂中制备等浓度的探针 TPE-Py 溶液[P]和柠檬酸盐[A]。然后将探针溶液和分析溶液按不同比例混合，保持总体积为 3 mL。最后记录不同组分溶液的吸光强度。络合物的浓度，即

$$[PA] = \Delta A/A_0 \times [P]$$

式中，$\Delta A/A_0$ 是相对吸收强度；[P]是探针的浓度。以探针所占摩尔分比（χ_P）为横坐标，以 $\Delta A/A_0 \times [P]$ 为纵坐标作图。探针分析复合物浓度[PA]最大时，根据探针的摩尔分数即可计算出探针 TPE-Py 与柠檬酸盐的结合比例。探针 TPE-Py 与柠檬酸盐的结合比例为 1：1。

c. 结合常数

TPE-Py 和柠檬酸盐的结合常数 K 的计算公式如下：

$$\lg \frac{I - I_0}{I_{max} - I} = \lg K + n \lg [M^{n+}]$$

式中，K 是探针 TPE-Py 和柠檬酸盐的结合常数；I_{max} 是加入足量柠檬酸盐后的最大荧光强度；I_0 是加入柠檬酸盐之前同一波长位置的荧光强度；I 是滴定时同一波长位置的某一荧光强度值；$[M^{n+}]$是此时对应的柠檬酸盐浓度。通过对荧光数据的分析，计算出结合常数为 2.13×10^5 L/mol。

d. 核磁氢谱验证

首先，在 DMSO-d_6 溶剂中测试探针 TPE-Py 的核磁氢谱；然后加入 0.5 倍的柠檬酸盐测试核磁氢谱；最后加入 1.0 倍的柠檬酸盐测试核磁氢谱。记录三次谱图，利用核磁软件进行分析，确定探针与柠檬酸盐的结合比例。随着柠檬酸盐浓度的增加，酰胺 H_a（δ = 11.48 ppm）逐渐消失，这是由于酰胺和柠檬酸盐之间的氢键作用。此外，H_b（δ = 9.61 ppm）、H_c（δ = 8.95 ppm）和 H_d（δ = 5.86 ppm）

质子的共振峰由于吡啶阳离子和羧基阴离子之间的静电吸引而向高场移动。结果表明 TPE-Py 与柠檬酸盐的结合比例为 1∶1。

（3）pH 影响测试。

取少量 TPE-Py 母液溶于水/甲醇（$f_w = 80\ vol\%$）的混合液中，制备浓度为 10 μmol/L 的稀溶液，在不同 pH（4～9）时，分别测试探针 TPE-Py 和探针 TPE-Py 加柠檬酸盐的发射光谱。以 pH 为横坐标，以相应波长处荧光强度为纵坐标作图，分析 pH 对探针 TPE-Py 及探针检测柠檬酸盐的影响。TPE-Py 的荧光强度在 pH = 5～9 时几乎没有变化。但在 pH = 4 时，TPE-Py 与柠檬酸盐之间的静电相互作用减弱，可能是由柠檬酸盐质子化引起的。TPE-Py 在中性环境中显示出较好的 pH 稳定性。

（4）探针选择性测试。

配制的 10 μmol/L TPE-Py 中分别加入 10 μmol/L 的 NO_3^-、SO_4^{2-}、HCO_3^-、$H_2PO_4^-$、HPO_4^{2-}、间苯二甲酸（isophthalate）、α-酮戊二酸（α-ketoglutarate）、苹果酸（malate）、丙二酸（malonate）、酒石酸（tartrate）、L-(+)谷氨酸（L-(+)glutamic acid）、L-丙氨酸（L-alanine）、L-亮氨酸（L-leucine）、L-苯丙氨酸（L-phenylalanine）、L-脯氨酸（L-proline）、L-苏氨酸（L-theronine）、L-色氨酸（L-tryptophan）、尿素（urea）、肌肝（creatinine），反应 10 min 后测试荧光光谱。TPE-Py 没有观察到显著的荧光变化，说明该探针对柠檬酸盐具有较高的选择性。

（5）人工尿样中柠檬酸盐的检测。

首先将不同浓度的柠檬酸盐（1.0 μmol/L、2.0 μmol/L、4.0 μmol/L）加入 TPE-Py（10 μmol/L）溶液中，然后用低浓度绘图法测定人工尿液中溶解的柠檬酸盐的恢复浓度，每个柠檬酸盐浓度重复三次。通过对比证明探针 TPE-Py 能否用于真实生物样品的柠檬酸盐定量检测。实验结果表明 TPE-Py 可用于实际生物样品中柠檬酸盐的定量检测。

3）粒径分析

探针 TPE-Py 溶于水/乙醇（$f_w = 80\ vol\%$，pH = 7）的混合液中分别测试加入柠檬酸盐和不加柠檬酸盐时的扫描电子显微镜图；同时，使用 ALV-5000 动态光散射仪对纳米聚集体进行粒径测试。探针在水/乙醇混合液中轻微聚集，DLS 观察到平均尺寸为 92 nm，加入柠檬酸盐后，颗粒的直径增大到 211 nm。因为扫描电子显微镜测试环境是在真空状态下，而 DLS 法的测试环境在水中，所以用扫描电子显微镜测量的纳米颗粒直径比用 DLS 测量的要小。

7.3.5 抗坏血酸检测及实例分析

抗坏血酸（ascorbic acid，AA），也称维生素 C，是人类和其他动物的重要营养素，在许多生物活动中起着重要作用。AA 有助于促进组织生长、健康细胞发育和钙吸收，在许多代谢过程中也有重要作用，如氧化还原反应。它能清除自由基，保护组织免受氧化损伤。由于其在临床、制药和食品工业中的重要性，因此对它的含量检测显得尤为重要。一般的检测和定量方法包括电化学方法、滴定法、安培法、酶分析法、HPLC 法、化学发光法、基于纳米颗粒分析法、光谱测定法和荧光测定法等。

　　本小节以具有 AIE 性质的分子 1、2、3（结构式见图 7-10）为例阐述和分析 AIEgens 在检测 AA 时所用到的实验方法和具体操作步骤[9]。相关研究人员可以此为基础，进行适当调整以应用于其他检测 AA 的 AIE 探针。

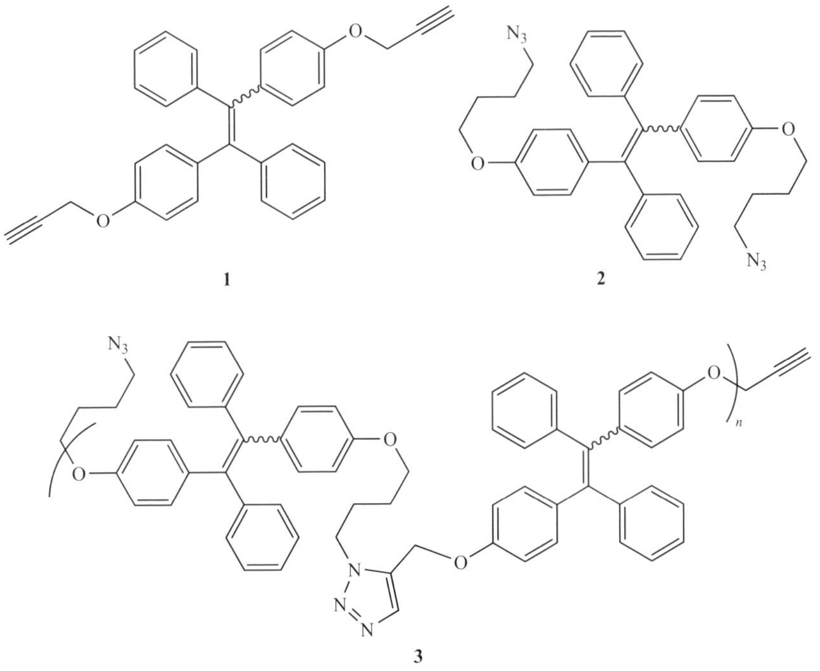

图 7-10　化合物 1、2、3 分子结构式

　　在此实验中，为了达到传感目的，合成了具有叠氮化合物和炔烃功能的四苯乙烯（TPE）衍生物 1 和 2，它们在 Cu^{2+} 和 AA 存在下经历点击反应，形成一种具有 AIE 活性的基于 TPE 的聚合物。开始时化合物 1、2 以及 Cu^{2+}（各 50 μmol/L）在 THF/H_2O（$f_w = 93$ vol%）溶液中的荧光十分微弱，向该体系中逐渐加入 AA，加入的 AA 能将 Cu^{2+} 还原为 Cu^+ 从而催化化合物 1 和 2 发生点击反应形成寡聚物 3。3 在该溶剂体系中形成聚集颗粒的胶体悬浮液，从而使体系呈现 AIE 以达到检测 AA 的目的。

1. 实验方法

本例中，将具有 AIE 性质的 **1**、**2** 分子用于检测 AA。实验中逐渐向含 **1**、**2** 以及 Cu^{2+}（各 50 μmol/L）混合物的 THF/H$_2$O（f_w = 93 vol%）混合溶剂中逐渐加入 AA，在此过程中用荧光光谱仪（JASCO FP-6300）来检测随 AA 浓度的不断增加，**1**、**2** 混合物荧光强度的变化。其他检测 AA 的 AIE 探针可以参照此例中的实验设计思路进行类似实验。

2. 实验操作方法及分析

1）测试 **1**、**2** 混合物的 AIE 性质

（1）称量稍许 **1**、**2** 化合物溶于 THF 配制成合适的混合物母液。

（2）配制总体积为 3 mL 的 THF/H$_2$O 混合溶剂，其含水量从 0 vol%～95 vol%，并使其混合均匀。

（3）取相同体积的 **1**、**2** 混合物浓储液于不同比例的 THF/H$_2$O 混合溶剂中，将上述溶液依次加入 3 mL 的荧光比色皿中，用荧光光谱仪测试不同比例混合溶剂中相同 **1**、**2** 混合物含量条件下混合物的荧光发射光谱，并依次储存荧光光谱数据备用。在波长 350 nm 激发下，化合物 **1** 或 **2** 在 THF 中荧光强度几乎可以忽略不计，当含水量达到 93 vol%时，荧光强度急剧增加，这表明化合物 **1** 或 **2** 具有 AIE 特性。

2）**1**、**2** 混合物检测 AA 测试

（1）由步骤 1）中的（3）测试可知，在 THF/H$_2$O 中含水量达到 93 vol%时 **1**、**2** 混合物的荧光发射强度最大，并以此混合溶剂配比作为以下测试的溶液。在此测试中，首先配制适当浓度的 AA 溶液。然后，配制 **1**、**2** 浓储液于 THF 溶剂成混合物备用。

（2）首先，取含有 **1**、**2** 和 Cu^{2+} 混合物的 THF/H$_2$O (f_w = 93 vol%)溶液加入 3 mL 荧光比色皿中，测试其荧光发射光谱。然后，向该比色皿中依次加入不同体积同一浓度的 AA 溶液。加入不同体积的 AA 溶液时，每次测试需加入新的 **1**、**2** 和 Cu^{2+}混合物溶液使其总体积保持在 3 mL。

（3）测试完毕后，储存荧光光谱数据备用。结果表明，随着 AA 浓度从 0 μmol/L 增加到 75 μmol/L，荧光强度逐渐升高约 18 倍。进一步滴加 AA，溶液的荧光强度开始降低，150 μmol/L 后荧光强度接近背景值。这是因为 AA 浓度的增加有助于加速 Cu^{2+} 向 Cu^+ 转化，从而通过三唑的形成增加 TPE 基聚集体的形成速率。化合物 **3** 在该溶剂体系中形成了聚集颗粒的胶体悬浮液，从而使体系表现出 AIE 的性质。然而，当 AA 的进一步加入使较小的聚合物转化为高度不溶的较大聚合物。另外，铜离子与 TPE 基多三唑衍生物发生环配位形成溶解度差的 Cu-

多三唑配合物。以上原因使化合物迅速从溶剂体系沉出，导致荧光强度下降。

3）测试 **1**、**2** 对 AA 的选择性

（1）测试用不同的阳离子（包括 Mg^{2+}、Ni^{2+}、Co^{2+}、Cd^{2+}、Al^{3+}、Mn^{2+}、Fe^{3+}、Ba^{2+}、Pb^{2+}、Zn^{2+}、Sr^{2+}）来代替实验中所用的 Cu^{2+}，然后重复步骤 2）中的（1）和（2），所不同的是将其中的 Cu^{2+} 替换为上述的阳离子。

（2）测试用不同的阴离子（包括 Cl^-、Br^-、I^-、NO_3^-、NO_2^-、SO_4^{2-}、AcO^-）来代替实验中所用的抗坏血酸阴离子，然后重复步骤 2）中的（1）和（2），所不同的是将其中的 AA 替换为上述的阴离子。

（3）测试完毕后，储存荧光光谱数据备用。测试结果表明，仅在 AA 和 Cu^{2+} 存在下有荧光响应，其他金属离子和阴离子都没有响应，这表明该体系对 AA 具有较好的选择性。此外，该探针的检出限为 5 μmol/L。

7.4 ▶ 金属离子检测

应用 AIE 探针可对汞离子、镉离子、钙离子和钾离子等金属离子进行成像检测。其实验过程可以分为三个主要环节：实验前准备、光谱实验测试和聚集态纳米颗粒表征、实验结果分析。实验前准备包括 AIE 探针母液配制及其相关测试溶液体系的配制，大多数 AIE 探针不溶于水，所以要先用易溶于水的有机溶剂溶解 AIE 探针以配制成高浓度的母液，随后在染色过程中再进一步稀释至工作浓度。配制母液的常用有机溶剂有 DMSO 和乙醇等。为了能把溶解 AIE 探针的有机溶剂对细胞的影响有效降低，配制的母液浓度原则上越高越好。AIE 溶液体系的配制一般选取与水互溶的溶剂，常用溶剂有四氢呋喃、乙腈、DMSO 等，通过控制溶剂与水的不同比例调节溶液中 AIE 探针的聚集状态，特别地，当 AIE 探针对高含水量敏感时，可以将高含水量区间进行细分再研究。目标离子的浓度梯度滴定溶液和选择性以及干扰性溶液的配制则要求选择合适的含水量测试体系，一般是根据 AIE 溶液的测试来确定能够形成纳米态的溶液体系，目标离子的添加量一般为荧光强度达到最大的浓度，也可以依据 Job's-Plot 曲线的最高点判断目标离子的添加量，干扰性离子一般按照生态环境、生物体系、工业废水等自然状态下实际存在的浓度添加。聚集态纳米颗粒溶液的配制则是为了方便测出纳米颗粒的粒径和形貌，一般是现配现测，配制时需振荡超声使得粒子分散性良好，并且要求配制的溶液足够稀，必须干净澄清，适当粒径的纳米颗粒可能还会有丁铎尔效应。

光谱和聚集态纳米颗粒的表征操作主要涉及相关仪器的使用，包括紫外-可见分光光度计、荧光光谱仪、透射电子显微镜（TEM）、扫描电子显微镜和动态光散射仪。比色皿使用时注意不要沾污或将比色皿的透光面磨损，应手持比色皿的

毛面；比色皿在盛装样品前，应用所盛装样品冲洗两次，测量结束后比色皿应用蒸馏水清洗干净后倒置晾干；若比色皿内有颜色挂壁，可用无水乙醇浸泡清洗；向比色皿中加样时，若样品流到比色皿外壁，应以滤纸蘸干，切忌用滤纸擦拭，以免比色皿出现划痕。待测液制备好后应尽快测量，避免有色物质分解，影响测量结果，测得的吸光度尽量控制在 0.2~0.8，超过 1.0 时要做适当稀释。供 TEM 分析的样品必须对电子束是透明的，通常样品观察区域的厚度以控制在 100~200 nm 为宜。纳米颗粒样品一般先滴加到铜网上，风干后送入电子显微镜分析，操作时应保证铜网完整且使用正面，否则会影响实验结果。动态光散射仪对灰尘和气泡及其他大的颗粒非常敏感，所以制备样品时一定要注意避免样品中混有大的颗粒，同时样品池的内外表面不能沾有脏物和手指印迹等。

7.4.1　汞离子检测及实例分析

　　汞离子（Hg^{2+}）作为最为常见的有毒重金属离子之一，美国环境保护署（EPA）限定饮用水中的无机汞浓度不得超过 2 ppb，否则会对人体中枢神经系统造成伤害，同时造成肠胃溃疡、呼吸困难、肺水肿、呼吸衰竭甚至死亡。因此，如何高

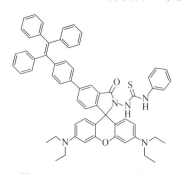

图 7-11　*m*-TPE-RNS 结构式

效、灵敏地检测痕量汞成为研究热点之一。Hg^{2+} 具有极强的亲硫性，易于结合硫代碳酰二肼上的 S 原子并生成稳定的 HgS，继而发生催化环化反应生成具有强荧光的噁二唑产物，所以许多检测 Hg^{2+} 的荧光探针基于此类设计。本小节以 AIE 探针 *m*-TPE-RNS（结构式见图 7-11）为例阐述和分析 AIE 在 Hg^{2+} 检测中的实验方法和具体实验操作[10]。相关研究人员可以基于此方法，进行适当调整以优化其他 AIE 探针对 Hg^{2+} 的检测。

1. 实验方法

　　本例中，将典型的 AIE 荧光团四苯乙烯和罗丹明共轭连接，利用 Hg^{2+} 具有极强的亲硫性，易于结合硫代碳酰二肼上的 S 原子并生成稳定的 HgS，继而发生催化环化反应生成具有强荧光的噁二唑产物设计出 AIE 的 Hg^{2+} 探针，该探针实现了检测 Hg^{2+} 后>6000 倍的比例荧光增强，检出限低至 0.3 ppb。再加入 Hg^{2+} 时，荧光团之间的能量转移使得荧光与聚集体粒径发生变化，可通过荧光显微镜和动态光散射仪进行粒径大小分析。为证明该探针的专一性，本例中还检测了其他离子对 Hg^{2+} 检测的干扰。其他检测 Hg^{2+} 的 AIE 探针可以参照此例中的思路来设计和进行类似的实验。

2. 实验操作方法及分析

下面对 *m*-TPE-RNS 进行光谱研究和聚集态纳米颗粒表征，应用 Milton Roy Spectronic 3000 array 型紫外-可见分光光度计和 Perkin Elmer LS 55 荧光光谱仪进行光谱研究，应用 Zeta-plus 电位及粒度分析仪进行纳米颗粒表征。实验中使用的金属离子 Na^+、K^+、Ni^{2+}、Al^{3+}、Ca^{2+}、Co^{2+}、Cd^{2+}、Cu^{2+}、Mg^{2+}、Fe^{2+}、Hg^{2+}、Fe^{3+} 均是氯化盐，Zn^{2+}、Ag^+、Pb^{2+} 为硝酸盐。其实验操作分成如下三个阶段进行。

1）实验前准备

（1）*m*-TPE-RNS 母液的配制：准确称量 1～5 mg 的 *m*-TPE-RNS，将其溶于适量的 DMSO，以配制浓度为 10 mmol/L 的母液。DMSO 是生物医学实验中常用的溶解不溶于水的药物的有机溶剂。

（2）聚集诱导溶液体系的配制：分别取 3 μL *m*-TPE-RNS 母液于 11 个离心管中，向离心管中分别加入总体积为 3 mL 的乙腈和去离子水，配制成含水量为 0 vol%、10 vol%、20 vol%～100 vol%的 *m*-TPE-RNS（10 μmol/L）的乙腈/水混合溶液。

（3）含 Hg^{2+} 浓度梯度 AIE 探针溶液的配制：在离心管中配制一系列总体积为 3 mL、含水量为 60 vol%的乙腈/水混合溶液，取 3 μL *m*-TPE-RNS 母液于各个离心管中，然后依次加入 0～7.5 μL Hg^{2+}（10 mmol/L）溶液，涡旋摇匀，即配制成含不同 Hg^{2+}浓度梯度（0～25 μmol/L）的 *m*-TPE-RNS（10 μmol/L）溶液。

（4）含各种金属离子的选择性（A 组）/干扰性（B 组）溶液的配制：A 组为在离心管中配制一系列总体积为 3 mL、含水量为 60 vol%的乙腈/水混合溶液，取 3 μL *m*-TPE-RNS 母液于各个离心管中，然后依次加入 6.0 μL 不同的金属离子 K^+、Na^+、Ca^{2+}、Mg^{2+}、…、Hg^{2+}（10 mmol/L）溶液，涡旋摇匀；B 组为在 A 组的系列溶液中分别加入 6.0 μL 的 Hg^{2+}（10 mmol/L），振荡摇匀。即配制成含各种金属离子（20 μmol/L）的选择性（A 组）/干扰性（B 组）的 *m*-TPE-RNS（10 μmol/L）溶液。

（5）聚集态纳米颗粒溶液的配制：取 3 μL *m*-TPE-RNS 母液稀释到含水量为 60 vol%的乙腈/水混合溶液中，振荡摇匀，避光静置保存。

2）光谱实验测试和聚集态纳米颗粒表征

（1）该例 AIE 探针在不同含水量中的发光性质实验、Hg^{2+}浓度梯度滴定实验、各种金属离子的选择性（A 组）/干扰性（B 组）实验均在紫外-可见分光光度计和荧光光谱仪上获得。吸收光谱接收范围选择在 200～650 nm，考虑到该 AIE 探针为双波长发射，故以 355 nm 为激发波长，发射光谱接收范围选择在 400～700 nm。

（2）*m*-TPE-RNS 探针对 Hg^{2+} 的检出限（LOD）测定：LOD = 3σ/slope，其

中，σ 是 m-TPE-RNS 溶液连续扫描十次计算出的标准偏差；slope 是某一波长处的荧光强度（或紫外吸收强度）与离子浓度进行拟合作图得出的线性回归方程的斜率。

（3）荧光量子产率的测定：测定 m-TPE-RNS 的荧光量子产率时选择与 m-TPE-RNS 化合物吸收波长最大吸收峰附近有交点的参比物质作为标准物质。测量时需保证参比物质和待测物质的吸光度在 0.05 以下（即 $A{\leqslant}0.05$），以交点处吸收波长作为激发波长，在同一光栅下测定参比物质和 m-TPE-RNS 的荧光光谱。根据下列公式计算荧光量子产率：

$$\Phi_x = (n_x^2 / n_s^2)(D_x / D_s)\Phi_s$$

式中，Φ_x 和 Φ_s 分别是待测物质和参比标准物质的荧光量子产率；n_x 和 n_s 分别是待测物质和参比标准物质的溶剂折射率；D_x 和 D_s 分别是待测物质和参比标准物质的荧光光谱的校正积分面积。

（4）聚集态纳米颗粒粒径的测定：将已配制的 m-TPE-RNS 稀溶液超声分散，该例探针在混合溶液中可形成聚集态纳米颗粒，利用动态光散射仪（DLS）测定其粒径范围。

3）实验结果分析

（1）利用 Excel 和 Origin Pro 9.32 软件对光谱数据进行处理：以不同含水量为横坐标，荧光发射强度为纵坐标作图获得 AIE 性质实验数据。荧光光谱结果显示，在低含水量时，m-TPE-RNS 的荧光信号较弱，当含水量大于 55%时，位于 480 nm 处发射峰明显增强并在含水量为 60%时达到最大值，然后随着含水量增加，荧光强度降低，可能是由于在高含水量时 m-TPE-RNS 倾向于形成大的聚集体而从溶液中沉淀出来。以接收波长为横坐标，吸收强度或发射强度为纵坐标作图获得 Hg^{2+} 浓度梯度滴定实验数据，可以看出随着 Hg^{2+} 浓度的增加，m-TPE-RNS 在 480 nm 处发射强度逐渐降低，而 595 nm 处出现新的荧光发射峰并逐渐增强，等发射点为 572 nm。这归因于四苯乙烯单元向罗丹明受体的快速高效的跨键能量转移（TBET）过程。有趣的是，当加入 2eq. Hg^{2+}时，峰强度比值（I_{595}/I_{480}）增强超过 6100 倍，检出限低至 0.3 ppb，低于 EPA 标准饮酒中允许的最大 Hg^{2+} 浓度（2 ppb）。以各种金属离子浓度为横坐标，双通道发射比值为纵坐标作图获得选择性（A 组）/干扰性（B 组）实验数据，由柱形图可以明显看出，实验所测试的几种常见金属离子对探针 m-TPE-RNS 识别 Hg^{2+} 过程几乎没有干扰，说明此探针具有较好的抗干扰能力，是一种优良的 Hg^{2+} 探针。

（2）将聚集态纳米颗粒在 DLS 上测得的数据导入 Origin Pro 9.32 软件中，以粒径为横坐标，丰度值为纵坐标作柱状图并分析可知，柱状图密集区域为粒径集中范围。使用 DLS 前一定要保证比色皿干净、溶液浓度低和粒子分散性好，通过 DLS 测定 m-TPE-RNS 在 60%含水量时的纳米粒径为 182 nm。

7.4.2 镉离子检测及实例分析

镉具有优异的抗碱性物质腐蚀能力，其在工业生产中应用非常广泛，然而随之而来的镉污染问题也日益严重。关于镉的生物毒理性研究显示，在低剂量镉环境暴露中易引起人体的肾功能损伤，甚至导致肺炎、肺水肿、肺气肿等疾病。因此，研究 Cd^{2+} 快速检测的方法对环境化学具有重要的应用价值。单-6-叠氮基-

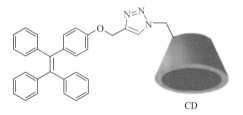

图 7-12 TPE-triazole-CD 结构式

CD：β-环糊精

β-环糊精（N_3-CD）通常作为点击反应的前体连接到配体和材料上，应用于多领域研究。本小节将 N_3-CD 和典型的 AIE 荧光团四苯乙烯连接开发出 AIE 探针 TPE-triazole-CD（结构式见图 7-12），故以此探针为例阐述和分析 AIE 在 Cd^{2+} 检测中的实验方法和具体实验操作[11]。相关研究人员可以基于此方法，进行适当调整以应用于其他 AIE 探针在生物环境中对 Cd^{2+} 的检测。

1. 实验方法

本例中，通过 TPE 和 N_3-CD 的点击反应合成新型针对 Cd^{2+} 的 AIE 荧光探针。该 AIE 探针可实现对 Cd^{2+} 的特异性检测而不受其他离子的干扰，在中性环境中表现出优异的选择性开启荧光响应，检出限低至 0.01 μmol/L。Job's-Plot 曲线表明探针与 Cd^{2+} 为 2：1 配位。Cd^{2+} 的加入使得荧光与聚集体粒径发生变化，可通过荧光显微镜和动态光散射仪进行粒径大小分析。除了检测金属离子外，TPE-triazole-CD 还具有生物相容性和容纳大量客体分子的能力，有望用作生物传感器。其他检测 Cd^{2+} 的 AIE 探针可以参照此例中的思路来设计和进行类似的实验。

2. 实验操作方法及分析

下面对 TPE-triazole-CD 进行光谱研究和聚集态纳米颗粒表征，应用 Milton Roy Spectronic 3000 array 型紫外-可见分光光度计和 Cary Eclipse 型荧光光谱仪进行光谱研究，应用 Tecnai G2 F20 200 kV 场发射透射电子显微镜获得纳米颗粒形貌表征，应用 Zeta-plus 电位及粒度分析仪进行纳米颗粒表征。实验中使用的金属离子 Na^+、K^+、Ca^{2+}、Co^{2+}、Cd^{2+}、Pb^{2+}、Cu^{2+}、Mg^{2+}、Zn^{2+}、Hg^{2+}、Fe^{3+} 均是氯化盐，Al^{3+} 和 Ag^+ 是硝酸盐。其实验操作分成如下三个阶段进行。

1）实验前准备

（1）TPE-triazole-CD 母液的配制：准确称量 1～5 mg 的 TPE-triazole-CD，将其溶于适量的 DMSO，以配制浓度为 10 mmol/L 的母液。DMSO 是生物医学实验中常用的溶解不溶于水的药物的有机溶剂。

（2）聚集诱导溶液体系的配制：分别取 7.5 μL TPE-triazole-CD 母液于 7 个离心管中，向离心管中分别加入总体积为 3 mL 的 DMSO 和去离子水，配制成含水量为 0 vol%、50 vol%、80 vol%、90 vol%、92 vol%、95 vol% 和 98 vol% 的 TPE-triazole-CD（25 μmol/L）的 DMSO/水混合溶液。

（3）含 Cd^{2+} 浓度梯度 AIE 探针溶液的配制：在离心管中配制一系列总体积为 3 mL、含水量为 50 vol% 的 DMSO/水混合溶液，取 7.5 μL TPE-triazole-CD 母液于各个离心管中，然后依次加入 0～7.5 μL 的 Cd^{2+}（10 mmol/L）溶液，涡旋摇匀，即配制成含不同 Cd^{2+} 浓度梯度（0～25 μmol/L）的 TPE-triazole-CD（25 μmol/L）溶液。

（4）含各种金属离子的选择性（A 组）/干扰性（B 组）溶液的配制：A 组为在离心管中配制一系列总体积为 3 mL、含水量为 50 vol% 的 DMSO/水混合溶液，取 7.5 μL 的 TPE-triazole-CD 母液于各个离心管中，然后依次加入 3.75 μL 不同的金属离子 K^+、Na^+、Ca^{2+}、Mg^{2+}、…、Hg^{2+}（10 mmol/L）溶液，涡旋摇匀；B 组为在 A 组的系列溶液中分别加入 3.75 μL 的 Cd^{2+}（10 mmol/L），振荡摇匀。即配制成含各种金属离子（12.5 μmol/L，0.5 eq.）的选择性（A 组）/干扰性（B 组）的 TPE-triazole-CD（25 μmol/L）溶液。

（5）聚集态纳米颗粒溶液的配制：一份取 TPE-triazole-CD 母液稀释到含水量为 50 vol% 的 DMSO/水混合溶液中配制成 100 μmol/L 稀溶液，另一份再向稀溶液中加入 0.5 eq. 的 Cd^{2+}，振荡摇匀，避光静置保存。

2）光谱实验测试和聚集态纳米颗粒表征

（1）该例 AIE 探针在不同含水量中的 AIE 性质实验、Cd^{2+} 浓度梯度滴定实验、各种金属离子的选择性（A 组）/干扰性（B 组）实验均在紫外-可见分光光度计和荧光光谱仪上获得。吸收光谱接收范围选择在 200～650 nm，以 330 nm 为激发波长，发射光谱接收范围选择在 400～700 nm。

（2）TPE-triazole-CD 探针对 Cd^{2+} 的检出限（LOD）测定：LOD = 3σ/slope，其中，σ 是 TPE-triazole-CD 溶液连续扫描十次计算出的标准偏差；slope 是某一波长处的荧光强度（或紫外吸收强度）与离子浓度进行拟合作图得出的线性回归方程的斜率。

（3）待测物质与响应离子的结合常数 K 的计算公式如下：

$$\lg \frac{I - I_0}{I_{\max} - I} = \lg K + n \lg [M^{n+}]$$

式中，K 是待测物质和响应离子的结合常数；I_{max} 是加入足量 Cd^{2+} 后的最大荧光强度；I_0 是加入响应离子 Cd^{2+} 前同一波长位置的荧光强度；I 是 Cd^{2+} 滴定时同一波长位置的某一荧光强度值；$[M^{n+}]$ 为此时对应的 Cd^{2+} 浓度。

（4）采用荧光等摩尔连续变化法来测定 TPE-triazole-CD 和 Cd^{2+} 的配位比，也称为 Job's-Plot 方程法。固定[探针 + Cd^{2+}] = 30 μmol/L 不变，将 Cd^{2+} 的浓度与 TPE-triazole-CD 和 Cd^{2+} 总浓度的比值作为横坐标，TPE-triazole-CD 对 Cd^{2+} 的荧光发射强度作为纵坐标，二者的关系作图，测定了探针与 Cd^{2+} 的配位比。由 Job's-Plot 曲线可知，当 Cd^{2+} 的摩尔分数接近 0.33 时所产生的聚集荧光发射强度最大，从而明确了两者的络合比为 2∶1。进一步通过非线性拟合计算得到二者的络合平衡常数为 5.7×10^5，表明形成了相对稳定的络合物。

（5）聚集态纳米颗粒粒径和形貌的测定：将已配制的 TPE-triazole-CD 稀溶液超声分散，该例探针在混合溶液中可形成聚集态纳米颗粒，利用 DLS 测定其粒径范围。取 5 μL 纳米颗粒溶液滴加到 200 目普通碳支持膜的正面上，室温下风干，然后在相关技术人员操作下使用 TEM 观察纳米颗粒形貌。

3）实验结果分析

（1）利用 Excel 和 Origin Pro 9.32 软件对光谱数据进行处理：以不同含水量为横坐标，荧光发射强度为纵坐标作图获得 AIE 性质实验数据。该实验通过在 TPE-triazole-CD 的 DMSO 溶液中不断加入不良溶剂水来研究其 AIE 性质，激发波长为 330 nm 时，TPE-triazole-CD 在 DMSO 的稀溶液中几乎不发光，当含水量增至 80 vol%时，在 476 nm 处开始发射较强荧光，继续增加体系中含水量到 92 vol%，荧光强度急剧增强，且荧光发射峰波长几乎无变化。TPE-triazole-CD 的 AIE 特性是由四苯乙烯部分通过疏水作用聚集从而抑制苯环自由旋转引发。以接收波长为横坐标，吸收强度或发射强度为纵坐标作图获得 Cd^{2+} 浓度梯度滴定实验数据，结果发现，TPE-triazole-CD 浓度较低（<9 μmol/L）时，溶液的荧光强度随着 Cd^{2+} 的加入急剧增强且在 0.2～2.0 范围内呈线性变化，线性相关系数可达 0.97388。当 Cd^{2+} 浓度达到 12 μmol/L 时，其荧光强度达到最大，此后继续增加 Cd^{2+} 的浓度，荧光强度几乎保持恒定。这可能是由于溶液中大多数 TPE-triazole-CD 分子都已与 Cd^{2+} 络合。由此可推测 TPE-triazole-CD 与 Cd^{2+} 的络合比为 2∶1，检测下限可至 0.01 μmol/L 甚至更低。另外，通过增加 TPE-triazole-CD 的浓度，不仅在紫外灯下实现 Cd^{2+} 的检测，当其浓度增加直到 100 mmol/L 时，Cd^{2+} 的加入能够使其发生强聚集而快速沉淀，从而实现肉眼观测。以各种金属离子的浓度为横坐标，荧光发射强度为纵坐标作图获得选择性（A 组）/干扰性（B 组）实验数据，实验中分别将 Na^+、K^+、Ag^+、Al^{3+}、Ca^{2+}、Fe^{3+}、Mg^{2+}、Pb^{2+}、Zn^{2+}、Hg^{2+} 及所有金属的混合离子作为干扰离子，考察了干扰离子存在情况下 TPE-triazole-CD 对 Cd^{2+} 的响应程度。实验结果表明，除 Ag^+ 外，其他所有金属离子的存在对化合物

TPE-triazole-CD 的荧光强度几乎没有影响，故 TPE-triazole-CD 可以作为一种理想的特异性 AIE 荧光传感器来检测水中的 Cd^{2+}。

（2）将聚集态纳米颗粒在 DLS 上测得的数据导入 Origin Pro 9.32 软件中，以粒径为横坐标、丰度值为纵坐标做柱状图并分析可知，柱状图密集区域为粒径集中范围。使用 DLS 前一定要保证比色皿干净、溶液浓度低和粒子分散性好。TEM 数据可用作图软件标尺注解，呈现的图片要求清晰可观。特别地，DLS 测量出的粒径为水合粒径，一般比 TEM 图片上的纳米颗粒粒径要大。为了观察 TPE-triazole-CD 在 DMSO/H_2O 溶液中加 Cd^{2+} 前后样品的微观形貌，将其样品溶液分别滴加到镀碳膜的 TEM 标准微栅铜网上，待溶剂挥发后，分别选择在微米和纳米尺度的 TEM 下观察其形貌。加入 Cd^{2+} 后，体系中形成许多分子团簇，引起更加紧密的聚集。EDX 能谱显示处于低能级的 Cd 含量远高于高能态 Cd，表明大部分 Cd^{2+} 参与了络合过程，这为配合物的形成提供了更直接的证据。

7.4.3　钙离子检测及实例分析

作为人体含量最多的金属离子，Ca^{2+} 在细胞器的上调与下调直接影响着许多生命过程，对于神经信号传递、基因转录及一些免疫反应有着重要的作用。利用荧光探针检测 Ca^{2+} 在生命体内的实时分布对理解 Ca^{2+} 在生命体内扮演的角色具有重要意义。亚氨基二乙酸钠盐作为典型的金属离子螯合剂，对高价金属离子有很高的亲和力和螯合作用。本小节将带负电荷的亚氨基二乙酸钠盐和水杨醛（SA）基团通过席夫碱连接开发出 AIE 探针 SA-4CO$_2$Na（结构式见图 7-13），故以此探针为例阐述和分析 AIE 在 Ca^{2+} 检测实验中的实验方法和具体实验操作[12]。相关研究人员可以基于此方法，进行适当调整以应用于其他 AIE 探针在生物环境中对 Ca^{2+} 的检测。

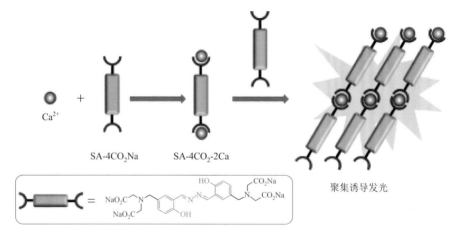

图 7-13　SA-4CO$_2$Na 结构式及响应机理

1. 实验方法

本例中，通过将带负电荷的亚氨基二乙酸钠盐和水杨醛基团以席夫碱连接开发出新型的 AIE 钙离子荧光探针。该 AIE 探针可实现对 Ca^{2+} 的特异性检测而不受其他离子的干扰，可在毫摩尔范围内（0.6～3.0 mmol/L）选择性识别 Ca^{2+} 并点亮荧光响应，结合常数为（20.7±2.69）L/mol，可以有效区分高钙血症（1.4～3.0 mmol/L）和正常（1.0～1.4 mmol/L）Ca^{2+} 水平。通过荧光响应、扫描电子显微镜和透射电子显微镜明确证实了 SA-4CO$_2$Na 和 Ca^{2+} 之间的纤维状聚集体的形成。因此，可以预期这种 AIE 活性探针将通过点亮荧光成像和检测毫摩尔水平的 Ca^{2+} 而具有广泛的生物医学应用。其他检测 Ca^{2+} 的 AIE 探针可以参照此例中的思路来设计和进行类似的实验。

2. 实验操作方法及分析

下面对 SA-4CO$_2$Na 进行光谱研究和聚集态纳米颗粒表征，应用 Shimadzu UV-2600 型紫外-可见分光光度计和 Hitachi F-7000 型荧光光谱仪进行光谱研究，应用 C11347 Quantaurus_QY 型光谱仪测量绝对量子产率，应用 FEI Q25 型扫描电子显微镜和 JEM-1400 plus 型透射电子显微镜获得纳米颗粒形貌表征。实验中使用的金属离子 Na^+、Li^+、K^+、Co^{2+}、Ni^{2+}、Cu^{2+}、Mg^{2+}、Zn^{2+}、Fe^{3+} 均是硝酸盐，Ca^{2+} 是氯化盐，磷酸盐（PBS）缓冲液、胎牛血清（FBS）和猪血红蛋白（PHB）均冷冻保存。其实验操作分为如下三个阶段进行。

1）实验前准备

（1）SA-4CO$_2$Na 母液的配制：准确称量 1～5 mg 的 SA-4CO$_2$Na，将其溶于适量的 DMSO，以配制浓度为 10 mmol/L 的母液。DMSO 是生物医学实验中常用的溶解不溶于水的药物的有机溶剂。

（2）聚集诱导溶液体系的配制：分别取 3 μL SA-4CO$_2$Na 母液于 15 个离心管中，向离心管中分别加入总体积为 3 mL 的 THF 和去离子水，配制成含水量为 0 vol%、10 vol%、20 vol%、30 vol%、40 vol%、50 vol%、60 vol%、70 vol%、80 vol%、90 vol%、92 vol%、94 vol%、96 vol%、98 vol%和 99 vol%的 SA-4CO$_2$Na（10 μmol/L）的 THF/水混合溶液。

（3）含 Ca^{2+} 浓度梯度 AIE 探针溶液的配制：在离心管中加入一系列体积为 90 μL 的 PBS 缓冲液（pH = 7.4），取 10 μL SA-4CO$_2$Na 母液于各个离心管中，然后依次加入不同浓度的 Ca^{2+} 溶液，涡旋摇匀，即配制成含不同 Ca^{2+} 浓度梯度（0～3.0 mmol/L）的 SA-4CO$_2$Na（1.0 mmol/L）溶液。

（4）含各种金属离子的选择性（A 组）/干扰性（B 组）溶液的配制：A 组为在离心管中加入一系列体积为 90 μL 的 PBS 缓冲液（pH = 7.4），取 10 μL

SA-4CO$_2$Na 母液于各个离心管中，然后依次加入不同的金属离子 K$^+$、Na$^+$、Mg^{2+}、…、Cu^{2+}（50 μmol/L）溶液，涡旋摇匀；B 组为在 A 组的系列溶液中分别加入 Ca^{2+}（3.0 mmol/L），振荡摇匀。即配制成含各种金属离子（50 μmol/L）的选择性（A 组）/干扰性（B 组）的 SA-4CO$_2$Na（1 mmol/L）溶液。

（5）聚集态纳米颗粒溶液的配制：一份取 SA-4CO$_2$Na 母液（10 μL，10 mmol/L）稀释到 PBS 缓冲液（90 μL）中配制成 1.0 mmol/L 稀溶液；另一份再向稀溶液中加入 Ca^{2+}（3.0 mmol/L），振荡摇匀，避光静置保存。

2）光谱实验测试和聚集态纳米颗粒表征

（1）该例 AIE 探针在不同含水量中的 AIE 性质实验、Ca^{2+}浓度梯度滴定实验、各种金属离子的选择性（A 组）/干扰性（B 组）实验均在紫外-可见分光光度计和荧光光谱仪上获得。吸收光谱接收范围选择在 300～650 nm，以 351 nm 为激发波长，发射光谱接收范围选择在 450～800 nm。

（2）待测物质与响应离子的结合常数 K 的计算公式如下：

$$\lg \frac{I - I_0}{I_{\max} - I} = \lg K + n \lg [\mathrm{M}^{n+}]$$

式中，K 是待测物质和响应离子的结合常数；$I_{\max}$ 是加入足量 Ca^{2+}后的最大荧光强度；I_0 是加入响应离子 Ca^{2+}前同一波长位置的荧光强度；I 是 Ca^{2+}滴定时同一波长位置的某一荧光强度值；[M^{n+}]为此时对应的 Ca^{2+}浓度。

（3）聚集态纳米颗粒粒径和形貌的测定：将已配制的 SA-4CO$_2$Na 稀溶液超声分散，该例探针在混合溶液中可形成聚集态纳米颗粒，利用 DLS 测定其粒径范围。取 5 μL 纳米颗粒溶液滴加到 200 目普通碳支持膜的正面上，室温下风干，然后在相关技术人员操作下使用 SEM 和 TEM 观察纳米颗粒的形貌。

3）实验结果分析

（1）利用 Excel 和 Origin Pro 9.32 软件对光谱数据进行处理：以不同含水量为横坐标，荧光发射强度为纵坐标作图获得 AIE 性质实验数据。结果显示，SA-4CO$_2$Na 可以很好地溶解在水中，观察到吸收峰位于 351 nm 和一个非常弱的发射峰在 541 nm。向纯水体系中加入 THF 溶剂，随着 THF 含量从 0 vol%增加到 90 vol%，SA-4CO$_2$Na 的发射强度缓慢增加，当 THF 含量从 90 vol%增加到 99 vol%时，荧光强度迅速增加。荧光量子产率从水溶液中的 0.23%增加到 THF/H$_2$O（99∶1，体积比）混合物中的 5.2%，然后在固态下增加到 10.6%。固态荧光量子产率的增加（46 倍）归因于分子内运动受限（RIM）和激发态分子内质子转移（ESIPT）的机制。同时，荧光寿命从水溶液中的 1.32 ns 增加到固态时的 2.48 ns，并观察到约 190 nm 大的斯托克斯位移。以接收波长为横坐标，吸收强度或发射强度为纵坐标作图获得 Ca^{2+}浓度梯度滴定实验数据，测试了 PBS 缓冲液（pH = 7.4）中 SA-4CO$_2$Na 对 Ca^{2+}的检测能力，在添加 Ca^{2+}之前，探针发出微弱的荧光；加入 Ca^{2+} 后，观察到荧光逐渐增强约 11.5 倍，最大发射波长为 560 nm。Ca^{2+} 浓度与 560 nm 处峰强度呈线性关系，线性检测范围为 0.6～3.0 mmol/L，有望区分高钙血症（1.4～3.0 mmol/L）和正常（1.0～1.4 mmol/L）Ca^{2+} 水平。SA-4CO$_2$Na 的检测能力可以归因于探针与 Ca^{2+} 螯合形成聚集体，这将有效地限制分子内的运动并保护分子内的氢免受极性水的破坏以确保 ESIPT 过程的顺利进行。此外，与 Ca^{2+} 结合后，也可以抑制从给电子的苄基氮原子到 SA 的光诱导电子转移（PET）过程，将进一步促进聚集状态下的荧光增强（Φ_F = 14.5%）。以各种金属离子为横坐标，荧光发射强度为纵坐标作图获得选择性（A 组）/干扰性（B 组）实验数据，由柱形图可以明显地看出，实验所测试的几种常见金属离子 Na^+、K^+、Li^+、Fe^{3+}、Mg^{2+}、Co^{2+}、Zn^{2+}、Cu^{2+} 对探针 SA-4CO$_2$Na 识别 Ca^{2+} 过程几乎没有干扰，说明此探针具有较好的抗干扰能力，是一种优良的 Ca^{2+} 探针。

（2）将聚集态纳米颗粒在 DLS 上测得的数据导入 Origin Pro 9.32 软件中，以粒径为横坐标，丰度值为纵坐标做柱状图并分析可知，柱状图密集区域为粒径集中范围。使用 DLS 前一定要保证比色皿干净、溶液浓度低和粒子分散性好。TEM 数据可用作图软件标尺注解，呈现的图片要求清晰可观。特别地，DLS 测量出的粒径为水合粒径，一般比 TEM 图片上的纳米颗粒粒径要大。使用 SEM 和 TEM 可视化分析与 Ca^{2+} 螯合之前和之后的 SA-4CO$_2$Na 的形态变化。SA-4CO$_2$Na 在不存在 Ca^{2+} 的情况下会形成不规则的聚集体，而在 Ca^{2+} 存在情况下会快速形成原纤维的聚集体。SEM 和 TEM 图像清楚直观地证明了 SA-4CO$_2$Na 与 Ca^{2+} 螯合后可以高度形成发射性和纤维状聚集体。

7.4.4　钾离子检测及实例分析

K^+ 是人体细胞内含量丰富的金属离子，细胞外 K^+ 浓度约为 5 mmol/L，细胞内其浓度达到 150 mmol/L，红细胞和表皮细胞中 K^+ 浓度分别达到 200 mmol/L 和 475 mmol/L。K^+ 参与多种生理过程，如可以调节细胞内适宜的渗透压和体液的酸碱平衡，参与细胞内糖和蛋白质的代谢，有助于维持神经健康、心跳规律正常，可以预防中风，并协助肌肉正常收缩等。人体血钾含量过高或过低会引起多种疾病的发生，如血压降低、心律不齐、心电图改变、肌肉衰弱等。因此，K^+ 荧光探针近年来成为科研工作者研究的热点。本小节基于 AIE 原理将冠醚环和四苯乙烯通过马来酰亚胺连接开发出 K^+ 探针 TPE-(B15C5)$_4$（结构式见图 7-14），在溶液中探针荧光很弱，加入后按照 1∶2（K^+∶冠醚环）的配位方式形成三明治结构，使得探针发生有效聚集，荧光增强。故以此探针为例阐述和分析 AIE 在 K^+ 检测实验中的实验方法和具体实验操作[13]。相关研究人员可以基于此方法进行适当调整以应用于其他 AIE 探针在生物环境中对 K^+ 的检测。

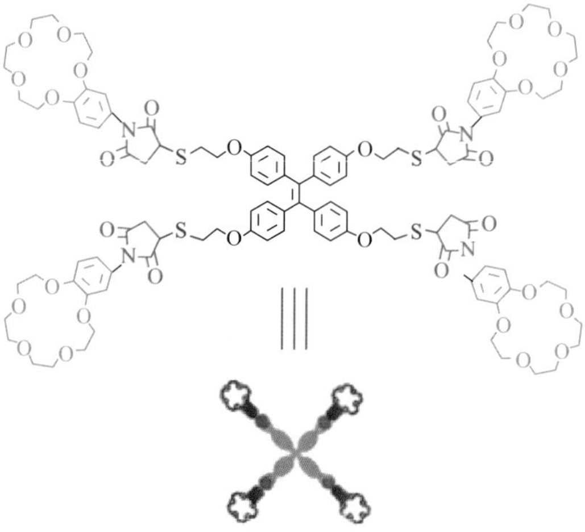

图 7-14   TPE-(B15C5)₄ 结构式

1. 实验方法

本实验的原理为冠醚与 K^+ 配位聚集使荧光增强,可通过荧光显微镜和动态光散射仪进行粒径大小分析。该 AIE 探针可实现对 K^+ 的特异性检测而不受其他离子的干扰,检出限约为 1.0 μmol/L。因此,可以预期这种 AIE 活性探针将通过点亮荧光成像和检测微摩尔水平的 K^+ 而具有广泛的生物医学应用。其他检测 K^+ 的AIE 探针可以参照此例中的思路来设计和进行类似的实验。

2. 实验操作方法及分析

下面对 TPE-(B15C5)₄ 进行光谱研究和聚集态纳米颗粒表征,应用 TU-1910 double-beam 型紫外-可见分光光度计和 RF-5301/PC(Shimadzu)型荧光光谱仪进行光谱研究。应用原子力显微镜(AFM)和动态光散射仪获得超分子交联的纳米颗粒形貌表征。实验中使用的金属离子 Na^+、Li^+、K^+、Ca^{2+}、Pb^{2+}、Mg^{2+} 均是硫氰酸盐,溶解在乙腈溶液中作为浓储液。其实验操作分为如下三个阶段进行。

1)实验前准备

(1)TPE-(B15C5)₄ 母液的配制:准确称量 1~5 mg 的 TPE-(B15C5)₄,将其溶于适量的 CH_3CN 以配制浓度为 4.8 mmol/L 的母液。

(2)聚集诱导溶液体系的配制:分别取 2.0 μL TPE-(B15C5)₄ 母液于 10 个离心管中,向离心管中分别加入总体积为 2.0 mL 的 THF 和去离子水,配制成含水量为 0 vol%、10 vol%、20 vol%~90 vol%的 TPE-(B15C5)₄(4.8 μmol/L)的 THF/水混合溶液。

（3）含 K^+ 浓度梯度 AIE 探针溶液的配制：在离心管中加入一系列体积为 2.0 mL 的 THF 溶液，取 2.0 μL TPE-(B15C5)$_4$ 母液于各个离心管中，然后依次加入不同浓度的 K^+ 溶液，涡旋摇匀，即配制成含不同 K^+ 浓度梯度（0～20 μmol/L）的 TPE-(B15C5)$_4$（4.8 μmol/L）溶液。

（4）含各种金属离子的选择性（A 组）/干扰性（B 组）溶液的配制：A 组为在离心管中加入一系列体积为 2.0 mL 的 THF 溶液，取 2.0 μL TPE-(B15C5)$_4$ 母液于各个离心管中，然后依次加入不同的金属离子 Na^+、Li^+、Ca^{2+}、Pb^{2+}、Mg^{2+}（4.8 μmol/L）溶液，涡旋摇匀；B 组为在 A 组的系列溶液中分别加入 K^+（4.8 μmol/L），振荡摇匀。即配制成含各种金属离子（4.8 μmol/L）的选择性（A 组）/干扰性（B 组）的 TPE-(B15C5)$_4$（4.8 μmol/L）溶液。

（5）聚集态纳米颗粒溶液的配制：一份取 TPE-(B15C5)$_4$ 母液（2.0 μL，4.8 mmol/L）稀释到 THF 溶剂中配制成 4.8 μmol/L 稀溶液；另一份再向稀溶液中加入 K^+（19.2 μmol/L），振荡摇匀，避光静置保存。

2）光谱实验测试和聚集态纳米颗粒表征

（1）该例 AIE 探针在不同含水量中的 AIE 性质实验、K^+ 浓度梯度滴定实验、各种金属离子的选择性（A 组）/干扰性（B 组）实验均在紫外-可见分光光度计和荧光光谱仪上获得。吸收光谱接收范围选择在 240～700 nm，以 360 nm 为激发波长，发射光谱接收范围选择在 370～700 nm。

（2）采用荧光等摩尔连续变化法来测定 TPE-(B15C5)$_4$ 和 K^+ 的配位比，也称为 Job's-Plot 方程法。固定[探针 + K^+] = 28.8 μmol/L 不变，将 K^+ 的浓度与 TPE-(B15C5)$_4$ 和 K^+ 总浓度的比值作为横坐标，TPE-(B15C5)$_4$ 对 K^+ 的荧光发射强度与初始荧光强度比值（I/I_0）作为纵坐标，二者的关系作图，测定了探针与 K^+ 的配位比。

（3）聚集态纳米颗粒粒径和形貌的测定：将已配制的 TPE-(B15C5)$_4$ 稀溶液超声分散，该例探针在 THF 溶液中可形成超分子交联的纳米颗粒，利用 DLS 测定其粒径范围，利用 AFM 观察纳米颗粒形貌。

3）实验结果分析

（1）利用 Excel 和 Origin Pro 9.32 软件对光谱数据进行处理：以不同含水量为横坐标，荧光发射强度为纵坐标作图获得 AIE 性质实验数据，为了验证 TPE-(B15C5)$_4$ 是否具有与 TPE 相同的 AIE 特性，研究了在含水量不同的 THF/水混合体系中 TPE-(B15C5)$_4$ 的荧光发射。当以 360 nm 波长激发时，TPE-(B15C5)$_4$ 在纯 THF 溶液中显示出非常弱的荧光发射，表明此时的分子处于溶解荧光猝灭状态。相反，随着混合溶液体系中含水量增加，荧光发射逐渐增强，并且当含水量高于 70 vol% 时观察到显著的荧光增强现象，这是由 TPE-(B15C5)$_4$ 在较高含水量下形成聚集体所致，证实了 TPE-(B15C5)$_4$ 的荧光发射行为可以通过 AIE 效应关闭或打开。以接收波长为横坐标、吸收强度或发射强度为纵坐标作图获得 K$^+$ 浓度梯度滴定实验数据，考虑到 TPE 单元的 AIE 特性以及 K$^+$ 与外围冠醚之间的超分子识别部分，本小节设想添加 K$^+$ 会诱导 TPE-(B15C5)$_4$ 聚集并通过荧光发射打开实现对 K$^+$ 的荧光检测。当将 K$^+$ 逐渐添加到 TPE-(B15C5)$_4$ 的 THF 溶液（4.8 μmol/L，[B15C5] = 19.2 μmol/L）中时，460 nm 处的发射强度显著增强。当[K$^+$] = 9.6 μmol/L（[K$^+$]/[B15C5] = 1∶2）时，TPE-(B15C5)$_4$ 溶液的发射强度比不存在 K$^+$ 时高 7.5 倍，当[K$^+$] = 19.2 μmol/L（[K$^+$]/[B15C5] = 1∶1）时，溶液的发射强度达到 9.5 倍，此识别过程可由肉眼观察到，检出限低至约 1.0 μmol/L。以各种金属离子为横坐标，荧光发射强度为纵坐标作图获得选择性（A 组）/干扰性（B 组）实验数据。实验中分别将各种金属离子作为干扰离子，考察了干扰离子存在情况下 TPE-(B15C5)$_4$ 对 K$^+$ 的响应程度。结果表明，干扰离子的存在对化合物 TPE-(B15C5)$_4$ 的荧光强度几乎没有影响，故 TPE-(B15C5)$_4$ 可以作为一种理想的特异性 AIE 荧光传感器来检测水中的 K$^+$。

（2）将聚集态纳米颗粒在 DLS 上测得的数据导入 Origin Pro 9.32 软件中，以粒径为横坐标、丰度值为纵坐标作柱状图并分析可知，柱状图密集区域为粒径集中范围。使用 DLS 前一定要保证比色皿干净、溶液浓度低和粒子分散性好。TEM 数据可用作图软件标尺注解，呈现的图片要求清晰可观。特别地，DLS 测量出的粒径为水合粒径一般比 TEM 图片上的纳米颗粒粒径要大。此外，THF 溶液中 TPE-(B15C5)$_4$/K$^+$ 混合物的 AFM 测量直接揭示超分子交联形成球形纳米颗粒，平均尺寸为 230 nm，纳米颗粒分散良好。在 THF 中 TPE-(B15C5)$_4$ 的强度平均流体动力学直径⟨D_h⟩为 1 nm，这表明 TPE-(B15C5)$_4$ 可以以分子形式溶解在 THF 中，而加入 1.0 eq.K$^+$ 时，明显形成了 200 nm 的纳米颗粒聚集体。

7.5　其他化学物质检测

7.5.1　2, 4, 6-三硝基苯酚检测及实例分析

由于硝基芳烃（nitro aromatics，NACs）炸药，如 2, 4, 6-三硝基甲苯（2, 4, 6-trinitrotoluene，TNT）和 2, 4, 6-三硝基苯酚（2, 4, 6-trinitrophenol，TNP）等具有极大的爆炸危险性，因此国内外科研人员对其进行了大量的研究。TNP 作为 NACs 之一，广泛应用于化学实验室、工业染料、烟花爆竹和制药等领域。研究发现，饮用水中 TNP 的允许浓度为 0.5 mg/L，可分析日摄入量（acceptable daily intake，ADI）为 1～37 μg/(kg·d)。因此，广泛使用 TNP 会污染土壤和地下水，并可能进一步导致皮肤刺激、贫血、癌症和肝功能异常。当人们吸入、摄入或触摸

时也会损伤呼吸器官。鉴于 TNP 对环境的污染以及对人体健康的危害，对 TNP 的敏感和选择性检测越来越受到人们的重视。本小节以 AIE 探针 DMA（图 7-15）为例说明和分析 AIE 材料在检测水中 TNP 所用到的实验方法和具体操作步骤[14]。相关研究人员可以此为基础，进行适当调整以应用于其他 AIE 探针对 TNP 的检测。

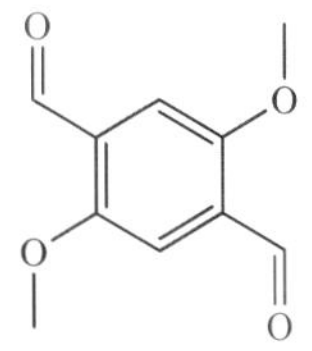

图 7-15　DMA 分子结构式

本例中 DMA 能够检测 TNP 的基本原理是 DMA 分子中的—CHO 基团和 TNP 中的—OH 基团存在较强的氢键作用。此外，理论计算表明，DMA 的 LUMO 计算值（–3.47 eV）高于 TNP（–3.93 eV）和 TNT（–3.80 eV），表明 TNP 和 TNT 的荧光猝灭是由光诱导电子转移过程引起的。

1. 实验方法

本例中，将具有 AIE 性质的 DMA 分子用于水中 TNP 的检测。实验中逐渐向含 DMA 的 THF/H_2O（含水量 $f_w = 70$ vol%）混合溶剂中加入 TNP，在此过程中用荧光光谱仪（Horiba FluoroMax-4，日本）来检测随 TNP 浓度的不断增加，DMA 荧光强度的变化。其他检测水中 TNP 的 AIE 探针可以参照此例中的实验设计思路进行类似实验。

2. 实验操作方法及分析

为了研究 TNP 的加入对 DAM 荧光强度的影响，该实验主要分为三个部分。第一，实验前研究不同 THF/H_2O 比值时，TNP 对哪种比例混合溶剂中 DMA 的猝灭效率最高。第二，实验过程中研究在某一 THF/H_2O 比例混合溶剂条件下 TNP 对 DMA 荧光强度的猝灭程度，并储存荧光光谱数据。第三，测试化合物 DMA 对硝基苯[硝基苯（NB）、二硝基苯（DNB）和 TNT]、硝酸酯[季戊四醇四硝基酯（PETN）、硝化甘油（NG）和硝酸甲胺（MN）]、硝胺[环三亚甲基三硝胺（RDX）]等硝基芳烃的选择性，以下是每部分的具体操作方法。

1）测试化合物 DMA 的 AIE 性质

（1）称量稍许 DMA 化合物溶于 THF 配制成合适的浓储液。

（2）配制总体积为 3 mL 的 THF/H_2O 混合溶剂，其含水量为 0 vol%～90 vol%，并使其混合均匀。

（3）最后，取相同体积的 DMA 浓储液加入不同比例的 THF/H_2O 混合溶剂中，将上述溶液依次加入 3 mL 的荧光比色皿中，用荧光光谱仪测试不同比例混合溶剂中相同 DMA 含量条件下，DMA 的荧光发射光谱并依次储存荧光光谱数据备用。在该测试过程中发现，化合物 DMA 随 THF/H_2O 的比值而逐渐变化，当含水量增加到 10 vol%时，由于 DMA 激发态与周围溶剂分子的偶极-偶极相互作用，可以观察到 DMA 的微弱荧光。随着含水量的进一步增大，其荧光发射强度随之增强。当含水量为 70 vol%时，发射强度达到最大值，是原来的 38 倍。这些结果表明，化合物 DMA 具有 AIE 的性质。

2）TNP 对 DMA 荧光猝灭测试

（1）由上述（3）中测试可知，在 THF/H$_2$O 混合溶剂中，当含水量达到 70%时 DMA 的荧光发射强度最大，并以此比例混合溶剂作为以下测试的溶液。在此测试中，首先配制适当浓度的 TNP 水溶液。然后，配制 DMA 浓储液于 THF 溶剂中备用。

（2）首先，取含有 DMA（1.1×10^{-4} mol/L）的溶液加入 3 mL 荧光比色皿中，测试其荧光发射光谱。然后，向该比色皿中依次加入不同体积（5～250 μL）的同一浓度的 TNP（6.6×10^{-4} mol/L）溶液。加入不同体积的 TNP 时，每次测试需加入新的 DMA（1.1×10^{-4} mol/L）溶液并使其总体积保持在 3 mL。

（3）测试完毕后，储存荧光光谱数据备用。该荧光滴定结果表明，在 TNP 浓度为 4.3×10^{-5} mol/L 的情况下，它对 DMA 荧光的猝灭效率达到了最大，为 97%。根据 DMA 发射强度与 TNP 浓度的线性关系，可以计算出检出限为 1.2×10^{-7} mol/L（0.0275 mg/L），这是在水中检测 TNP 的最佳结果，远远低于饮用水中 TNP 的允许浓度（0.5 mg/L）。

3）测试化合物 DMA 对 TNP 的选择性

（1）首先，分别配制适当浓度的 TNP、硝基苯（NB、DNB 和 TNT）、硝酸酯（PETN、NG 和 MN）、硝胺（RDX）等硝基芳烃。然后，配制 DMA 浓储液于 THF 溶剂中备用。

（2）取相同体积的 DMA 的溶液加入 3 mL 荧光比色皿中，测试其荧光发射光谱。然后，向该比色皿中依次加入同一浓度和体积的不同种类硝基芳烃溶液。加入硝基芳烃溶液时，每次测试需加入新的 DMA 溶液并使 THF/H$_2$O 总体积保持在 3 mL 且含水量为 70 vol%。

（3）测试完毕后，储存荧光光谱数据备用。该实验数据表明，DMA 对不同爆炸物的荧光猝灭效率是明显不同的。其中，TNP 对 DMA 的猝灭效率是 TNT 的 2.2 倍、DNB 的 4.7 倍、PETN 的 11 倍。而对于 RDX、MN 和 NG，DMA 的荧光强度甚至有 0.1 倍的增强。这意味着 DMA 作为传感探针对 TNP 具有良好的选择性。

7.5.2　胺蒸气检测及实例分析

合成氨每年生产数百万吨，在农业、制药和食品工业中有着广泛的应用。生物胺和挥发性氨也是由代谢过程中氨基酸的降解产生的，它们的异常高水平可作为食品腐败的指标或作为各种疾病的生物标志物，如肺癌、尿毒症和肝病。尽管胺被广泛应用，但是挥发性胺基水合物对人的皮肤、眼睛和呼吸系统都是有毒的、刺激性的和腐蚀性的。因此，开发有效的检测方法是至关重要的。传统的胺蒸气检测方法基于气相色谱-质谱（GC-MS）、高效液相色谱（HPLC）和电化学系统（electrochemical systems），但通常需要大型固定仪器和复杂的组成部分，这阻碍了它们在资源有限的领域中的应用。近年来，用于氨检测的荧光传感器以其灵敏度高、成本低、操作简单等优点显示出巨大的优势。然而，它们大多数是基于具有 ACQ 特性的荧光源，需要在溶液中稀释或分散在基质材料中，这将使制备过程复杂化，降低可移植性。因此，开发易于制造和便携的胺蒸气荧光传感器是非常理想的。

近年来，具有 AIE 特性的荧光团显示出巨大的发展潜力，可作为便携式传感器，在聚集状态下具有高发射率，不需要分散在溶液或基质中。本小节以具有 AIE 性质的分子 HPQ-Ac（结构式见图 7-16）为例阐述和分析 AIE 材料在检测胺蒸气所用到的实验方法和具体操作步骤[15]。相关研究人员可以此为基础，进行适当调整以应用于其他 AIE 探针对胺蒸气的检测。

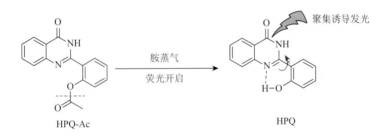

图 7-16　胺蒸气荧光传感器 HPQ-Ac 的设计原理

在此实验中，为了达到传感目的，合成了化合物 HPQ-Ac。由于激发态分子内质子转移和分子内构象机制的限制，HPQ 具有典型的 AIE 特性。在 HPQ-Ac 中，乙酰基对苯氧基的保护可以通过破坏分子内氢键和阻断 ESIPT 过程来有效地猝灭其荧光。与胺蒸气反应后，通过水解反应裂解 *O*-乙酰键，生成的 HPQ 将通过恢复分子内氢键和聚集态或固态的分子内运动的限制来恢复荧光。

1. 实验方法

在本例中，将具有 AIE 性质的 HPQ-Ac 分子用于检测胺蒸气。实验中，首先将 20 μL 的 HPQ-Ac（10 mmol/L）的 CH_2Cl_2 溶液滴入滤纸中蒸发干燥，以提供可携带的传感器。滤纸上的 HPQ-Ac 在紫外线照射下几乎不发光，将其暴露在胺蒸气中，随着胺蒸气浓度增加，其荧光强度也迅速增加。其他检测胺蒸气的 AIE 探针可以参照此例中的实验设计思路进行类似实验。

2. 实验操作方法及分析

实验过程中，使用荧光光谱仪（Horiba FluoroMax-4）来检测 HPQ 本身的 AIE 性质。此外，还使用紫外分光光度计（Shimadzu UV-2600）来检测 HPQ-Ac 与胺蒸气反应后的产物是否与 HPQ 本身的紫外吸收相一致，以此来验证 HPQ-Ac 与胺蒸气接触后确实发生了氨解反应，使 O-乙酰键生成了 HPQ。此外，为了说明 HPQ-Ac 对胺蒸气的选择性，选择了氨、肼、烷基胺和芳香胺分别进行实验。以下是每部分的具体操作方法。

1）测试化合物 HPQ 的 AIE 性质

（1）称量稍许 HPQ 溶于 THF 配制成合适的浓储液。

（2）配制总体积为 3 mL 的 THF/H_2O 混合溶剂，其含水量为 0 vol%～99 vol%，并使其混合均匀。

（3）取体积相同的 HPQ 浓储液于不同比例的 THF/H_2O 混合溶剂中，用荧光光谱仪测试不同比例混合溶剂中 HPQ 的荧光发射光谱，并依次储存荧光光谱数据备用。通过测试数据发现，虽然 HPQ 的荧光强度在含水量 0 vol%～90 vol%范围内保持较低的水平，但含水量从 90 vol%增加到 99 vol%，HPQ 荧光强度迅速增加。HPQ 的荧光量子产率也从 THF 中的 0.3%提高到了 H_2O/THF（99∶1，体积比）中的 32.4%，在固态下进一步提高到 59.4%。这些数据表明 HPQ 具有 AIE 的性质。

2）HPQ-Ac 对氨气的检测

（1）将 20 μL 的 HPQ-Ac（10 mmol/L）的 CH_2Cl_2 溶液滴入滤纸中蒸发干燥，以提供可携带的传感器。

（2）将制备好的传感器暴露于不同浓度（0 ppm、10 ppm、22 ppm、37 ppm、50 ppm、144 ppm、331 ppm、360 ppm）的氨气中，放置 5 min。

（3）用荧光光谱仪测试（激发波长 333 nm）暴露于不同氨气浓度的滤纸片，观察其荧光强度。与此同时，为了直观地看到不同氨气浓度下滤纸上 HPQ-Ac 分解产物的荧光强度，也可将纸片置于 365 nm 的紫外灯下直接观察发光强度。

（4）测试完毕后，储存荧光光谱数据备用。以上实验表明，滤纸本身的 HPQ-Ac 在紫外光照射下几乎不发光，但在氨气浓度增加后，其荧光强度迅速增加。例如，当氨气浓度高于 20 ppm（工作场所的最大允许浓度）时，在便携式紫外灯的辅助下，肉眼可直接观察到强荧光。基于信噪比法，计算出 HPQ-Ac 对氨气的检出限（3 倍信噪比 3N/S）为 8.4 ppm。这些实验清楚地说明了负载在滤纸上的 HPQ-Ac 可以作为一种便携式胺蒸气检测传感器，具有便携性好、操作简单的优点。

3）检测 HPQ-Ac 与氨气反应后产物 HPQ

（1）测试 10 μmol/L HPQ-Ac 的紫外吸收光谱。将少许化合物 HPQ-Ac 溶于 3 mL THF 中，配成 10 μmol/L 的溶液。然后，使用紫外分光光度计测试紫外吸收光谱并保存数据。

（2）测试 10 μmol/L HPQ 的紫外吸收光谱。方法同 3）中的（1），然后保存数据。

（3）将 10 μmol/L HPQ-Ac 置于氨气中，待其充分反应后，使用紫外分光光度计测试吸收光谱并保存数据，方法同 3）中的（1）。为了验证氨气能裂解 HPQ-Ac 中的 O-乙酰键而生成化合物 HPQ，测量了 HPQ-Ac 与氨气反应产物的吸收光谱，结果表明其与 HPQ 的吸收光谱有很好的重合性。实验证明，氨气与 HPQ-Ac 的反应能有效地完全裂解 O-乙酰键。

4）测试 HPQ-Ac 与不同种类胺蒸气反应对胺蒸气的选择性

（1）使用荧光光谱仪测试（激发波长 492 nm）HPQ-Ac 与胺蒸气反应前的荧光强度 I_0，并保存数据。

（2）用于不同种类的胺蒸气（氨、肼和烷基胺）分别与 HPQ-Ac 反应，并用荧光光谱仪测试它在 333 nm 处的发光强度 I，保存测试数据。

（3）用 I/I_0 表示在经过不同种类胺蒸气的作用下，荧光强度的变化程度。氨、肼和烷基胺[苄胺（benzylamine）、$EtNH_2$、Et_2NH、NMe_3、Et_3N]的优良发光比（I/I_0）表明，这些胺蒸气可以有效地裂解 O-乙酰键，通过氨解反应生成发光强度高的 HPQ 产物。然而，对于芳香胺[苯胺(aniline), 2-甲基苯胺(2-methylaniline)]，氮上的电子离域进入芳香环而导致其碱度和亲核性大大降低，因此观察到明显降低的点亮率。对于生物胺，如腐胺、尸胺和组胺，由于其低挥发性，不能有效地点亮 HPQ-Ac 传感器。

7.5.3　氰化物检测及实例分析

氰化物是毒性最强的阴离子之一，对人体健康危害极大。众所周知，0.5~3.5 mg/kg 体重的氰化物对人体是致命的。CN^- 的毒性是由于它与细胞色素 C 氧化酶中的铁物种有结合的倾向，从而干扰电子传递导致缺氧。然而，世界卫生组织（WHO）发布的饮用水标准中 CN^- 的最高允许水平仅为 1.9 mmol/L。然而，含 CN^- 的化学品用于各种工业过程，包括黄金开采、电镀和冶金。因此，开发高效、简单的氰化物检测系统是非常理想的。有意或无意地将氰化物释放到环境中可能会导致严重的问题。到目前为止，大量的氰化物传感器已经投入使用。然而这些传感器大多数依赖于氢键基序，因此通常对其他阴离子（如 F^- 和 CH_3COO^-）表现出中等的选择性。

在本小节中，以基于 TPE 的分子 **1**（结构式见图 7-17）为例阐述和分析 AIE 材料在检测氰化物时所用到的实验方法和具体操作步骤[16]。相关研究人员可以此为基础，进行适当调整以应用于其他 AIE 探针对氰化物的检测。

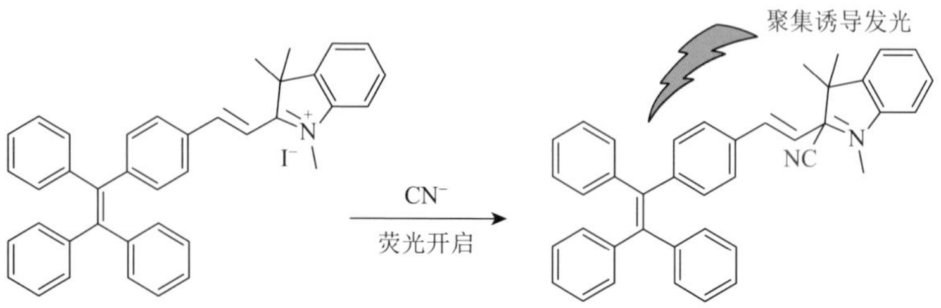

图 7-17　化合物 1 结构式及氰化物检测机理

在此实验中，为了达到传感目的，合成了化合物 **1**。图 7-17 阐释了 **1** 在水溶液中检测 CN⁻的机理。其机理如下：①吲哚部分带正电荷增强了其水溶性，可以使化合物 **1** 水溶。因此根据以往 AIE 分子性质的研究，**1** 在水溶液中预计为弱发射。②**1** 中的吲哚部分可与 CN⁻反应生成 **1-CN**。此时，分子不带电荷，在水溶液中的溶解度可能较低，根据 TPE 化合物的 AIE 特征，会发生溶解度下降并开启 TPE 的荧光的现象。因此，化合物 **1** 可用于水溶液中 CN⁻的荧光启动检测。

1. 实验方法

在本例中，将具有 AIE 性质的分子 **1** 用于检测氰化物。实验中，首先在水中测试化合物 **1**（20 μmol/L）在不同 CN⁻浓度下的荧光发射光谱。然后测试化合物 **1** 在不同种类的阴离子存在条件下对 CN⁻的选择性。最后，为了演示化合物 **1** 在 CN⁻检测中的实际应用，构建了一个初步的纸条测试系统。在该系统中，将化合物 **1** 的水溶液滴在中性滤纸上干燥后，在紫外光（365 nm）下形成一个红色斑点，小心地将改性滤纸暴露在含 CN⁻的水溶液中，在紫外光照射下，滤纸的发射色迅速从橙色变为几乎白色。同时，斑点的颜色由橙色变为淡蓝色。但是，含有化合物 **1** 的滤纸与含有其他阴离子的水溶液相互作用后，没有检测到如此明显的吸收和发射颜色变化。

2. 实验操作方法及分析

下面实验分为三个部分，其实验操作如下进行。

1）测试化合物 **1** 与 CN⁻作用后的 AIE 性质

（1）称量稍许化合物 **1** 溶于水配制成合适的浓储液。

（2）取上述化合物 **1** 浓储液于 3 mL 荧光比色皿中，配制成 20 μmol/L 水溶液并用荧光光谱仪测试它的荧光发射光谱，储存数据。

（3）向该比色皿中依次加入不同体积的同一浓度的 CN^-。加入不同体积的 CN^- 溶液时，每次测试需加入新的化合物 **1** 以使溶液总体积保持在 3 mL。测试化合物 **1** 在不同 CN^- 浓度下的荧光发射光谱。

（4）测试完毕后，储存荧光光谱数据备用。由测试结果可知，如预期的那样，化合物 **1**（20.0 mmol/L）的水溶液在没有 CN^- 的情况下几乎是不发荧光的。加入 CN^- 后荧光强度逐渐增强。例如，在 **1** 的溶液中，当 CN^- 浓度达到 20.0 mmol/L 时，荧光强度增加 300 倍以上。这也表明，**1** 中的吲哚部分可与 CN^- 反应生成 1-CN，其在水溶液中的溶解度较低，因此会发生聚集并根据 TPE 化合物的 AIE 特征开启 TPE 部分的荧光。

2）测试化合物 **1** 对 CN^- 的选择性

（1）首先，测试用不同的阴离子（包括 F^-、Cl^-、Br^-、I^-、SCN^-、SO_4^{2-}、$H_2PO_4^-$、CH_3COO^-、NO_3^-、NO_2^-、N_3^-、EDTA、S^{2-}）来代替实验中所用的 CN^-，然后重复步骤 1）中的（2）和（3），所不同的是将其中的 CN^- 替换为上述的阴离子。

（2）测试完毕后，储存荧光光谱数据备用。结果表明，只有加入 CN^- 后，化合物 **1** 才有明显的荧光增强，而在相同条件下，其他阴离子的荧光增强可以忽略不计。因此，化合物 **1** 对 CN^- 具有较高的选择性。此外，加入不同金属离子后，**1** 的荧光强度变化可以忽略不计，这样就可以消除金属离子的干扰。

3）化合物 **1** 在 CN^- 检测中的实际应用

（1）构建一个初步的纸条测试系统。首先，将化合物 **1** 的水溶液滴在中性滤纸上。

（2）待其干燥后，在紫外光（365 nm）照射下形成一个红色斑点，小心地将改性滤纸暴露在含 CN^- 的水溶液中。

（3）观察滤纸上斑点颜色的变化并记录拍照。

（4）测试含有化合物 **1** 的滤纸与含有其他阴离子的水溶液相互作用。重复上述步骤（2）和（3），所不同的是将 CN^- 替换成不同种类的阴离子（包括 F^-、Cl^-、Br^-、I^-、SCN^-、SO_4^{2-}、$H_2PO_4^-$、CH_3COO^-、NO_3^-、NO_2^-、N_3^-、EDTA、S^{2-}），观察实验现象并记录。该实验表明，将改性滤纸暴露在含有 CN^- 的水溶液中，在紫外光照射下，滤纸的发射色迅速从橙色变为几乎白色。同时，滤纸的颜色由橙色变为淡蓝色。但是，含有 **1** 的滤纸与含有其他阴离子的水溶液相互作用后，没有检测到如此明显的吸收和发射颜色变化，这表明化合物 **1** 可作为一个简单的试纸条系统用于快速检测 CN^-。

（陈韵聪）

参 考 文 献

[1] Dhara K，Hori Y，Baba R，et al. A fluorescent probe for detection of histone deacetylase activity based on aggregation-induced emission. Chemical Communications，2012，48（94）：11534-11536.

[2] Liang J，Kwok R T，Shi H，et al. Fluorescent light-up probe with aggregation-induced emission characteristics for alkaline phosphatase sensing and activity study. ACS Applied Materials & Interfaces，2013，5（17）：8784-8789.

[3] Gu K，Qiu W，Guo Z，et al. An enzyme-activatable probe liberating AIEgens：on-site sensing and long-term tracking of β-galactosidase in ovarian cancer cells. Chemical Science，2019，10（2）：398-405

[4] Shi J，Deng Q，Wan C，et al. Fluorometric probing of the lipase level as acute pancreatitis biomarkers based on interfacially controlled aggregation-induced emission（AIE）. Chemical Science，2017，8（9）：6188-6195.

[5] Liu G J，Long Z，Lv H J，et al. A dialdehyde-diboronate-functionalized AIE luminogen：design，synthesis and application in the detection of hydrogen peroxide. Chemical Communications，2016，52（67）：10233-10236.

[6] Yuan Y，Kwok R T，Feng G，et al. Rational design of fluorescent light-up probes based on an AIE luminogen for targeted intracellular thiol imaging. Chemical Communications，2014，50（3）：295-297.

[7] Gao X，Feng G，Manghnani P N，et al. A two-channel responsive fluorescent probe with AIE characteristics and its application for selective imaging of superoxide anions in living cells. Chemical Communications，2017，53（10）：1653-1656.

[8] Liu C，Hang Y，Jiang T，et al. A light-up fluorescent probe for citrate detection based on bispyridinum amides with aggregation-induced emission feature. Talanta，2018，178：847-853.

[9] Khandare D G，Kumar V，Chattopadhyay A，et al. An aggregation-induced emission based "turn-on" fluorescent chemodosimeter for the selective detection of ascorbate ions. RSC Advances，2013，3（38）：16981-16985.

[10] Chen Y，Zhang W，Cai Y，et al. AIEgens for dark through-bond energy transfer：design，synthesis，theoretical study and application in ratiometric Hg^{2+} sensing. Chemical Science，2017，8（3）：2047-2055.

[11] Zhang L，Hu W，Yu L，et al. Click synthesis of a novel triazole bridged AIE active cyclodextrin probe for specific detection of Cd^{2+}. Chemical Communications，2015，51（20）：4298-4301.

[12] Gao M，Li Y，Chen X，et al. Aggregation-induced emission probe for light-up and *in situ* detection of calcium ions at high concentration. ACS Applied Materials & Interfaces，2018，10（17）：14410-14417.

[13] Wang X，Hu J，Liu T，et al. Highly sensitive and selective fluorometric off-on K^+ probe constructed via host-guest molecular recognition and aggregation-induced emission. Journal of Materials Chemistry，2012，22（17）：8622-8628.

[14] Liu H，Fu Y，Xu W，et al. Microcrystal induced emission enhancement of a small molecule probe and its use for highly efficient detection of 2, 4, 6-trinitrophenol in water. Science China Chemistry，2018，61（7）：857-862.

[15] Gao M，Li S，Lin Y，et al. Fluorescent light-up detection of amine vapors based on aggregation-induced emission. ACS Sensors，2015，1（2）：179-184.

[16] Huang X，Gu X，Zhang G，et al. A highly selective fluorescence turn-on detection of cyanide based on the aggregation of tetraphenylethylene molecules induced by chemical reaction. Chemical Communications，2012，48（100）：12195-12197.

附录 >>

聚集诱导发光教学实验设计

为了更好地普及聚集诱导发光知识，将聚集诱导发光的概念、原理和应用引入高等学校本科教育中，本书汇总了一批关于聚集诱导发光的大学化学实验课程案例。这些案例包括聚集诱导发光分子的合成、聚集诱导发光原理的验证及聚集诱导发光分子的应用实例，旨在为高等学校开展聚集诱导发光相关实验教学课程提供参考。

（李　恺　臧双全）

 利用 Reimer-Tiemann 反应合成水杨醛缩肼 AIE 分子的综合实验

一、实验目的

（1）通过查阅文献，了解 AIE 材料的研究现状及其应用前景。

（2）掌握 AIE 荧光分子的发光特点。

（3）了解水杨醛缩肼产生 AIE 现象的 RIR 机理和 ESIPT 机理。

（4）了解 Reimer-Tiemann 反应的机理，练习并熟悉水蒸气蒸馏、萃取、干燥等基础有机操作。

二、实验原理

1. 通过 Reimer-Tiemann 反应合成水杨醛和对羟基苯甲醛

Reimer-Tiemann 反应是通过酚类物质和氯仿在碱性条件下反应合成芳香醛，具有原料成本低、操作简单等突出优点。工业上常采用 Reimer-Tiemann 反应生产水杨醛。以 Reimer-Tiemann 反应制备水杨醛的机理如图 1 所示：首先，氯仿在碱性溶液中形成二氯卡宾。同时，苯酚在碱性溶液中可以形成带有负电荷的中间体 Ⅰ 和 Ⅱ。中间体 Ⅱ 与二氯卡宾反应，得到中间体Ⅲ。Ⅲ从溶剂或者反应体系中得到一个质子后，羰基 α-H 离开，形成中间体Ⅳ或Ⅴ。Ⅴ经水解产生醛基，酸化后获得水杨醛。若中间体Ⅲ从溶剂或者反应体系中得到一个质子后，羰基γ-H 离开，则形成中间体Ⅶ或Ⅷ，进一步反应后可得到对羟基苯甲醛。由于水杨醛和对羟基苯甲醛的沸点分别为197℃和246.6℃，差别较大，可采用水蒸气蒸馏的方法对其进行分离。

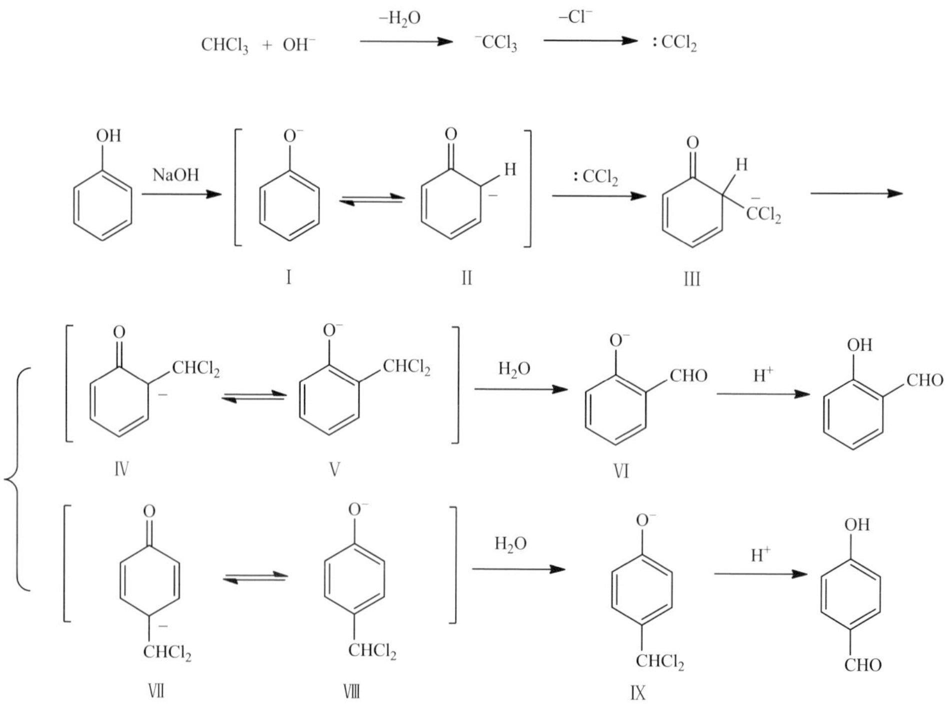

图 1　Reimer-Tiemann 反应机理

2. 水杨醛缩肼的合成

水合肼可以和芳香醛类化合物发生亲核反应，生成相应的缩肼类化合物。以水杨醛缩肼的生成为例，其机理如图 2 所示。首先，缩肼以其氮原子上的孤对电子进攻水杨醛羰基的活性碳原子，完成亲核加成反应，随后脱去一分子水，形成水杨醛腙。然后水杨醛腙再以其氮原子上的孤对电子进攻另一水杨醛分子中羰基的活性碳原子，经脱水后生成水杨醛缩肼。

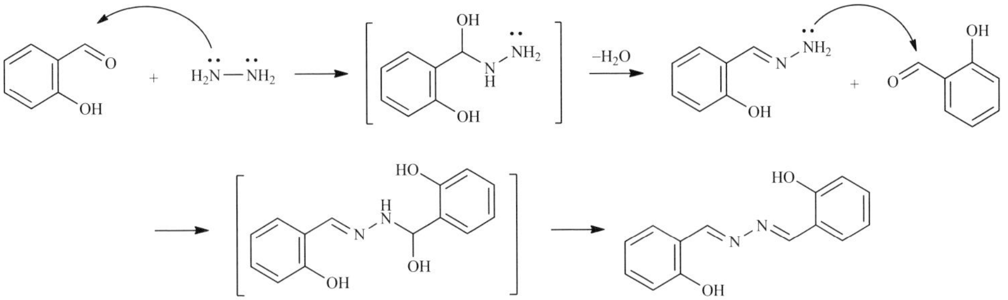

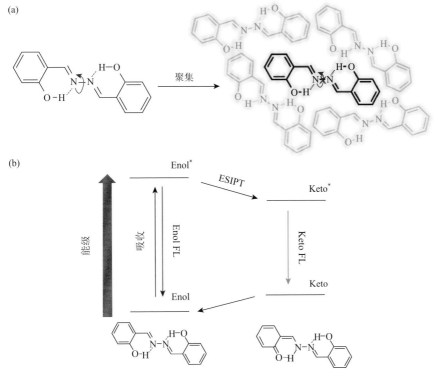

图 2 水杨醛缩肼的合成机理

3. 水杨醛缩肼的 AIE 荧光特点和产生机理

水杨醛缩肼类化合物的 AIE 性能是 RIR 机理和 ESIPT 机理共同作用的结果。如图 3（a）所示，水杨醛缩肼分子中含有可以自由旋转的氮氮单键。在分散状态时，由于分子内共轭平面的自由旋转，通过非辐射跃迁消耗了激发态的能量，分子不

(a)

(b)

图 3 水杨醛缩肼 AIE 分子的两种发光机理

（a）RIR 机理；（b）ESIPT 机理

发射荧光。在聚集态时，由于堆积作用限制了分子的自由旋转，阻止了非辐射跃迁过程，激发态分子的能量以辐射跃迁的形式释放出来，表现出强烈的荧光。因此，RIR 机理是水杨醛缩肼产生 AIE 性能的主要原因。值得注意的是，水杨醛缩肼的荧光具有较大的斯托克斯位移（约 160 nm），这主要是由 ESIPT 机理产生的。如图 3（b）所示，在被光激发后，水杨醛缩肼分子由烯醇式基态（Enol）变为烯醇式激发态（Enol*）。由于水杨醛缩肼中酚羟基氢和氮原子之间分子内氢键的存在，Enol*通过激发态分子内质子转移过程，迅速转变为能量较低的酮式激发态（Keto*）。当分子从 Keto*变回酮式基态（Keto）时，发射出波长较长、斯托克斯位移较大的荧光，即 ESIPT 荧光。

三、仪器和试剂

仪器：三口反应瓶、直形冷凝管、球形冷凝管、试管、滴管、恒压滴液漏斗、电子台秤、水浴锅、温度计、pH 试纸、点滴板、水蒸气蒸馏装置、电磁加热搅拌器、分液漏斗、抽滤装置、旋转蒸发仪、漏斗、便携式紫外灯、分析天平、吸量管。

试剂：苯酚、氯仿、氢氧化钠、硫酸（3 mol/L）、乙醚、亚硫酸氢钠、无水乙醇、无水硫酸镁、水合肼（80%）、四氢呋喃。

四、实验内容

1. 水杨醛和对羟基苯甲醛的合成

在三口反应瓶中加入氢氧化钠（16 g，0.4 mol）、苯酚（4.7 g，0.05 mol）和 25 mL 水。在恒压滴液漏斗中加入 10 mL 氯仿。利用水浴加热，将体系升温至 65℃，剧烈搅拌下，打开恒压滴液漏斗阀门，将其中的氯仿缓慢加入三口反应瓶中。滴加完毕后，保持体系温度在 65～70℃，反应 30 min。反应完成后，用水蒸气蒸馏除去体系中过量的氯仿。待体系冷却后，用 3 mol/L 硫酸将体系的 pH 调至酸性（为 2～4，用 pH 试纸监测）。随后，继续用水蒸气蒸馏，收集馏出物，直至无油状物馏出为止。馏出物用乙醚萃取后，收集有机层，然后旋转蒸发除去乙醚，得到水杨醛粗品。在水杨醛粗品中加入亚硫酸氢钠（5.2 g，0.05 mol）和 5 mL 水，剧烈搅拌 30 min。抽滤，收集产生的固体物质，溶于 3 mol/L 硫酸中。加入乙醚萃取后，收集有机层，并用无水硫酸镁干燥 5 min。过滤除去硫酸镁，然后旋转蒸发除去乙醚，得到约 1.5 g 水杨醛。记录产物性状，称量并计算产率。

2. 水杨醛缩肼的合成

取上一步反应所得水杨醛（0.5 g，4 mmol）溶于 20 mL 无水乙醇中，加入 80% 水合肼（80 μL，2 mmol），室温搅拌 10 min。过滤，收集生成的黄色沉淀，用 10 mL 无水乙醇洗涤两次，得到水杨醛缩肼。记录产物性状，称量并计算产率。

3. 水杨醛缩肼 AIE 性能的表征

取水杨醛缩肼（24 mg，0.1 mmol）溶于 10 mL 四氢呋喃中，配制成 0.01 mol/L 的储备液。取 30 μL 储备液，稀释于 3 mL 四氢呋喃中，得到 0.1 mmol/L 水杨醛缩肼四氢呋喃溶液；取 30 μL 储备液，稀释于 3 mL 水中，得到 0.1 mmol/L 水杨醛缩肼水溶液。在手提式紫外灯下，用 365 nm 光照，观察水杨醛缩肼固体、四氢呋喃溶液和水溶液的荧光，记录观察到的实验现象，解释所观察到的不同发光现象。

五、结果与讨论

1. 化合物合成过程中的注意事项

（1）苯酚、氯仿、水合肼等都属于易挥发的有毒物质，操作时应在通风橱内进行并注意安全防护。在 Reimer-Tiemann 反应中，氯仿的滴加速度不宜过快。应控制体系温度保持在 65～70℃，以保证二氯卡宾的有效生成和反应。

（2）苯酚使用之前可先在水浴中加热熔化，使其容易称量。在向体系中加水时，可预留 10 mL 水，适当加热，用于冲洗粘在称量烧杯壁上的苯酚。

（3）在水杨醛粗品中加入亚硫酸氢钠后，随着搅拌时间延长，体系的黏度会逐渐增大，最终生成膏状物。此时，如果磁力搅拌无法搅动，可将产物转移至小烧杯中，用玻璃棒手动搅拌。

（4）对于水杨醛缩肼来说，其在乙醇中的溶解度显著低于水杨醛或水合肼的溶解度，并且低于水杨醛腙（由水杨醛和肼 1∶1 反应生成）的溶解度。因此，即使水合肼的加入量稍多，最终得到的产物依然是较为纯净的水杨醛缩肼。

2. 水杨醛缩肼的 AIE 性能

固态的水杨醛缩肼具有明亮的黄色荧光。在不同溶液中，水杨醛缩肼则表现出不同的发光性能。在四氢呋喃中，由于水杨醛缩肼完全溶解，不显示荧光；在水中，水杨醛缩肼发生聚集，产生强烈的黄色荧光（图 4）。水溶液中水杨醛缩肼表现出的荧光与其固体状态下的荧光十分相似，说明在水中水杨醛缩肼处于聚集状态。

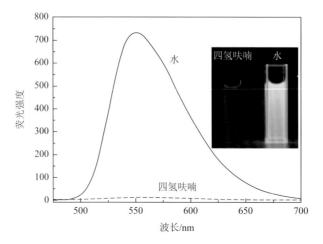

图 4　水杨醛缩肼 AIE 分子在四氢呋喃和水溶液中的荧光对比

实验二　具有 AIE 性能的水杨醛席夫碱的合成与性能研究综合实验

一、实验目的

（1）了解荧光的基本原理和应用。

（2）了解聚集诱导发光和聚集导致猝灭现象产生的原因。

（3）掌握醛基与氨基生成席夫碱的反应原理，加深对亲核加成反应的认识。

二、实验原理

1. 4-*N*, *N*-二甲氨基苯胺水杨醛席夫碱（DAS）的合成

席夫碱是指分子结构中含有亚胺或甲亚胺基团（—RC═N—）的一类有机化合物。通常情况下，席夫碱可以由相应的胺类化合物和活性羰基化合物缩合而成。本实验中，所采用的胺为 4-*N*, *N*-二甲氨基苯胺，所采用的醛为水杨醛。该反应为亲核加成反应，其机理如图 1 所示。首先，胺类化合物作为亲核试剂，以其带有孤对电子的氮原子进攻羰基的活性碳原子。完成亲核加成后，脱去一分子水，形成相应的席夫碱化合物。该反应条件温和，原子利用率高（对于生成 DAS 的反应，原子利用率达到 93%），副产物只有水。同时，实验中用到的溶剂为低毒溶剂乙醇，且不需要催化剂，非常符合"绿色化学"理念，是一个很好的绿色合成的例子。

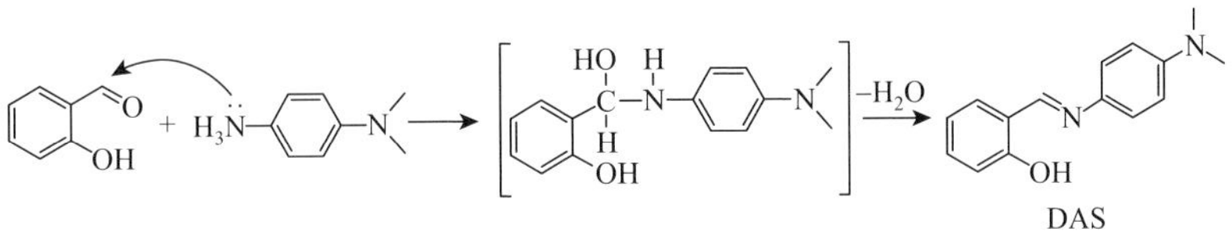

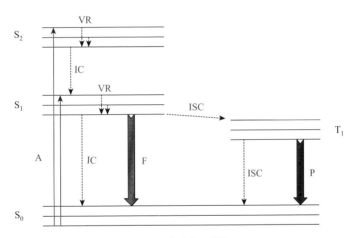

图1　DAS 分子的合成机理

2. AIE 分子和 ACQ 分子的发光机理及其荧光性能的比较

有机分子在吸收入射光的过程中，光子的能量转移给有机分子，使得分子中的电子从较低能级跃迁至较高能级，形成激发态分子（图2）。电子从分子的第一单重激发态（S_1）回到基态（S_0）的过程中，会产生辐射跃迁和非辐射跃迁。其中，辐射跃迁伴随着光子的发射，即为荧光；非辐射跃迁则伴随着振动弛豫（VR）、内转化（IC）、系间窜越（ISC）等过程，导致激发态能量以热能的形式传递给周围介质。通常情况下，良好的共轭结构有利于荧光的产生。

图2　荧光机理图

A 为紫外吸收；S_0 为基态；S_1 为第一单重激发态；S_2 为第二单重激发态；F 为荧光；P 为磷光

传统的 ACQ 荧光分子一般具有大的 π 共轭结构，在稀溶液分散状态下表现出较强的荧光。然而，在高浓度或者聚集状态下，由于分子间的 π-π 堆积作用，分子的非辐射跃迁大大增强，从而使其荧光强度显著降低甚至完全猝灭[图3（a），以芘为例]。这个过程通常被称为 ACQ。而对于 AIE 荧光分子，其结构中通常具有可以旋转的单键相连的多个较小的共轭基团。在稀溶液分散状态下，共轭基团围绕单键发生自由旋转，使激发态分子的能量以转动等非辐射跃迁的形式被耗散，不产生荧光；在高浓度或聚集状态下，分子间距离接近，限制了共轭平面的自由旋转，减少了非辐射跃迁的发生，产生显著的荧光增强效果[图3（b），以四苯乙烯为例]。这个与 ACQ 过程相反的发光过程即为 AIE 过程。通过分子内旋转受阻而荧光增强的机理简称为 RIR 机理。为了避免 π-π 堆积作用猝灭聚集态分子的荧光,以 RIR 机理产生 AIE 荧光的分子通常具有"螺旋桨形"结构。在分子聚集时,由于空间位阻的影响,相邻分子的共轭基团难以"面面相邻",从而巧妙避免了 π-π 堆积对聚集体荧光的猝灭。

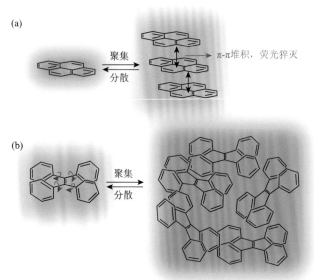

图 3　芘分子聚集导致猝灭过程(a)和四苯乙烯分子聚集诱导发光过程(b)示意图

三、仪器和试剂

仪器:电磁加热搅拌器、便携式紫外灯、电子台秤、圆底烧瓶(50 mL)、球形冷凝管、试管、点滴板、一次性滴管(1 mL,带刻度),抽滤装置,烘箱。

试剂:4-氨基-N, N-二甲基苯胺、水杨醛、5-氯水杨醛、4-甲氧基水杨醛、无水乙醇、二氯甲烷。

四、实验内容

1. DAS 的合成

称取 0.68g(5 mmol)4-氨基-N, N-二甲基苯胺放入 50 mL 圆底烧瓶中,加入

20 mL 无水乙醇后，室温下搅拌均匀。将 0.61g（5 mmol）水杨醛加入圆底烧瓶中。将该混合物搅拌并加热至 80～85℃，回流反应 15 min。将混合物冷却至室温，产生大量橙黄色沉淀。减压抽滤，沉淀用 20 mL 冷的无水乙醇洗涤三次。将产物转移至表面皿中，在 80℃烘箱内干燥 15 min，称量，计算产率。

2. DAS 与罗丹明 6G 荧光性能的比较

（a）取少量 DAS 及罗丹明 6G 置于点滴板上，在 365 nm 紫外光照射下，观察二者的荧光强度。

（b）分别称取 0.01g DAS 和 0.01 g 罗丹明 6G，装入试管中，加入 10 mL 二氯甲烷，得到约 1 g/L 的溶液。分别取一滴 1 g/L DAS 溶液和一滴 1 g/L 罗丹明 6G 溶液，滴入干净试管，加入 5 mL 二氯甲烷。在 365 nm 紫外光照射下，观察二者的荧光强度。

五、结果与讨论

1. 化合物的合成

在 AIE 分子合成的步骤中，室温下也可发生反应，只是所需时间稍长。加热回流的主要目的是加快反应速率。一般情况下，该反应的产率可以达到 80% 以上，若产率过低，可以将抽滤的滤液置于冰水浴中保温 15 min，以析出更多产物。

需要注意的是，市售的 4-氨基-N, N-二甲基苯胺也有以盐酸盐，即 4-氨基-N, N-二甲基苯胺二盐酸盐的形式存在的。若实验中采用的原料为后者，则需要加入 2 eq. 的 NaOH 或 KOH 以促进溶解。

2. DAS 与罗丹明 6G 分子荧光性能比较

DAS 与罗丹明 6G 分子荧光性能比较结果见图 4。罗丹明 6G 分子是一个典型的 ACQ 分子，其固体荧光非常弱，与具有 AIE 性能的 DAS 分子的强烈固体荧光形成鲜明对比。与之相反，在二氯甲烷溶液中，DAS 和罗丹明 6G 都能充分溶解，DAS 无荧光而罗丹明 6G 表现出强烈的橙色荧光。从这些实验结果，可以直观地了解 AIE 与 ACQ 现象的差别。

3. 实验拓展

如图 5 所示，采用不同的水杨醛可以合成不同的 DAS 分子，它们的合成及性能测试方法与 DAS 分子相同。如果采用 5-氯水杨醛为原料，可以得到发射黄色荧光的 DAS-Cl 分子；如果采用 4-甲氧基水杨醛为原料，则可以得到发射绿色荧光的 DAS-OCH_3 分子。

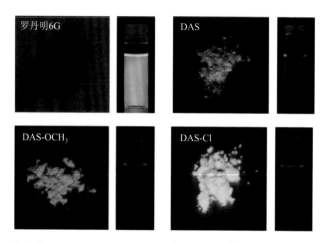

图 4　罗丹明 6G、DAS、DAS-OCH_3 和 DAS-Cl 在 365 nm 紫外光照射下固态和溶液态的荧光对比

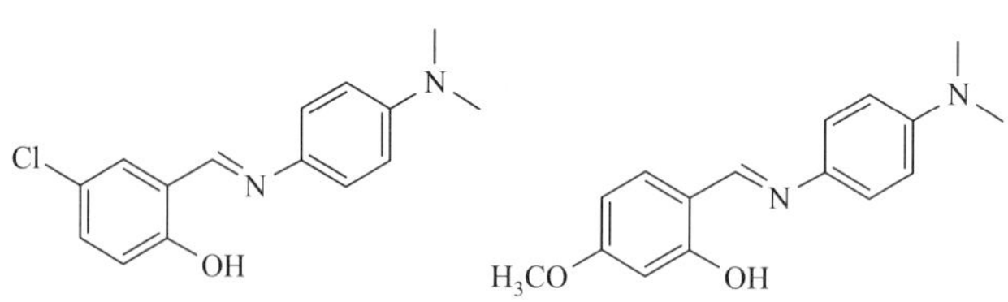

DAS-Cl　　DAS-OCH_3

图 5　DAS-Cl 和 DAS-OCH_3 分子的结构

六、实验总结

本实验通过水杨醛和 4-氨基-*N*, *N*-二甲基苯胺在乙醇中发生亲核加成反应，生成了具有 AIE 性能的 DAS 化合物。该反应具有原子利用率高、溶剂无毒害、无需催化剂、副产物仅有水等特点，是一个典型的“绿色化学”反应。同时，该反应的反应时间较短，原料廉价易得，非常适合在实验课教学中采用。反应所生成的 DAS 化合物具有典型的 AIE 性能，通过与传统的 ACQ 荧光染料的对比，可以使学生对不同类型的荧光化合物产生直观认识。同时，通过简单改变水杨醛的取代基，即可得到不同色彩的 AIE 化合物，提高了实验的趣味性，有利于激发学生的实验热情。

实验三	一种具有压致荧光变色性能的 AIE 分子的合成与性能研究综合实验

一、实验目的

（1）了解 AIE 分子的发光机理。

（2）了解压致荧光变色的概念和应用。

（3）了解 AIE 分子产生压致荧光变色现象的原因。

（4）掌握 Knoevenagel 反应的原理和应用。

二、实验原理

1. 化合物 1 的合成

在碱催化下，醛、酮类物质可与含有活泼亚甲基的化合物发生脱水缩合反应，该反应也称为 Knoevenagel 反应。在本实验中，以 4-丁氧基苯甲醛和含有活泼亚甲基的 1,4-苯二乙腈为反应物，在强碱四丁基氢氧化铵催化作用下合成化合物 **1**，其机理如图 1 所示。首先，在四丁基氢氧化铵作用下，1,4-苯二乙腈亚甲基上的活泼氢离去形成碳负离子，碳负离子作为亲核试剂进攻 4-丁氧基苯甲醛的羰基碳原子，完成亲核加成。随后，失去两分子水生成 α, β-不饱和腈，得到化合物 **1**。

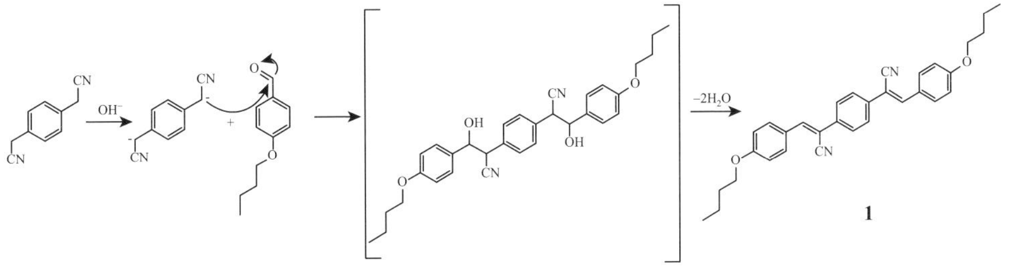

图 1　化合物 1 的合成机理

2. 化合物 1 的 AIE 性质的来源和发光机理

AIE 分子在固体状态下表现出远强于溶液状态的荧光，这主要是由其特殊的发光机理所导致的。对于化合物 **1**，分子内旋转受限（RIR）机理是其具有 AIE 性能的主要原因。化合物 **1** 分子具有多个共轭基团（苯环和碳碳双键），这些共轭基团由可以旋转的碳碳单键相连接。当其溶解于良溶剂中处于分散态时，这些共轭基团可以围绕碳碳单键自由旋转，使得激发态的能量以非辐射跃迁的形式被耗散，导致分子荧光强度很低，甚至不产生荧光。在聚集状态下，分子相互靠近，空间位阻作用使得共轭基团的自由旋转受限，非辐射跃迁被抑制，从而表现出强烈的荧光。

3. 化合物 1 的压致荧光变色的原理

压致荧光变色是指化合物分子在外力作用下发生明显荧光变化的现象。实现压致荧光变色通常有两种途径：一种是外力作用下分子堆积结构发生改变；另一种是分子的化学结构发生改变。前者是在外力作用下，化合物分子间的堆砌方式、相互作用力、分子构象等发生改变。通过分子间的相互作用影响分子的能级水平，导致受力前后荧光发射变化，表现出不同的荧光颜色。后者是化合物在外力作用下发生化学反应形成了新的化合物分子，本质上是受力前后不同的化合物所发出的不同的荧光。化合物 1 的压致荧光变色是外力作用下的分子堆积结构改变而导致的。在固体状态下，化合物 1 的分子间存在大量的 C—H⋯N、C—H⋯O 相互作用，这些作用的存在可以使化合物 1 连接成为层状结构[图 2（a）]。研磨后，分子层发生滑动，出现不同的堆积方式，导致了不同的荧光[图 2（b）]。

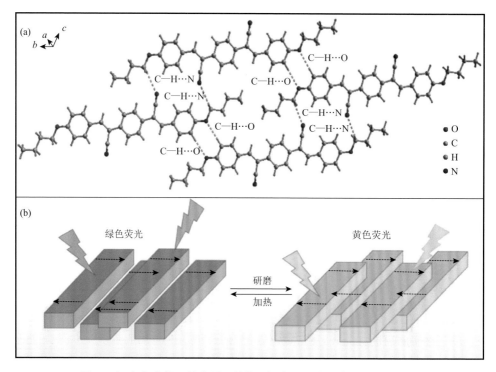

图 2　（a）化合物 1 的分子层结构；（b）不同堆积方式对应的荧光

三、仪器和试剂

仪器：电磁加热搅拌器、手提式紫外灯、台秤、分析天平、三口烧瓶（150 mL）、圆底烧瓶（50 mL）、球形冷凝管、量筒（10 mL）、一次性注射器（1 mL，带刻度）、赫氏抽滤漏斗、水泵、烘箱、表面皿、玻璃培养皿、四通光石英比色皿、样品管、移液枪、荧光光谱仪。

试剂：1,4-苯二乙腈、4-丁氧基苯甲醛、四丁基氢氧化铵（40%甲醇溶液）、叔丁醇、无水乙醇、二甲基亚砜（DMSO）、去离子水。

四、实验内容

1. 化合物 **1** 的合成

用台秤称取 0.8 g（5 mmol）1,4-苯二乙腈和 1.8 g（10 mmol）4-丁氧基苯甲醛，放入 150 mL 三口烧瓶中，加入 50 mL 叔丁醇，搅拌均匀并加热至 50℃。用一次性注射器取 0.5 mL 四丁基氢氧化铵（40%甲醇溶液），加入 5 mL 无水乙醇混合均匀，缓慢滴加到三口烧瓶中。加完之后，在 50℃回流反应 60 min。将反应混合物冷却至室温，产生大量沉淀。通过减压抽滤分离所得沉淀，再用 15 mL 无水乙醇洗涤沉淀 3 次。将产物转移至表面皿内，于 100℃烘箱中干燥 20 min 后，称量并计算产率。

2. 化合物 **1** 的 AIE 性能表征

首先，用分析天平称取 0.0048 g 化合物 **1**，置于 25 mL 烧杯中，加入 10 mL DMSO，配制为 1 mmol/L DMSO 储备液备用。分别移取 3 mL 无水乙醇和 3 mL 去离子水置于两个 5 mL 样品管中，用移液枪分别加入 30 μL 储备液，混合均匀。将两种溶液置于黑暗环境中，在波长为 365 nm 的紫外光照射下观察其荧光强度。再将两种溶液分别置于比色皿中，用荧光光谱仪测试其荧光光谱。

3. 压致荧光变色的探究

（1）取少量化合物 **1** 平铺于玻璃培养皿中，在波长为 365 nm 的紫外光照射下，观察其荧光颜色。

（2）研磨玻璃培养皿中的样品，在波长为 365 nm 的紫外光照射下，观察研磨后样品的荧光颜色。

（3）将研磨后的样品置于 100℃烘箱中加热 10 min 后取出，在波长为 365 nm 的紫外光照射下，观察其荧光颜色。

（4）重复（2）、（3）步骤，观察其压致荧光变色的可逆性。

五、结果与讨论

1. 化合物 1 的合成

将四丁基氢氧化铵（40%甲醇溶液）加入三口烧瓶中，溶液颜色由无色变为棕黑色；减压抽滤、洗涤后得到绿色的固体粉末，即化合物 **1**，干燥后重 1.7g，产率 74%。化合物 **1** 的合成简单，产物纯度高，只需一步反应并且不需要复杂的分离步骤。

2. 化合物 1 的 AIE 发光性能

如图 3 所示，在纯乙醇体系中，由于良好的溶解性，化合物 **1** 处于分散态，其共轭基团可以围绕碳碳单键自由旋转，使得激发态的能量以非辐射跃迁的形式被耗散，体系几乎无荧光发射。在 PBS 体系中，化合物 **1** 的溶解度大大降低并且析出，形成聚集体，由于分子的堆积作用限制了化合物 **1** 分子的自由旋转，由此其荧光相较于纯乙醇体系中的荧光有较大增强，即 AIE 现象。

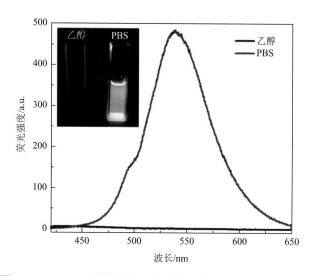

图 3 1.0 mmol/L 的化合物 1 分别在乙醇和 PBS 中的荧光光谱

激发波长为 325 nm，发射波长为 540 nm，插图：在紫外灯照射下的荧光照片

3. 化合物 1 的压致荧光变色性能

图 4 是化合物 **1** 的压致荧光变色照片。从图可以看出化合物 **1** 在研磨之前呈绿色荧光，研磨之后变成了黄色荧光。研磨之后的样品在 100℃加热 10 min 后，

荧光颜色又恢复绿色。经再次研磨和加热处理，化合物 **1** 呈现与上述过程相同的颜色变化。该现象可重复多次，说明化合物 **1** 的压致荧光变色具有很好的可逆性。在外力刺激下，化合物 **1** 的分子在亚稳态与热力学稳态之间转变，且荧光颜色由黄色变为绿色。由于分子间大量的 C—H⋯N、C—H⋯O 相互作用，处于亚稳态时，分子处于不稳定的层堆积状态，在外力刺激下，层堆积发生了改变，分子变得更加稳定。

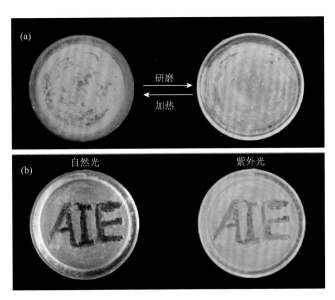

图 4 （a）化合物 **1** 在 **365 nm** 紫外光照射下，研磨前后以及研磨加热处理后的荧光照片；（b）自然光与紫外光下研磨出 "AIE" 三个字母后的照片

六、实验总结

本实验在碱性条件下，以 1,4-苯二乙腈和 4-丁氧基苯甲醛为原料，利用 Knoevenagel 反应生成了一种具有压致荧光变色性能的氰基二苯乙烯基苯衍生物。该反应原子利用率高，副产物仅有水分子，反应时间短，而且所用仪器简单，非常适合本科综合实验教学。通过对化合物 **1** 的 AIE 性能进行表征，可以观察到化合物 **1** 在良溶剂中分散态下几乎不发射荧光，在不良溶剂中聚集态或固体状态下有强烈的荧光发射，说明化合物 **1** 具有典型的 AIE 性能。进一步，通过对比化合物 **1** 在研磨前后不同的荧光颜色，可以使学生直观地了解压致荧光变色现象。结合课堂讲解和课外阅读，使学生了解 AIE 现象和压致荧光变色现象产生的机理。实验不但可以锻炼学生在有机合成、分离、表征等方面的基本操作，而且由于实验现象的趣味性，有利于激发学生对化学前沿知识的探索热情。

实验四 ▶ 一种 AIE 分子的合成、表征及其性能研究

一、实验目的

（1）通过文献查阅，熟悉化学几大资源数据库的使用，了解聚集诱导发光材料的研究现状及其应用前景。

（2）掌握基础有机合成的实验操作方法，巩固各种分离纯化方法的实验技能。

（3）掌握旋转蒸发仪、红外光谱仪和荧光光谱仪等仪器的操作方法；了解核磁共振仪和质谱仪的检测原理及操作规程；熟悉核磁共振仪、质谱仪、红外光谱仪和荧光光谱仪等仪器的数据处理和图谱分析。

二、实验原理

4, 4′-[(2, 2-二苯乙烯)-1, 1-双(4, 1-亚苯基)]二吡啶（2Py-TPE）的合成原理如下：以二苯甲酮和 4, 4′-二溴二苯甲酮为起始原料，通过缩合和偶联反应，再经过滤、洗涤、干燥、萃取和层析柱等分离手段得到纯的 2Py-TPE。合成路线如图 1 所示。

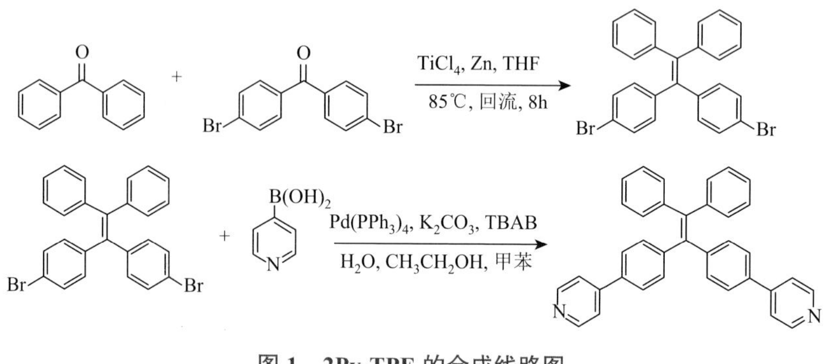

图 1　2Py-TPE 的合成线路图

在溶液状态下，2Py-TPE 荧光分子外围的苯环自由旋转，这个过程以非辐射的形式消耗激发态的能量，导致荧光减弱甚至不发光。在聚集态下，AIE 荧光分子的螺旋桨式构型可以防止π-π堆积，抑制了荧光猝灭；同时由于空间限制，AIE 荧光分子内旋受到阻碍，抑制了激发态的非辐射衰变渠道，从而使得荧光增强。因此，RIR 是产生 AIE 现象的主要原因。通过改变外部环境（降低温度、增大黏度和施加压力等），或者修饰内在分子结构（利用共价键等作用锁住外围的转子），

发现此时分子同样呈现出荧光增强的特性。这些结果充分证明了 RIR 是导致荧光增强的原因，即 RIR 是 AIE 现象产生的主要机理。

三、仪器和试剂

仪器：旋转蒸发仪、磁力搅拌器、电子天平、循环水式真空泵、紫外灯、显微熔点仪、核磁共振仪、高分辨质谱仪、红外光谱仪、荧光光谱仪。

试剂：二苯甲酮、4, 4′-二溴二苯甲酮、四氯化钛、锌粉、4-吡啶硼酸、碳酸钾、四丁基硫酸氢铵、四（三苯基膦）钯、无水四氢呋喃、碳酸二甲酯、二氯甲烷、甲苯、正己烷、甲醇、去离子水、无水硫酸镁、无水乙醇，所用试剂均为分析纯。

四、实验内容

1. 2Br-TPE 的合成

将二苯甲酮（2.30 g，12.6 mmol）、4, 4′-二溴二苯甲酮（3.00 g，8.8 mmol）和锌粉（5.00 g）加入 250 mL 两颈瓶中，通入氩气 15 min 后，在 0℃下，利用注射器注入四氯化钛的碳酸二甲酯溶液（3 mL）和无水四氢呋喃（60 mL）进行反应。待无黄色气体产生后，逐步升温至 85℃，继续反应 8 h。反应结束后，用 100 mL 二氯甲烷萃取 3 次，收集有机层，再用无水硫酸镁干燥。得到的粗产物用柱色谱进行分离，正己烷为洗脱剂。产物为白色固体（3.13 g，68%）。熔点：204.0～206.4℃。^{1}H NMR（500 MHz，DMSO-d$_6$）δ（ppm）：7.34（m, 4H），7.25～7.30（m, 2H），7.17（m, 4H），6.98（m, 4H），6.92（m, 4H）；^{13}C NMR（125 MHz, CDCl$_3$）δ（ppm）：120.7，126.9，127.9，131.0，131.2，133.0，138.4，142.2，142.3，143.0。

2. 2Py-TPE 的合成

将 2Br-TPE（1.00 g，2.04 mmol）、4-吡啶硼酸（1.01 g，8.22 mmol）、碳酸钾（1.69 g，12.23 mmol）、四（三苯基膦）钯（0.16 g，0.14 mmol）和四丁基硫酸氢铵（69 mg，0.203 mmol）加入 250 mL 双颈瓶中。通入氩气 15 min 后，用注射器加入甲苯（80 mL）、去离子水（10 mL）和无水乙醇（10 mL）。在氩气保护下，85℃反应 10 h。减压旋蒸除去溶剂后，用柱色谱以二氯甲烷∶甲醇 = 100∶1（体积比）为展开剂分离，得到浅黄色固体（0.67 g，53%）。熔点：243.8～245.7℃。^{1}H NMR（500 MHz，THF-d$_8$）δ（ppm）：8.42（d, J = 5.3 Hz，4H），7.42（s, 4H），7.05～7.40（d, J = 8.1 Hz，4H），6.99（d, J = 6.9 Hz，6H），6.94～6.98（m, 4H）；^{13}C NMR（125 MHz，THF-d$_8$）δ（ppm）：150.72，147.28，144.95，143.93，142.94，140.01，136.52，132.50，131.65，128.14，127.14，126.50，121.12。

五、结果与讨论

1. 核磁共振和质谱分析

通过核磁共振氢谱、核磁共振碳谱、高分辨质谱对目标产物的结构进行分析和表征。由图 2 可知：8.42 ppm 处的 4 个氢和 7.42 ppm 处的 4 个氢分别为吡啶环氮原子邻位（图 2 结构式中标注 1）和间位（标注 2）的氢；7.05 ppm 处的 4 个氢和 7.37~7.40 ppm 区间的 4 个氢分别为吡啶单取代的苯环与—C≡C—相连的碳原子邻位（标注 3）和间位（标注 4）的氢；6.99 ppm 处的 6 个氢和 6.93~6.97 ppm 区间的 4 个氢分别为苯环上与—C≡C—相连的碳原子邻位（标注 5）、对位（标注 7）和间位（标注 6）的氢。图 3 为 2Py-TPE 的核磁共振碳谱图，从图中可以看出，150.72 ppm、121.12 ppm 和 147.28 ppm 处分别为吡啶环氮原子邻位（图 3 结构式中标注 1）、间位（标注 2）和对位（标注 3）的 10 个碳；144.95 ppm 处为苯环上与吡啶环相连的 2 个碳（标注 4）；132.50 ppm、126.50 ppm 和 136.52 ppm 处分别为苯环上与吡啶环相连的碳原子邻位（标注 5）、间位（标注 6）和对位（标注 7）的 10 个碳；140.01 ppm 处为—C≡C—上与吡啶取代苯环相连的 1 个碳（标注 8），142.94 ppm 处为—C≡C—上与苯环相连的 1 个碳（标注 9），143.93 ppm 处为苯环上与—C≡C—相连的 2 个碳（标注 10），128.14 ppm、131.65 ppm 和 127.14 ppm 处分别为苯环上与—C≡C—相连的邻位（标注 11）、间位（标注 12）

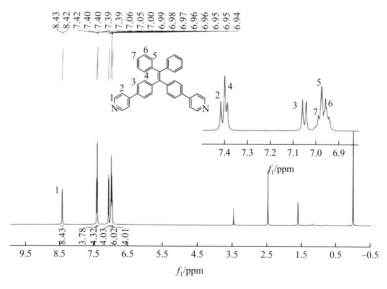

图 2　2Py-TPE 的核磁共振氢谱图

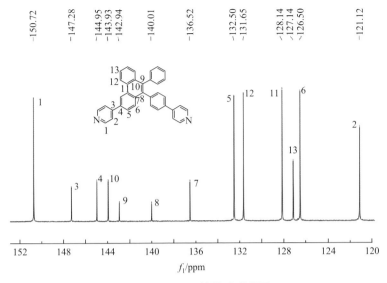

图 3 2Py-TPE 的核磁碳谱图

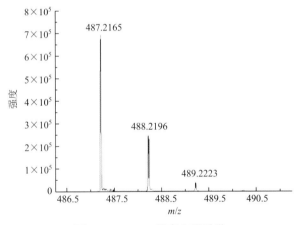

图 4 2Py-TPE 的高分辨质谱

和对位（标注 13）的 10 个碳。2Py-TPE 的高分辨质谱（图 4）中有明显的分子离子峰 487.2165，分子式 $C_{36}H_{26}N_2$ 的计算值为 487.2169，两者完全符合。

2. 红外光谱图分析

图 5 是 2Py-TPE 的红外光谱图。从图中可以看出，3025 cm^{-1} 是芳香环烃=C—H 的伸缩振动峰，1594 cm^{-1} 是 C=C 和 C=N 的伸缩振动峰，815 cm^{-1} 处是苯环 1, 4-二取代 C—H 的面外弯曲振动峰，767 cm^{-1} 处和 701 cm^{-1} 处是苯环单取代 C—H 的面外弯曲振动峰。

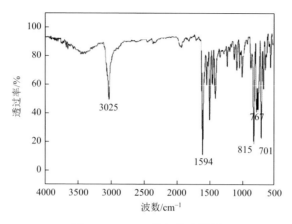

图 5　2Py-TPE 的红外光谱图

3. 2Py-TPE 的聚集诱导发光性能研究

　　将 2Py-TPE 配制成浓度为 12 mmol/L 的四氢呋喃溶液，用移液枪分别移取 2.5 μL 加入 3 mL 不同体积比的四氢呋喃/水溶液中，以 365 nm 为激发波长，测得相应的荧光光谱图。由图 6 可知，2Py-TPE 在纯四氢呋喃中几乎不发射荧光，这是因为在四氢呋喃良溶剂中，四苯乙烯基团上的苯环可以自由转动，从而消耗了 2Py-TPE 吸收的光能。但是，随着不良溶剂水的含量增加，2Py-TPE 溶液在 432 nm 处出现一个弱的荧光发射峰，并且荧光强度缓慢增加。当不良溶剂水的含量提高至 90 vol% 时，在 490 nm 处出现一个非常明显的荧光发射峰，此时荧光强度是纯四氢呋喃溶液时的 25 倍；随着水的含量进一步增至 95 vol% 后，荧光强度进一步

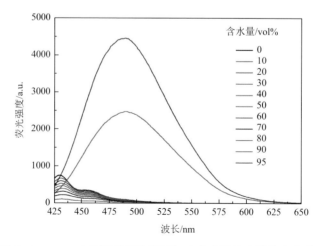

图 6　2Py-TPE 在不同体积比的四氢呋喃/水溶液中的荧光光谱图

增加至纯四氢呋喃溶液的 50 倍。这是因为不良溶剂水的增加，使得 2Py-TPE 溶解度下降，导致其分子间的间距减小，分子发生了聚集，从而抑制了苯环的自由旋转，其吸收的光能仅能通过荧光发射的形式释放。在 365 nm 紫外光照射下，水的含量达到 90 vol% 和 95 vol% 时，溶液呈现出明亮的蓝绿色。

六、实验注意事项

因涉及实验内容较多，本实验建议在短学期开设，学生一般分为 3～5 人一组，集中 7 天时间完成。实验指导教师需注意：在实验合成过程中必须强调实验安全操作的规范性，叮嘱学生在取用四氯化钛时必须防潮；进行红外光谱实验前需将溴化钾烘干，并密封保存，提高压片成功率，并获得较好的谱图；荧光实验需熟悉仪器操作规程和了解注意事项后方可自行测试，以免随意操作出现仪器故障。

实验五 　四苯乙烯的合成、表征及其在爆炸物检测中的应用

一、实验目的

（1）通过文献查阅，了解 TPE 的发光原理以及 AIE 材料的研究现状和应用前景。

（2）掌握 McMurry 偶联反应的实验原理和操作方法，巩固分离和提纯的实验技能。

（3）掌握 NMR、MS 和 FL 等仪器的基本操作规程和相应的图谱分析。

（4）掌握荧光量子产率的测试原理和计算方法。

（5）了解爆炸物检测应用的测试方法。

二、实验方案

二苯甲酮在四氢呋喃（THF）溶液中，以四氯化钛（$TiCl_4$）和锌粉为催化剂，在 85℃ 下回流反应得到 TPE。合成路线如图 1 所示。

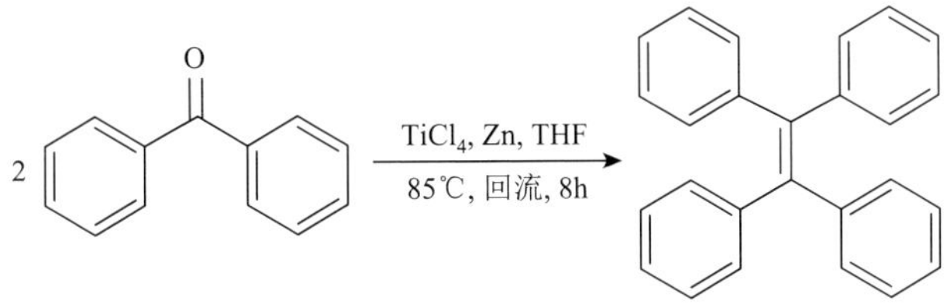

图 1　TPE 的合成路线

三、仪器和试剂

仪器：RE 52AA 旋转蒸发仪（上海亚荣生化仪器厂）、SHB-IIIA 循环水式真空泵（郑州长城科工贸有限公司）、JBZ-14B 型磁力搅拌器（上海志威电器有限公司）、JJ 223BC 型电子天平（常熟市双杰测试仪器厂）、ZF-7A 型紫外灯［骥辉分析仪器（上海有限公司）］、X-5 显微熔点仪（北京泰克仪器有限公司）、ADVANCE III 500 MHz 核磁共振仪（德国 Bruker 公司）、Agilent 5975 质谱仪（美国安捷伦公司）、F7000 荧光光谱仪（日本株式会社日立制作所）。

试剂：二苯甲酮、锌粉、$TiCl_4$、无水四氢呋喃、碳酸二甲酯（DMC）、无水硫酸镁、二氯甲烷、石油醚、苦味酸（PA），所用试剂均为分析纯。

四、实验内容

将二苯甲酮（2.30 g，12.6 mmol）和锌粉（5.00 g）加入 250 mL 双颈瓶中，在 0℃下，利用注射器注入 $TiCl_4$ 的碳酸二甲酯溶液（3 mL）和无水四氢呋喃（60 mL）进行反应。待无黄色气体产生后（大约 10 min），将双颈瓶移至油浴锅中，搅拌并升温至回流温度 85℃后，继续反应 8 h。反应结束后，用二氯甲烷（100 mL）进行萃取，收集有机层，无水硫酸镁干燥、过滤并用旋转蒸发仪除去二氯甲烷。粗产物用硅胶色谱柱进行分离提纯，石油醚为洗脱剂。得到白色固体（1.51 g，72%）。熔点：222~226℃，^{1}H NMR（500 MHz，$CDCl_3$，293 K）δ（ppm）：6.98~7.06（m，12H），6.96（dd，J = 7.6 Hz，2.9 Hz，8H）。^{13}C NMR（125 MHz，$CDCl_3$）δ（ppm）：142.8、139.9、130.3、126.6、125.4。

五、结果与讨论

1. TPE 的荧光分析

将 TPE 配制成浓度为 10 mmol/L 的 THF 溶液，用移液枪分别移取 2.5 μL 加入 3 mL 不同体积比的 THF/H_2O 溶液中，以 365 nm 为激发波长，测得的荧光结果如图 2 所示。TPE 在纯 THF 溶液中几乎没有荧光发射，这是因为在 THF 良溶剂中，TPE 结构中的苯环可以自由旋转，因此消耗了 TPE 吸收的光能。随着不良溶剂 H_2O 的含量增大，TPE 溶液在 412 nm 处出现一个微弱的荧光发射峰，且荧光强度缓慢增加。但是，当不良溶剂 H_2O 的含量增加至 80 vol% 时，在 470 nm 处出现一个非常明显的荧光发射峰，荧光强度约为纯 THF 溶液的 33 倍；随着 H_2O 的含量增至 90 vol%，荧光强度达到纯 THF 溶液的 61 倍；进一步增加 H_2O 的含量至 95 vol%后，此时的荧光强度可达到纯 THF 溶液的 92 倍。这是因为随着不良溶剂 H_2O 的增加，TPE 分子间的间距减少，抑制了苯环的自由转动，因而吸收的光能只能通过荧光发射的辐射形式释放。

2. TPE 应用于爆炸物的检测

利用 TPE 的 AIE 效应，将 TPE 溶于 THF/H_2O（5∶95，体积比）的混合溶剂中，以 PA 为模型化合物来模拟爆炸物的检测。从图 3 中可以看出，随着 PA 加入量的增大，TPE 在 468 nm 处的荧光强度不断减弱。当 PA 浓度达到 0.20 mmol/L 时，溶液的荧光几乎不可见。这是因为富电子的 TPE 和缺电子的 PA 分子之间发生了

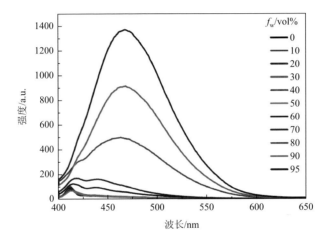

图 2　**TPE 在不同体积比的 THF/H_2O 溶液中的荧光光谱图**

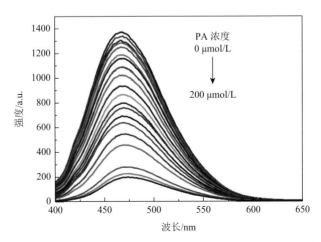

图 3　**TPE 在 THF/H_2O（5∶95，体积比）溶液中随 PA 浓度变化的荧光光谱图**

路易斯酸-碱相互作用导致了荧光猝灭。如图 4 所示，当 PA 浓度增至 0.05 mmol/L 前，$I_0/I_{PA}-1$ 值变化不大；但随着 PA 浓度的进一步增加，$I_0/I_{PA}-1$ 值随之增加，尤其 PA 的浓度达到 0.15 mmol/L 后，$I_0/I_{PA}-1$ 值变化趋势变得非常明显；当 PA 的浓度提高到 0.20 mmol/L 时，$I_0/I_{PA}-1$ 值达到未加 PA 时的 6 倍。采用公式 $y = y_0 + Ae^{-x/t}$，对 TPE 的荧光滴定曲线进行拟合，得到曲线斜率 k 为 3.06×10^4；通过测定 20 次 TPE 空白溶液在 468 nm 处的荧光强度，计算得空白样的标准偏差 σ 为 4.09，再由公式 LOD = $3\sigma/k$ 可计算出 TPE 的检测极限为 0.276 mmol/L。

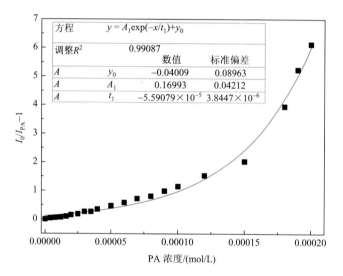

图 4   PA 浓度变化与 $I_0/I_{PA}-1$ 的点线图

TPE 浓度：10 μmol/L；激发波长：365 nm

六、实验组织运行的建议

（1）本综合实验合成 8 课时，表征和应用 8 课时，合计 16 课时。学生一般 2～3 人一组，在短学期集中 3～5 天完成。实验开始前，要求学生通过化学期刊数据库进行文献查阅，罗列出与 AIE 材料相关研究的排前 5 期刊和 3 位我国在此领域做出突出贡献的科学家，由此学生可以了解 TPE 在 AIE 材料中的重要性及应用前景，以及我国科研技术人员在此领域发挥的重要作用，从而激发学生的科研兴趣。要求每位学生递交实验预习报告，与指导教师商讨实验中可能出现的问题及解决的方法。

（2）进行合成实验部分时，指导教师须提醒学生注意：取用 $TiCl_4$ 时，注意防潮；反应过程中注意气体颜色变化，及时猝灭反应，以提高产率。另外，要求学生在合成反应过程中，轮流观察反应变化，不得处于无人状态，以免出现实验安全事故。建议合成时间 6～9 h（可根据实验室开放时间调整，最佳反应时间为 8 h），产率达到 50%（6 h）及以上后进行下一步实验。进行熔点测试时，如学生测得的熔点低于 222℃，说明纯度不达标，要求学生提纯后重新测熔点。进行柱色谱分离操作时，要求学生采用薄层色谱分析自主选择合适比例的洗脱剂（实验室提供石油醚、乙酸乙酯、二氯甲烷和甲醇等溶剂；纯石油醚较为合适）。通过此操作过程，学生可以更好地掌握溶剂比例选择的依据，锻炼他们的实验操作能力。

（3）在进行荧光分析和爆炸物应用实验之前，要求学生学习仪器的操作方法和注意事项。建议指导教师示范操作步骤时，演示错误的操作可能导致的实验结果，以便学生自主测试遇到问题时能较快地找到解决方法。实验过程中，叮嘱学生操作规范，换溶液前须润洗石英比色皿 2～3 次，擦镜纸往同一个方向擦拭残留在比色皿外残液。

（4）将爆炸物检测应用部分纳入本实验，主要是让学生了解完整的科研工作：从合成、表征、数据分析到最终的应用，每部分都是科研工作中必不可少的。在进行此部分实验之前，要求学生必须查阅文献，采用相关文献方法（文中为建议的方法，但不是唯一的方法）进行测试，不同方法可进行结果对比，以此提高学生的数据分析能力，培养良好的科研素养。

实验六　利用 AIE 现象观察分子定向运动的综合实验

一、实验目的

（1）通过查阅文献，了解 AIE 材料的研究现状及其应用前景。
（2）掌握分子机器的基本概念。
（3）了解 AIE 现象在物理化学过程监控中的应用。

二、实验原理

1. 实验背景

"分子机器"指的是在分子层面设计的具有一定功能的机器。它们由功能化的分子单元构建而成，在电能、光能、热能等外界条件的刺激下实现定向运转。为了更好地设计和操控分子机器，必须对分子的自发运动规律有所掌握。然而，由于分子运动的无序性和其微小的尺度，人们在观测分子自发运动时往往困难重重。为了解决这一问题，2019 年，香港科技大学唐本忠院士课题组通过将 AIE 现象与"分子机器"相结合，提出了一种利用同一分子在不同状态下的不同荧光观察

"分子机器"运转的新方法。AIE 分子是一类在聚集状态或固体状态下具有强烈发光性能的分子，由唐本忠院士课题组于 2001 年首次发现并报道。经历了 20 多年的发展，AIE 分子已被广泛应用于有机光电材料、荧光探针、生物成像、过程监测等诸多领域，成为当今科学研究的前沿热点之一。

2. BAS 分子的合成

BAS 为席夫碱类分子，通过 4-丁氧基苯胺与水杨醛在乙醇中发生亲核加成后脱水生成，其合成机理如图 1 所示。首先，4-丁氧基苯胺以其氮原子上的孤对电子进攻水杨醛羰基的活性碳原子，完成亲核加成反应，生成不稳定的中间产物。中间产物脱去一分子水形成 BAS 分子，在乙醇中达到饱和后自然析出。该反应原料简单，条件温和，溶剂为无水乙醇，不需要催化剂，十分安全。同时，该反应的副产物只有水，具有很高的原子利用率，符合"绿色化学"的理念。

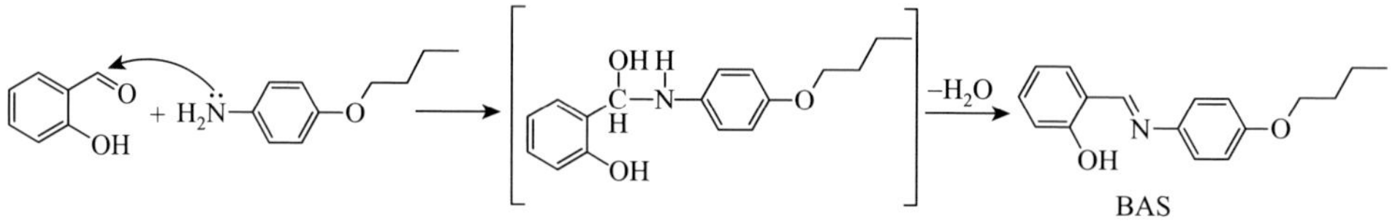

图 1 BAS 分子的合成机理

3. BAS 分子的 AIE 性能及其产生机理

有机分子的一般发光机理如图 2（a）所示。有机分子在吸收光能后，分子中的电子从能量最低的基态（S_0）跃迁至能量较高的第一单重激发态（S_1），形成激发态分子。在激发态的电子从 S_1 态自发回到 S_0 态的过程中，有辐射跃迁和非辐射跃迁两种途径。其中，辐射跃迁发射光子，即为荧光。非辐射跃迁则比较复杂，包括振动弛豫、系间窜越及内转化等过程，这些过程不发射光子。对于 BAS 分子，其 AIE 荧光性能主要是由 RIR 机理产生的。如图 2（b）所示，BAS 分子中由碳氮单键连接的共轭基团在分散状态时可以自由旋转，通过非辐射跃迁消耗了 S_1 态的能量，分子不发射荧光。在聚集态时，由于分子的堆积作用，有效限制了分子中以单键相连的共轭基团的自由旋转，阻止了非辐射跃迁过程导致的 S_1 态能量耗散，使 S_1 态分子的能量以辐射跃迁的形式释放出来，发射荧光。

通过改变溶剂黏度，观察 BAS 分子的荧光变化，可以验证其 AIE 性能来源于 RIR 机理。在低黏的良溶剂（如 DMSO）中，BAS 分子处于分散态，不发射荧光；在高黏度的良溶剂（如甘油）中，BAS 分子内的自由旋转被溶剂的高黏度所阻碍，其非辐射跃迁过程受到抑制，从而产生了荧光增强现象。

　　不同于一般的水杨醛席夫碱类 AIE 分子，BAS 的发光还有其独特之处。BAS 在不良溶剂（如水溶液）中发生聚集时，可以观察到荧光。然而，在固体状态下，BAS 分子却不发射荧光，只有在研磨之后才会发射明亮的绿色荧光。产生以上现象的原因如图 3 所示。在固体状态下，由于分子紧密堆积，处于 S_1 态的 BAS 分子可以通过分子间 C—H···π 相互作用，将能量以非辐射跃迁的形式传递给周围的基态分子，不发射荧光。研磨可以促使 BAS 分子滑动错位，破坏分子间 C—H···π 相互作用，阻断其非辐射跃迁的途径，产生明亮的荧光。在水溶液中发生聚集时，水分子与 BAS 形成了分子间氢键，导致聚集体中包覆有大量的水分子。这些水分子的存在阻碍了 BAS 分子的紧密堆积，从而破坏了分子间 C—H···π 相互作用，导致了荧光的产生[图 2（b）]。

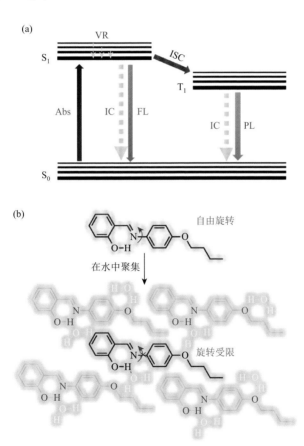

图 2　（a）荧光机理图，其中 **Abs** 为紫外吸收，**VR** 为振动弛豫，**IC** 为内转化，**ISC** 为系间窜越，**FL** 为荧光，**PL** 为磷光，S_0 为基态，S_1 为第一单重激发态，T_1 为第一三重激发态；（b）**BAS** 在水中聚集产生 **AIE** 现象的 **RIR** 机理

4. BAS 作为 "分子机器" 的自发定向运动原理

如图 3 所示，在固体状态下，BAS 分子间存在强烈的 C—H⋯π 相互作用。这些相互作用驱动着研磨后发光的 BAS 分子自发地恢复到不发光的紧密有序的堆积状态，从而实现了分子在固体状态下的自发定向运动，成为一个简单的具有自发定向运动功能的 "分子机器" 体系。

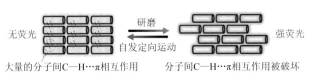

图 3 BAS 分子研磨后发光及自发定向运动的机理

三、试剂及材料

水杨醛（纯度 99%）和 4-丁氧基苯胺（纯度 99%）采购自安徽泽升科技有限公司。无水乙醇（分析纯）、二甲基亚砜（DMSO）（分析纯）、甘油（分析纯）采购自国药集团化学试剂北京有限公司。实验用水为去离子水，实验用冰自制。

四、仪器和表征方法

本实验所采用的仪器均为本科教学实验常规仪器，具体型号或制造商如下：50 mL 圆底烧瓶、球形冷凝管、滴管、试管、水浴锅、赫氏抽滤漏斗、滤纸、研钵、玻璃刀、载玻片等常规仪器采购自郑州宏丰化玻仪器有限公司。双面胶购买自超市。SHZ-D(Ⅲ)型循环水式真空泵、LOSON-ZF-5 便携紫外灯、双杰牌自动内校分析天平（感量 1 mg）、上海仪电物理光学仪器有限公司 SGW X-4 显微熔点仪、爱博特 ZNCL-T500ML 数显式磁力搅拌加热套等仪器分别采购自生产厂家。荧光光谱测试采用 JASCO-8300 荧光光谱仪，配备 1 cm 四通光石英比色皿。

五、实验内容

1. BAS 分子的合成

称取 1.00 g（6 mmol）4-丁氧基苯胺置于 50 mL 圆底烧瓶中，加入 8 mL 无水乙醇，搅拌均匀后，加入 0.73 g（6 mmol）水杨醛。用磁力加热搅拌器将该混合物加热回流反应 10 min 后，在冰水中冷却，产生大量沉淀。减压抽滤，分离沉淀，再用 3 mL 冷的无水乙醇洗涤沉淀，抽干即可得到纯净的 BAS 化合物。产品为亮黄色片状晶体，产率约为 80%，熔点 74℃。此步骤耗时约 45 min。

2. BAS 分子的 AIE 性能测试

称取 0.01 g BAS，用 DMSO 为溶剂在 10 mL 试管中配制 1 mL 浓度约为 1 g/L 的储备液。在三个试管中分别加入约 5 mL DMSO、5 mL 水和 5 mL 甘油，再用滴管分别移取 5 滴储备液至三个试管中。混合均匀后，在紫外灯下观察其荧光，再分别用荧光光谱仪测定其荧光光谱。此步骤耗时约 30 min。

3. BAS 作为"分子机器"的运动和温度影响规律

取 0.3 g BAS 置于研钵中，用紫外灯观察其发光情况。在室温下用力研磨后，在紫外灯下观察 BAS 的荧光及其变化速度。将研钵和样品放入冰水浴中冷却 10 min，再次研磨样品，观察在低温下 BAS 的荧光及其变化速度。利用荧光光谱仪和自制样品架，测试研磨后样品 525 nm 处荧光峰强度随时间的变化曲线，通过不同反应级数的动力学模型对其进行拟合，探讨该过程的动力学特点。此步骤耗时约 1 h。

在此步骤中，需用到自制样品架，制作和测试方法如下：用玻璃刀沿着中线将载玻片割开，每片宽度约为 1.2 cm；将双面胶粘于准备好的载玻片上，然后将产品均匀附着在双面胶上，进行研磨；研磨后的样品沿对角线放入 1 cm 石英比色皿中，即可开始测量。

六、结果与讨论

1. BAS 分子的合成

BAS 分子的合成较为简单，只需一步反应并且不涉及复杂的分离步骤。然而，需要注意的是，丁氧基的存在使其溶解性比一般的席夫碱类化合物高。因此，在洗涤产物时需要控制好洗涤溶剂的温度和体积，尽量采用低温乙醇，少量多次洗涤产物，以提高产率。

2. BAS 分子的 AIE 性能测试

BAS 分子在不同溶剂体系中的荧光光谱和荧光照片如图 4 所示。在 DMSO 溶液中，由于良好的溶解性，BAS 处于分散状态，自由的分子内旋转使得 BAS 的激发态能量以非辐射跃迁的形式被耗散，化合物无荧光。在水溶液中，BAS 的溶解度大大降低并析出，形成聚集体。由于分子间氢键的存在，水分子被包裹在聚集体内，聚集体难以形成致密的堆积，有效防止了因分子间 C—H…π 相互作用而导致的荧光猝灭。同时，分子的堆积作用限制了 BAS 分子内的自由旋转，其荧光相较于 DMSO 中的荧光大幅增强，即 AIE 现象。在甘油溶液中，虽然 BAS 分子处于分散状态，但溶剂的高黏度限制了 BAS 分子内的自由旋转，使溶液表现出强烈的绿色荧光。同时，在这种状态下 BAS 分子处于分散状态，彼此间不存在 C—H···π 相互作用，所以其荧光强度强于在水溶液中的荧光强度。这一结果验证了 BAS 分子的 AIE 性能是由 RIR 机理所产生的。

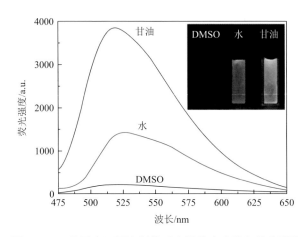

图 4　BAS 分子在不同溶剂体系中的荧光光谱和荧光照片

3. BAS 作为"分子机器"的自发运动情况

在研磨前，BAS 分子处于无荧光状态，研磨后可以观察到明亮的绿色荧光。在室温下，该荧光会逐渐消失，再次研磨后，荧光又再次出现，并表现出极好的可逆性[图 5（a）]。这一绿色荧光的产生，源自研磨对 BAS 分子间 C—H···π 相互作用的破坏，阻断了其非辐射跃迁途径；而绿色荧光的逐渐消失，源自研磨后 BAS 分子的自发定向运动，使其恢复到研磨前的有序堆积结构。作为一种可以自发定向运动的"分子机器"，BAS 的运动速度（即研磨后荧光消失的速度）受到温度的显著影响，改变温度可以对运动速度进行有效调控[图 5（b）]。因此，通过将样品置于冰水浴中降温，再次研磨后可以观察到荧光的消失速度显著减慢，如果保温效果好，甚至可以长时间保持亮荧光状态。

4. BAS 自发定向运动的动力学规律

利用荧光光谱仪和自制样品架，监测在室温下研磨后的 BAS 样品 525 nm 峰值处荧光强度随时间的变化，得到荧光衰减时间曲线[图 6（a）]。根据"普通化学"课程中所学的反应动力学的基本知识可知，对于具有简单级数的化学反应，

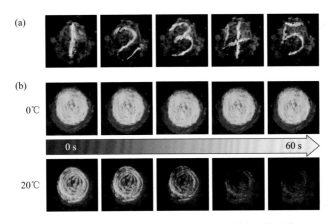

图5　BAS 分子研磨后和定向自发运动情况的照片

（a）经过反复研磨的 BAS 样品；（b）在 0℃和 20℃下的恢复情况

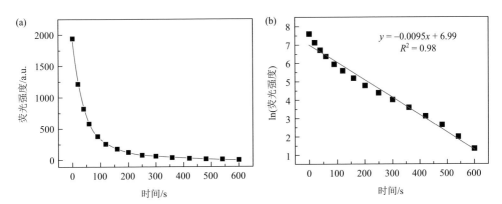

图6　（a）研磨后的 BAS 在 525 nm 处荧光衰减的时间曲线；（b）一级动力学拟合曲线，实验的测试温度为 20℃

可以利用反应物浓度（c）变化的相关函数与时间（t）作图来判断反应级数。例如，对于一级反应，$\ln c \propto t$；对于二级反应，$1/c \propto t$；对于零级反应，$c \propto t$。对于 BAS，其荧光强度正比于单位体积内未发生定向运动的 BAS 的分子数，因此根据荧光强度的相应函数与时间作图即可判断 BAS 发生定向运动过程的级数并计算表观速率常数。如图6（b）所示，以时间为横坐标，荧光强度的自然对数为纵坐标作图，可以得到一条直线，说明 BAS 自发定向运动过程为一级动力学过程，直线斜率的负数即为该过程的表观速率常数。例如，在 20℃下，计算得到的表观速率常数为 0.0095 s^{-1}［图6（b）］。需要注意的是，荧光光谱仪的激发光、不同的样品架及环境温度都会对 BAS 荧光消失的速度产生一定的影响。因此，不同条件下测得的表观速率常数会存在一定差别。

七、实验总结

本实验中，学生通过一步反应安全高效地合成了水杨醛-4-丁氧基苯胺席夫碱。通过对其 AIE 性能的表征，结合课堂讲解和课外阅读，了解荧光产生的基本原理及 AIE 现象的特点与产生机理。进一步，利用该分子独特的研磨荧光增强和自恢复性能，通过荧光变化来观察化合物在固体状态下的自发运动，认识并理解"分子机器"的基本概念。该实验将科学研究的前沿热点"AIE""分子机器"等概念引入实验教学中，通过荧光这一可见的载体，让学生对这些深奥的科学前沿问题产生直观的了解。同时，巧妙结合了"普通化学"课程中关于分子间相互作用力、化学动力学反应级数等知识点，提升了学生利用课堂知识解决实际问题的能力。该实验所需的试剂仪器简单、成本低廉、课时要求较短，便于推广。更重要的是，通过对"AIE"这一由中国人原创的科学理论的学习，可以增强学生的民族自豪感，激发学习热情。

实验七 | AIE 荧光聚合物 RAFT 可控合成与表征及光物理性质研究

一、实验目的

（1）通过查阅文献，了解 AIE 现象的概念和应用。
（2）实践可逆加成-断裂链转移聚合方法。
（3）了解 AIE 分子在发光聚合物中的应用。

二、实验原理

TPE 等 AIE 化合物分子具有"螺旋桨"式非平面共轭结构的共同特点，拥有许多以单键连接可以自由旋转的芳香环。在稀溶液中，AIE 分子内部存在着活跃的振动和转动，当这些分子吸收能量被激发后，通过"螺旋桨"的各种振动和转动将能量释放；当这些物质在聚集状态或者固体状态下时，分子之间比较紧密地相互堆积，使得芳环的旋转或振动受到了限制，抑制了通过非辐射途径散失激发态能量，而是以光子形式耗散，故观察到荧光发射。

在 RAFT 聚合反应中，通常加入双硫酯衍生物作为链转移剂，或称 RAFT 试剂。本实验项目中采用了 CTA1 和 CPDB 两种链转移剂（图1）。通过酰氯和酚羟基之间的成酯反应首先制备 TPE 丙烯酸酯单体。进一步，采用单羟基四苯乙烯（TPE-OH）与丙烯酰氯在缚酸剂三乙胺存在下的成酯反应，制备四苯乙烯丙烯酸酯单体 M(0)，如图 2 所示。粗产物经柱层析纯化，然后将纯化的 M(0)单体通过 RAFT 聚合，可控合成 TPE 侧基的 AIE 聚合物 P0，经高速离心分离纯化，获得目标 AIE 聚合物纯品（图 3）。

图 1　**CTA1 和 CPDB 的结构式**

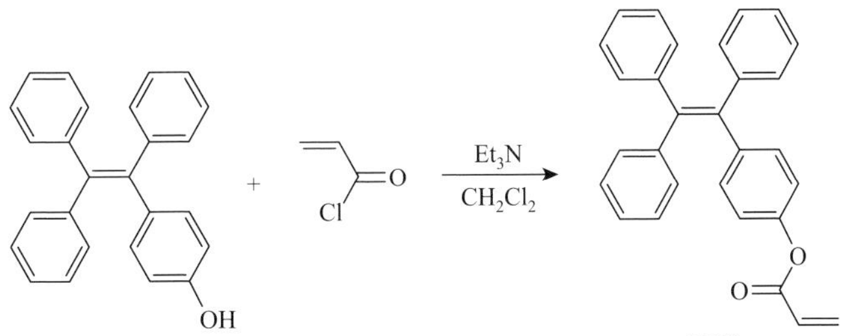

图 2　**四苯乙烯丙烯酸酯单体 M（0）的合成路线**

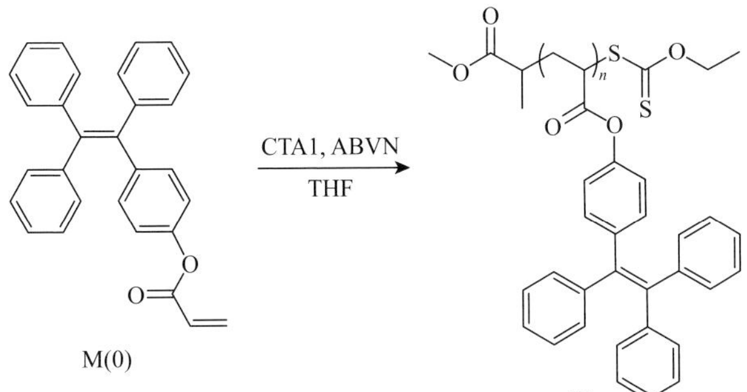

图 3　**AIE 聚合物 P0 的 RAFT 可控聚合合成路线**

三、仪器和试剂

仪器：控温磁力搅拌器、水泵、加压泵、超声波清洗机、暗箱式紫外分析仪、旋转蒸发仪、真空干燥箱、红外光谱仪（布鲁克 FT-IR ALPHA）、核磁共振波谱仪（布鲁克 AVANCE III 400）、紫外光谱仪（岛津 UV2550）、凝胶渗透色谱（马尔文 TDA305）、荧光光谱仪（岛津 RF-5301PC）。液氮杜瓦瓶（200 mL）、烧杯（500 mL、250 mL）、移液枪（100 μL 和 10 μL 各一支）、透明玻璃闪烁瓶（5 mL，10 个）、量筒（100 mL、10 mL）、锥形瓶（250 mL，10 个）、三口烧瓶（100 mL）、Schlenk 反应瓶（10 mL，带 14#玻璃支管）、双排管、油封鼓泡器、恒压滴液漏斗（50 mL）、茄形瓶（250 mL、50 mL）、层析柱（50 mm 直径×300 mm 长，磨口 24#）、储液球（250 mL）、毛细管、薄层色谱（TLC）展开槽、硅胶板、凝胶渗透色谱（GPC）自动进样玻璃瓶（2 mL、螺口）、一次性注射器（1 mL）、反口橡皮塞（与 Schlenk 瓶配套使用，14#）。

试剂：2-丙酸甲酯-O-乙基黄原酸酯链转移剂（CTA1）、二硫代苯甲酸异丁腈基酯（CPDB）、四氢呋喃（超干溶剂，99.5%）、硫酸奎宁（99.0%）、单羟基四苯乙烯（TPE-OH，>95%）、丙烯酰氯（>95%）、偶氮二异丁腈（AIBN，99%）、偶氮二异庚腈（ABVN，99%）、无水硫酸钠（99%）、石英砂、柱层析用硅胶（200～300 目）、二氯甲烷（99.5%）、甲醇（99.5%）、乙醇（99.7%）、石油醚（AR，60～90℃）、四氢呋喃（99%）。

四、表征方法

1. 凝胶渗透色谱分子表征

称取 4 mg 聚合物样品，溶于 2 mL 色谱纯 THF 中，聚合物溶液经 0.45 μm 过滤头过滤。在 GPC 分析仪器上进行聚合物的分子表征——分子量及其分布测定。

2. 光物理性质研究

取 20 mg 聚合物溶解于 2.0 mL THF 中，超声使其充分溶解，制得 10 mg/mL 的聚合物 THF 母液，备用。在 250 mL 锥形瓶中，配制一系列 THF/H$_2$O 的混合溶剂各 100 mL，混合溶剂中含水量（f_w）分别为 0 vol%（纯 THF）、10 vol%、20 vol%、30 vol%、40 vol%、50 vol%、60 vol%、70 vol%、80 vol%、90 vol%、95 vol%，配好备用。

硫酸奎宁标准溶液（$1×10^{-1}$ mol/L，以 0.1 mol/L H$_2$SO$_4$ 溶液配制），取 3 mL 置于比色皿中，测定其紫外-可见吸收光谱，调节浓度直至测得其峰值吸光度为 0.05。用移液枪移取 6 μL 聚合物母液，加入 3 mL 含水量为 95 vol%的 THF/H$_2$O 的混合溶剂中，超声使其混合均匀，测试其紫外-可见吸收光谱。比较其与硫酸奎宁标准溶液的谱峰强度，强度高则逐步稀释，直至两者峰值几乎一致。所得溶液用于对比测试荧光发射光谱，计算聚合物的相对荧光量子产率。

五、实验内容

1. M(0)的合成

在 100 mL 洗净烘干三口烧瓶中，将单羟基四苯乙烯（1.0 g，2.87 mmol）和三乙胺（4.0 mL，28.7 mmol）溶解在 40 mL 二氯甲烷中，置于冷水浴中，在惰性气氛下缓慢地滴入丙烯酰氯（1.17 mL，14.40 mmol）的二氯甲烷溶液（10 mL）。反应混合物在冷水浴下搅拌 2 min，再在室温下搅拌反应 15～20 min。然后转移至 125 mL 分液漏斗内，用 30 mL 水洗涤两次，再用 20 mL 饱和食盐水洗涤一次，有机相经旋蒸浓缩至 2～3 mL。柱层析（硅胶 200～300 目）分离，用二氯甲烷和石油醚的混合溶剂（8:1，体积比）作为洗脱剂，旋转蒸发至干，然后置入 35℃ 真空干燥箱干燥至恒重，得到白色固体粉末单体 M(0) 0.91 g，产率为 79.1%。IR（波数/cm^{-1}）：699.7，727.0，748.3，900.8，984.4，1019.5，1200.2，1145.3，1403.1，1500.0，1630.8，1736.0。^{1}H NMR（400 MHz，CDCl$_3$）δ（ppm）：6.98～7.17（m, 17H），6.83～6.93（m, 2H），6.56（dd, J = 17.3 Hz, 1.2 Hz, 1H），6.27（dd, J = 17.3 Hz, 10.4 Hz, 1H），5.98（dd, J = 10.4 Hz, 1.2 Hz, 1H）。

2. 聚丙烯酸酯 AIE 聚合物的 RAFT 可控合成

准确称取 0.3 g 单体 M(0)、0.9 mg 引发剂偶氮二异庚腈置于 10 mL Schlenk 反应管中，准确称取 3 mg 链转移剂 CTA1 溶于 3 mL 无水 THF，注入 Schlenk 反应管。通过"液氮冷冻—抽真空—充氩气—解冻"循环三次，然后在氩气气氛下 70℃ 搅拌反应 3 h。停止反应，降至室温，反应液逐滴加入 60 mL 冷甲醇中并不断搅拌，得乳白色沉淀，4000 r/min 离心分离 10 min。再经 THF 溶解、冷甲醇沉淀、离心分离纯化一次。产物在真空干燥烘箱中 45℃ 干燥至恒重，得到白色固体聚合物 P0 质量为 144.2 g，产率为 48.1%。IR（波数/cm^{-1}）：698.2，748.0，1017.4，1138.5，1165.2，1199.1，1501.6，1755.9。^{1}H NMR（400MHz，CDCl$_3$）δ（ppm）：6.92～7.21（m, 18H），6.76（s, 2H），2.70（d, 1H），1.73～2.15（m, 2H）。

六、结果与讨论

1. 单体和聚合物的合成和核磁表征

单体收率在 80% 左右，聚合物产率介于 40%～55%。单体和聚合物的核磁共振氢谱如图 4 所示。对于单体，化学位移在 6.83～7.16 ppm 的 H 质子信号为四个苯基上的氢（a、b），共 19 个，因为化学环境各不相同而产生了峰分裂和峰位移差异。6.56 ppm、6.27 ppm 和 5.98 ppm 处的三个 H 对应丙烯酸酯烯基双键上的氢，其中 6.27 ppm 为靠近酯基的 H，呈现四重裂分峰，其化学位移介于其余两个烯基端 H 中间。对于聚合物，其核磁共振氢谱明显宽化，符合聚合物核磁特征。在放大的插入图中，处于 3.4~3.8 之间甚至可以看到甲酯基的单峰和黄原酸乙酯基中 CH$_2$ 的四重裂分峰。

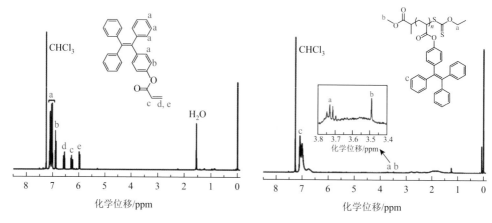

图 4　单体和聚合物的核磁共振氢谱

2. 聚合物的 FTIR 表征

TPE 侧基 AIE 聚合物 P0 与 TPE 丙烯酸酯单体 M(0)的 FTIR 谱图对照见图 5，约 760 cm^{-1} 处为单取代苯环 C—H 键面外弯曲的吸收峰，约 1600 cm^{-1}、1580 cm^{-1}、1500 cm^{-1} 处的吸收峰是苯环骨架伸缩振动的特征峰。尤其对应单体丙烯酸酯双键在 1631 cm^{-1} 处的吸收，在聚合物谱图中基本消失。且在 TPE 丙烯酸酯单体中，与双键共轭羰基 C＝O 的吸收峰位于 1737 cm^{-1}；而聚合物中酯羰基的吸收峰显著蓝移至 1755 cm^{-1}。这些红外特征吸收的变化，表明从 TPE 丙烯酸酯单体聚合生成了饱和碳氢链的 TPE 侧基聚合物。

3. 聚合物的 GPC 表征

图 6 为所合成不同批次 AIE 聚合物的 GPC 图，对称性相当好的主峰为聚合物峰，后面的一大两小倒峰为该型号仪器在所设定条件下 THF 体系的固有溶剂峰。基于 ABVN 引发剂与 CTA1 链转移剂经初步优化条件，聚合反应 3 h 的 AIE 聚合物产物的重均分子量 M_w 在 2.5~3.6 kDa 之间，数均分子量 M_n 在 2.1~2.9 kDa 之间，具有较窄的分子量分布，分子量分布多分散性指数处于 1.14~1.24，表现

出良好的可控性。按 TPE 丙烯酸酯单体的相对分子质量 402.4 g/mol 估算，其聚合度在 5～7 个重复单元，属于寡聚物范畴。若希望获得更高的产率和更高聚合度的较高分子量聚合物，可以适当延长反应时间。

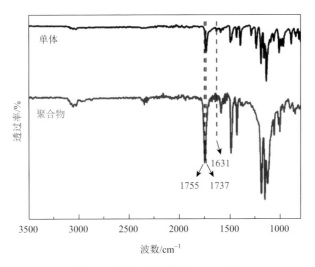

图 5　单体和聚合物的 FTIR 谱

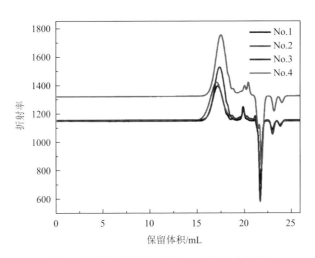

图 6　不同批次聚合物的 GPC 流出曲线图

4. 聚合物的光物理性质研究

从图 7（a）的紫外-可见吸收光谱图可看出硫酸奎宁在 346.0 nm 处有最大吸收峰；AIE 聚合物则由于具有大的非共面芳核结构体系，从红光到紫外区范围内都有吸收，在 322.0 nm 处有一个肩峰极大值，视为特征吸收峰。将硫酸奎宁和 AIE 聚合物的吸收峰峰值调至约 0.05，用荧光光谱仪测定此时溶液的荧光发射光谱，如图 7（b）所示，计算得到 AIE 聚合物的相对荧光量子产率 Φ_F 为 0.17。

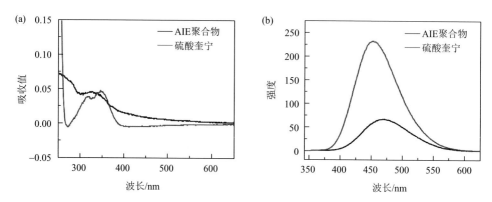

图 7　硫酸奎宁标样和聚合物的紫外-可见吸收光谱图（a）和荧光光谱图（b）

另外，如图 8 所示，随着溶剂中含水量即水的体积分数 f_w（%）的增加，AIE 聚合物的荧光逐渐增强，其中含水量 95 vol% 的聚合物溶液试样荧光强度（I）比纯 THF 中的试样荧光强度（I_0）高出数千倍。聚合物的荧光强度随着含水量的增加而增强，这是因为水作为不良溶剂的加入，导致聚合物的溶解性变差，使得原本游离的分子相互交错，限制了侧链的运动；含水量越高，则受阻程度越大，能量以光能形式散发得越多。

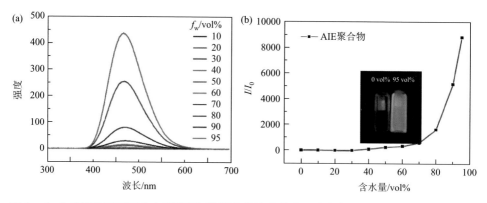

图 8　（a）溶液体系不同含水量情况下的聚合物溶液荧光强度变化；（b）荧光强度比（I/I_0）随含水量变化情况和实物对比（插图照片）

基于联二萘酚手性 AIE 分子的合成、
表征及性质研究的综合实验

一、实验目的

（1）结合文献，了解 AIE 现象及手性 AIE 分子的应用前景和研究现状。

（2）通过实验掌握有机分子的酚羟基保护、甲酰化和缩合反应的实验原理及操作。

（3）结合本实验，熟悉有机分子结构表征方法，包括核磁共振谱和质谱的原理及谱图解析。

（4）熟悉光物理性质测定方法，包括紫外-可见吸收光谱、荧光光谱、圆二色光谱的操作及数据分析。

二、实验原理

1. BINOM-CN 的合成

目标分子 BINOM-CN 的具体合成路线如图 1 所示，从商品化的(*R*)-联二萘酚 [(*R*)-BINOL]出发，首先在氢化钠条件下将酚羟基用氯甲基甲醚保护，得到化合物 BINOM。随后在正丁基锂条件下将 BINOM 的 3,3′-位选择性地双甲酰化，得到化合物 BINOM-CHO。BINOM-CHO 再与丙二腈在碱性条件下缩合，随后经柱层析分离纯化得到 BINOM-CN。

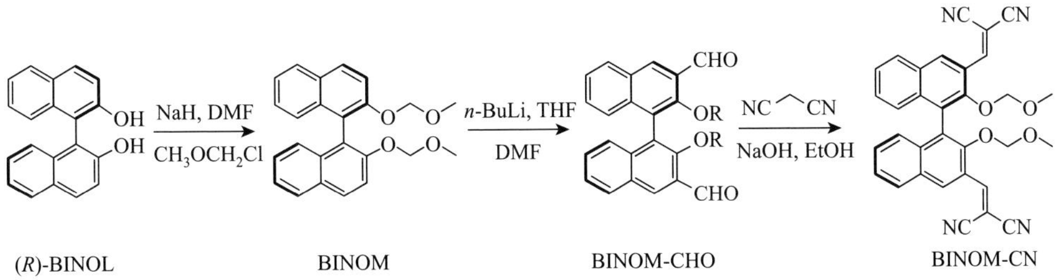

（*R*）-BINOL　　　　　　BINOM　　　　　　　BINOM-CHO　　　　　　BINOM-CN

图 1　BINOM-CN 的合成路线

2. AIE 现象的机理

具有 AIE 特性的分子结构中通常含有自由运动的苯环或其他基团。当 AIE 分子处于溶解状态时，分子内的自由运动较为显著，导致激发态能量主要以非辐射跃迁的形式回到基态，从而产生弱的荧光甚至不发光。而在聚集状态下，由于分子之间的紧密堆积，分子内运动受到一定限制，此时激发态能量主要通过辐射跃迁的方式回到基态，进而产生较强的荧光。这种限制分子内自由运动而使荧光增强的机理称为分子内运动受限（RIM）机理（图2）。

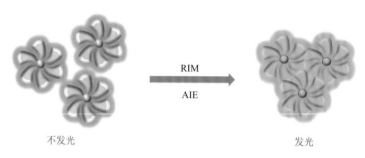

不发光　　　　　　　　　　　　　　　发光

图 2　AIE 现象的机理

三、仪器和试剂

试剂：(*R*)-联二萘酚、氢化钠、氯甲基甲醚、正丁基锂、丙二腈、*N*,*N*-二甲基甲酰胺（DMF）、无水硫酸钠、氯化铵、氢氧化钠、四氢呋喃、乙酸乙酯、乙醇、石油醚、去离子水。所用试剂均为分析纯。

仪器：超导傅里叶数字化核磁共振仪（德国布鲁克公司）、高分辨质谱仪（德国布鲁克公司）、圆二色光谱仪（英国应用光物理公司）、F-7000 荧光光谱仪（日本日立公司）、TU-1950 紫外光谱仪（北京普析公司）、RCT-basic 磁力搅拌器（IKA公司）、BSA124S 分析天平（赛多利斯公司）、101-1AB 烘箱（天津泰斯特公司）、旋转蒸发仪（上海申生公司）。

四、实验内容

化合物 BINOM 的合成步骤如下：在氮气保护下，将氢化钠（4.8 g，200 mmol）加入装有搅拌子的 100 mL 干燥圆底烧瓶中，冰浴冷却下加入 15 mL DMF。随后将 25 mL 溶有(*R*)-联二萘酚（7.16 g，25 mmol）的 DMF 溶液缓慢加入其中，冰浴下反应 1 h。接着向反应瓶中缓缓滴加氯甲基甲醚（9.76 mL，128.50 mmol），此时由绿色变为白色悬浊液。滴加完毕后升至室温，继续反应 3 h。反应完成后，冰浴下缓慢加入饱和食盐水猝灭反应，反应液用乙酸乙酯萃取（50 mL×3），合并有机相并用饱和食盐水洗涤 3 次。有机相用无水硫酸钠干燥，过滤，减压蒸除溶剂后所得粗产品用 15 mL 乙醇重结晶，过滤得到白色目标化合物（8.8 g），收率为 95%。

化合物 BINOM-CHO 的合成：在氮气保护下，将 BINOM（7.5 g，20 mmol）加入 250 mL 干燥的圆底烧瓶中，并加入 70 mL 干燥 THF 使之溶解。随后冰浴冷却下，将正丁基锂（2.5 mol/L 正己烷溶液，24 mL，60 mmol）缓慢滴加入圆底烧瓶中，并维持冰浴下反应 2 h，反应过程中产生灰色悬浊液。之后将 15 mL DMF 快速加入其中，自然升至室温并继续搅拌 1.5 h。反应完成后，用饱和氯化铵溶液猝灭反应。反应液用乙酸乙酯萃取（50 mL×3），合并有机相后用饱和食盐水洗涤 3 次。有机相用无水硫酸钠干燥，过滤，减压蒸除溶剂，柱层析纯化（石油醚/乙酸乙酯 = 12∶1）得到浅黄色目标化合物（4.3 g），收率为 51%。

化合物 BINOM-CN 的合成：将丙二腈（0.2 g，3 mmol）加入 4 mL 溶有 BINOM-CHO（2.5 g，0.58 mmol）的乙醇溶液中，并加入 1 滴 1 mol/L NaOH 水溶液，室温搅拌反应 1 h。反应完成后，减压除去溶剂，所得粗产品经柱层析纯化（石油醚/乙酸乙酯 = 10∶1），真空干燥 1 h 后得到目标化合物（1.4 g），收率为 46%。

注意事项：

（1）用氯甲基甲醚保护酚羟基时，反应体系中会有氢气产生，需注意避免明火。

（2）正丁基锂遇水分解，反应过程中需保证体系无水。

（3）氢氧化钠为强碱，氯甲基甲醚具有刺激性，使用过程中需在通风橱中进行并做好安全防护。

五、结果与讨论

1. 核磁共振谱分析

BINOM-CN 的核磁共振氢谱（图 3）、核磁共振碳谱（图 4）以及高分辨质谱数据如下：^{1}H NMR（300 MHz，CDCl$_3$）δ（ppm）：8.94（s，2H，CH），8.45（s，2H，Ar H），8.08（d，J = 8.0 Hz，2H，Ar H），7.55～7.60（m，2H，Ar H），7.45～7.50（m，2H，Ar H），7.16（d，J = 8.4 Hz，2H，Ar H），4.49～4.58（q，4H，CH$_2$），3.09（s，6H，CH$_3$）。^{13}C NMR（75 MHz，CDCl$_3$）δ（ppm）：156.49，152.26，136.39，131.78，130.66，130.30，130.19，127.14，125.93，125.61，125.38，113.85，112.79，100.68，83.94，57.50。HR-MS(ESI-TOF)m/z：549.1539[M + Na]$^+$（计算值 549.1533，C$_{32}$H$_{22}$N$_4$O$_4$Na）。

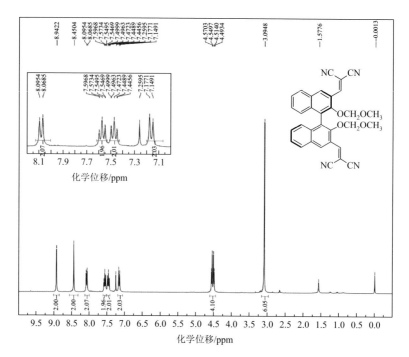

图 3 BINOM-CN 的 ^{1}H NMR 谱图

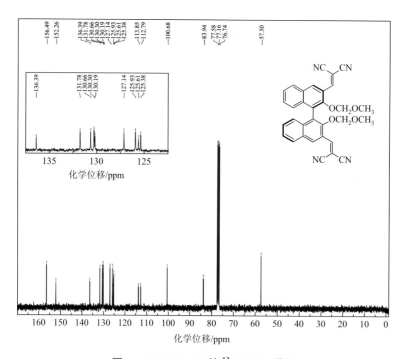

图 4 BINOM-CN 的 ^{13}C NMR 谱图

2. BINOM-CN 的紫外吸收光谱、荧光光谱和圆二色光谱测试及分析

如图 5 所示，BINOM-CN（10 μmol/L）在 DMSO 溶液中的紫外吸收光谱主要有两组特征吸收峰。300 nm 以前的吸收峰来自 BINOM-CN 骨架上的 π 电子跃迁。由于二氰基乙烯基是较强的拉电子基团，因此 340 nm 左右的吸收峰应归属于由给电子基团（萘环）到拉电子基团（二氰基乙烯）的分子内电荷转移跃迁。

将 BINOM-CN（10 μmol/L）分别配制成含水量为 0 vol% 到 99 vol% 的 DMSO 溶液，逐一测试上述溶液的荧光发射光谱。如图 6（a）所示，在 DMSO 溶液中，

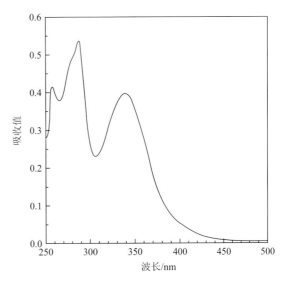

图 5　BINOM-CN 在 DMSO 中的紫外吸收光谱

BINOM-CN 在 550 nm 处具有极弱的荧光发射峰。当含水量低于 60 vol% 时，溶液的荧光信号没有发生明显的变化。但当含水量大于 60 vol% 时，化合物的荧光发射随着含水量的增加逐渐增强。与纯 DMSO 溶液的荧光强度相比，含水量为 99 vol% 时 BINOM-CN 在 510 nm 处的荧光强度增强了 18 倍 [图 6（b）]。通过观察不同含水量的样品在 365 nm 紫外灯下的荧光照片 [图 6（c）]，也可以直观地发现 BINOM-CN 在含水量为 0 vol% 时几乎没有荧光，而在含水量为 99 vol% 时具有明亮的绿色荧光。上述实验结果表明：BINOM-CN 具有典型的 AIE 效应。

随后，对 BINOM-CN（10 μmol/L）在含水量为 0 vol%～99 vol% 的 DMSO 溶液中的圆二色信号进行测试。如图 7（a）所示，在 DMSO 溶液中，BINOM-CN 在 269 nm、300 nm 和 350 nm 处分别具有显著的圆二色信号，表明 BINOM-CN 具有手性特征。随着含水量的增加，BINOM-CN 的圆二色信号先出现稍微的增强，但当含水量大于 60 vol% 时，圆二色信号则随着含水量的增加逐渐减弱。当含水量为 99 vol% 时，269 nm 处的圆二色信号强度降低到纯 DMSO 溶液的 25% [图 7（b）]。联二萘酚骨架圆二色信号的强弱与其分子骨架中萘环之间的二面角密切相关。BINOM-CN 分子从溶解到聚集状态的转变，可能引起了分子萘环之间的二面角减小，从而导致聚集诱导圆二色信号减弱的特殊现象。

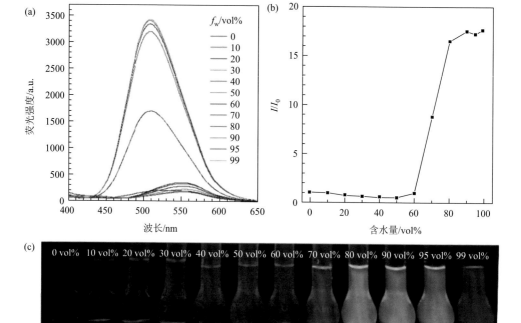

图 6 （a）BINOM-CN 在不同含水量的 DMSO/水中的荧光光谱；（b）I/I_0 对不同含水量的曲线，I_0 代表纯 DMSO 溶液中 510 nm 处的荧光强度；（c）BINOM-CN 在不同含水量下的荧光照片

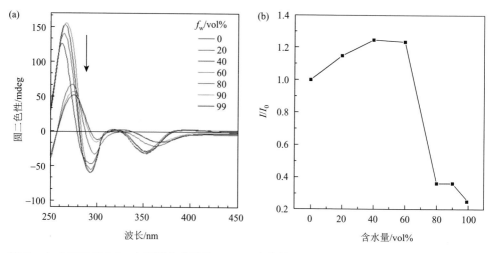

图 7 （a）BINOM-CN 在不同含水量的 DMSO/水中的圆二色光谱；（b）I/I_0 对不同含水量的曲线，I_0 代表纯 DMSO 溶液中 269 nm 处的圆二色信号强度

六、实验教学安排

　　建议将本实验纳入化学专业本科生的有机化学综合实验教学，安排 16 学时。授课教师提前一周向学生布置实验内容并要求学生查阅相关文献。实验过程中，学生分成 3～4 人一组进行，集中两天完成。具体实验进程安排如下：

　　第 1 天：熟悉实验中所用到的试剂及涉及的实验操作，完成化合物 BINOM 和 BINOM-CHO 的合成及纯化。

　　第 2 天：完成化合物 BINOM-CN 合成、纯化以及核磁、质谱表征，对相关谱图进行解析；完成 BINOM-CN 紫外吸收光谱、荧光光谱及圆二色光谱的测试，并对相关谱图进行解析；完成实验报告的撰写。

七、思考题

　　（1）本实验涉及的有机合成反应类型有哪些？
　　（2）本实验涉及的有机化合物提纯方法有哪些？
　　（3）除轴手性分子外，还有哪些类型的手性分子？
　　（4）实验中为什么使用 DMSO 和水的混合溶剂进行 AIE 性质测试，有无其他混合溶剂体系可替代？
　　（5）化合物 BINOM-CN 具有 AIE 效应的主要原因是什么？

八、实验总结

　　本有机化学综合实验结合 AIE 现象这一研究热点，以(R)-联二萘酚为原料，通过经典的有机合成反应制备了一例手性的荧光化合物，并对其结构及 AIE 性质进行了表征与研究。实验内容丰富，包括低温反应、无水无氧反应等实验操作，重结晶、抽滤、萃取、柱层析等分离纯化方法，以及核磁共振谱、质谱、紫外吸收光谱、荧光光谱及圆二色光谱等表征手段。反应原料价廉易得、反应条件温和，适合高年级化学相关专业本科生在实验室中开展。本实验将前沿科研成果与实验教学有机结合，对于激发学生的学习兴趣、提高学生的综合实验能力及培养学生的科研素养大有裨益。

参 考 文 献

[1] Li K，Lu H，Li Y，et al. A Comprehensive experiment on synthesis of aggregation-induced emitting salicylaldehyde azine using Reimer-Tiemann reaction. University Chemistry，2020，35（1）：53-58.

[2] Li K，Li Y，Zang S，et al. Comprehensive experiment on synthesis and characterization of salicylaldehyde schiff-base compounds with aggregation-induced emission（AIE）characte. Chinese Journal of Chemical Education，2017，38：38-41.

[3] Yoon S J，Chung J W，Gierschner J，et al. Multistimuli two-color luminescence switching via different slip-stacking of highly fluorescent molecular sheets. Journal of the American Chemical Society，2010，132：13675-13683.

[4] Tian H，Gu Z，Zhang Q，et al. Synthesis，characterization and aggregation induced luminescence of 4, 4′-[(2, 2-stilbene)-1, 1-bis(4, 1-phenylene)] dipyridine. Chinese Journal of Chemical Education，2019，40：60-64.

[5] Tian H，Gu Z，Zhang Q. Synthesis，characterization and application of tetrastyrene in explosive detection—an introduction to a comprehensive experiment. University Chemistry，2019，34：48-53.

[6] Liu J，Xing C，Wei D，et al. Utilizing aggregation-induced emission phenomenon to visualize spontaneous molecular directed motion in solid state. Materials Chemistry Frontiers，2019，3：2746-2750.

[7] Liu T，Zhao W，Zhang Y，et al. Controllable synthesis，characterization and photophysical properties of AIE fluorescent polymer raftAIE. University Chemistry，2020，35：81-89.

[8] Zhao N，Li N. Comprehensive experiment of organic chemistry：synthesis，characterization and properties of chiral aggregation induced luminescent molecules based on binaphthol. Chinese Journal of Chemical Education，2021，42（16）：60-65.

关键词索引